수매씽

MATHING

개념 연산

중학 수학 2·1

이 책의 개발에 도움을 주신 선생님

강유미 | 경기 광주
김국희 | 청주
김민지 | 대구
김선아 | 부산
김주영 | 서울 용산
김훈회 | 청주
노형석 | 광주
신범수 | 대전
신지예 | 대전
안성주 | 영암
양영인 | 성남
양현호 | 순천
원민희 | 대구
윤영숙 | 서울 서초
이미란 | 광양
이상일 | 서울 강서
이승열 | 광주
이승희 | 대구
이영동 | 성남
이진희 | 청주
임안철 | 안양
장영빈 | 천안
장전원 | 대전
전승환 | 안양
전지영 | 안양
정상훈 | 서울 서초
정재봉 | 광주
지승룡 | 광주
채수현 | 광주
최주현 | 부산
허문석 | 천안
홍인숙 | 안양

함께 해줄 누군가가 있다는 것

구성과 특징

Structure

1 step 개념을 한눈에! 개념 한바닥!

한눈에 쏙~ 개념 한바닥

Ⅰ-1 유리수와 순환소수

01 유리수와 소수

(1) **유리수** : 분수 $\frac{a}{b}$ (a, b는 정수, $b \neq 0$)의 꼴로 나타낼 수 있는 수 → 분모는 0이 될 수 없다.

예 $-\frac{1}{4}$, $2=\frac{2}{1}$, 0, $\frac{5}{3}$

(2) **소수의 분류** → 소수 { 유한소수, 무한소수 }

① **유한소수** : 소수점 아래에 0이 아닌 숫자가 유한 번 나타나는 소수

예 0.1, −1.05, 3.028

② **무한소수** : 소수점 아래에 0이 아닌 숫자가 무한 번 나타나는 소수

예 0.666…, 0.121212…, 1.234…

2.321　1.234567…

02 유한소수로 나타낼 수 있는 분수

분수를 약분하여 기약분수로 나타내고 그 분모를 소인수분해하였을 때

(1) 분모의 소인수가 2 또는 5뿐이면 그 분수는 유한소수로 나타낼 수 있다.

(2) 분모의 소인수 중에 2 또는 5 이외의 소인수가 있으면 유한소수로 나타낼 수 없고 무한소수로 나타내어진다.

분수 —약분→ 기약분수 —분모를 소인수분해→ 분모의 소인수가 2 또는 5뿐? —예→ 유한소수 / —아니요→ 무한소수

예 $\frac{18}{75}=\frac{6}{25}=\frac{2\times3}{5^2}$

즉, 분모의 소인수가 5뿐이므로 $\frac{18}{75}$은 $\frac{18}{75}=0.24$와 같이 유한소수로 나타낼 수 있다.

03 순환소수

(1) **순환소수** : 소수점 아래의 어떤 자리에서부터 일정한 숫자의 배열이 한없이 되풀이되는 무한소수

참고 무한소수 중에는 원주율 $\pi=3.14159265\cdots$와 같이 순환소수가 아닌 무한소수도 있다.

(2) **순환마디** : 순환소수의 소수점 아래에서 숫자의 배열이 일정하게 되풀이되는 한 부분

(3) **순환소수의 표현** : 순환마디의 양 끝의 숫자 위에 점을 찍어 나타낸다.

예 0.333…의 순환마디는 3이므로 $0.\dot{3}$과 같이 나타낸다.
0.212121…의 순환마디는 21이므로 $0.\dot{2}\dot{1}$과 같이 나타낸다.
0.102102102…의 순환마디는 102이므로 $0.\dot{1}0\dot{2}$와 같이 나타낸다.

$0.333\cdots=0.\dot{3}$

처음 배우는 수학 내용에서는 정의와 약속을 꼭 확인해.

2 step 연산 원리로 이해 쏙쏙! 연산 훈련으로 기본기 팍팍!

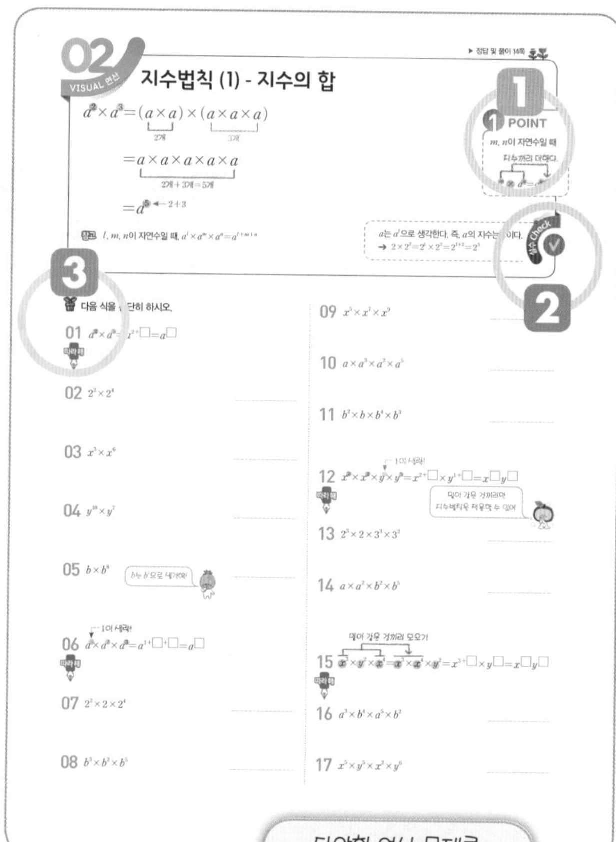

02 VISUAL 연산

▶ 정답 및 풀이 14쪽

지수법칙 (1) - 지수의 합

$a^2\times a^3=(a\times a)\times(a\times a\times a)$ (2개, 3개)

$=a\times a\times a\times a\times a$ (2개+3개=5개)

$=a^5$ ← 2+3

참고 l, m, n이 자연수일 때, $a^l\times a^m\times a^n=a^{l+m+n}$

1 POINT
m, n이 자연수일 때 지수끼리 더한다.

a는 a^1으로 생각한다. 즉, a의 지수는 1이다.
→ $2\times2^2=2^1\times2^2=2^{1+2}=2^3$

다음 식을 간단히 하시오.

01 $a^2\times a^5=a^{2+\square}=a^{\square}$ 따라해

02 $2^2\times2^4$

03 $x^3\times x^6$

04 $y^{10}\times y^7$

05 $b\times b^8$ (b는 b^1으로 생각해!)

06 $a\times a^2\times a^3=a^{1+\square+\square}=a^{\square}$ (1이 생략!) 따라해

07 $2^2\times2\times2^4$

08 $b^3\times b^2\times b^5$

09 $x^5\times x^7\times x^9$

10 $a\times a^3\times a^2\times a^5$

11 $b^2\times b\times b^4\times b^3$

12 $x^2\times x^3\times y\times y^3=x^{2+\square}\times y^{1+\square}=x^{\square}y^{\square}$ (1이 생략!) 따라해
밑이 같은 것끼리만 지수법칙을 적용할 수 있어

13 $2^3\times2\times3^3\times3^2$

14 $a\times a^2\times b^2\times b^5$

15 $x^3\times y^2\times x^4=x^3\times x^4\times y^2=x^{3+\square}\times y^{\square}=x^{\square}y^{\square}$ (밑이 같은 것끼리 모으기) 따라해

16 $a^3\times b^4\times a^5\times b^2$

17 $x^5\times y^5\times x^2\times y^6$

다양한 연산 문제를 풀다 보면 자연스럽게 연산 기본기가 올라갈 거야~ 믿어 봐!

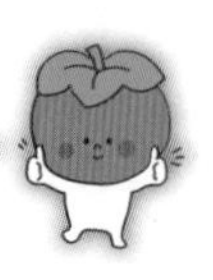

1 POINT

1 POINT
m, n이 자연수일 때 지수끼리 더한다.

꼭 알아야 할 내용을 한 마디로 정리했어요.

2 실수 Check

…으로 생각한다. 즉, a의 지수는 1이다.
$\times2^2=2^1\times2^2=2^{1+2}=2^3$

자주 실수하는 부분을 미리 짚어 주었어요. 실수하지 마세요.

3 따라 해

다음 식을 간단히 하시오.

01 $a^2\times a^5=a^{2+\square}=a^{\square}$ 따라해

02 $2^2\times2^4$

문제 해결 과정을 따라가면서 문제 푸는 방법을 익힐 수 있게 했어요.

step 3 빠르고 정확한 계산을 위한 10분 연산 TEST

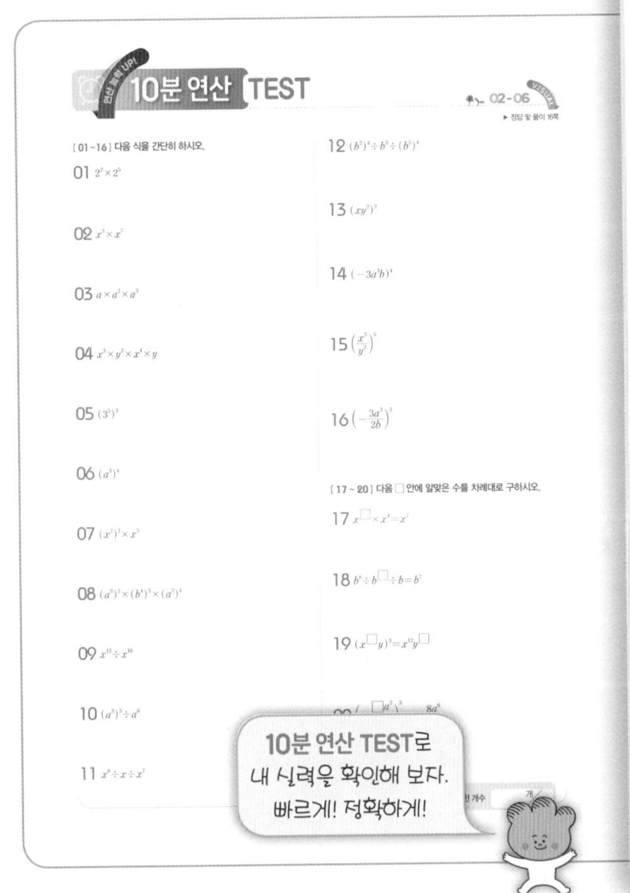

step 4 실전 문제를 미리 보는 학교 시험 PREVIEW

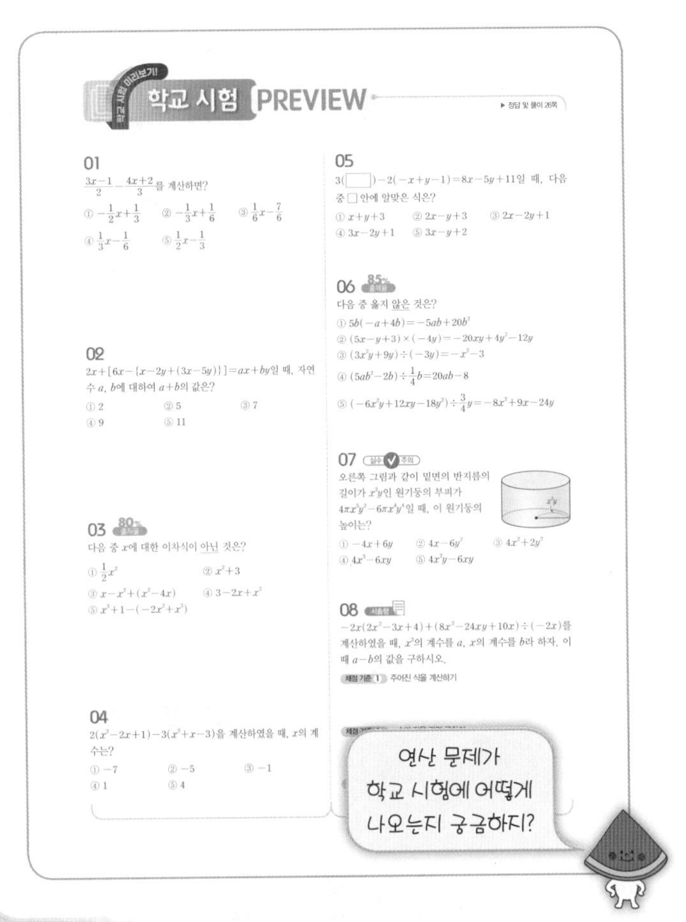

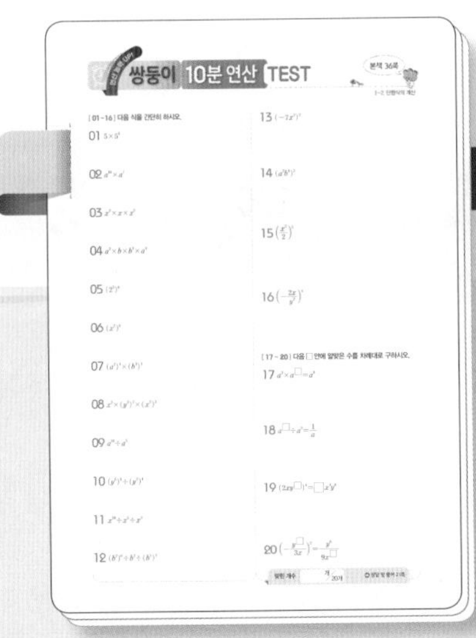

부록 쌍둥이 10분 연산 TEST

한 번 더 〈10분 연산 TEST〉를 풀어 볼 수 있도록 제공되는 부록이에요.
〈10분 연산 TEST〉에서 틀린 문제를 다시 풀면서 연산 실력을 높일 수 있어요.

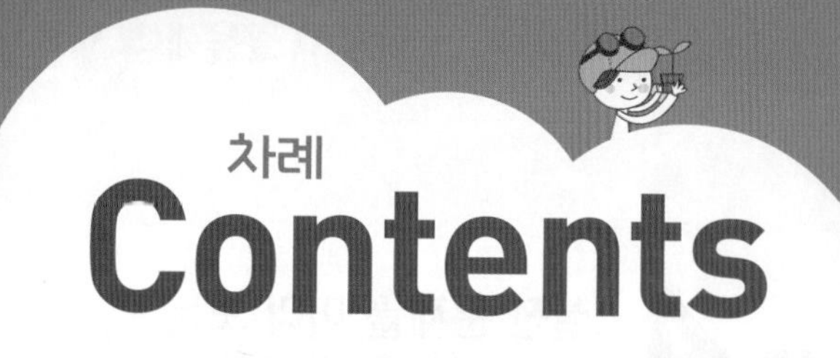

차례
Contents

I 수와 식의 계산

II 부등식과 연립방정식

III 일차함수와 그래프

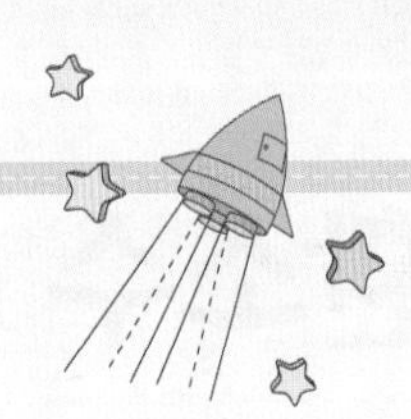

I

수와 식의 계산

수와 식의 계산을 배우고 나면 순환소수의 뜻을 알고, 유리수와 순환소수의 관계를 알 수 있어요. 또, 수에 대한 사칙연산과 소인수분해가 다항식으로 확장되어 적용됨을 알 수 있지요.
수와 식의 계산은 왜 배우나요?

I-1 유리수와 순환소수

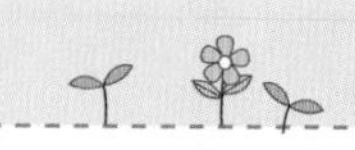

01 유리수와 소수

(1) **유리수** : 분수 $\frac{a}{b}$ (a, b는 정수, $b \neq 0$)의 꼴로 나타낼 수 있는 수
→ 분모는 0이 될 수 없다.

예 $-\frac{1}{4}$, $2=\frac{2}{1}$, 0, $\frac{5}{3}$

(2) **소수의 분류** → 소수 { 유한소수 / 무한소수

① **유한소수** : 소수점 아래에 0이 아닌 숫자가 유한 번 나타나는 소수

예 0.1, −1.05, 3.028

② **무한소수** : 소수점 아래에 0이 아닌 숫자가 무한 번 나타나는 소수

예 0.666⋯, 0.121212⋯, 1.234⋯

02 유한소수로 나타낼 수 있는 분수

분수를 약분하여 기약분수로 나타내고 그 분모를 소인수분해하였을 때

(1) 분모의 소인수가 2 또는 5뿐이면 그 분수는 유한소수로 나타낼 수 있다.

(2) 분모의 소인수 중에 2 또는 5 이외의 소인수가 있으면 유한소수로 나타낼 수 없고 무한소수로 나타내어진다.

분수 —약분→ 기약분수 —분모를 소인수분해→ 분모의 소인수가 2 또는 5뿐? —예→ 유한소수 / —아니요→ 무한소수

예 $\frac{18}{75}=\frac{6}{25}=\frac{2\times3}{5^2}$

즉, 분모의 소인수가 5뿐이므로 $\frac{18}{75}$은 $\frac{18}{75}=0.24$와 같이 유한소수로 나타낼 수 있다.

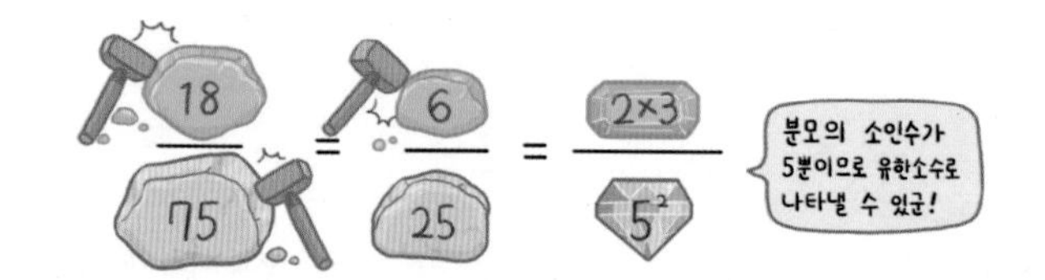

03 순환소수

(1) **순환소수** : 소수점 아래의 어떤 자리에서부터 일정한 숫자의 배열이 한없이 되풀이되는 무한소수

참고 무한소수 중에는 원주율 $\pi=3.14159265\cdots$와 같이 순환소수가 아닌 무한소수도 있다.

(2) **순환마디** : 순환소수의 소수점 아래에서 숫자의 배열이 일정하게 되풀이되는 한 부분

(3) **순환소수의 표현** : 순환마디의 양 끝의 숫자 위에 점을 찍어 나타낸다.

예 0.333⋯의 순환마디는 3이므로 $0.\dot{3}$과 같이 나타낸다.
0.212121⋯의 순환마디는 21이므로 $0.\dot{2}\dot{1}$과 같이 나타낸다.
0.102102102⋯의 순환마디는 102이므로 $0.\dot{1}0\dot{2}$와 같이 나타낸다.

04 순환소수를 분수로 나타내기

(1) **10의 거듭제곱 이용하기**

❶ 주어진 순환소수를 x로 놓는다.

❷ 양변에 10의 거듭제곱을 곱하여 소수점 아래의 부분이 같은 두 식을 만든다.

❸ 두 식을 변끼리 빼서 x의 값을 구한다. → 소수점 아래의 부분을 없앤다.

예 순환소수 $0.\dot{5}\dot{6}$을 분수로 나타내 보자.

❶ 순환소수 $0.\dot{5}\dot{6}$을 x로 놓으면 $x=\ 0.565656\cdots$

❷ 양변에 100을 곱하면 $100x=56.565656\cdots$

❸ 위의 두 식을 변끼리 빼면

$$\begin{array}{rl} 100x= & 56.565656\cdots \\ -)\quad x= & 0.565656\cdots \\ \hline 99x= & 56 \end{array} \rightarrow x=\frac{56}{99}$$

(2) **공식 이용하기**

❶ 분모에는 순환마디의 숫자의 개수만큼 9를 쓰고, 그 뒤에 소수점 아래 순환마디에 포함되지 않는 숫자의 개수만큼 0을 쓴다.

❷ 분자에는 전체의 수에서 순환하지 않는 부분의 수를 뺀다.

전체의 수

$$0.\dot{a}b\dot{c}=\frac{abc}{999}$$

순환마디 숫자 3개

전체의 수 / 순환하지 않는 부분의 수

$$a.b\dot{c}\dot{d}=\frac{abcd-ab}{990}$$

순환마디 숫자 2개

소수점 아래 순환하지 않는 숫자 1개

예 $0.\dot{1}\dot{3}=\frac{13}{99}$, $0.1\dot{0}\dot{3}=\frac{103-1}{990}=\frac{102}{990}=\frac{17}{165}$

참고 ① $0.\dot{a}=\frac{a}{9}$ ② $0.\dot{a}\dot{b}=\frac{ab}{99}$ ③ $0.a\dot{b}=\frac{ab-a}{90}$ ④ $0.ab\dot{c}=\frac{abc-ab}{900}$

05 유리수와 소수의 관계

(1) 유한소수와 순환소수는 모두 유리수이다.

(2) 정수가 아닌 유리수는 유한소수 또는 순환소수로 나타낼 수 있다.

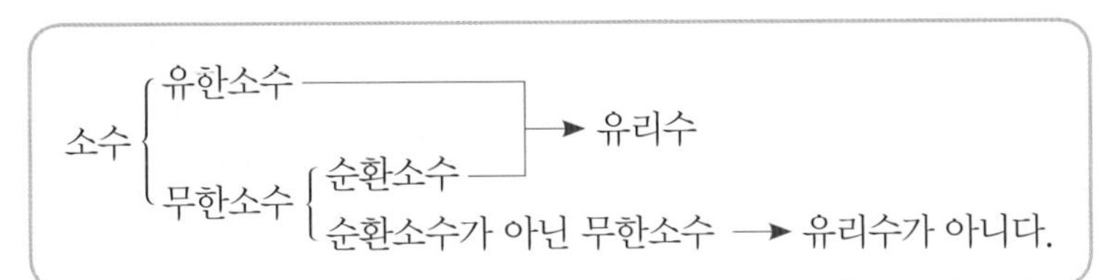

유한소수와 순환소수는 분수로 나타낼 수 있으므로 모두 유리수야.

▶ 정답 및 풀이 9쪽

유리수

중학교  학년 때 배웠어요!

유리수는 분수 $\frac{a}{b}$ (a, b는 정수, $b \neq 0$)의 꼴로 나타낼 수 있는 수!

유리수
- 정수
  - 양의 정수(자연수) : $1, 2, 3, \cdots$
  - 0
  - 음의 정수 : $-1, -2, -3, \cdots$
- 정수가 아닌 유리수 : $-0.5, -\frac{1}{4}, 1.8, \frac{4}{7}, \cdots$

모든 정수는 분수로 나타낼 수 있으므로 유리수이다.
$5=\frac{15}{3}$, $-2=-\frac{4}{2}$

아래 보기의 수에 대하여 다음을 모두 구하시오.

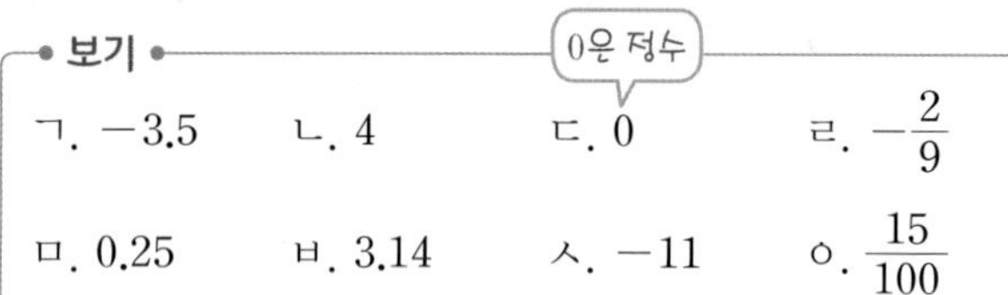

보기

ㄱ. -3.5	ㄴ. 4	ㄷ. 0	ㄹ. $-\frac{2}{9}$
ㅁ. 0.25	ㅂ. 3.14	ㅅ. -11	ㅇ. $\frac{15}{100}$

01 자연수 ______

02 정수 ______

03 정수가 아닌 유리수 ______

04 양의 유리수 ______

05 음의 유리수 ______

06 유리수 ______

아래 보기의 수에 대하여 다음을 모두 구하시오.

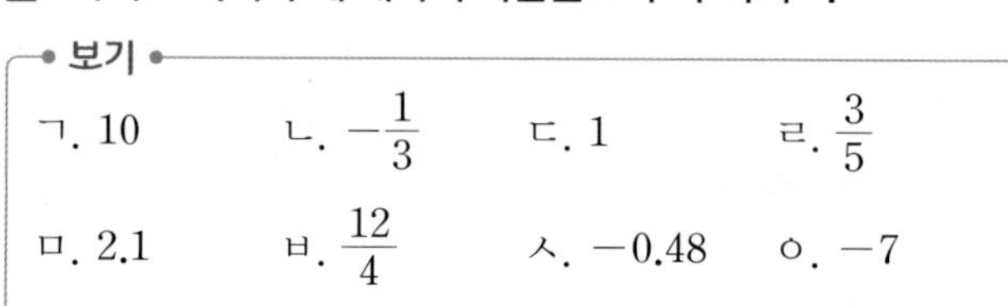

보기

ㄱ. 10	ㄴ. $-\frac{1}{3}$	ㄷ. 1	ㄹ. $\frac{3}{5}$
ㅁ. 2.1	ㅂ. $\frac{12}{4}$	ㅅ. -0.48	ㅇ. -7

07 자연수 ______

08 정수 ______

분수 중에는 약분하면 정수가 되는 것도 있어!

09 정수가 아닌 유리수 ______

10 양의 유리수 ______

11 음의 유리수 ______

12 유리수 ______

▶ 정답 및 풀이 9쪽

유한소수와 무한소수

(1) **유한소수** : 소수점 아래에 0이 아닌 숫자가 유한 번 나타나는 소수

(2) **무한소수** : 소수점 아래에 0이 아닌 숫자가 무한 번 나타나는 소수

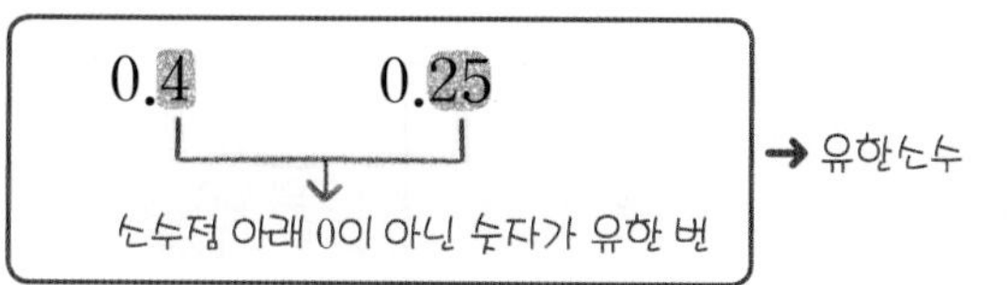

→ 유한소수

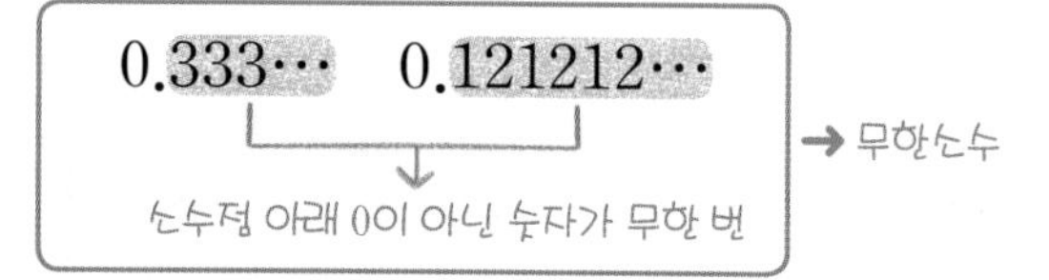

0.333⋯ 0.121212⋯
소수점 아래 0이 아닌 숫자가 무한 번

→ 무한소수

참고 분수는 (분자)÷(분모)를 하여 정수 또는 소수로 나타낼 수 있다.

- $\frac{1}{5}=1\div5=0.2$ → 유한 번 → 유한소수
- $\frac{4}{11}=4\div11=0.363636\cdots$ → 무한 번 → 무한소수

유한소수와 무한소수 판별하기

다음 소수가 유한소수이면 '유', 무한소수이면 '무'를 써넣으시오.

01 $0.444\cdots$ ( )

따라해 소수점 아래에 0이 아닌 숫자가 ☐ 번 나타나므로 ☐ 소수이다.

02 2.3 ( )

03 $1.232323\cdots$ ( )

04 -4.76 ( )

05 0.7694 ( )

06 $3.141592\cdots$ ( )

07 $-2.010010001\cdots$ ( )

분수를 유한소수 또는 무한소수로 나타내기

다음 분수를 소수로 나타내고, 유한소수이면 '유', 무한소수이면 '무'를 써넣으시오.

08 $\frac{3}{4}=3\div4=$ ☐ ( )

따라해

분수 —(분자)÷(분모)→ 소수

09 $-\frac{2}{3}=$ ______ ( )

10 $\frac{7}{9}=$ ______ ( )

11 $\frac{15}{8}=$ ______ ( )

12 $\frac{3}{11}=$ ______ ( )

13 $-\frac{6}{7}=$ ______ ( )

14 $\frac{8}{25}=$ ______ ( )

▶ 정답 및 풀이 9쪽

유한소수를 분수로 나타내기

유한소수를 기약분수로 나타내기		분모를 소인수분해하기		분모의 소인수
$0.5=\frac{5}{10}=\frac{1}{2}$	→	$\frac{1}{2}$	→	2
$0.04=\frac{4}{100}=\frac{1}{25}$	→	$\frac{1}{25}=\frac{1}{5^2}$	→	5
$0.15=\frac{15}{100}=\frac{3}{20}$	→	$\frac{3}{20}=\frac{3}{2^2\times5}$	→	2, 5

분모가 10의 거듭제곱인 분수로 나타내기

분모의 소인수가 2 또는 5뿐이다.

다음 소수를 기약분수로 나타내시오.

01 0.3 ________

02 0.08 ________

03 0.26 ________

04 1.25 ________

05 1.375 ________

06 1.425 ________

다음 소수를 기약분수로 나타내고, 분모의 소인수를 구하시오.

07 따라해 $0.4=\frac{\square}{10}=\frac{\square}{\square}$ ________, 소인수 : ________

08 0.25 ________, 소인수 : ________

09 0.18 ________, 소인수 : ________

10 1.84 ________, 소인수 : ________

11 0.275 ________, 소인수 : ________

12 1.625 ________, 소인수 : ________

10의 거듭제곱을 이용하여 분수를 소수로 나타내기

$\frac{7}{20}=\frac{7}{2^2\times5}=\frac{7\times5}{2^2\times5\times5}=\frac{35}{2^2\times5^2}=\frac{35}{100}=0.35$

분모를 소인수분해

분모, 분자에 각각 5를 곱하여 지수가 같아지도록 만들기

약분

$\frac{4}{50}=\frac{2}{25}=\frac{2}{5^2}=\frac{2\times2^2}{5^2\times2^2}=\frac{8}{100}=0.08$

분모를 소인수분해

분모, 분자에 각각 2^2을 곱하여 지수가 같아지도록 만들기

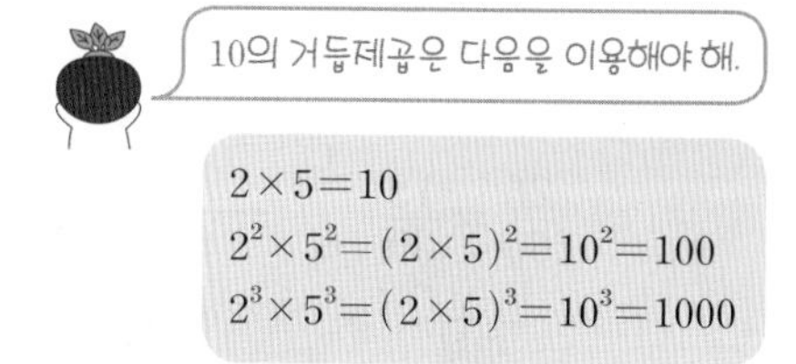

10의 거듭제곱은 다음을 이용해야 해.

$2\times5=10$
$2^2\times5^2=(2\times5)^2=10^2=100$
$2^3\times5^3=(2\times5)^3=10^3=1000$

다음은 10의 거듭제곱을 이용하여 분수를 유한소수로 나타내는 과정이다. □ 안에 알맞은 수를 써넣으시오.

01 $\frac{5}{2}=\frac{5\times\square}{2\times5}=\frac{\square}{10}=\square$

02 $\frac{2}{25}=\frac{2}{5^2}=\frac{2\times2^2}{5^2\times\square}=\frac{\square}{100}=\square$

03 $\frac{9}{50}=\frac{9}{2\times5^2}=\frac{9\times\square}{2\times5^2\times\square}=\frac{\square}{100}=\square$

04 $\frac{7}{40}=\frac{7}{2^3\times5}=\frac{7\times\square}{2^3\times5\times\square}=\frac{\square}{1000}=\square$

05 $\frac{11}{200}=\frac{11}{2^3\times5^2}=\frac{11\times\square}{2^3\times5^2\times\square}=\frac{\square}{1000}=\square$

다음 분수를 10의 거듭제곱을 이용하여 유한소수로 나타내시오.

06 $\frac{3}{5}$

07 $\frac{7}{28}$

약분이 되는지 먼저 확인해 봐!

08 $\frac{21}{40}$

09 $\frac{12}{75}$

10 $\frac{9}{250}$

▶ 정답 및 풀이 9쪽

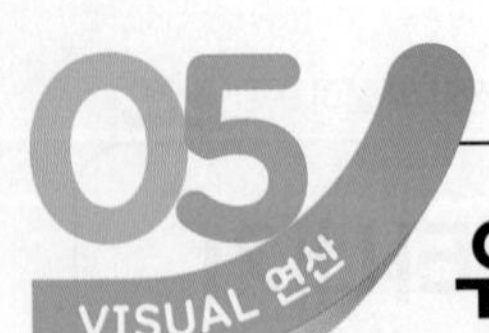

유한소수로 나타낼 수 있는 분수

분수를 기약분수로 나타내기 → 분모를 소인수분해하기 → 분모의 소인수가 2 또는 5뿐인지 확인하기 —Yes→ 유한소수 / —No→ 무한소수

$\frac{14}{40}=\frac{7}{20}$ (약분) → $\frac{7}{2^2\times5}$ → 분모의 소인수가 2 또는 5뿐이다. —Yes→ 유한소수 $\frac{7}{20}=0.35$

$\frac{26}{60}=\frac{13}{30}$ (약분) → $\frac{13}{2\times3\times5}$ → 분모의 소인수가 2, 3, 5이다. —No→ 무한소수 $\frac{13}{30}=0.4333\cdots$

분수를 반드시 기약분수로 고친 후, 분모를 소인수분해한다.
→ $\frac{3}{30}=\frac{3}{2\times3\times5}$ (×), $\frac{3}{30}=\frac{1}{10}=\frac{1}{2\times5}$ (○)

다음 □ 안에 알맞은 수를 써넣고, 옳은 것에 ○표를 하시오.

01 $\frac{4}{10}$ —약분→ □
→ 분모의 소인수가 □뿐이다.
→ 유한소수로 나타낼 수 (있다, 없다).

02 $\frac{7}{12}$ —분모를 소인수분해→ □
→ 분모의 소인수가 □와 □이다.
→ 유한소수로 나타낼 수 (있다, 없다).

03 $\frac{9}{60}$ —약분→ □ —분모를 소인수분해→ □
→ 분모의 소인수가 □와 □이다.
→ 유한소수로 나타낼 수 (있다, 없다).

04 $\frac{35}{98}$ —약분→ □ —분모를 소인수분해→ □
→ 분모의 소인수가 □와 □이다.
→ 유한소수로 나타낼 수 (있다, 없다).

다음 분수를 소수로 나타낼 때, 유한소수로 나타낼 수 있는 것에는 ○표, 나타낼 수 없는 것에는 ×표를 하시오.

05 $\frac{3}{2^4}$ (　　)

06 $\frac{11}{2\times5^2}$ (　　)

07 $\frac{4}{2^2\times3\times5}$ (　　)

08 $\frac{21}{3\times5^2}$ (　　)

09 $\frac{9}{3^2\times5\times7^2}$ (　　)

10 $\frac{2}{15}$ ( )

11 $\frac{12}{40}$ ( )

12 $\frac{6}{56}$ ( )

13 $\frac{9}{75}$ ( )

14 $\frac{15}{90}$ ( )

15 $\frac{12}{108}$ ( )

16 $\frac{21}{120}$ ( )

분수에 자연수를 곱하여 유한소수 만들기

다음 분수에 어떤 자연수를 곱하면 유한소수로 나타낼 수 있다. 이때 어떤 자연수 중 가장 작은 자연수를 구하시오.

17 $\frac{1}{2^2\times3}$ ________

따라해

분모의 소인수가 □ 또는 □뿐이어야 하므로

분모의 소인수 중 □이 약분되도록 분수에 □의 배수를 곱하면 된다.

따라서 가장 작은 자연수는 □이다.

18 $\frac{2}{3^2\times5}$ ________

19 $\frac{14}{2\times5^2\times7^2}$ ________

20 $\frac{7}{18}$ ________

분모를 먼저 소인수분해해!

21 $\frac{9}{66}$ ________

22 $\frac{25}{210}$ ________

연산 능력 UP! 10분 연산 TEST

▶ 정답 및 풀이 10쪽

[01~05] 다음 소수가 유한소수이면 '유', 무한소수이면 '무'를 써넣으시오.

01 1.9 ( )

02 $3.555\cdots$ ( )

03 $0.0272727\cdots$ ( )

04 -3.14 ( )

05 0.172841 ( )

[06~10] 다음 분수를 소수로 나타내고, 유한소수이면 '유', 무한소수이면 '무'를 써넣으시오.

06 $\frac{5}{4}=$ ______ ( )

07 $\frac{8}{15}=$ ______ ( )

08 $-\frac{4}{27}=$ ______ ( )

09 $\frac{3}{8}=$ ______ ( )

10 $\frac{1}{9}=$ ______ ( )

[11~13] 다음 분수를 10의 거듭제곱을 이용하여 유한소수로 나타내시오.

11 $\frac{5}{8}=\frac{5\times\square}{2^3\times\square}=\frac{\square}{10^3}=\square$

12 $\frac{19}{20}=\frac{19\times\square}{2^2\times5\times\square}=\frac{\square}{10^2}=\square$

13 $\frac{6}{75}=\frac{2}{\square}=\frac{2\times\square}{5^2\times\square}=\frac{\square}{10^2}=\square$

[14~17] 다음 분수를 소수로 나타낼 때, 유한소수로 나타낼 수 있는 것에는 ○표, 나타낼 수 없는 것에는 ×표를 하시오.

14 $\frac{3}{2^2\times7}$ ( )

15 $\frac{9}{2\times3\times5}$ ( )

16 $\frac{44}{80}$ ( )

17 $\frac{5}{48}$ ( )

[18~19] 다음 분수에 어떤 자연수를 곱하면 유한소수로 나타낼 수 있다. 이때 어떤 자연수 중 가장 작은 자연수를 구하시오.

18 $\frac{13}{2^2\times7}$

19 $\frac{21}{45}$

맞힌 개수 개/19개

▶ 정답 및 풀이 11쪽

순환소수

(1) **순환소수** : 소수점 아래의 어떤 자리에서부터 일정한 숫자의 배열이 한없이 되풀이되는 무한소수
(2) **순환마디** : 순환소수의 소수점 아래에서 숫자의 배열이 일정하게 되풀이되는 한 부분

순환소수		순환마디		순환소수의 표현
0.666⋯	⟶	6	⟶	$0.\dot{6}$
0.717171⋯	⟶	71	⟶	$0.\dot{7}\dot{1}$
1.2343434⋯	⟶	34	⟶	$1.2\dot{3}\dot{4}$
2.058058058⋯	⟶	058	⟶	$2.\dot{0}5\dot{8}$

↑ 소수점 아래에서 처음으로 반복되는 부분을 찾는다.

순환마디의 양 끝의 숫자 위에 점을 찍어 나타낸다.

실수 Check
순환마디는 소수점 아래에서 숫자의 배열이 가장 먼저 반복되는 부분이다.
4.254254254⋯
→ $4.\dot{2}5\dot{4}$(○), $\dot{4}.2\dot{5}$(×), $4.25\dot{4}\dot{2}$(×)

순환소수

다음 소수가 순환소수인 것에는 ○표, 순환소수가 아닌 것에는 ×표를 하시오.

01 0.333⋯ (　　　)

따라해 소수점 아래 □째 자리에서부터 숫자 □의 배열이 한없이 되풀이되고 있으므로 □소수이다.

02 2.454545⋯ (　　　)

03 1.10203⋯ (　　　)

04 3.0161616⋯ (　　　)

05 7.5222⋯ (　　　)

06 4.010010001⋯ (　　　)

순환마디

다음 순환소수의 순환마디를 구하시오.

07 0.555⋯ ______

08 0.232323⋯ ______

09 0.4777⋯ ______

10 3.616161⋯ ______

11 1.789789789⋯ ______

12 5.3282828⋯ ______

순환소수의 표현

다음 순환소수의 순환마디에 점을 찍어 간단히 나타내시오.

13 0.222⋯ ________

따라해 순환마디가 ☐ 이므로 순환마디에 점을 찍어 나타내면 ☐ 이다.

14 0.282828⋯ ________

15 1.325325325⋯ ________

순환마디의 숫자가 3개 이상일 때는
순환마디의 숫자 중에서
양 끝의 숫자 위에만 점을 찍어!

16 0.7111⋯ ________

17 3.0969696⋯ ________

18 2.71805805805⋯ ________

19 1.341341341⋯ ________

소수점 아래 n번째 자리의 숫자 구하기

다음을 구하시오.

20 순환소수 $0.\dot{3}\dot{1}$의 소수점 아래 20번째 자리의 숫자 ________

따라해 $0.\dot{3}\dot{1}$의 순환마디의 숫자는 3, 1의 ☐ 개이고,

$20=$ ☐ $\times 10$이므로 소수점 아래 20번째 자리의 숫자는

순환마디의 2번째 숫자인 ☐ 이다.

21 순환소수 $0.\dot{4}3\dot{2}$의 소수점 아래 33번째 자리의 숫자 ________

22 순환소수 $0.\dot{2}\dot{5}$의 소수점 아래 41번째 자리의 숫자 ________

따라해 $0.\dot{2}\dot{5}$의 순환마디의 숫자는 2, 5의 ☐ 개이고,

$41=$ ☐ $\times 20+$ ☐ 이므로 소수점 아래 41번째 자리의 숫자는

순환마디의 ☐ 번째 숫자인 ☐ 이다.

23 순환소수 $0.\dot{2}3\dot{1}$의 소수점 아래 16번째 자리의 숫자 ________

24 순환소수 $0.\dot{5}02\dot{6}$의 소수점 아래 22번째 자리의 숫자 ________

순환소수로 나타낼 수 있는 분수

분수를 기약분수로 나타내기 → 분모를 소인수분해하기 → 분모에 2나 5 이외의 소인수가 있는가? —Yes→ 순환소수

↳ 순환소수는 무한소수이다.

$\frac{4}{30}=\frac{2}{15}$ (약분) ⟶ $\frac{2}{3\times5}$ ⟶ 분모에 2나 5 이외의 소인수 3이 있으므로 순환소수로 나타낼 수 있다.

$\frac{2}{15}=0.1333\cdots$

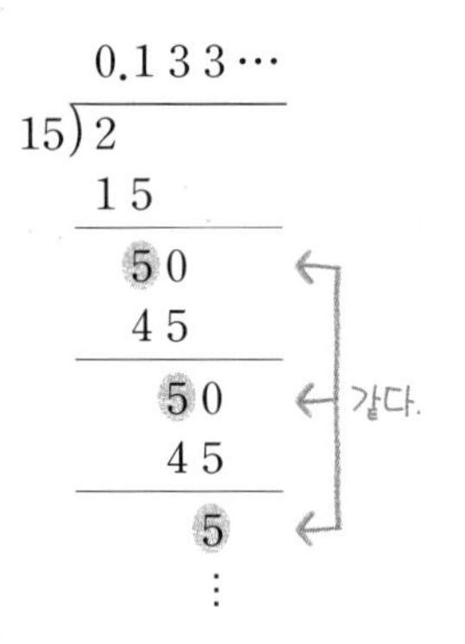

분수를 소수로 나타내기 위해 $2\div15$를 하면 나머지 5가 되풀이되어 순환소수가 생겨.

분수를 순환소수로 나타내기

다음 분수를 소수로 나타내고, 순환마디에 점을 찍어 간단히 나타내시오.

01 $\frac{2}{9}$

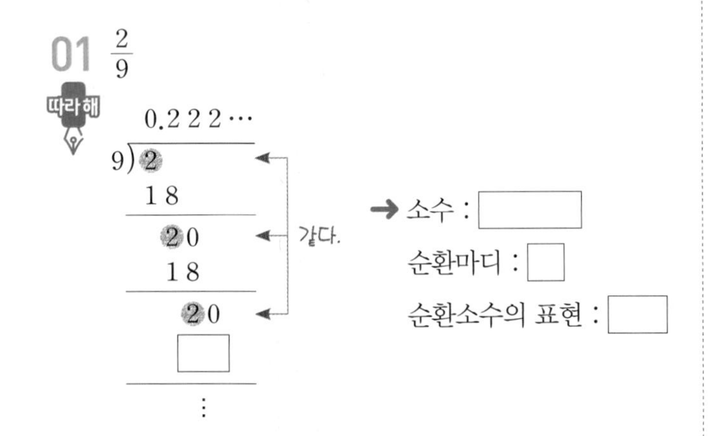

→ 소수 : ☐

순환마디 : ☐

순환소수의 표현 : ☐

02 $\frac{5}{6}$

→ 소수 : ____________

→ 순환소수의 표현 : ____________

03 $\frac{7}{11}$

→ 소수 : ____________

→ 순환소수의 표현 : ____________

04 $\frac{3}{37}$

→ 소수 : ____________

→ 순환소수의 표현 : ____________

유한소수와 순환소수 구별하기

다음 분수 중 유한소수로 나타낼 수 있는 것에는 '유', 순환소수로 나타낼 수 있는 것에는 '순'을 써넣으시오.

05 $\frac{5}{2\times7}$ (　　　)

분모에 2나 5 이외의 소인수 ☐이 있으므로 (유한소수, 순환소수)로 나타낼 수 있다.

06 $\frac{11}{2\times3\times5}$ (　　　)

07 $\frac{7}{25}$ (　　　)

08 $\frac{9}{2\times3\times5^2}$ (　　　)

분모를 소인수분해하기 전에 기약분수인지를 꼭 먼저 확인해!

09 $\frac{14}{30}$ (　　　)

10 $\frac{20}{135}$ (　　　)

▶ 정답 및 풀이 11쪽

10의 거듭제곱을 이용하여 순환소수를 분수로 나타내기 (1)

소수점 바로 아래 순환마디가 오는 경우

$0.\dot{1}\dot{5}$를 기약분수로 나타내 보자.

❶ $x=0.151515\cdots$
순환마디의 숫자가 2개 → 양변에 100을 곱한다.

❷ $100x=15.151515\cdots$

❸
$$\begin{array}{rl} 100x = & 15.151515\cdots \\ -)\quad x = & 0.151515\cdots \\ \hline 99x = & 15 \end{array}$$
→ 소수점 아래의 부분이 같다.
($99x$ = $100x-x$)
$\therefore x=\frac{15}{99}=\frac{5}{33}$

❶ 순환소수를 x로 놓는다.
❷ ❶의 양변에 10의 거듭제곱(10, 100, 1000, …)을 곱하여 소수점 아래의 부분이 같은 두 식을 만든다.
❸ 두 식을 변끼리 빼서 소수 부분을 없앤 후 x의 값을 구한다.

다음은 순환소수를 기약분수로 나타내는 과정이다. □ 안에 알맞은 수를 써넣으시오.

01 $0.\dot{7}$

$x=0.\dot{7}$이라 하면 $x=0.777\cdots$이므로
$$\begin{array}{rl} \square\, x = & 7.777\cdots \\ -)\quad x = & 0.777\cdots \\ \hline \square\, x = & \square \end{array}$$
$\therefore x=\square$

02 $1.\dot{1}\dot{2}$

$x=1.\dot{1}\dot{2}$라 하면 $x=1.121212\cdots$이므로
$$\begin{array}{rl} \square\, x = & 112.121212\cdots \\ -)\quad x = & 1.121212\cdots \\ \hline \square\, x = & \square \end{array}$$
$\therefore x=\frac{\square}{99}=\square$

03 $0.\dot{8}1\dot{0}$

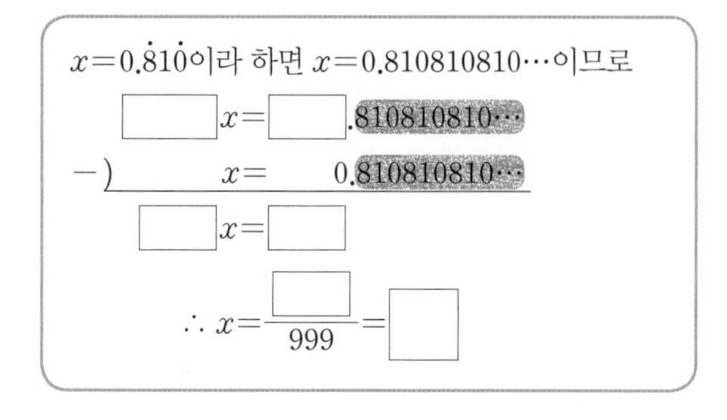
$x=0.\dot{8}1\dot{0}$이라 하면 $x=0.810810810\cdots$이므로
$$\begin{array}{rl} \square\, x = & \square.810810810\cdots \\ -)\quad x = & 0.810810810\cdots \\ \hline \square\, x = & \square \end{array}$$
$\therefore x=\frac{\square}{999}=\square$

다음 순환소수를 10의 거듭제곱을 이용하여 기약분수로 나타내시오.

04 $0.\dot{4}$

첫 순환마디의 뒤로
소수점이 오도록
10의 거듭제곱을 곱해!

05 $1.\dot{6}$

06 $3.\dot{5}$

07 $0.\dot{2}\dot{7}$

08 $0.\dot{7}\dot{6}$

09 $1.\dot{3}\dot{2}$

10 $1.\dot{5}\dot{4}$

11 $0.\dot{3}4\dot{5}$

12 $1.\dot{0}8\dot{1}$

13 $1.\dot{2}3\dot{4}$

다음 순환소수를 x로 놓고 분수로 나타낼 때, 보기에서 가장 편리한 식을 찾아 그 기호를 쓰시오.

보기
ㄱ. $10x-x$　　ㄴ. $100x-x$　　ㄷ. $1000x-x$

14 $0.\dot{8}$

15 $0.\dot{7}0\dot{9}$

16 $0.\dot{0}\dot{4}$

17 $1.\dot{3}\dot{6}$

18 $2.\dot{7}$

19 $4.\dot{2}0\dot{3}$

10의 거듭제곱을 이용하여 순환소수를 분수로 나타내기 (2)

소수점 아래 바로 순환마디가 오지 않는 경우

$0.2\dot{3}\dot{6}$을 기약분수로 나타내 보자.

❶ $x=0.2363636\cdots$
순환하지 않는 숫자가 1개 → 양변에 10을 곱한다.

❷ $10x=2.363636\cdots$ (㉠)
순환마디의 숫자가 2개 → 양변에 100을 곱한다.

$1000x=236.363636\cdots$ (㉡)

❸ ㉡−㉠을 하면

$$\begin{array}{rl} 1000x= & 236.363636\cdots \\ -)\quad 10x= & 2.363636\cdots \\ \hline 990x= & 234 \end{array}$$

→ 소수점 아래의 부분이 같다.

$990x$: $1000x-10x$

$\therefore x=\frac{234}{990}=\frac{13}{55}$

❶ 순환소수를 x로 놓는다.
❷ 소수점 아래의 부분이 같은 두 식을 만든다.
㉠ : ❶의 양변에 소수점 아래에서 순환하지 않는 숫자의 개수만큼 10의 거듭제곱 (10, 100, 1000, …)을 곱한 식
㉡ : ㉠의 양변에 순환마디의 숫자의 개수만큼 10의 거듭제곱(10, 100, 1000, …)을 곱한 식
❸ ㉡−㉠을 하여 소수 부분을 없앤 후 x의 값을 구한다.

다음은 순환소수를 기약분수로 나타내는 과정이다. □ 안에 알맞은 수를 써넣으시오.

01 $0.5\dot{2}$

$x=0.5\dot{2}$라 하면 $x=0.5222\cdots$

$\square x=5.222\cdots$

$\square x=52.222\cdots$이므로

$$\begin{array}{rl} 100x= & 52.222\cdots \\ -)\quad 10x= & 5.222\cdots \\ \hline \square x= & \square \end{array}$$

$\therefore x=\square$

02 $0.2\dot{3}\dot{7}$

$x=0.2\dot{3}\dot{7}$이라 하면 $x=0.2373737\cdots$

$\square x=2.373737\cdots$

$\square x=237.373737\cdots$이므로

$$\begin{array}{rl} \square x= & 237.373737\cdots \\ -)\quad \square x= & 2.373737\cdots \\ \hline \square x= & \square \end{array}$$

$\therefore x=\frac{\square}{990}=\square$

03 $1.03\dot{5}$

$x=1.03\dot{5}$라 하면 $x=1.03555\cdots$

$\square x=103.555\cdots$

$\square x=1035.555\cdots$이므로

$$\begin{array}{rl} \square x= & 1035.555\cdots \\ -)\quad \square x= & 103.555\cdots \\ \hline \square x= & \square \end{array}$$

$\therefore x=\frac{\square}{900}=\square$

다음 순환소수를 10의 거듭제곱을 이용하여 기약분수로 나타내시오.

04 $0.1\dot{3}$

첫 순환마디의 뒤로 소수점이 오도록 10의 거듭제곱을 곱해!

05 $1.5\dot{7}$

06 $3.6\dot{5}$

07 $0.4\dot{3}\dot{2}$

08 $0.2\dot{6}\dot{9}$

09 $2.3\dot{4}\dot{5}$

10 $0.51\dot{4}$

순환하지 않는 숫자가 5, 1의 2개야.

11 $3.41\dot{6}$

다음 순환소수를 x로 놓고 분수로 나타낼 때, **보기**에서 가장 편리한 식을 찾아 그 기호를 쓰시오.

보기

ㄱ. $100x-10x$　ㄴ. $1000x-10x$　ㄷ. $1000x-100x$

12 $0.3\dot{2}$

13 $0.1\dot{3}\dot{4}$

14 $0.45\dot{7}$

15 $2.01\dot{2}$

16 $3.0\dot{6}$

17 $5.5\dot{8}\dot{1}$

공식을 이용하여 순환소수를 분수로 나타내기 (1)

소수점 아래 바로 순환마디가 오는 경우

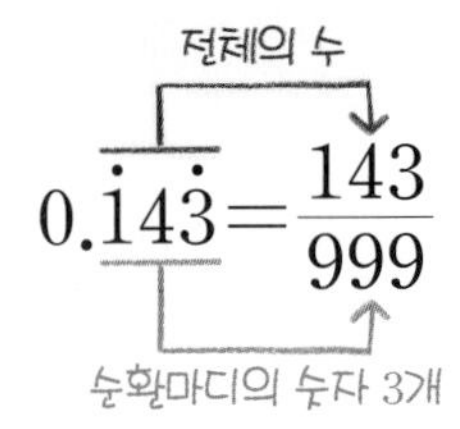

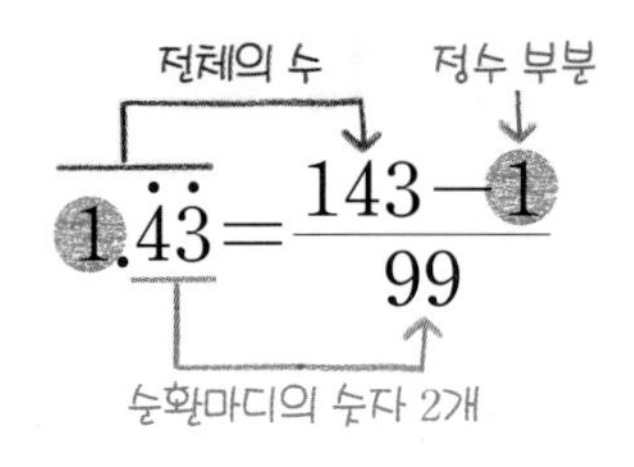

① 분모 : 순환마디의 숫자의 개수만큼 9를 쓴다.
② 분자 : (전체의 수)−(정수 부분)

1 POINT

$0.\dot{a}=\frac{a}{9}$

$0.\dot{a}\dot{b}=\frac{ab}{99}$

$a.\dot{b}=\frac{ab-a}{9}$

$a.\dot{b}c\dot{d}=\frac{abcd-a}{999}$

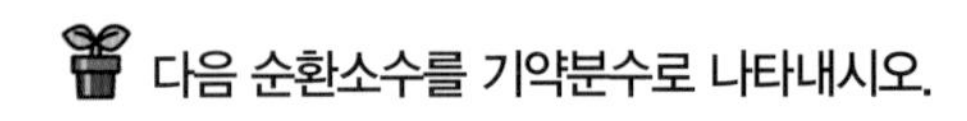

다음 순환소수를 기약분수로 나타내시오.

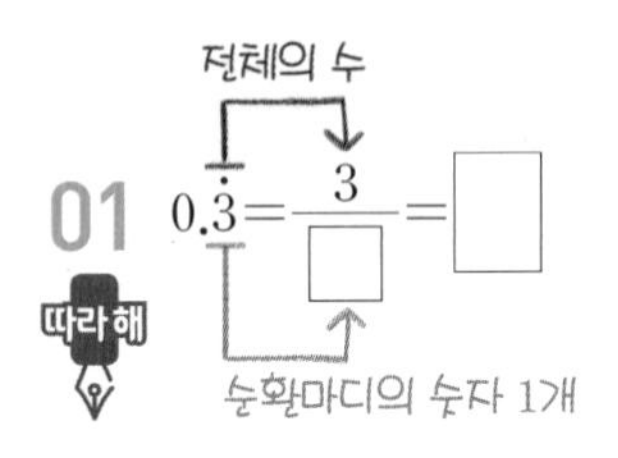

01 $0.\dot{3}=\frac{3}{\square}=\square$

(전체의 수, 순환마디의 숫자 1개) 따라해

02 $0.\dot{5}$ ______

03 $0.\dot{2}\dot{4}$ ______

04 $0.\dot{5}0\dot{7}$ ______

05 $0.\dot{3}8\dot{1}$ ______

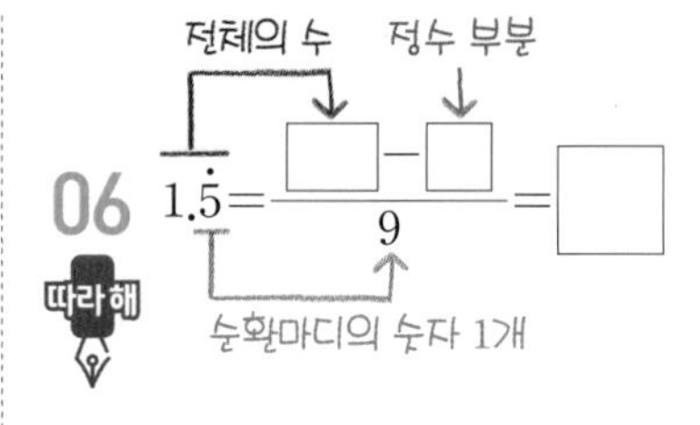

06 $1.\dot{5}=\frac{\square-\square}{9}=\square$

(전체의 수, 정수 부분, 순환마디의 숫자 1개) 따라해

07 $3.\dot{4}$ ______

08 $11.\dot{3}$ ______

09 $2.\dot{0}\dot{1}$ ______

10 $1.\dot{4}2\dot{6}$ ______

▶ 정답 및 풀이 13쪽

공식을 이용하여 순환소수를 분수로 나타내기 (2)

소수점 아래 바로 순환마디가 오지 않는 경우

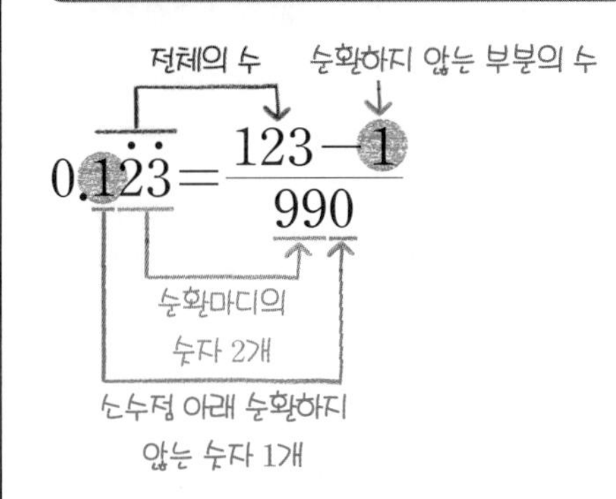

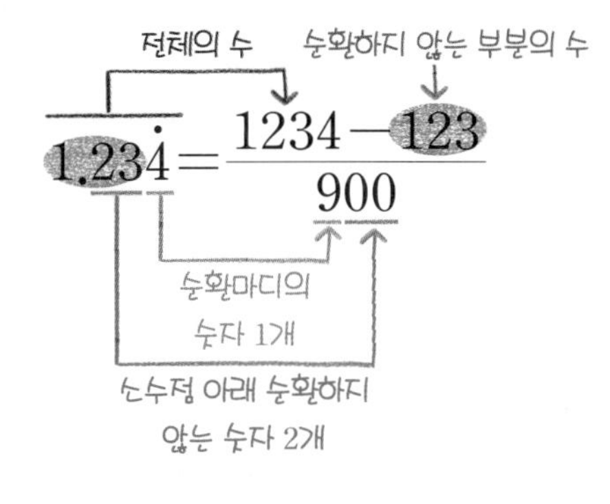

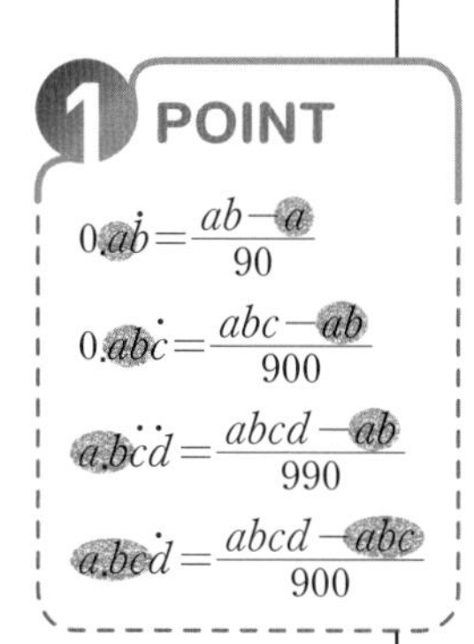

❶ 분모 : 순환마디의 숫자의 개수만큼 9를 쓰고, 그 뒤에 소수점 아래에서 순환하지 않는 숫자의 개수만큼 0을 쓴다.
❷ 분자 : (전체의 수)−(순환하지 않는 부분의 수)

다음 순환소수를 기약분수로 나타내시오.

01 따라해

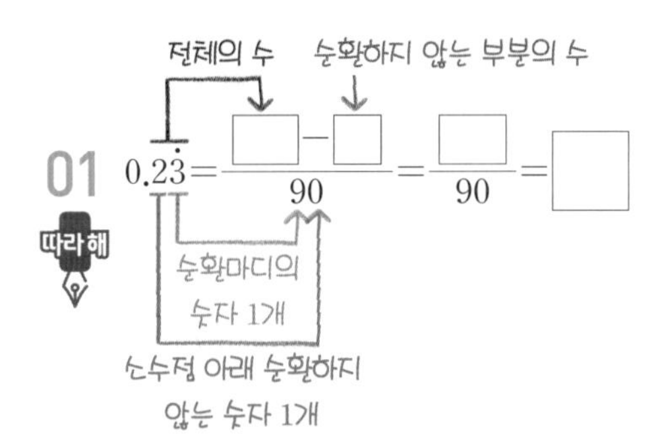

02 $0.3\dot{5}$

03 $1.2\dot{4}$

04 따라해

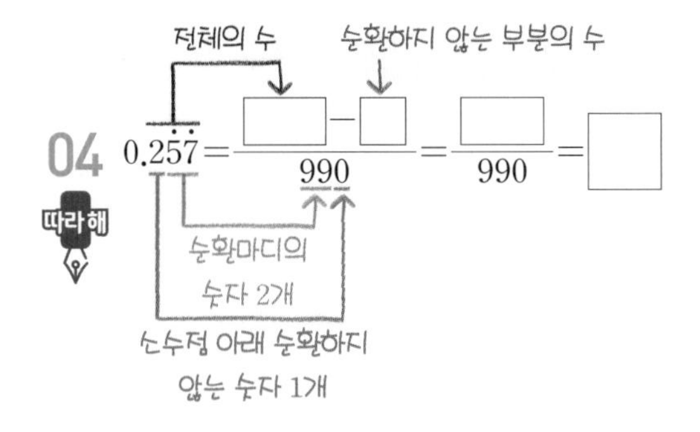

05 $0.1\dot{2}\dot{6}$

06 $1.2\dot{3}\dot{4}$

07 $5.0\dot{1}\dot{2}$

08 따라해

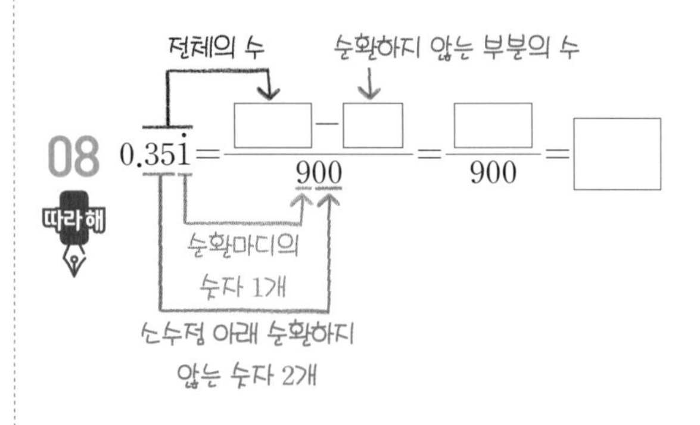

09 $0.13\dot{8}$

10 $1.34\dot{6}$

▶ 정답 및 풀이 13쪽

12 VISUAL 연산 유리수와 소수의 관계

소수
- 유한소수 → $0.3=\frac{3}{10}$ — 분수로 나타낼 수 있으므로 유리수이다. → 유리수
- 무한소수
  - 순환소수 → $0.\dot{3}\dot{1}=\frac{31}{99}$ — 분수로 나타낼 수 있으므로 유리수이다. → 유리수
  - 순환소수가 아닌 무한소수 → π → 분수로 나타낼 수 없으므로 유리수가 아니다.

참고 순환소수는 무한소수이지만 무한소수가 모두 순환소수는 아니다.

1 POINT

(1) 유한소수와 순환소수는 모두 유리수이다.
(2) 정수가 아닌 유리수는 유한소수 또는 순환소수로 나타낼 수 있다.

다음 중 유리수인 것에는 ○표, 유리수가 아닌 것에는 ×표를 하시오.

01 0.656565⋯ ( )

따라해 0.656565⋯는 (유한, 순환)소수이고 순환마디는 ☐이므로 분수로 나타내면 ☐이다.

02 0.171717⋯ ( )

03 0.202002000⋯ ( )

04 0.512346 ( )

05 −9.919919919⋯ ( )

06 1.223334444⋯ ( )

다음 중 옳은 것에는 ○표, 옳지 않은 것에는 ×표를 하시오.

07 모든 소수는 분수로 나타낼 수 있다. ( )

따라해 순환소수가 아닌 무한소수는 분수로 나타낼 수 (있다, 없다).

08 모든 순환소수는 분수로 나타낼 수 있다. ( )

09 모든 유리수는 분수로 나타낼 수 있다. ( )

10 모든 유리수는 유한소수로 나타낼 수 있다. ( )

11 모든 무한소수는 순환소수이다. ( )

12 모든 무한소수는 유리수이다. ( )

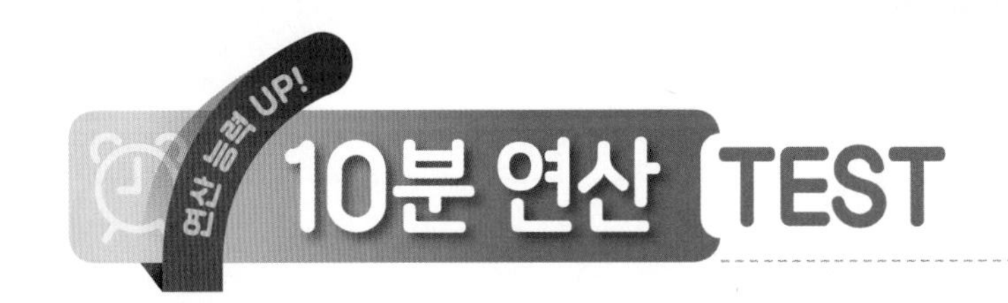

▶ 정답 및 풀이 13쪽

[01 ~ 04] 다음 순환소수의 순환마디를 구하고, 순환마디에 점을 찍어 간단히 나타내시오.

01 $2.666\cdots$

02 $0.0575757\cdots$

03 $3.414141\cdots$

04 $0.213213213\cdots$

[05 ~ 06] 다음 순환소수에서 소수점 아래 20번째 자리의 숫자를 구하시오.

05 $0.\dot{4}\dot{9}$

06 $0.\dot{3}2\dot{1}$

[07 ~ 10] 다음 분수를 소수로 고친 후, 순환마디에 점을 찍어 간단히 나타내시오.

07 $\dfrac{20}{9}$

08 $\dfrac{3}{11}$

09 $\dfrac{13}{27}$

10 $\dfrac{11}{45}$

[11 ~ 14] 다음 분수 중 유한소수로 나타낼 수 있는 것에는 '유', 순환소수로 나타낼 수 있는 것에는 '순'을 써넣으시오.

11 $\dfrac{5}{3^2}$ (　　　)

12 $\dfrac{42}{7\times5^2}$ (　　　)

13 $\dfrac{29}{30}$ (　　　)

14 $\dfrac{21}{105}$ (　　　)

[15 ~ 18] 다음 순환소수를 기약분수로 나타내시오.

15 $0.\dot{7}\dot{3}$

16 $0.\dot{1}4\dot{7}$

17 $1.5\dot{4}$

18 $0.1\dot{4}\dot{6}$

[19 ~ 21] 다음 중 옳은 것에는 ○표, 옳지 않은 것에는 ×표를 하시오.

19 3.14는 유리수이다. (　　　)

20 순환소수 중에는 유리수가 아닌 것도 있다. (　　　)

21 소수는 유한소수와 무한소수로 분류할 수 있다. (　　　)

맞힌 개수 　　개/21개

01

다음 **보기**에서 유리수는 모두 몇 개인가?

> **보기**
>
> $0,\ \ \pi,\ \ 0.48,\ \ -\frac{1}{3},\ \ 1,\ \ \frac{32}{8}$

① 2개　② 3개　③ 4개　④ 5개　⑤ 6개

02

다음은 분수 $\frac{13}{40}$을 소수로 나타내는 과정이다. □ 안에 알맞은 수로 옳지 <u>않은</u> 것은?

$$\frac{13}{40}=\frac{13\times\boxed{①}}{2^3\times5\times\boxed{②}}=\frac{\boxed{③}}{10^{\boxed{④}}}=\boxed{⑤}$$

① 5^2　② 25　③ 325　④ 4　⑤ 0.325

03 80% 출제율

다음 분수 중 유한소수로 나타낼 수 있는 것은?

① $\frac{1}{30}$　② $\frac{7}{56}$　③ $\frac{12}{2\times3\times7}$　④ $\frac{5}{120}$　⑤ $\frac{35}{2^2\times3\times5^2}$

04

분수 $\frac{35}{3\times5\times7^2}$에 어떤 자연수를 곱하면 유한소수로 나타낼 수 있다. 이때 어떤 자연수 중 가장 작은 자연수는?

① 3　② 7　③ 9　④ 14　⑤ 21

05

분수 $\frac{A}{72}$를 소수로 나타내면 유한소수가 된다. 이때 A의 값이 될 수 있는 수가 <u>아닌</u> 것은?

① 9　② 18　③ 24　④ 27　⑤ 36

06

다음 중 순환소수의 표현으로 옳은 것은?

① $0.333\cdots=0.\dot{3}\dot{3}$
② $1.321321321\cdots=\dot{1}.3\dot{2}$
③ $0.9636363\cdots=0.\dot{9}6\dot{3}$
④ $0.525252\cdots=0.\dot{5}2\dot{5}$
⑤ $1.3424242\cdots=1.3\dot{4}\dot{2}$

07 85% 출제율

순환소수 $2.\dot{3}45\dot{1}$에서 소수점 아래 81번째 자리의 숫자는?

① 1　② 2　③ 3
④ 4　⑤ 5

08

순환소수를 분수로 나타내려고 할 때, 이용할 수 있는 가장 간단한 식을 바르게 연결하지 않은 것은?

① $x=2.\dot{8}$ ➜ $10x-x$
② $x=0.\dot{3}\dot{4}$ ➜ $100x-x$
③ $x=1.\dot{3}0\dot{4}$ ➜ $1000x-10x$
④ $x=0.1\dot{8}$ ➜ $100x-10x$
⑤ $x=1.1\dot{4}\dot{2}$ ➜ $1000x-10x$

09

다음 중 순환소수를 분수로 나타낸 것으로 옳은 것은?

① $1.\dot{2}=\frac{4}{3}$　② $1.\dot{4}\dot{5}=\frac{5}{11}$
③ $0.7\dot{2}=\frac{13}{18}$　④ $2.5\dot{1}=\frac{113}{450}$
⑤ $0.1\dot{2}\dot{3}=\frac{41}{330}$

10

다음 중 순환소수 $x=0.2030303\cdots$에 대한 설명으로 옳지 않은 것은?

① 유리수이다.
② $0.2\dot{0}\dot{3}$으로 나타낸다.
③ 순환마디는 3이다.
④ $1000x-10x=201$
⑤ 분수로 나타내면 $\frac{67}{330}$이다.

11 실수 ✔ 주의

다음 중 옳지 않은 것은?

① 유한소수는 모두 유리수이다.
② 모든 순환소수는 무한소수이다.
③ 모든 순환소수는 유리수이다.
④ 정수가 아닌 유리수를 소수로 나타내면 모두 유한소수로 나타낼 수 있다.
⑤ 순환소수가 아닌 무한소수는 유리수가 아니다.

12 서술형

분수 $\frac{4}{11}$를 소수로 나타낼 때, 소수점 아래 99번째 자리의 숫자를 구하시오.

채점 기준 1 분수를 소수로 나타내기

채점 기준 2 순환마디의 숫자의 개수 구하기

채점 기준 3 소수점 아래 99번째 자리의 숫자 구하기

Ⅰ-2 단항식의 계산

01 지수법칙

(1) 지수법칙 – 지수의 합

m, n이 자연수일 때 $a^m \times a^n = a^{m+n}$

예 $a^3 \times a^2 = (a \times a \times a) \times (a \times a) = a \times a \times a \times a \times a = a^5$

참고 l, m, n이 자연수일 때 $a^l \times a^m \times a^n = a^{l+m+n}$

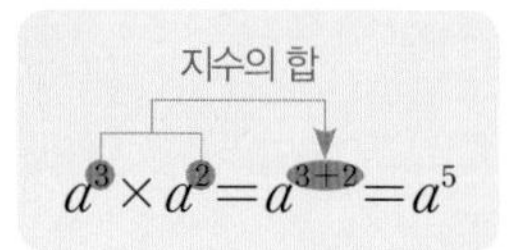

(2) 지수법칙 – 지수의 곱

m, n이 자연수일 때 $(a^m)^n = a^{mn}$

예 $(a^3)^4 = a^3 \times a^3 \times a^3 \times a^3 = a^{3+3+3+3} = a^{3\times4} = a^{12}$

주의 $(a^m)^n = a^{m^n}$으로 생각하지 않도록 주의한다.

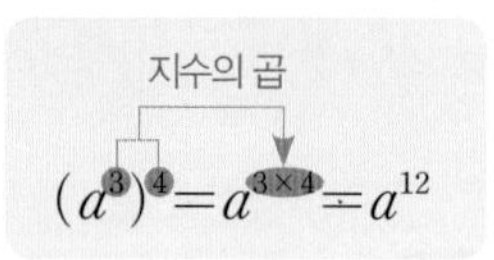

(3) 지수법칙 – 지수의 차

$a \neq 0$이고, m, n이 자연수일 때

① $m > n$이면 $a^m \div a^n = a^{m-n}$

② $m = n$이면 $a^m \div a^n = 1$

③ $m < n$이면 $a^m \div a^n = \dfrac{1}{a^{n-m}}$

예 $a^6 \div a^4 = \dfrac{a \times a \times a \times a \times a \times a}{a \times a \times a \times a} = a \times a = a^2$

$a^3 \div a^3 = \dfrac{a \times a \times a}{a \times a \times a} = 1$

$a^4 \div a^6 = \dfrac{a \times a \times a \times a}{a \times a \times a \times a \times a \times a} = \dfrac{1}{a \times a} = \dfrac{1}{a^2}$

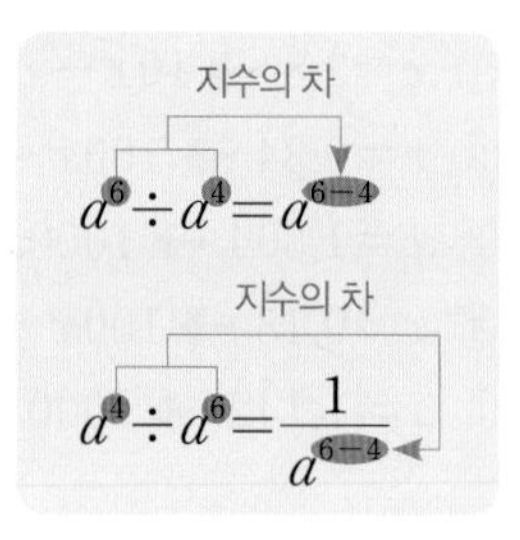

(4) 지수법칙 – 지수의 분배

m이 자연수일 때

① $(ab)^m = a^m b^m$

② $\left(\dfrac{a}{b}\right)^m = \dfrac{a^m}{b^m}$ $(b \neq 0)$

예 $(ab)^2 = ab \times ab = a \times a \times b \times b = a^2b^2$

$\left(\dfrac{a}{b}\right)^4 = \dfrac{a}{b} \times \dfrac{a}{b} \times \dfrac{a}{b} \times \dfrac{a}{b} = \dfrac{a \times a \times a \times a}{b \times b \times b \times b} = \dfrac{a^4}{b^4}$

참고 (1) $a > 0$일 때, $(-a)^n = \{(-1) \times a\}^n = (-1)^n a^n$이므로

$$(-a)^n = \begin{cases} a^n & (n\text{이 짝수}) \\ -a^n & (n\text{이 홀수}) \end{cases}$$

(2) l, m, n이 자연수일 때

$(a^m b^n)^l = a^{ml} b^{nl}$, $\left(\dfrac{a^m}{b^n}\right)^l = \dfrac{a^{ml}}{b^{nl}}$ (단, $b \neq 0$)

주의 $(ab)^m \neq ab^m$, $\left(\dfrac{a}{b}\right)^m \neq \dfrac{a^m}{b}$임에 주의한다.

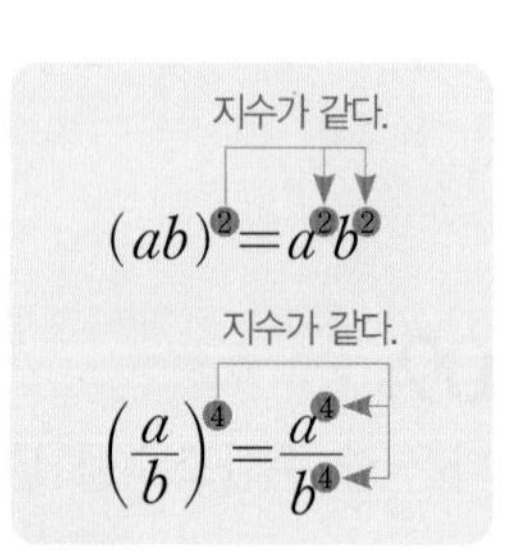

02 단항식의 곱셈

❶ 계수는 계수끼리, 문자는 문자끼리 곱하여 계산한다.

❷ 같은 문자끼리의 곱셈은 지수법칙을 이용하여 간단히 한다.

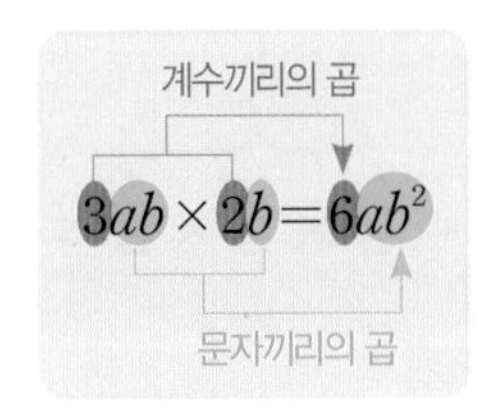

예 $3ab\times 2b=3\times a\times b\times 2\times b=(3\times 2)\times(a\times b\times b)=6ab^2$

참고 • 단항식에서는 수를 문자 앞에 쓰고, 문자는 알파벳 순서로 쓴다.
• 단항식의 곱셈에서 부호는 계수끼리의 곱에서 결정된다.
→ $(-)$가 짝수 개이면 $(+)$, $(-)$가 홀수 개이면 $(-)$

03 단항식의 나눗셈

[방법 ❶] 분수 꼴로 바꾸어 계수는 계수끼리, 문자는 문자끼리 계산한다.

$\rightarrow A\div B=\dfrac{A}{B}$

예 $6ab\div 3a=\dfrac{6ab}{3a}=2b$

[방법 ❷] 나누는 식의 역수를 이용하여 나눗셈을 곱셈으로 바꾼 후 계수는 계수끼리, 문자는 문자끼리 계산한다.

$\rightarrow A\div B=A\times\dfrac{1}{B}=\dfrac{A}{B}$

예 $6ab\div\dfrac{a}{3}=6ab\times\dfrac{3}{a}=18b$

참고 나누는 식이 분수 꼴이거나 나눗셈이 2개 이상인 경우에는 [방법 ❷]를 사용하는 것이 편리하다.

(1) 나누는 식이 분수 꼴인 경우 $\rightarrow A\div\dfrac{C}{B}=A\times\dfrac{B}{C}=\dfrac{AB}{C}$

(2) 나눗셈이 2개 이상인 경우 $\rightarrow A\div B\div C=A\times\dfrac{1}{B}\times\dfrac{1}{C}=\dfrac{A}{BC}$

04 단항식의 곱셈과 나눗셈의 혼합 계산

❶ 괄호가 있으면 지수법칙을 이용하여 괄호를 푼다.

❷ 나눗셈은 분수 꼴 또는 역수의 곱셈으로 바꾸어 계산한다.

❸ 계수는 계수끼리, 문자는 문자끼리 계산한다.

예 $8x^4y^2\div 4x^2y\times(-2x)^4$
$=8x^4y^2\div 4x^2y\times 16x^4$) 괄호 풀기
$=8x^4y^2\times\dfrac{1}{4x^2y}\times 16x^4$) 나눗셈을 곱셈으로 고치기
$=32x^6y$) 계수는 계수끼리, 문자는 문자끼리 계산하기

▶ 정답 및 풀이 14쪽

01 VISUAL 연산 거듭제곱

중학교 1 학년 때 배웠어요!

거듭제곱 : 같은 수나 문자가 거듭하여 곱해진 것을 간단히 나타내는 것

$$2\times2\times2=2^3$$

3개 — 지수 : 거듭하여 곱한 횟수, 밑 : 거듭하여 곱한 수

$$\frac{1}{2}\times\frac{1}{2}\times\frac{1}{2}=\left(\frac{1}{2}\right)^3$$

$$2\times2\times2\times3\times3=2^3\times3^2$$

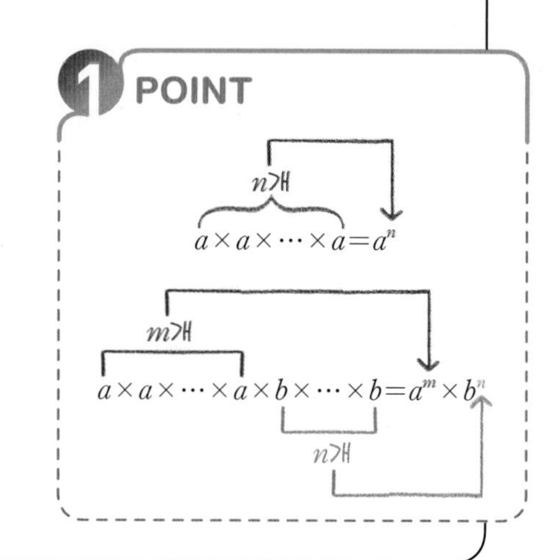

POINT
n개
$a\times a\times\cdots\times a=a^n$
m개
$a\times a\times\cdots\times a\times b\times\cdots\times b=a^m\times b^n$
n개

다음에서 밑과 지수를 각각 구하시오.

01 3^5 밑 : ______, 지수 : ______

02 $\left(\frac{1}{4}\right)^3$ 밑 : ______, 지수 : ______

03 x^8 밑 : ______, 지수 : ______

04 11^a 밑 : ______, 지수 : ______

다음을 거듭제곱으로 나타내시오.

05 따라해 $5\times5\times5$ $5^{\square}$

06 $7\times7\times7\times7\times7$ ______

07 $\frac{1}{3}\times\frac{1}{3}\times\frac{1}{3}$ ______

08 $x\times x\times x\times x\times x$ ______

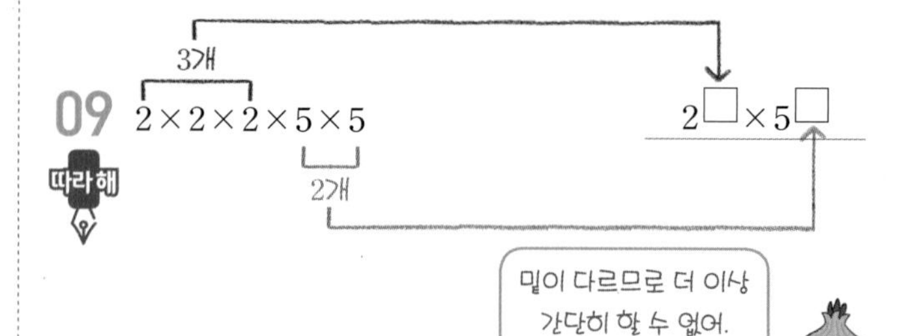

09 따라해 $2\times2\times2\times5\times5$ $2^{\square}\times5^{\square}$

밑이 다르므로 더 이상 간단히 할 수 없어.

10 $3\times3\times3\times7\times7\times7\times7$ ______

11 $\frac{1}{5}\times\frac{1}{5}\times\frac{1}{5}\times\frac{2}{11}\times\frac{2}{11}$ ______

12 $\frac{1}{2\times2\times7\times7\times13}$ ______

13 $a\times a\times a\times b\times b\times b\times b$ ______

14 $x\times y\times y\times x\times x$ ______

지수법칙 (1) - 지수의 합

$a^2 \times a^3 = (a \times a) \times (a \times a \times a)$ (2개, 3개)

$= a \times a \times a \times a \times a$ (2개+3개=5개)

$= a^5$ ← 2+3

참고 l, m, n이 자연수일 때, $a^l \times a^m \times a^n = a^{l+m+n}$

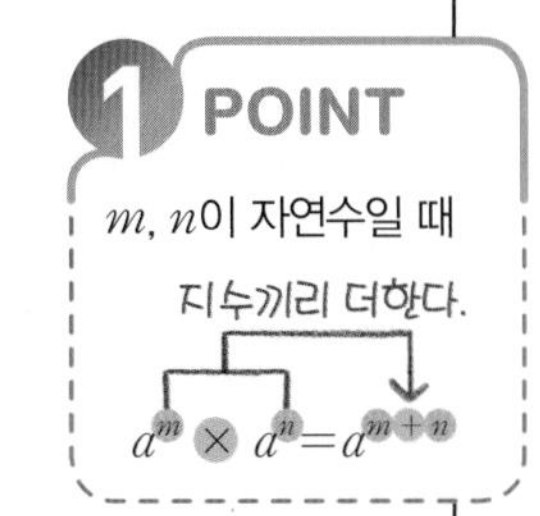

a는 a^1으로 생각한다. 즉, a의 지수는 1이다.
→ $2 \times 2^2 = 2^1 \times 2^2 = 2^{1+2} = 2^3$

실수 Check

다음 식을 간단히 하시오.

01 $a^2 \times a^5 = a^{2+\square} = a^{\square}$ 따라해

02 $2^2 \times 2^4$

03 $x^3 \times x^6$

04 $y^{10} \times y^7$

05 $b \times b^8$ (b는 b^1으로 생각해!)

06 $a \times a^2 \times a^3 = a^{1+\square+\square} = a^{\square}$ (1이 생략!) 따라해

07 $2^2 \times 2 \times 2^4$

08 $b^3 \times b^2 \times b^5$

09 $x^5 \times x^7 \times x^9$

10 $a \times a^3 \times a^2 \times a^5$

11 $b^2 \times b \times b^4 \times b^3$

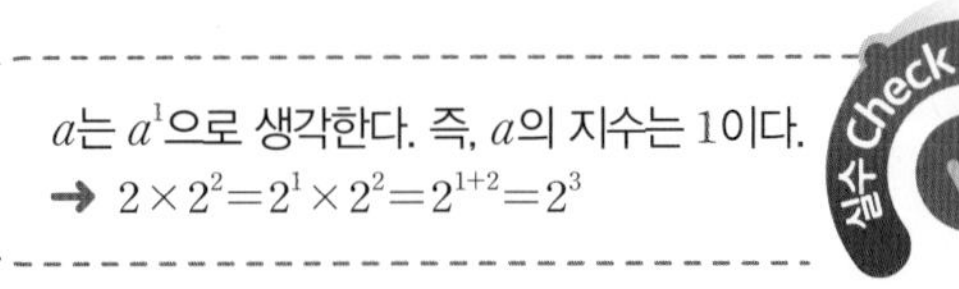

12 $x^2 \times x^2 \times y \times y^3 = x^{2+\square} \times y^{1+\square} = x^{\square}y^{\square}$ 따라해

(밑이 같은 것끼리만 지수법칙을 적용할 수 있어.)

13 $2^3 \times 2 \times 3^3 \times 3^2$

14 $a \times a^2 \times b^2 \times b^5$

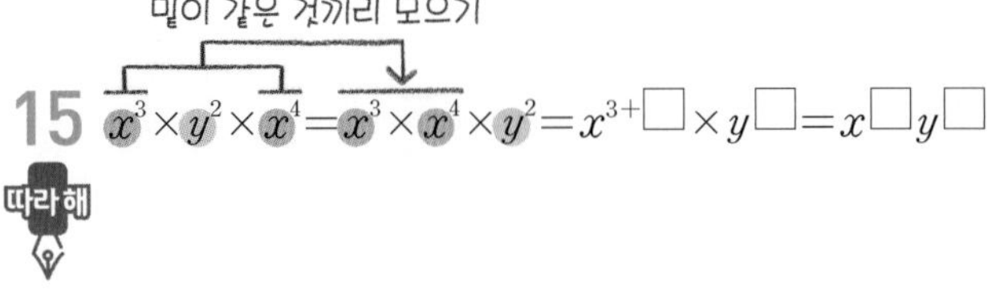

15 $x^3 \times y^2 \times x^4 = x^3 \times x^4 \times y^2 = x^{3+\square} \times y^{\square} = x^{\square}y^{\square}$ 따라해

16 $a^3 \times b^4 \times a^5 \times b^2$

17 $x^5 \times y^5 \times x^2 \times y^6$

▶ 정답 및 풀이 14쪽

03
VISUAL 연산

지수법칙 (2) - 지수의 곱

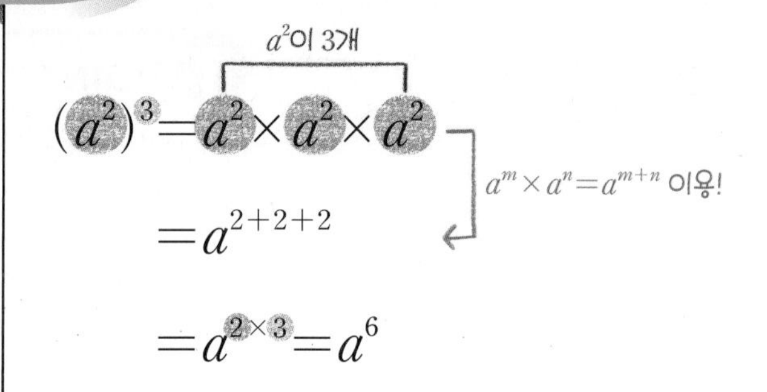
a^2이 3개
$(a^2)^3=a^2\times a^2\times a^2$
$a^m\times a^n=a^{m+n}$ 이용!
$=a^{2+2+2}$
$=a^{2\times 3}=a^6$

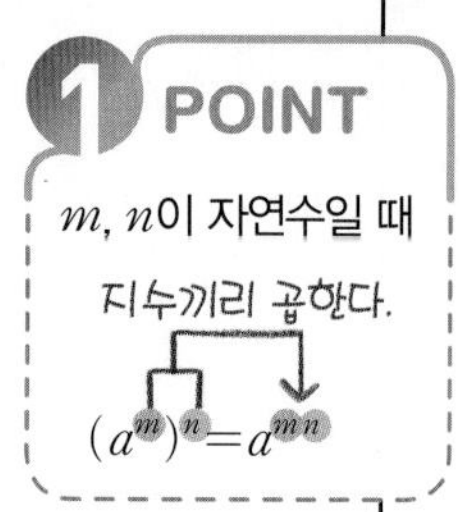
POINT
m, n이 자연수일 때
지수끼리 곱한다.
$(a^m)^n=a^{mn}$

실수 Check

$(a^2)^3$은 a^2을 3번 곱한 것이다.
→ $(a^2)^3=a^{2+3}=a^5$ (×), $(a^2)^3=a^{2\times3}=a^6$ (○)

다음 식을 간단히 하시오.

01 $(a^3)^2=a^{3\times\square}=a^{\square}$

따라해

02 $(3^4)^3$

03 $(x^2)^4$

04 $(y^6)^5$

05 $(x^3)^2\times(x^2)^2=x^{3\times\square}\times x^{2\times\square}$
$=x^{\square}\times x^{\square}=x^{\square}$

따라해

06 $(2^5)^2\times2^3$

07 $a\times(a^3)^3$

08 $(b^4)^3\times b^2$

09 $(x^2)^6\times(x^4)^2$

10 $(a^2)^2\times a^5\times(b^3)^2=a^{2\times\square}\times a^5\times b^{3\times\square}$
$=a^{\square+5}\times b^{\square}=a^{\square}b^{\square}$

따라해

11 $x^4\times(x^3)^4\times y^8$

12 $(a^6)^2\times b^3\times(b^2)^3$

13 $(x^3)^2\times(y^4)^3\times(x^2)^4=x^{3\times\square}\times y^{4\times\square}\times x^{2\times\square}$
$=x^{\square}\times x^{\square}\times y^{\square}$
$=x^{\square}y^{\square}$

따라해

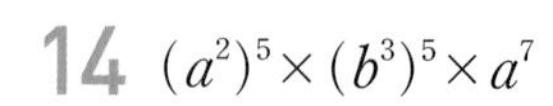

거듭제곱을 먼저 계산한 후
밑이 같은 것끼리 모아!

14 $(a^2)^5\times(b^3)^5\times a^7$

15 $(b^2)^2\times(a^8)^3\times(b^4)^2$

지수법칙 (3) - 지수의 차

$$a^5 \div a^2 = \frac{\overbrace{a\times a\times a\times a\times a}^{5개}}{\underbrace{a\times a}_{2개}} = a\times a\times a = a^3 \leftarrow 5-2$$

$$a^2 \div a^2 = \frac{\overbrace{a\times a}^{2개}}{\underbrace{a\times a}_{2개}} = 1$$

지수의 차는 큰 수에서 작은 수를 빼야 해.

$$a^2 \div a^5 = \frac{\overbrace{a\times a}^{2개}}{\underbrace{a\times a\times a\times a\times a}_{5개}} = \frac{1}{a\times a\times a} = \frac{1}{a^3} \leftarrow 5-2$$

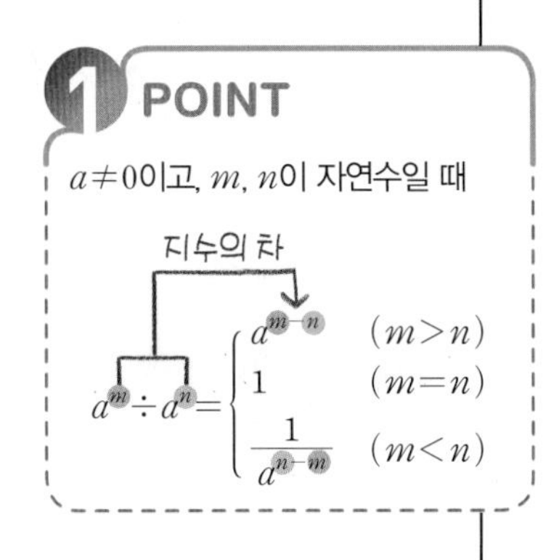

POINT
$a\neq 0$이고, m, n이 자연수일 때
지수의 차
$a^m \div a^n = \begin{cases} a^{m-n} & (m>n) \\ 1 & (m=n) \\ \frac{1}{a^{n-m}} & (m<n) \end{cases}$

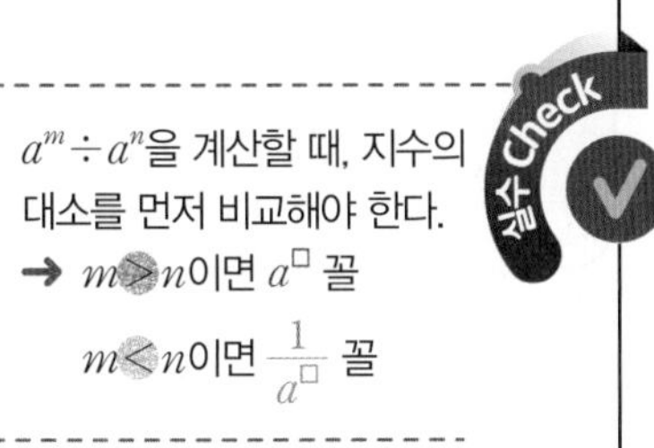

실수 Check
$a^m \div a^n$을 계산할 때, 지수의 대소를 먼저 비교해야 한다.
➔ $m>n$이면 $a^{\square}$ 꼴
$m<n$이면 $\frac{1}{a^{\square}}$ 꼴

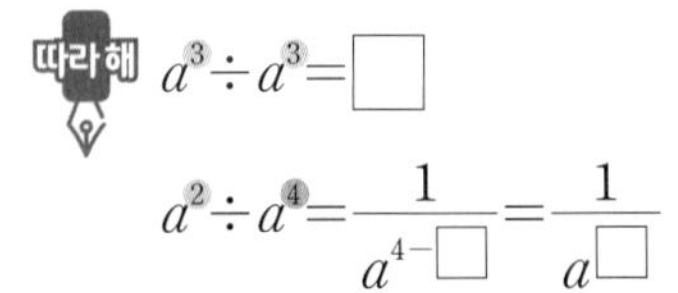

다음 식을 간단히 하시오.

01 따라해
$a^6 \div a^3 = a^{6-\square} = a^{\square}$
$a^3 \div a^3 = \square$
$a^2 \div a^4 = \frac{1}{a^{4-\square}} = \frac{1}{a^{\square}}$

02 $3^4 \div 3^2$ ______

03 $4^2 \div 4^2$ ______

04 $2^2 \div 2^4$ ______

05 $x^{10} \div x^5$ ______

06 $a^8 \div a^8$ ______

07 $x^7 \div x^{12}$ ______

08 따라해
$(x^2)^2 \div x^2 = x^{2\times\square} \div x^2 = x^{\square} \div x^2$
$= x^{\square-2} = x^{\square}$

09 $(a^3)^3 \div a^{10}$ ______

10 $(x^5)^2 \div (x^2)^4$ ______

11 따라해
앞에서부터 차례대로
$a^3 \div a \div a^5 = a^{3-\square} \div a^5 = a^{\square} \div a^5$
$= \frac{1}{a^{\square-\square}} = \frac{1}{a^{\square}}$

12 $4^5 \div 4 \div 4^3$ ______

13 $x^{10} \div x^3 \div x^2$ ______

14 $b^4 \div b^2 \div b^8$ ______

지수법칙 (4) - 지수의 분배

$(ab)^3 = ab \times ab \times ab = a \times a \times a \times b \times b \times b = a^3b^3$

ab가 3개 / a가 3개 / b가 3개

$\left(\frac{a}{b}\right)^3 = \frac{a}{b} \times \frac{a}{b} \times \frac{a}{b} = \frac{a \times a \times a}{b \times b \times b} = \frac{a^3}{b^3}$

$\frac{a}{b}$가 3개 / a가 3개 / b가 3개

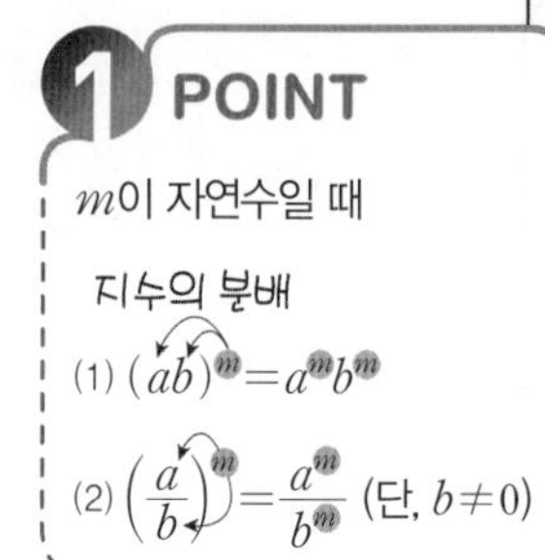

1 POINT
m이 자연수일 때
지수의 분배
(1) $(ab)^m = a^mb^m$
(2) $\left(\frac{a}{b}\right)^m = \frac{a^m}{b^m}$ (단, $b \neq 0$)

문자와 수로 이루어졌을 때, 모든 문자와 수를 거듭제곱해야 한다.
➜ $(3x)^3 = 3 \times x^3$ (×), $(3x)^3 = 3^3 \times x^3 = 27x^3$ (○)

다음 식을 간단히 하시오.

01 $(x^2y)^2 = (x^2)^{\square}y^{\square} = x^{2\times\square}y^{\square} = x^{\square}y^{\square}$

따라해

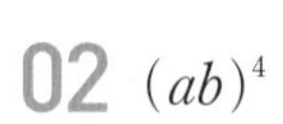

02 $(ab)^4$

03 $(xy^2)^3$

04 $(a^2b^3)^2$

05 $(2x^2)^3 = 2^{\square}x^{2\times\square} = \square x^{\square}$

따라해

수도 거듭제곱하기

06 $(3a^3)^2$

07 $(-xy)^5$

음수의 거듭제곱은
지수가 짝수이면 부호가 +
지수가 홀수이면 부호가 −

08 $(-2a^4b^2)^2$

09 $\left(\frac{x^2}{y}\right)^2 = \frac{x^{2\times\square}}{y^{\square}} = \frac{x^{\square}}{y^{\square}}$

따라해

10 $\left(\frac{b}{a}\right)^3$

11 $\left(\frac{x}{y^2}\right)^2$

12 $\left(\frac{a^2}{b^3}\right)^3$

13 $\left(\frac{2x^2}{y}\right)^3 = \frac{2^{\square}x^{2\times\square}}{y^{\square}} = \frac{\square x^{\square}}{y^{\square}}$

따라해

14 $\left(\frac{a^4}{3}\right)^2$

15 $\left(\frac{2y}{x^3}\right)^4$

16 $\left(-\frac{a^2}{2b}\right)^3$

▶ 정답 및 풀이 15쪽

지수법칙을 이용하여 □ 안에 알맞은 수 구하기

① $x^2 \times x^{\square} = x^5$ → $2+\square=5$ → $\square=3$

② $(x^2)^{\square} = x^6$ → $2\times\square=6$ → $\square=3$

③ $x^6 \div x^{\square} = x^2$ → $6-\square=2$ → $\square=4$

④ $(xy^{\square})^2 = x^2y^4$ → $\square\times2=4$ → $\square=2$

⑤ $\left(\dfrac{x^{\square}}{y^2}\right)^2 = \dfrac{x^4}{y^4}$ → $\square\times2=4$ → $\square=2$

지수법칙을 이용해서 좌변의 식을 간단히 한 후, 우변과 비교해야 해!

다음 □ 안에 알맞은 수를 구하시오.

01 $x^{\square}\times x^3=x^7$

따라해 → $x^{\square+3}=x^7$에서 $\square+3=7$

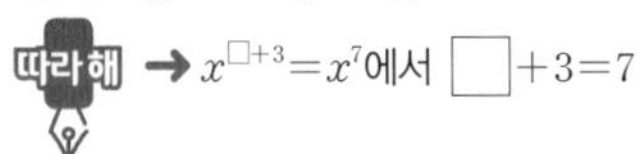

02 $2^{\square}\times2^5=2^{10}$

03 $a^4\times a^{\square}=a^8$

04 $b\times b^{\square}\times b^2=b^{10}$

05 $(a^{\square})^3=a^9$

따라해 → $a^{\square\times3}=a^9$에서 $\square\times3=9$

06 $(3^{\square})^3=3^{15}$

07 $(x^4)^{\square}=x^{12}$

08 $b^2\times(b^{\square})^2=b^{10}$

09 $x^{\square}\div x^2=x^4$

따라해 → $x^{\square-2}=x^4$에서 $\square-2=4$

10 $2^4\div2^{\square}=1$

11 $a^{\square}\div a^5=a^3$

12 $b^3\div b^{\square}=\dfrac{1}{b^2}$

13 $(a^{\square}b^2)^3=a^9b^6$

따라해 → $a^{\square\times3}b^{2\times3}=a^9b^6$에서 $\square\times3=9$

14 $(2a^3)^{\square}=16a^{12}$

15 $\left(\dfrac{x^2}{y^{\square}}\right)^4=\dfrac{x^8}{y^{20}}$

따라해 → $\dfrac{x^{2\times4}}{y^{\square\times4}}=\dfrac{x^8}{y^{20}}$에서 $\square\times4=20$

16 $\left(\dfrac{b^{\square}}{a^3}\right)^5=\dfrac{b^{10}}{a^{15}}$

연산 능력 UP! 10분 연산 TEST

▶ 정답 및 풀이 16쪽

[01 ~ 16] 다음 식을 간단히 하시오.

01 $2^2\times2^5$

02 $x^3\times x^7$

03 $a\times a^2\times a^3$

04 $x^3\times y^2\times x^4\times y$

05 $(3^5)^3$

06 $(a^3)^4$

07 $(x^2)^3\times x^3$

08 $(a^3)^2\times(b^4)^3\times(a^2)^4$

09 $x^{12}\div x^{16}$

10 $(a^3)^3\div a^6$

11 $x^8\div x\div x^7$

12 $(b^2)^4\div b^3\div(b^5)^4$

13 $(xy^2)^2$

14 $(-3a^3b)^4$

15 $\left(\frac{x^3}{y^2}\right)^5$

16 $\left(-\frac{3a^3}{2b}\right)^3$

[17 ~ 20] 다음 □ 안에 알맞은 수를 차례대로 구하시오.

17 $x^{\square}\times x^4=x^7$

18 $b^8\div b^{\square}\div b=b^2$

19 $(x^{\square}y)^3=x^{12}y^{\square}$

20 $\left(-\frac{\square a^2}{b}\right)^3=-\frac{8a^6}{b^{\square}}$

맞힌 개수 개/20개

▶ 정답 및 풀이 16쪽

단항식의 곱셈

$$2x^2y\times 3xy^2=2\times x^2\times y\times 3\times x\times y^2$$
$$=2\times 3\times x^2\times x\times y\times y^2$$
$$=(2\times 3)\times(x^2\times x)\times(y\times y^2)$$
$$=6x^3y^3$$

교환법칙

결합법칙

계수끼리

같은 문자끼리

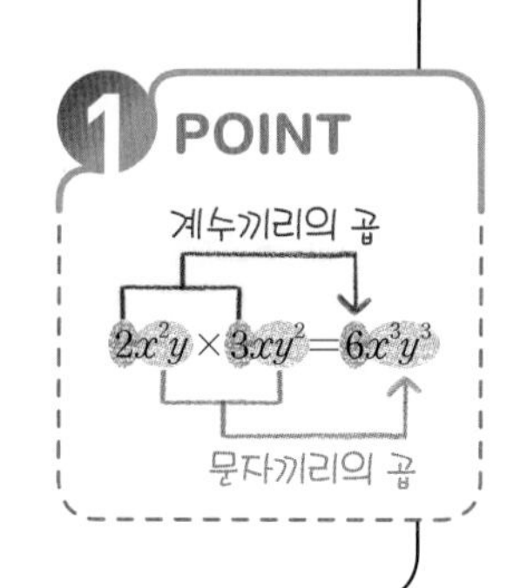

POINT
계수끼리의 곱
2x²y × 3xy² = 6x³y³
문자끼리의 곱

다음을 계산하시오.

01 따라해 $2a\times 6b=\square\times a\times\square\times b$
$=\square\times\square\times a\times b$
$=\square$

02 $5x\times 4y$ ______

03 $6a\times 3b$ ______

04 $4a\times(-6b)$ ______ (부호 주의)

05 $(-5x)\times(-2y)$ ______

06 $(-2ab)\times 4b$ ______

07 $\frac{1}{3}x\times(-6xy)$ ______

08 따라해 $2x\times 4x^3=\square\times x\times\square\times x^3$
$=\square\times\square\times x\times x^3$
$=\square$

09 $3a\times(-5a^2)$ ______

10 $(-2b^3)\times 4b^2$ ______

11 따라해 $3xy\times 2xy^2=\square\times x\times y\times\square\times x\times y^2$
$=\square\times\square\times x\times x\times y\times y^2$
$=\square$

12 $2xy\times(-3x^2)$ ______

13 $\frac{1}{2}xy\times\frac{2}{3}x^2y$ ______

14 $(-5ab)\times 2ab^2$ ______

15 $4a^2b^3\times(-3ab^2)$

16 $(-2x^2y)\times\left(-\frac{1}{4}xy^3\right)$

17 $2x^4\times3xy\times y^3=\square\times x^4\times\square\times x\times y\times y^3$
따라해
$=\square\times\square\times x^4\times x\times y\times y^3$
$=\square$

18 $3a^3b\times4a\times5ab^2$

19 $(-xy^3)\times y\times8x^2$

20 $6x^3y\times xy\times(-4y^2)$

21 $a^3\times(-2ab)^2=a^3\times(-2)^{\square}\times a^2\times b^{\square}$
따라해
$=\square\times a^3\times a^2\times b^{\square}$
$=\square$

괄호가 있는 거듭제곱
먼저 계산해야 해.

22 $(-a)^3\times(-2a^4)$

23 $(-2x)^4\times3y$

24 $(-3x)^2\times(-5y)$

25 $(-x)^3\times4xy$

26 $(3ab)^3\times(-ab)$

27 $(3x^3y^2)^2\times\frac{2}{3}x^2y$

28 $(-2ab^2)^3\times(-a^2b)^2$

29 $(-x)^2\times3xy\times(2x^2y)^2$

30 $2a^3b\times(-a)^3\times(-2b)^2$

31 $(-x^2y)^3\times2x^2y\times\left(-\frac{3}{4}y^2\right)$

32 $(xy^2)^3\times2xy\times(-x^2y)^3$

33 $(-2ab)^4\times\left(-\frac{1}{3}a^2b\right)^2\times(6ab^2)^2$

▶ 정답 및 풀이 17쪽

단항식의 나눗셈

분수 꼴로 바꾸어 풀기

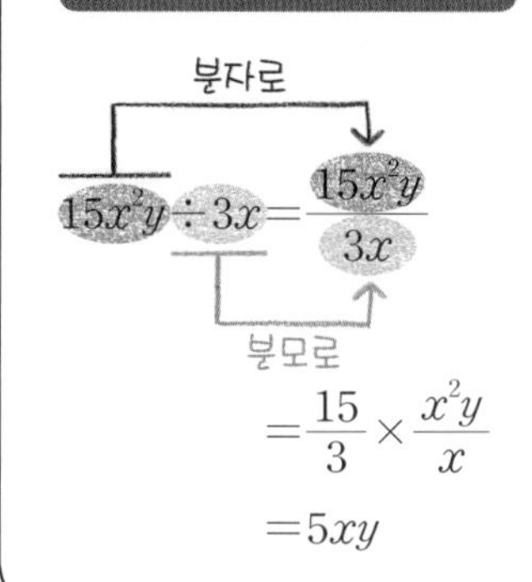

$= \frac{15}{3} \times \frac{x^2y}{x}$

$= 5xy$

나누는 항의 계수가 정수일 때 편리해.

역수의 곱셈으로 바꾸어 풀기

곱셈으로

$15x^2y \div \frac{3}{x} = 15x^2y \times \frac{x}{3}$

역수로

$= 15 \times \frac{1}{3} \times x^2y \times x$

$= 5x^3y$

나누는 항의 계수가 분수일 때 편리해.

다음을 계산하시오.

01 따라해

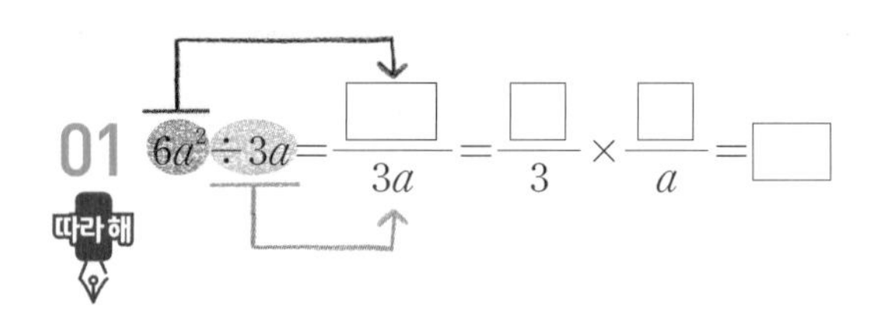

02 $12a^3 \div (-4a)$

03 $(-15x^4) \div 3x^2$

04 $2xy \div 4x^3$

05 $6a^8b^4 \div 3a^5b^3$

06 $2x^2y \div 4x^2y^2$

07 $20a^2b \div (-5ab)$

08 $(-3xy^2) \div 9xy^3$

09 따라해 $10x^2 \div \frac{5}{2}x = 10x^2 \times \frac{\square}{\square}$

$= 10 \times \square \times x^2 \times \frac{1}{\square} = \square$

10 $6a^4 \div \frac{3}{4}a^2$

11 $x^2 \div \left(-\frac{1}{5}x\right)$

12 $4ab \div \frac{1}{2}b$

13 $2xy \div \frac{x}{3y}$

14 $12a^2b \div \left(-\frac{6}{5}ab\right)$

15 $(-8x^2y) \div \frac{1}{2}xy^2$

16 $\left(-\frac{1}{2}x^3y^2\right) \div \left(-\frac{y}{2x}\right)$

거듭제곱 먼저 계산하기

17 $(3x^2)^2 \div 9x^3 = 9x^4 \div 9x^3$

따라해

$= \dfrac{9x^4}{\square} = \square$

18 $(-6a)^2 \div \dfrac{3}{2}a^2$

19 $8x^2y^3 \div (2y)^2$

20 $(-2a^2b)^3 \div 4a^3b^2$

21 $(ab^2)^2 \div \left(-\dfrac{1}{3}a^5b^2\right)$

22 $(2a^2b)^5 \div (ab^3)^3$

23 $\left(-\dfrac{1}{5}x^2y\right)^2 \div \dfrac{1}{10}x^2y^2$

24 $\left(\dfrac{2x^3}{y}\right)^2 \div \left(-\dfrac{x^4}{3y^5}\right)$

25 $(-2a^2b^3)^2 \div \left(-\dfrac{1}{2}ab\right)^3$

26 $9x^2y^3 \div xy^2 \div 3x$

따라해

$= 9x^2y^3 \times \dfrac{1}{\square} \times \dfrac{1}{\square}$

$= 9 \times \dfrac{1}{\square} \times x^2y^3 \times \dfrac{1}{\square} \times \dfrac{1}{x} = \square$

27 $(-8a^2) \div 4a \div a$

28 $12x^2 \div \dfrac{1}{2}x \div (-8x^2)$

29 $6ab^3 \div (-2a^2b) \div 3a$

30 $(-20x^4y^6) \div 5xy^2 \div (-2xy)$

31 $4x^2y \div \dfrac{1}{3}xy^2 \div \left(-\dfrac{x}{2y}\right)$

32 $(-xy^2)^3 \div 2x^2y \div 3xy^4$

33 $(3ab^3)^2 \div \dfrac{3}{4}a \div \left(-\dfrac{2}{3}ab\right)^2$

단항식의 곱셈과 나눗셈의 혼합 계산

$(-2x^2y)^3 \div 4x^2y^2 \times 3y$

$=(-8x^6y^3) \div 4x^2y^2 \times 3y$ 거듭제곱 계산하기

$=(-8x^6y^3) \times \frac{1}{4x^2y^2} \times 3y$ 나누는 식의 역수 곱하기

$=\left(-8 \times \frac{1}{4} \times 3\right) \times \left(x^6y^3 \times \frac{1}{x^2y^2} \times y\right)$

계수끼리 문자끼리

$=-6x^4y^2$

실수 Check

곱셈과 나눗셈이 포함된 혼합 계산은 앞에서부터 차례대로 계산한다.

→ $A \div B \times C \xrightarrow{\times} A \div BC = \frac{A}{BC}$

$\xrightarrow{\bigcirc} A \times \frac{1}{B} \times C = \frac{AC}{B}$

다음을 계산하시오.

01 $2xy \times 4x^3 \div 8x^2 = 2xy \times 4x^3 \times \square$ (따라해)

$= 2 \times 4 \times \square \times xy \times x^3 \times \square$

$= \square$

02 $2x^2 \times 5y \div (-x)$

03 $x^2y \times 6y \div 2x^2$

04 $2y \div 3xy \times 2y^2 = 2y \times \square \times 2y^2$ (따라해)

$= 2 \times \square \times 2 \times y \times \square \times y^2$

$= \square$

05 $5a \div 4ab \times 2ab$

06 $9ab^3 \div 3a^3b^2 \times 2ab^2$

07 $6x^2y \div (-2x^5y^6) \times 4x^2y$

08 $10a^3 \times (-a^2)^2 \div 5a^4$

거듭제곱 먼저 계산하기

09 $28a^2b \times (-2ab^3) \div (-7ab)^2$

10 $15xy^2 \times \left(-\frac{2}{y}\right)^2 \div 3x^2y$

11 $(3x^2y)^2 \times \frac{4}{7}x^2y^3 \div \frac{8}{21}xy^2$

12 $9a^4b \div 3a^3 \times (-b)^2$

13 $(2x^2y^3)^3 \div \frac{4}{5}xy^2 \times (-y)$

14 $12a^2b \div (-ab^3)^2 \times (-2ab^2)$

15 $3ab^2 \div \left(-\frac{1}{2}ab^3\right)^2 \times (-a^2b^3)^2$

□ 안에 알맞은 단항식 구하기

$A\times\square=B$ → $\square=B\div A=\frac{B}{A}$

$3ab\times\square=12a^2b^3$ (좌변에 □만 남기기!)

→ $\square=12a^2b^3\div3ab$

$=\frac{12a^2b^3}{3ab}=4ab^2$

$A\div\square=B$ → $A\times\frac{1}{\square}=B$ → $\square=A\div B=\frac{A}{B}$

$12a^2b^3\div\square=3ab$ → $12a^2b^3\times\frac{1}{\square}=3ab$ (좌변에 □만 남기기!)

→ $\square=12a^2b^3\div3ab$

$=\frac{12a^2b^3}{3ab}=4ab^2$

어떤 식 구하기

다음 □ 안에 알맞은 식을 구하시오.

01 $2a^2\times\square=10a^2b^3$

따라해

→ $\square=10a^2b^3\div2a^2=\frac{10a^2b^3}{2a^2}=$ ______

02 $4x^2y\times\square=8x^5y^3$ ______

03 $(-3ab^2)\times\square=9a^7b^7$ ______

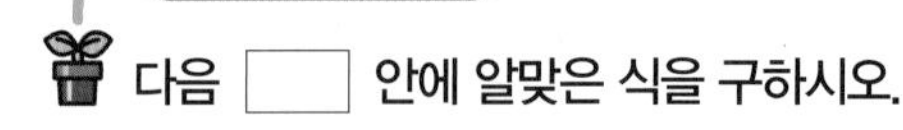

04 $12x^3y^3\div\square=6xy$

따라해

→ $12x^3y^3\times\frac{1}{\square}=6xy$

→ $\square=12x^3y^3\div6xy=\frac{12x^3y^3}{6xy}=$ ______

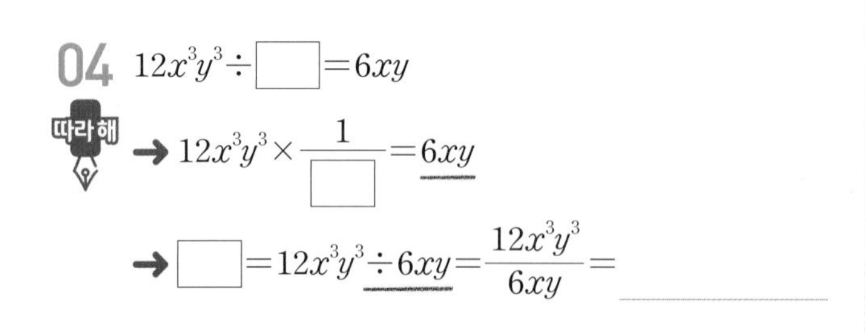

05 $6a^4b^8\div\square=-2b^7$ ______

06 $8x^2y^5\div\square=24x^2y^2$ ______

도형에서의 활용

다음 그림과 같은 도형의 넓이를 구하시오.

07

따라해

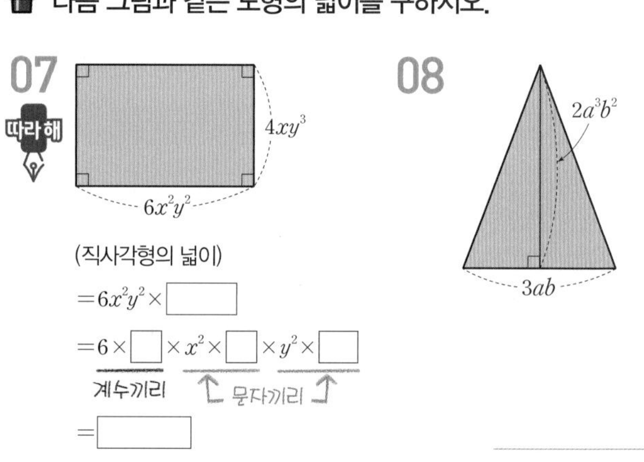

(직사각형의 넓이)

$=6x^2y^2\times\square$

$=6\times\square\times x^2\times\square\times y^2\times\square$

계수끼리 / 문자끼리

$=\square$

08 ______

아래 그림과 같은 도형에 대하여 다음을 구하시오.

09 넓이가 $24x^5y^4$인 삼각형의 높이

따라해

$\frac{1}{2}\times4x^2y^3\times$(높이)$=24x^5y^4$이므로

(높이)$=24x^5y^4\div\square$

$=\frac{24x^5y^4}{\square}=\square$

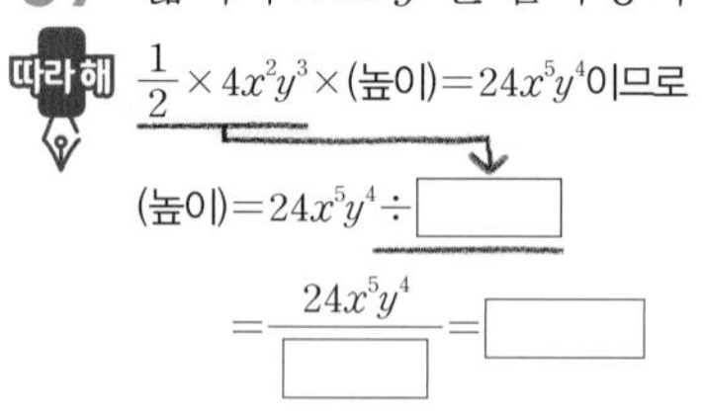

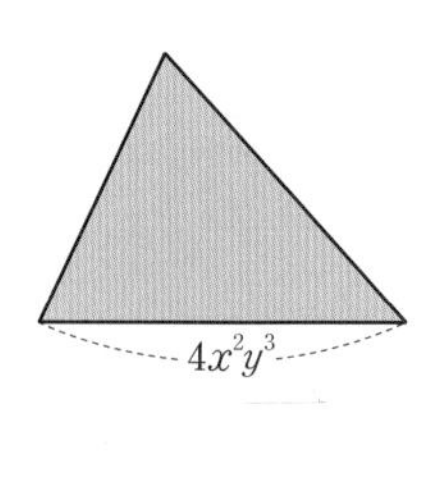

10 부피가 $50\pi a^4b^5$인 원기둥의 높이 ______

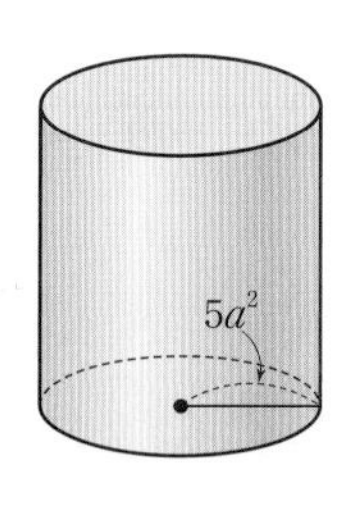

▶ 정답 및 풀이 19쪽

[01 ~ 17] 다음을 계산하시오.

01 $3a^2\times5b$

02 $6x^3\times2x^2y$

03 $2a^3b\times(-3a^2b^3)$

04 $4x\times y^3\times3x^2y^2$

05 $\frac{3}{4}ab^5\times(-2ab^2)\times\frac{16}{3}a^2$

06 $\left(-\frac{1}{2}a^2b\right)^2\times(-4a^2b^3)^2$

07 $2ab\div2b$

08 $12x^5\div4x^3$

09 $(-8a^4b)\div2ab$

10 $\left(\frac{2}{3}xy^2\right)^2\div\left(-\frac{2x}{y^2}\right)^3$

11 $(-15a^4)\div5a\div a^2$

12 $20x^4y^6\div2xy^2\div5xy$

13 $8x^4y^2\div2x^2y^5\times y^3$

14 $(-17x^3y^3)\times2xy\div(-2xy^3)$

15 $(x^2)^3\times(-y^2)^4\div3x^3y^3$

16 $12x^2y^2\div8x^2y^3\times(-2y)^3$

17 $2ab^2\times(-3a^2b^3)^2\div\left(-\frac{1}{3}a^2\right)$

[18 ~ 20] 다음 $\square$ 안에 알맞은 식을 구하시오.

18 $4xy\times\square=12x^2y^3$

19 $28xy^5\div\square=7xy^2$

20 $9a^4b^6\div\square=-\frac{1}{2}ab^2$

한 번 더 연산테스트는 부록 4쪽에서

맞힌 개수 개/20개

학교 시험 미리보기!

학교 시험 PREVIEW

01

$(x^2)^3 \times y^4 \times x \times (y^5)^2$을 간단히 하면?

① x^7y^{11} ② x^7y^{14} ③ x^7y^{16}
④ x^8y^{11} ⑤ x^8y^{14}

02

다음 중 옳은 것은?

① $x^6 \div x^3 = x^2$
② $a^8 \div a^4 \div a^2 = 1$
③ $(2^3)^2 \div 2^6 = 2$
④ $(y^4)^2 \div y^3 = y^5$
⑤ $(b^2)^3 \div (b^5)^2 = b^4$

03

다음 중 옳지 않은 것은?

① $(-x^2y^3)^2 = x^4y^6$
② $(-2a^2)^3 = -8a^6$
③ $(x^2y^3)^4 = x^8y^{12}$
④ $(4a^2b^3)^2 = 8a^4b^5$
⑤ $\left(\frac{1}{3}xy^2\right)^3 = \frac{1}{27}x^3y^6$

04

$\left(\frac{3x^a}{y}\right)^b = \frac{27x^{12}}{y^c}$일 때, 자연수 a, b, c에 대하여 $a-b+c$의 값은?

① 3 ② 4 ③ 5
④ 8 ⑤ 10

05 90% 출제율

다음 중 □ 안에 들어갈 수가 나머지 넷과 다른 것은?

① $a^{\square} \div a = a^7$
② $\frac{x^{\square}}{x^9} = \frac{1}{x^3}$
③ $\left(-\frac{y^5}{x^{\square}}\right)^2 = \frac{y^{10}}{x^{12}}$
④ $(a^2b^{\square})^3 = a^6b^{18}$
⑤ $x^{\square} \times x^2 \div x^3 = x^5$

06

$3x^2y \times (-xy)^3 \times (-2x)$를 계산하면?

① $-6x^6y^4$ ② $-6x^2y^3$ ③ $6x^2y^3$
④ $6x^4y^3$ ⑤ $6x^6y^4$

07

다음 중 옳지 않은 것은?

① $2x^3 \times (-3x^2) = -6x^5$
② $(-2xy)^5 \times (-xy^2)^3 = -32x^8y^{11}$
③ $(4x^2)^2 \div 4x^4 = 4$
④ $(-3x^2y^3)^2 \div \left(\frac{1}{3}xy\right)^2 = 81x^2y^4$
⑤ $6x^3y^2 \div \frac{1}{2x^2y} = 12x^5y^3$

08

$(2x^2y^3)^3 \div 4xy^2 = ax^by^c$일 때, 자연수 a, b, c에 대하여 $a+b+c$의 값은?

① 13　② 14　③ 15
④ 16　⑤ 17

09

$\frac{3}{4}xy \div \left(-\frac{3}{8}xy^2\right) \times 2x^2y$를 계산하면?

① $-4x^2$　② $-2x^2y$　③ $-\frac{x}{y}$
④ xy^2　⑤ $4x$

10 실수 주의

다음 중 □ 안에 들어갈 알맞은 식은?

$$12x^4y^3 \times \square \div (-2x^2y)^2 = 6x^2y^2$$

① $2x$　② $2xy$　③ $2xy^2$
④ $2x^2y$　⑤ $2x^2y^2$

11

오른쪽 그림과 같이 가로의 길이가 $3a$ cm, 세로의 길이가 $2b$ cm인 직육면체의 부피가 $18ab^2$ cm^3일 때, 높이를 구하시오.

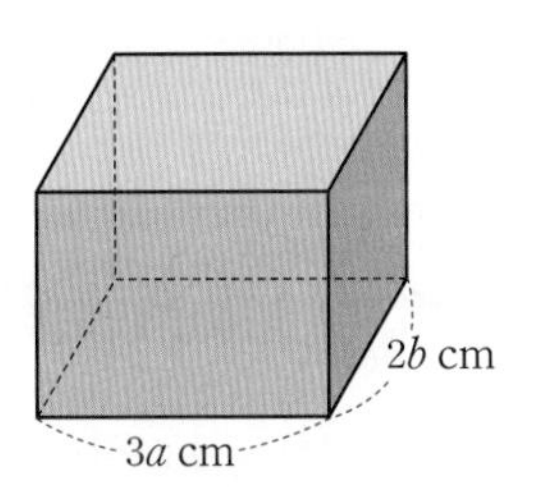

12 서술형

$90 \times 75 = 2^a \times 3^b \times 5^c$일 때, 자연수 a, b, c의 값을 각각 구하시오.

채점 기준 1 90을 소인수분해하기

채점 기준 2 75를 소인수분해하기

채점 기준 3 지수법칙을 이용하여 a, b, c의 값을 각각 구하기

I-3 다항식의 계산

01 다항식의 덧셈과 뺄셈

(1) **다항식의 덧셈과 뺄셈**

분배법칙을 이용하여 괄호를 풀고, 동류항끼리 모아서 간단히 한다.

이때 뺄셈은 빼는 식의 각 항의 부호를 바꾸어 더한다.

➜ $A-(B-C)=A-B+C$

(2) **이차식** : 다항식의 각 항의 차수 중 가장 큰 차수가 2인 다항식

예 • $2x^2+x-3$ ➜ x에 대한 이차식 • y^2-5 ➜ y에 대한 이차식

(3) **이차식의 덧셈과 뺄셈**

분배법칙을 이용하여 괄호를 풀고, 동류항끼리 모아서 간단히 한다.

이때 차수가 높은 항부터 낮은 항의 순서로 정리한다.

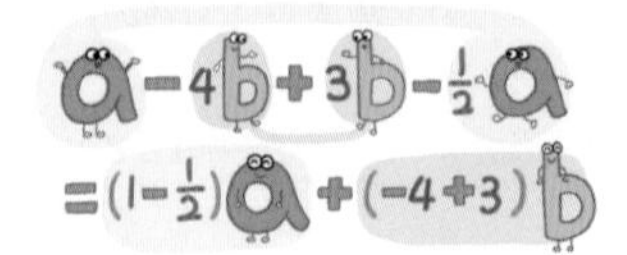

02 단항식과 다항식의 곱셈과 나눗셈

(1) **단항식과 다항식의 곱셈** : 분배법칙을 이용하여 단항식을 다항식의 각 항에 곱한다.

(2) **전개** : 분배법칙을 이용하여 단항식과 다항식의 곱을 하나의 다항식으로 나타내는 것

참고 전개식 : 전개하여 얻은 다항식

전개

$2a(3a+4b)=\underline{6a^2+8ab}$

전개식

(3) **다항식과 단항식의 나눗셈**

[방법 ❶] 분수 꼴로 바꾸어 계산한다.

➜ $(A+B)\div C=\dfrac{A+B}{C}=\dfrac{A}{C}+\dfrac{B}{C}$ ➜ 다항식의 각 항을 단항식으로 나눈다.

[방법 ❷] 나눗셈을 단항식의 역수의 곱셈으로 바꾸어 분배법칙을 이용하여 계산한다.

➜ $(A+B)\div C=(A+B)\times\dfrac{1}{C}=A\times\dfrac{1}{C}+B\times\dfrac{1}{C}=\dfrac{A}{C}+\dfrac{B}{C}$

03 단항식과 다항식의 혼합 계산

❶ 거듭제곱이 있으면 지수법칙을 이용하여 거듭제곱을 먼저 계산한다.

❷ 괄호가 있으면 ( ) ➜ { } ➜ [ ]의 순서로 푼다.

❸ 분배법칙을 이용하여 곱셈, 나눗셈을 한다.

❹ 동류항끼리 덧셈, 뺄셈을 한다.

04 식의 대입

(1) **식의 대입** : 주어진 식의 문자에 그 문자를 나타내는 다른 식을 대신 넣는 것

(2) **어떤 식의 문자에 식을 대입하는 순서**

❶ 주어진 식을 간단히 한 후, <u>대입하는 식을 괄호로 묶어 대입한다.</u>

❷ 괄호를 풀고 동류항끼리 계산하여 식을 간단히 정리한다. ➜ 식을 대입할 때는 반드시 괄호를 사용한다.

▶ 정답 및 풀이 20쪽

다항식의 덧셈과 뺄셈

다항식의 덧셈

$(3a+b)+(2a-3b)$ → 괄호 풀기
$=3a+b+2a-3b$ → 동류항끼리 모으기
$=3a+2a+b-3b$ → 간단히 하기
$=5a-2b$

다항식의 뺄셈

$A(B+C)=AB+AC$
$(A+B)C=AC+BC$

$(3a+b)-(2a-3b)$ → 빼는 식의 각 항의 부호를 바꾸어 괄호 풀기
$=3a+b-2a+3b$ → 동류항끼리 모으기
$=3a-2a+b+3b$ → 간단히 하기
$=a+4b$

참고 $3x-\{x-(2x-y)\}=3x-(x-2x+y)=3x-(-x+y)=3x+x-y=4x-y$

여러 가지 괄호가 있을 때는 ( ) → { } → [ ]의 순서로 푼다.

실수 Check

$+(A-B)=A-B$
→ 부호를 그대로
$-(A-B)=-A+B$
→ 부호를 반대로

다항식의 덧셈

다음을 계산하시오.

01 $(2a+3b)+(4a+5b)=2a+3b+4a+5b$
$=2a+\square+3b+\square$
$=\square a+\square b$

02 $(a+5b)+(a-4b)$ ______

03 $(2x-5y)+(3x+y)$ ______

04 $(2a-3b)+(-6a+b)$ ______

05 $(x-4y+3)+(3x+2y-1)$ ______

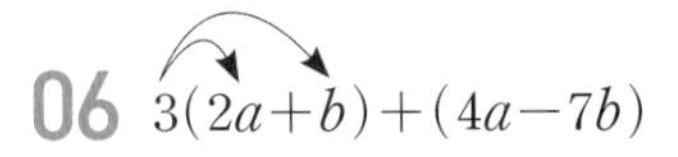

06 $3(2a+b)+(4a-7b)$ ______

07 $(2x-5y)+2(3x+2y)$ ______

다항식의 뺄셈

다음을 계산하시오.

08 $(7a+4b)-(5a+2b)=7a+4b-5a-2b$
$=7a-\square+4b-\square$
$=\square a+\square b$

09 $(a+4b)-(2a-b)$ ______

10 $(2x-7y)-(5x-3y)$ ______

11 $(-3a+4b)-(-2a+b)$ ______

12 $(-x+2y+4)-(2x+2y-1)$ ______

13 $(3a+2b)-2(a-3b)$ ______

14 $2(x-3y)-3(2x-y)$ ______

계수가 분수인 다항식의 덧셈과 뺄셈

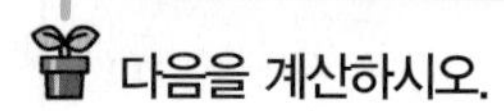

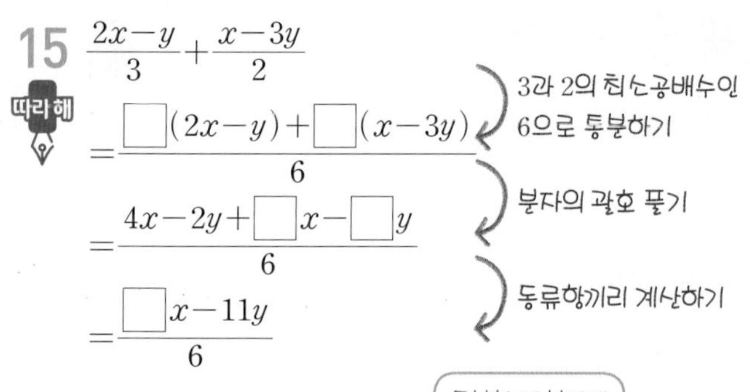

15 $\frac{2x-y}{3}+\frac{x-3y}{2}$
따라해
$=\frac{\square(2x-y)+\square(x-3y)}{6}$
3과 2의 최소공배수인 6으로 통분하기
$=\frac{4x-2y+\square x-\square y}{6}$
분자의 괄호 풀기
$=\frac{\square x-11y}{6}$
동류항끼리 계산하기

통분할 때 분자에 괄호를 해야 해.

16 $\frac{a+2b}{4}+\frac{3a+b}{2}$

계산 결과가 약분이 되는 경우에는 꼭 약분해!

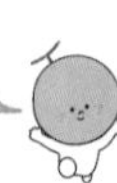

17 $\frac{x-2y}{2}+\frac{-2x+4y}{3}$

18 따라해

$\frac{a+b}{4}-\frac{a-3b}{2}=\frac{(a+b)-\square(a-3b)}{\square}$

$=\frac{a+b-\square a+\square b}{\square}$

$=\square a+\square b$

19 $\frac{2x-3y}{3}-\frac{x-y}{5}$

20 $\frac{3a+2b}{4}-\frac{a-9b}{6}$

여러 가지 괄호가 있는 다항식의 덧셈과 뺄셈

다음을 계산하시오.

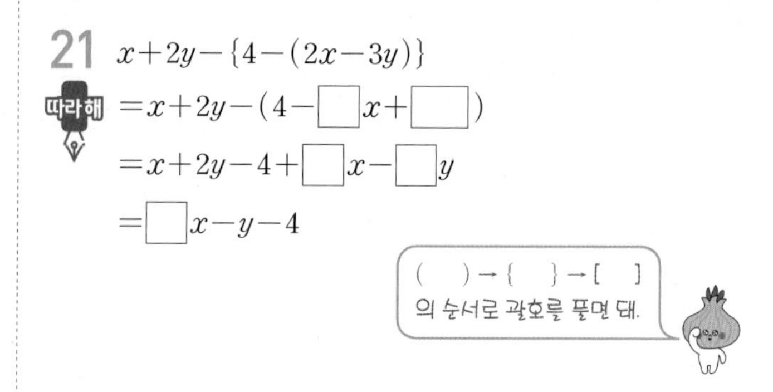

( ) → { } → [ ] 의 순서로 괄호를 풀면 돼.

22 $3a-b-\{2a+b-2(b+1)\}$

23 $5y-\{6x+(3x-y)-2y\}$

24 따라해

$7a-[b-\{5a+8b-(a+2b)\}]$

$=7a-\{b-(5a+8b-a-\square)\}$

$=7a-\{b-(\square+6b)\}$

$=7a-(b-\square-6b)$

$=7a-(-4a-\square)$

$=7a+\square a+\square b$

$=\square a+\square b$

25 $2x-[y-\{2x-(x-2y)\}]$

26 $5a-[a+4b-\{-2a+3b-(5a-2b)\}]$

02
VISUAL 연산

이차식의 덧셈과 뺄셈

이차식 : 다항식의 각 항의 차수 중 가장 큰 차수가 2인 다항식

이차식의 덧셈

차수가 가장 큰 항의 차수가 2이므로 모두 이차식!

$(2x^2-4x+1)+(x^2-x+3)$) 괄호 풀기

$=2x^2-4x+1+x^2-x+3$) 동류항끼리 모으기

$=\underline{2x^2+x^2}\,\underline{-4x-x}\,\underline{+1+3}$) 간단히 하기
이차항끼리 일차항끼리 상수항끼리

$=3x^2-5x+4$

이차식의 뺄셈

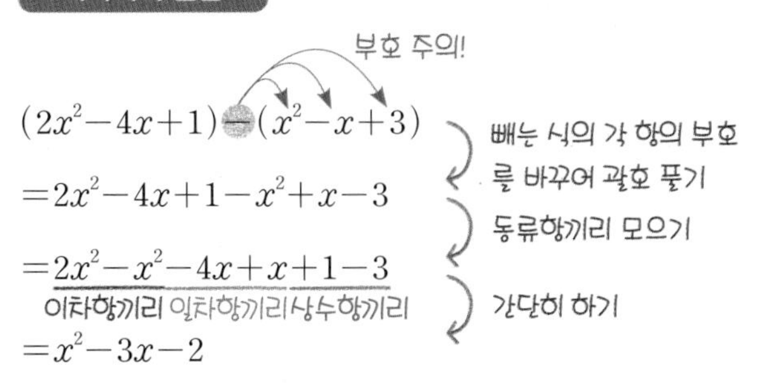
부호 주의!
$(2x^2-4x+1)-(x^2-x+3)$
빼는 식의 각 항의 부호를 바꾸어 괄호 풀기
$=2x^2-4x+1-x^2+x-3$
동류항끼리 모으기
$=\underline{2x^2-x^2}\,\underline{-4x+x}\,\underline{+1-3}$
이차항끼리 일차항끼리 상수항끼리
간단히 하기
$=x^2-3x-2$

이차식

다음 중 이차식인 것에는 ○표, 이차식이 아닌 것에는 ×표를 하시오.

01 a^2-5 ( )

따라해 ① 차수가 가장 큰 항은?
② 차수가 가장 큰 항의 차수는?

02 $2x^2+x+1$ ( )

03 $-3y+8$ ( )

04 a^2+a ( )

05 $\frac{x^2}{2}-4$ ( )

06 $x+2y+1$ ( )

07 $x^3-2x^2-x^3+3$ ( )

먼저 식을 간단히 정리한 후 판별해!

이차식의 덧셈

다음을 계산하시오.

08 $(3x^2-x+2)+(x^2+2x-1)$

따라해 $=3x^2-x+2+x^2+2x-1$

$=3x^2+\square-x+2x+2-\square$

$=\square$

09 $(a^2+4)+(2a^2-3a)$ ________

10 $(x^2-3x+1)+(3x^2+2x-2)$ ________

11 $(-a^2+3a-2)+(2a^2-5a+4)$ ________

12 $(2x^2-4x+5)+2(x^2+2x-3)$ ________

13 $3(-a^2+2a+1)+(2a^2-1)$ ________

이차식의 뺄셈

다음을 계산하시오.

14 $(2a^2+3a-1)-(4a^2-3)$

따라해

$=2a^2+3a-1-4a^2+3$

$=2a^2-4a^2+\square a-1+\square$

$=\square$

15 $(5x^2+1)-(2x^2-5x-1)$

16 $(3a^2+4a+1)-(4a^2-a-5)$

17 $(-a^2+3a-4)-(2a^2-5a-1)$

18 $(x^2+2x+5)-(-x^2+2x+7)$

19 $2(3x^2-x+2)-(5x^2-3x+2)$

20 $(2a^2+a-3)-3(a^2-2a+1)$

여러 가지 괄호가 있는 이차식의 덧셈과 뺄셈

다음을 계산하시오.

21 $3x^2-\{5x-(2x^2-3x+11)\}$

따라해

$=3x^2-(5x-2x^2+\square x-11)$

$=3x^2-(-2x^2+\square x-11)$

$=3x^2+\square x^2-8x+\square$

$=\square$

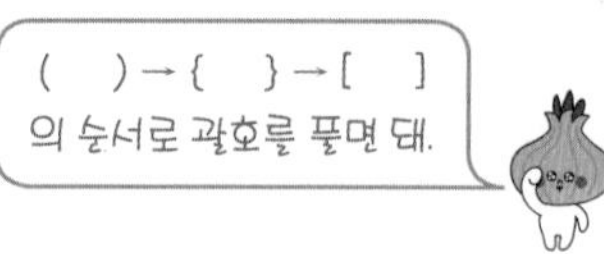

22 $3a-2\{a-(a^2-3)+2a^2\}$

23 $x^2-\{-(4-x^2)-2(3-x)\}-5x$

24 $7a^2+[2a-\{5a^2+1-(4a^2+a)\}]$

25 $4x^2-[\{5x^2+3x-(8x+1)\}+x]$

26 $-a^2-[a-2a^2-\{2a-3a^2+(3a-4a^2)\}]$

▶ 정답 및 풀이 22쪽

□ 안에 알맞은 식 구하기

$\square+A=B \rightarrow \square=B-A$, $A+\square=B \rightarrow \square=B-A$

$\square+(5x+y)=7x-4y$에서

$\square+(5x+y)-(5x+y)=(7x-4y)-(5x+y)$

좌변에 □만 남기기

$\square=7x-4y-5x-y=2x-5y$

$\square-A=B \rightarrow \square=B+A$, $A-\square=B \rightarrow \square=A-B$

$(3x-y)-(\square)=2x-5y$에서

좌변에 □만 남기기

$\square=(3x-y)-(2x-5y)$

$=3x-y-2x+5y=x+4y$

다음 □ 안에 알맞은 식을 구하시오.

01 $(a+2b)+\square=6a-2b$

따라해 → $\square=(6a-2b)-(a+2b)$

$=6a-2b-a-2b=$ ______

02 $\square+(-2x+y)=x-y$

______

03 $\square-(-x+2y)=-2x-y$

______

04 $(6a-4b)-(\square)=7a-7b$

______

$A-\square=B \rightarrow \square=A-B$

05 $\square+(-5a+b-7)=-2a-b-12$

______

06 $(8x+2y-5)-(\square)=4x+5y-8$

______

07 $\square+(5a^2+a)=7a^2-2a$

______

08 $\square-(-x^2+2x-1)=3x^2-8x+5$

______

09 $(3a^2-2a-1)-(\square)=-2a^2-5a+1$

______

10 $2(2x^2+x-3)+(\square)=x^2+4x-9$

______

10분 연산 TEST

01-03
VISUAL

▶ 정답 및 풀이 22쪽

[01 ~ 08] 다음을 계산하시오.

01 $(2x-5y)+(-x+2y)$

02 $(a-2b+3)+(3a+6b-5)$

03 $2(-x+3y)+3(2x-5y)$

04 $\dfrac{x+3y}{2}+\dfrac{2x-y}{3}$

05 $(2a-7b)-(3a+4b)$

06 $(8x-2y-5)-(2x-6y+1)$

07 $3(5a-4b)-(-2a+7b)$

08 $\dfrac{x-6y}{4}-\dfrac{4x+3y}{2}$

[09 ~ 12] 다음을 계산하시오.

09 $(a^2-3a+2)+(2a^2-a-1)$

10 $-(x^2+x+5)+2(x^2-3x+2)$

11 $(3a^2+4a-2)-(7a^2+2a-5)$

12 $(-5x^2+8)-(-3x^2+x-3)$

[13 ~ 16] 다음을 계산하시오.

13 $3x+\{y-(x+2y)\}$

14 $4a-\{2a^2-a+1-(2a-1)\}+2$

15 $x^2-4+\{3x^2-5x+1-(x^2+x-2)\}$

16 $1-[a^2-\{a+2-(a^2-3)\}]-2a$

[17 ~ 20] 다음 $\square$ 안에 알맞은 식을 구하시오.

17 $(4a-b)+\square=7a+4b$

18 $\square-(2x-3y+7)=-5x+7y-8$

19 $\square+(4a^2+a-9)=5a^2-4a-3$

20 $(2x^2+x-4)-(\square)=-3x^2+7x-7$

한 번 더
연산테스트는
부록 5쪽에서

맞힌 개수 　개/20개

▶ 정답 및 풀이 23쪽

단항식과 다항식의 곱셈

전개 : 분배법칙을 이용하여 단항식과 다항식의 곱을 하나의 다항식으로 나타내는 것
↳ 전개하여 얻은 이 다항식을 전개식이라고 해.

$2a(a+3b) \xrightarrow{\text{전개}} 2a\times a+2a\times 3b=2a^2+6ab$ (전개식)

$(2a+b)\times(-3a) \xrightarrow{\text{전개}} 2a\times(-3a)+b\times(-3a)=-6a^2-3ab$ (전개식)

실수 Check
곱하는 단항식에 음의 부호가 있는 경우에는 부호에 주의한다.
➜ $-a(-b+c)=ab-ac$

다음을 계산하시오.

01 (따라해) $3a(2a+b)=3a\times\square+3a\times\square$
$=\square$

02 $5x(4+3y)$

03 $6a(a-2b)$

04 $\frac{1}{2}x(4x+8)$

05 $-4b(-2a+5b)$

06 $3x(x-7y+2)$

07 $-2a(-a+2b+5)$

08 (따라해) $(2x+5)x=\square\times x+\square\times x$
$=\square x^2+\square x$

09 $(a-4)\times 2a$

10 $(-y+4x)\times(-3x)$

11 $(-8a+6b)\times\frac{1}{2}b$

12 $(x-2y+9)\times y$

13 $(5x-3y+1)\times(-2x)$

14 $(3a+9b-6)\times\left(-\frac{2}{3}a\right)$

단항식과 다항식의 나눗셈

분수 꼴로 바꾸어 풀기

$(8x^2+4xy)\div 2x$

$=\dfrac{8x^2+4xy}{2x}$ 분모로!

$=\dfrac{8x^2}{2x}+\dfrac{4xy}{2x}=4x+2y$

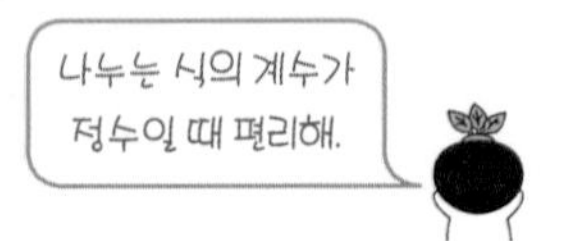
나누는 식의 계수가
정수일 때 편리해.

역수의 곱셈으로 바꾸어 풀기

$(8x^2+4xy)\div\dfrac{1}{2}x$ 역수의 곱셈으로!

$=(8x^2+4xy)\times\dfrac{2}{x}$

$=8x^2\times\dfrac{2}{x}+4xy\times\dfrac{2}{x}=16x+8y$

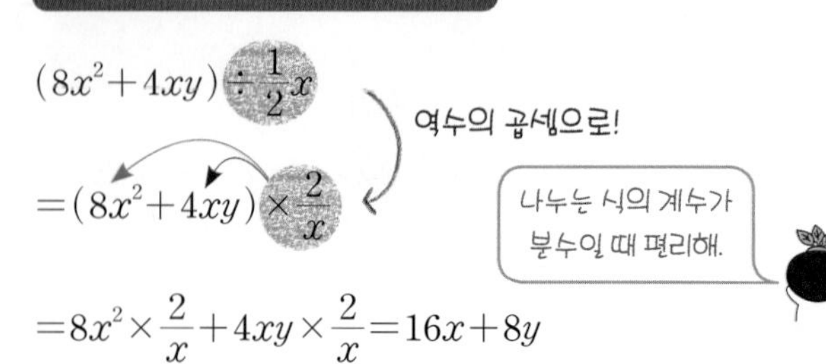
나누는 식의 계수가
분수일 때 편리해.

실수 Check

분자를 분모로 나눌 때는 분자의 각 항을 모두 나누어야 한다.

➜ $\dfrac{4x^2+2x}{2x}=2x+2x$ (×), $\dfrac{4x^2+2x}{2x}=2x+1$ (○)

다음을 계산하시오.

01 따라해 $(3xy-5x)\div x=\dfrac{3xy-5x}{\square}$

$=\dfrac{3xy}{\square}-\dfrac{5x}{\square}=\square$

02 $(8x^2-6x)\div 4x$ ________

03 $(-12a^2+3a)\div(-3a)$ ________

04 $(6a^2+10ab)\div 2a$ ________

05 $(2xy^2-9xy)\div(-xy)$ ________

06 $(-20a^2b^2-15ab^2)\div(-5ab)$ ________

07 따라해 $(x^2-3x)\div\dfrac{1}{2}x=(x^2-3x)\times\square$

$=x^2\times\square-3x\times\square=\square$

08 $(3x^2-x)\div\dfrac{1}{4}x$ ________

09 $(ab-9a^2)\div\left(-\dfrac{1}{3}a\right)$ ________

10 $(2x^2+6xy)\div\left(-\dfrac{2}{5}x\right)$ ________

11 $(-8x^2y-4x^2y^2)\div\left(-\dfrac{4}{3}xy\right)$ ________

12 $(6a^2b^4-10a^2b^2)\div\dfrac{1}{2}ab^2$ ________

▶ 정답 및 풀이 24쪽

단항식과 다항식의 곱셈과 나눗셈의 응용

$A\times\square=B$ ➜ $\square=B\div A$, $\square\times A=B$ ➜ $\square=B\div A$

$2x\times\square=4xy-8x$에서

$2x\times\square\times\frac{1}{2x}=(4xy-8x)\times\frac{1}{2x}$

좌변에 □만 남기기

$\square=2y-4$

$\square\div A=B$ ➜ $\square=B\times A$, $A\div\square=B$ ➜ $\square=A\div B$

$\square\div 2x=2y-4$에서

$\square\times\frac{1}{2x}\times 2x=(2y-4)\times 2x$

좌변에 □만 남기기

$\square=4xy-8x$

어떤 식 구하기

다음 □ 안에 알맞은 식을 구하시오.

01 $\square\times 3x=3x^2y+12x^2$

따라해 ➜ $\square=(3x^2y+12x^2)\div 3x$

$=\frac{3x^2y+12x^2}{3x}=$ ______

02 $\square\times\left(-\frac{1}{5}a\right)=-3a^2b+4ab^2$ ______

03 $\square\div 3ab=2a+b$ ______

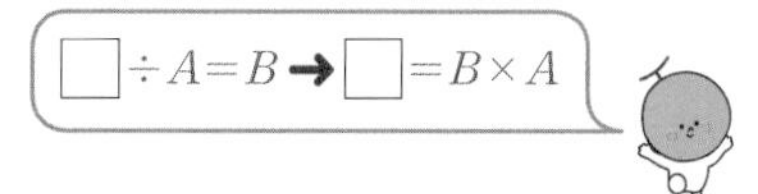

04 $\square\div\left(-\frac{4}{3}xy\right)=9x^2+6y$ ______

05 $(5x^2y-10xy)\div\square=5xy$ ______

도형에서의 활용

아래 그림과 같은 도형에 대하여 다음을 구하시오.

06 직사각형의 넓이가 $4x^2+6xy$일 때, 가로의 길이

따라해

(가로의 길이)$\times\square=4x^2+6xy$

∴ (가로의 길이)$=(4x^2+6xy)\div\square$

$=\frac{4x^2+6xy}{\square}$

$=\square x+\square y$ ______

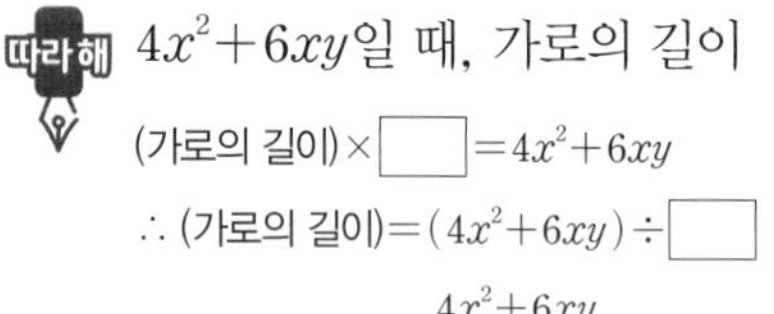
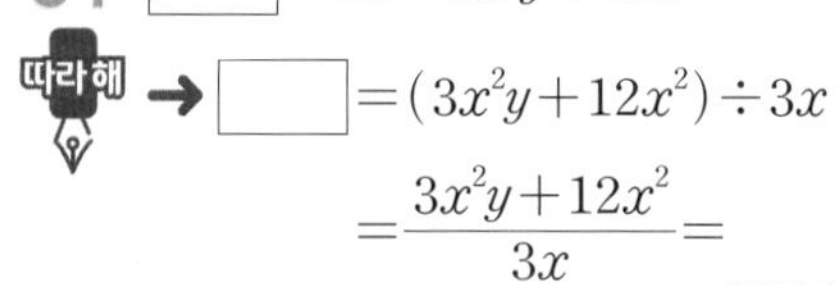

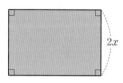

07 사다리꼴의 넓이가 $5ab^3+10a^3b^2$일 때, 아랫변의 길이

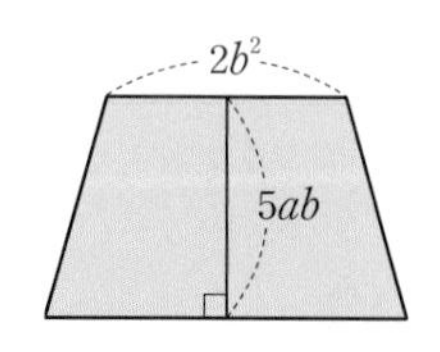

______

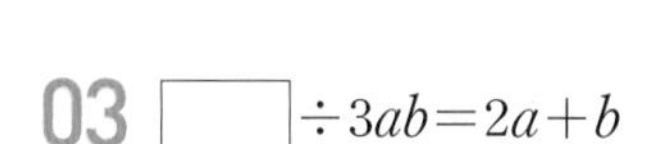

08 직육면체의 부피가 $12a^2b-6a^2b^2$일 때, 높이

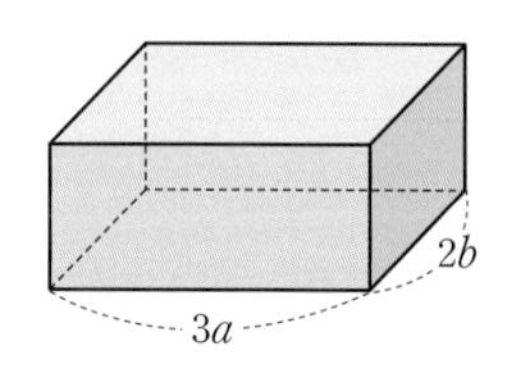

______

09 원뿔의 밑넓이가 $4x^2$이고, 부피가 $\frac{2}{3}x^3+4x^2y$일 때, 높이

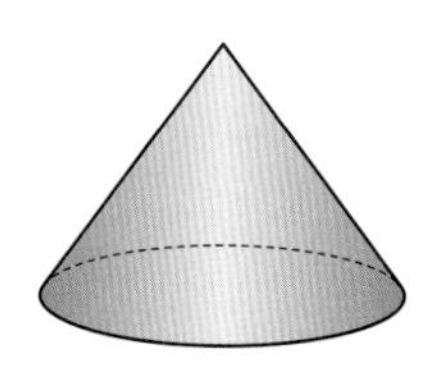

______

▶ 정답 및 풀이 24쪽

다항식의 혼합 계산

$3x(2x-5)+(4x^3+6x^2)\div(-x)^2$) 거듭제곱 계산하기

$=3x(2x-5)+(4x^3+6x^2)\div x^2$

$=6x^2-15x+\dfrac{4x^3+6x^2}{x^2}$) 괄호를 풀고, ×, ÷ 계산하기

$=6x^2-15x+4x+6$

$=6x^2-11x+6$) +, − 계산하기

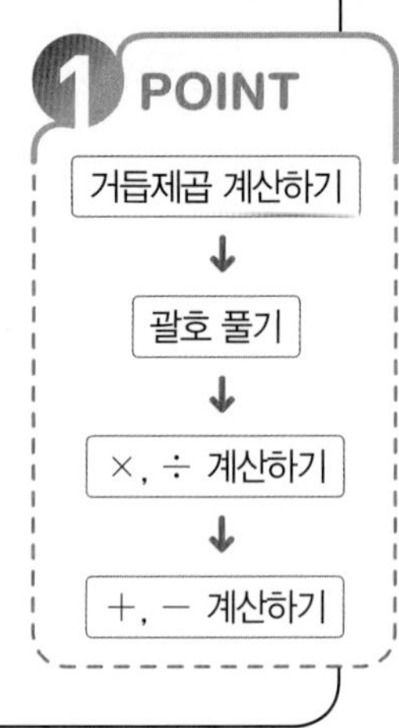

다음을 계산하시오.

01 $4a(-a+2b)-3a(-2a+b)$

따라해 $=-4a^2+\square+6a^2-\square$

$=\square$

02 $3x(x-2)-x(4x+6)$ ______

03 $(9a+6a^2)\div3a+(16a^2-12a)\div(-2a)$

따라해 $=\dfrac{9a+6a^2}{\square}+\dfrac{16a^2-12a}{\square}$

$=\square+2a-8a+\square$

$=\square$

04 $(6x^2-8xy)\div\dfrac{1}{2}x-(25y^2-10xy)\div(-5y)$ ______

05 $(12ab^2-4a^2b)\div(-4ab)+(6ab+3b^2)\div\dfrac{3}{7}b$ ______

06 $(4x^4+8x^2)\div(-2x)^2+3x(2x-5)$

따라해 $=(4x^4+8x^2)\div\square+3x(2x-5)$

$=\dfrac{4x^4+8x^2}{\square}+6x^2-\square$

$=x^2+\square+6x^2-\square=\square$

07 $-a(3a+1)+(10a^2-6ab)\div2a$ ______

08 $\dfrac{6xy-12x^2y}{3y}-(6x-4)\times\dfrac{3}{2}x$ ______

09 $(-5y+7)\times xy+(12x^2-20x^3y)\div(-2x)^2$ ______

10 $(9a^3b^4-18a^2b^5)\div(-3ab)^2-\dfrac{1}{5}b(10ab+15b^2)$ ______

식의 대입

식의 값

$x=2$, $y=-1$일 때, $(6x^2-3xy)\div(-3xy)$의 값을 구해 보자.

→ $(6x^2-3xy)\div(-3xy)$

$=\dfrac{6x^2-3xy}{-3xy}=-\dfrac{2x}{y}+1$ ← 주어진 식을 간단히 하기

$=-\dfrac{2\times2}{-1}+1=4+1=5$ ← $x=2$, $y=-1$을 $-\dfrac{2x}{y}+1$에 대입하기

식의 대입 ← 주어진 식의 문자에 그 문자를 나타내는 다른 식을 대입하는 것

$A=a+2b$, $B=3a-b$일 때, $2A-(A-B)$를 a, b에 대한 식으로 나타내 보자.

→ $2A-(A-B)$

$=2A-A+B=A+B$ ← 주어진 식을 간단히 하기

$=(a+2b)+(3a-b)$ ← A 대신 $a+2b$, B 대신 $3a-b$를 괄호로 묶어서 대입하기

$=4a+b$ ← 식을 정리하기

↑ a, b에 대한 식

$x=1$, $y=-2$일 때, 다음 식의 값을 구하시오.

01 $3x+y=3\times\square+(\square)=\square$ 따라해

02 $-5x-\dfrac{1}{2}y$ ________

03 $(6x-4y)-(4x+y)$ ________

04 $(12x^2y-8xy^2)\div\dfrac{2}{3}xy$ ________

$x=y+1$일 때, 다음 식을 y에 대한 식으로 나타내시오.

05 $x-3y-1=(\square)-3y-1=\square$ 따라해

06 $4x+y$ ________

07 $-2x+5y+3$ ________

$y=2x-3$일 때, 다음 식을 x에 대한 식으로 나타내시오.

08 $x-y+2$ ________

09 $2x-3(y-1)$ ________

$A=2a+b$, $B=a-2b$일 때, 다음 식을 a, b에 대한 식으로 나타내시오.

10 $A+B=\underset{A}{(2a+b)}+\underset{B}{(\square)}=\square$ 따라해

11 $A-B$ ________

12 $A-2B$ ________

13 $-3A+B$ ________

14 $4A-2(B-A)$ ________

먼저 주어진 식을 간단히 해.

연산 능력 UP! 10분 연산 TEST

▶ 정답 및 풀이 25쪽

[01~11] 다음을 계산하시오.

01 $6x(x+4y+2)$

02 $(2x^2-3x+1)\times(-2x)$

03 $(6a^3+12a)\div 3a$

04 $\dfrac{14x^2y^3-21xy^2}{7xy^2}$

05 $(12a^2b^3-20ab^2)\div(-4ab)$

06 $(10x^2-6x)\div\dfrac{2}{5}x$

07 $(12x^2y-8xy^2-4xy)\div\left(-\dfrac{2}{3}xy\right)$

08 $2a(a-4b)+5a(2a-b)$

09 $(4x^2y-6xy^2)\div 2xy+(6xy-3x^2)\div 3x$

10 $3a(2b-1)+(2a^2b-4ab)\div(-2a)$

11 $(8ab^2-4ab+2b)\div(-2b)+(a^2b-ab)\div\dfrac{1}{4}a$

[12~13] 다음 $\square$ 안에 알맞은 식을 구하시오.

12 $\square\times(-xy)=-x^3y^2+x^2y^3$

13 $\square\div 3a=a-4$

[14~16] $x=2$, $y=1$일 때, 다음 식의 값을 구하시오.

14 $2x-4y$

15 $(24xy-12y^2)\div 4y$

16 $(x^2y+2xy^2)\div(-xy)+x(3y+1)$

[17~19] $y=3x-2$일 때, 다음 식을 x에 대한 식으로 나타내시오.

17 $x+y+2$

18 $2x-y$

19 $x-3y+4$

[20~21] $A=5a-2b$, $B=-3a+b$일 때, 다음 식을 a, b에 대한 식으로 나타내시오.

20 $A+B$

21 $A-B$

맞힌 개수 개/21개

▶ 정답 및 풀이 26쪽

01

$\frac{3x-1}{2}-\frac{4x+2}{3}$를 계산하면?

① $-\frac{1}{2}x+\frac{1}{3}$ ② $-\frac{1}{3}x+\frac{1}{6}$ ③ $\frac{1}{6}x-\frac{7}{6}$
④ $\frac{1}{3}x-\frac{1}{6}$ ⑤ $\frac{1}{2}x-\frac{1}{3}$

02

$2x+[6x-\{x-2y+(3x-5y)\}]=ax+by$일 때, 자연수 a, b에 대하여 $a+b$의 값은?

① 2 ② 5 ③ 7
④ 9 ⑤ 11

03 80% 출제율

다음 중 x에 대한 이차식이 아닌 것은?

① $\frac{1}{2}x^2$ ② x^2+3
③ $x-x^2+(x^2-4x)$ ④ $3-2x+x^2$
⑤ $x^3+1-(-2x^2+x^3)$

04

$2(x^2-2x+1)-3(x^2+x-3)$을 계산하였을 때, x의 계수는?

① -7 ② -5 ③ -1
④ 1 ⑤ 4

05

$3(\square)-2(-x+y-1)=8x-5y+11$일 때, 다음 중 □ 안에 알맞은 식은?

① $x+y+3$ ② $2x-y+3$ ③ $2x-2y+1$
④ $3x-2y+1$ ⑤ $3x-y+2$

06 85% 출제율

다음 중 옳지 않은 것은?

① $5b(-a+4b)=-5ab+20b^2$
② $(5x-y+3)\times(-4y)=-20xy+4y^2-12y$
③ $(3x^2y+9y)\div(-3y)=-x^2-3$
④ $(5ab^2-2b)\div\frac{1}{4}b=20ab-8$
⑤ $(-6x^2y+12xy-18y^2)\div\frac{3}{4}y=-8x^2+9x-24y$

07 실수 주의

오른쪽 그림과 같이 밑면의 반지름의 길이가 x^2y인 원기둥의 부피가 $4\pi x^5y^2-6\pi x^4y^4$일 때, 이 원기둥의 높이는?

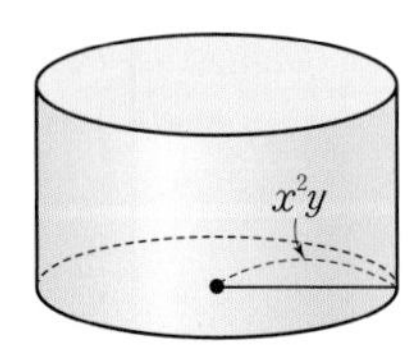

① $-4x+6y$ ② $4x-6y^2$ ③ $4x^2+2y^2$
④ $4x^3-6xy$ ⑤ $4x^2y-6xy$

08 서술형

$-2x(2x^2-3x+4)+(8x^2-24xy+10x)\div(-2x)$를 계산하였을 때, x^2의 계수를 a, x의 계수를 b라 하자. 이때 $a-b$의 값을 구하시오.

채점 기준 1 주어진 식을 계산하기

채점 기준 2 a, b의 값을 각각 구하기

채점 기준 3 $a-b$의 값 구하기

다른 부분은 모두 12곳이야!

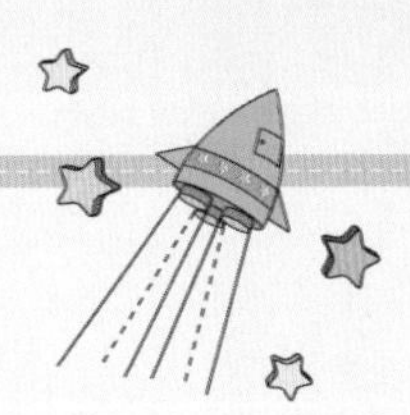

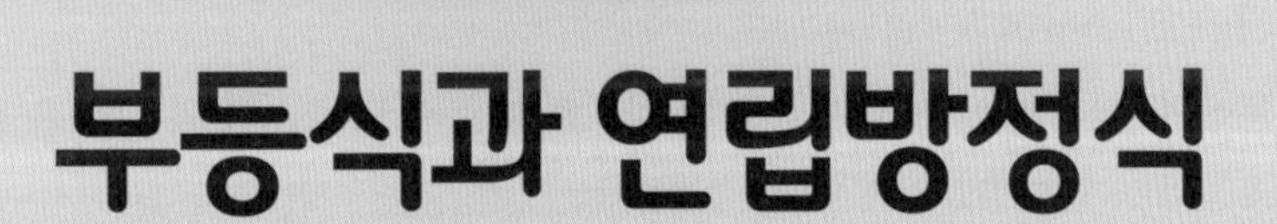

부등식과 연립방정식

부등식과 방정식은 문자를 이용하여
양 사이의 관계를 나타낸 것으로 적절한 절차를
따라 이를 만족시키는 해를 구할 수 있어요.
부등식과 방정식은 실생활 문제를 해결하는
중요한 도구가 되지요.

Ⅱ-1 일차부등식

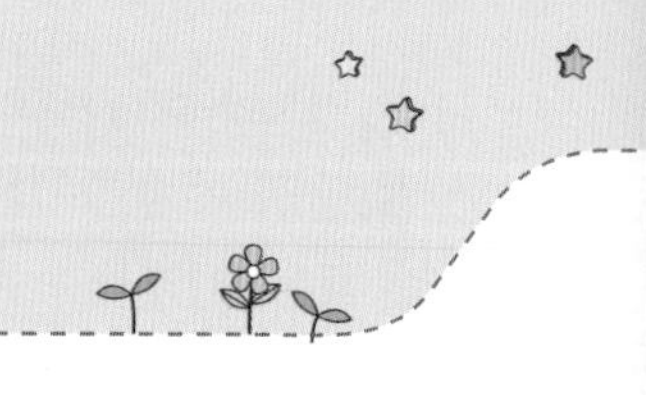

01 부등식

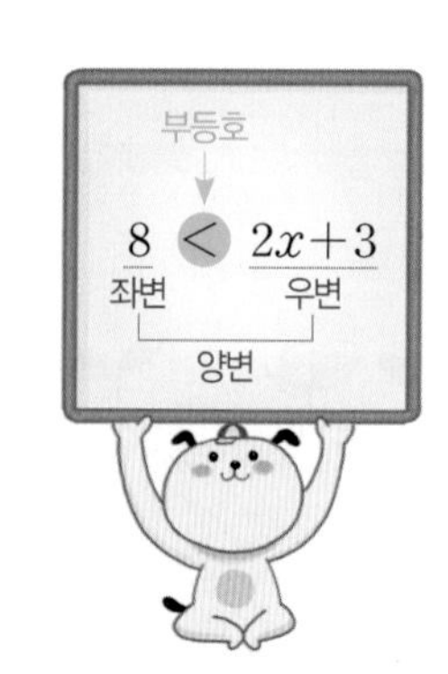

(1) **부등식** : 부등호 $>$, $<$, $\geq$, $\leq$를 사용하여 수 또는 식의 대소 관계를 나타낸 식

(2) **부등식의 표현**

$a>b$	$a<b$	$a\geq b$	$a\leq b$
• a는 b보다 크다. • a는 b 초과이다.	• a는 b보다 작다. • a는 b 미만이다.	• a는 b보다 크거나 같다. • a는 b보다 작지 않다. • a는 b 이상이다.	• a는 b보다 작거나 같다. • a는 b보다 크지 않다. • a는 b 이하이다.

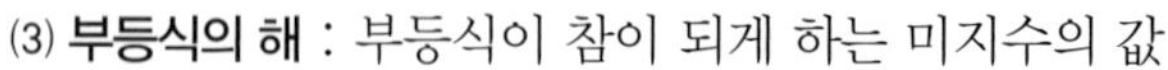

(3) **부등식의 해** : 부등식이 참이 되게 하는 미지수의 값

(4) **부등식을 푼다** : 부등식의 해를 모두 구하는 것

02 부등식의 성질

(1) 부등식의 양변에 같은 수를 더하거나 양변에서 같은 수를 빼어도 부등호의 방향은 바뀌지 않는다.

➜ $a<b$이면 $a+c<b+c$, $a-c<b-c$

(2) 부등식의 양변에 같은 양수를 곱하거나 양변을 같은 양수로 나누어도 부등호의 방향은 바뀌지 않는다.

➜ $a<b$, $c>0$이면 $ac<bc$, $\frac{a}{c}<\frac{b}{c}$

(3) 부등식의 양변에 같은 음수를 곱하거나 양변을 같은 음수로 나누면 부등호의 방향은 바뀐다.

➜ $a<b$, $c<0$이면 $ac>bc$, $\frac{a}{c}>\frac{b}{c}$

03 일차부등식과 그 해

(1) **일차부등식** : 부등식의 모든 항을 좌변으로 이항하여 정리하였을 때 (→ 이항할 때, 부등호의 방향은 바뀌지 않는다.)

(일차식)>0, (일차식)<0, (일차식)≥ 0, (일차식)≤ 0 중 어느 하나의 꼴로 나타나는 부등식

(2) **일차부등식의 풀이**

❶ 미지수 x를 포함한 항은 좌변으로, 상수항은 우변으로 이항한다.

❷ 양변을 정리하여 $ax>b$, $ax<b$, $ax\geq b$, $ax\leq b$ $(a\neq 0)$의 꼴로 고친다.

❸ 양변을 x의 계수 a로 나눈다. → $a<0$이면 부등호의 방향이 바뀐다.

예 $3x-5<5x+1$에서 $3x-5x<1+5$, $-2x<6$ $\quad\therefore x>-3$ ➜

-3

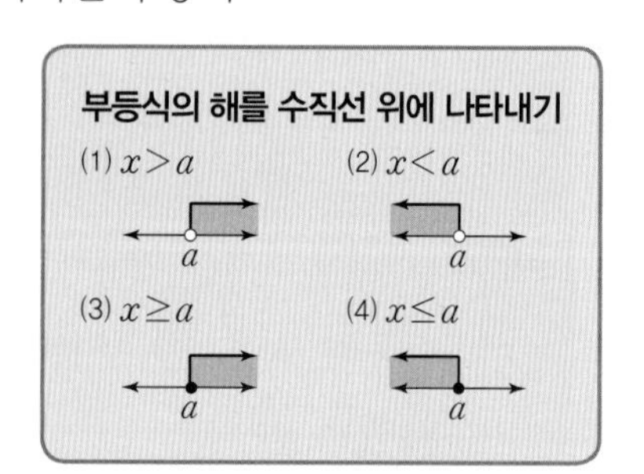

부등식의 해를 수직선 위에 나타내기
(1) x>a
(2) x<a
(3) x≥a
(4) x≤a
a

04 복잡한 일차부등식의 풀이

(1) **괄호가 있을 때** : 분배법칙을 이용하여 괄호를 푼 후 동류항끼리 정리하여 푼다.

(2) **계수가 소수일 때** : 양변에 10의 거듭제곱을 곱하여 계수를 정수로 바꾼 후 푼다.

(3) **계수가 분수일 때** : 양변에 분모의 최소공배수를 곱하여 계수를 정수로 바꾼 후 푼다.

▶ 정답 및 풀이 27쪽

부등식

부등식 : 부등호 $>$, $<$, $\geq$, $\leq$를 사용하여 수 또는 식의 대소 관계를 나타낸 식

$a>b$	$a<b$	$a\geq b$	$a\leq b$
• a는 b보다 크다. • a는 b 초과이다.	• a는 b보다 작다. • a는 b 미만이다.	• a는 b보다 크거나 같다. • a는 b보다 작지 않다. • a는 b 이상이다.	• a는 b보다 작거나 같다. • a는 b보다 크지 않다. • a는 b 이하이다.

$x+2\geq 10$
➜ $x+2$는 10보다 크거나 같다.

부등식의 뜻

다음 중 부등식인 것에는 ○표, 부등식이 아닌 것에는 ×표를 하시오.

01 $7>-4$ (　　)

02 $5x+1=5$ (　　)

03 $4a+3$ (　　)

04 $2x-2<0$ (　　)

05 $x-3y$ (　　)

06 $b-1=b$ (　　)

07 $8-2x\leq 6$ (　　)

08 $y=-x+2$ (　　)

부등식으로 나타내기

다음 문장을 부등식으로 나타낼 때, □ 안에 알맞은 부등호를 써넣으시오.

09 x는 -5보다 크다. ➜ x □ -5

10 x는 3 미만이다. ➜ x □ 3

11 x는 8보다 크거나 같다. ➜ x □ 8

12 x는 -4보다 크지 않다. ➜ x □ -4
↳ 작거나 같다.

다음 문장을 부등식으로 나타내시오.

13 어떤 수 x의 3배에서 5를 뺀 값은 / 7보다 작다.

14 한 권에 1000원인 공책 x권의 가격은 / 8000원 이상이다.

15 길이가 x m인 줄을 끝에서 1 m만큼 잘라내면 남은 줄의 길이는 / 2 m보다 길지 않다.

16 무게가 200 g인 상자에 500 g짜리 물건을 x개 넣으면 전체 무게는 / 3000 g 초과이다.

▶ 정답 및 풀이 27쪽

부등식의 해

$x=-1, 0, 1, 2$일 때, 부등식 $2x-1\geq1$을 풀어 보자. → 부등식의 해를 모두 구하는 것

(≥: >이거나 =)

x의 값	좌변	부등호	우변	참, 거짓
-1	$2\times(-1)-1=-3$	$<$	1	거짓
0	$2\times0-1=-1$	$<$	1	거짓
1	$2\times1-1=1$	$=$	1	참
2	$2\times2-1=3$	$>$	1	참

↳ 부등식이 참이 되게 하는 x의 값

→ 부등식 $2x-1\geq1$의 해는 1, 2이다.

$x=a$를 부등식에 대입하였을 때,
부등식이 참 → $x=a$는 부등식의 해이다.
부등식이 거짓 → $x=a$는 부등식의 해가 아니다.

다음 중 [ ] 안의 수가 주어진 부등식의 해이면 ○표, 부등식의 해가 아니면 ×표를 하시오.

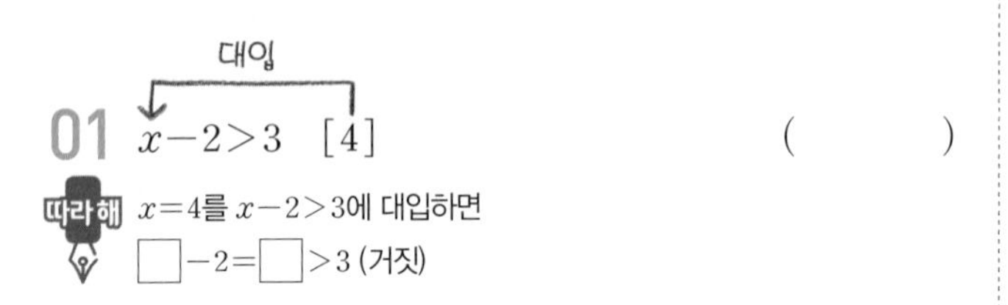

01 $x-2>3$ [4] ( )

대입

따라해 $x=4$를 $x-2>3$에 대입하면
$\square-2=\square>3$ (거짓)

02 $3x-2\geq-5$ [1] ( )

03 $5x+1<3$ $\left[\frac{1}{2}\right]$ ( )

04 $7-2x>-2$ [3] ( )

05 $3x>x-1$ [-2] ( )

06 $-2x+1\leq3x-4$ [1] ( )

07 $\frac{1}{3}x-5>1+2x$ [6] ( )

x의 값이 $-2, -1, 0, 1, 2$일 때, 다음 부등식을 푸시오.

08 $2x+3<5$

따라해

x의 값	좌변	부등호	우변	참, 거짓
-2	$2\times(-2)+3=-1$	$<$	5	참
-1	$2\times(-1)+3=1$	$<$	5	참
0	$2\times0+3=3$	$<$	5	참
1	$2\times1+3=5$	$=$	5	거짓
2	$2\times2+3=7$	$>$	5	거짓

______

09 $2x>-2$ ______

10 $3x-2\geq1$ ______

11 $4-2x\leq3$ ______

12 $5x-3<3x$ ______

13 $8-3x\leq x+2$ ______

▶ 정답 및 풀이 27쪽

부등식의 성질

2 < 4에서 부등식의 성질을 알아 보자.

$2+2 < 4+2$

$2-2 < 4-2$

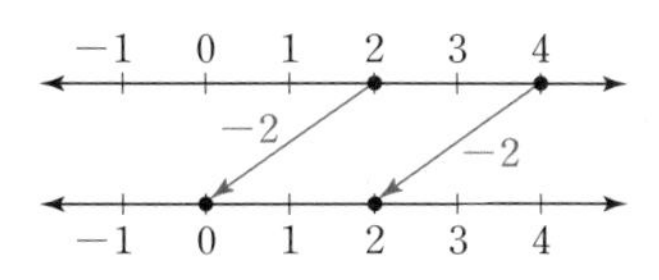

$2\times2 < 4\times2$

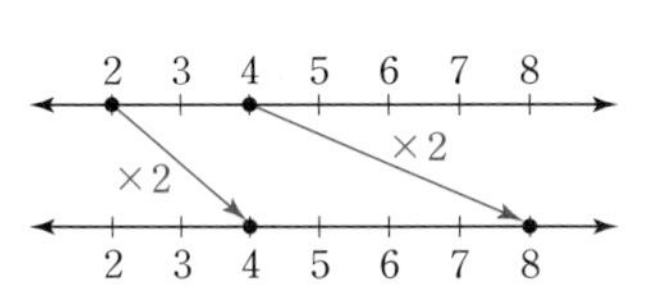

$2\div2 < 4\div2$

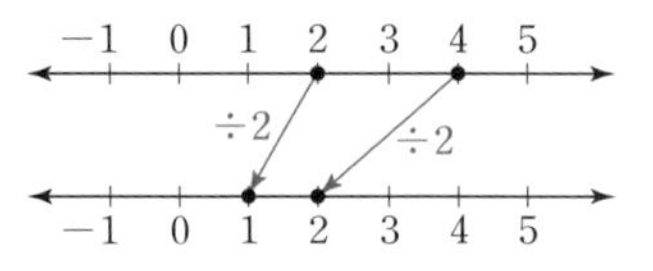

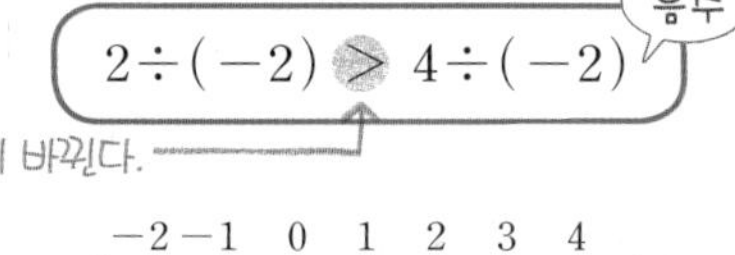

$2\times(-2) > 4\times(-2)$ (음수)

$2\div(-2) > 4\div(-2)$ (음수)

부등호의 방향이 바뀐다.

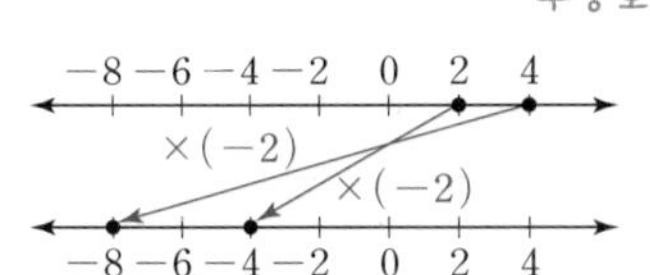

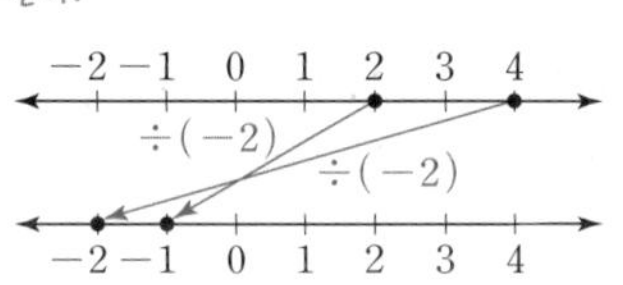

POINT

$a<b$일 때

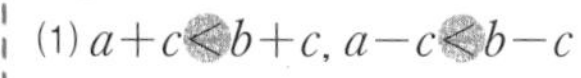

(1) $a+c<b+c$, $a-c<b-c$

(2) $c>0$이면 $ac<bc$, $\frac{a}{c}<\frac{b}{c}$

(3) $c<0$이면 $ac>bc$, $\frac{a}{c}>\frac{b}{c}$

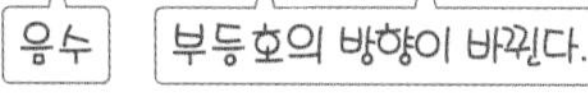

부등식의 양변에 곱하거나 나누는 수가 음수일 때는 부등호의 방향이 바뀐다.

$a>b$일 때, 다음 □ 안에 알맞은 부등호를 써넣으시오.

01 $a+1$ □ $b+1$

양변에 1을 더한다.

02 $a-4$ □ $b-4$

03 $a+(-7)$ □ $b+(-7)$

04 $a-(-9)$ □ $b-(-9)$

05 $8a$ □ $8b$

06 $-\frac{a}{3}$ □ $-\frac{b}{3}$

나누는 수가 음수이면 부등호의 방향이 바뀌어!

$a\le b$일 때, 다음 □ 안에 알맞은 부등호를 써넣으시오.

07 $3a+1$ □ $3b+1$

따라해

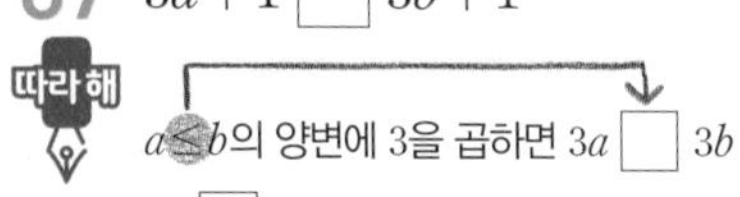

$a\le b$의 양변에 3을 곱하면 $3a$ □ $3b$

$3a$ □ $3b$의 양변에 1을 더하면 $3a+1$ □ $3b+1$

08 $\frac{a}{2}-3$ □ $\frac{b}{2}-3$

09 $-a+8$ □ $-b+8$

10 $4-5a$ □ $4-5b$

11 $7a+\frac{2}{5}$ □ $7b+\frac{2}{5}$

12 $\frac{3-a}{2}$ □ $\frac{3-b}{2}$

다음 □ 안에 알맞은 부등호를 써넣으시오.

13 $2a+5>2b+5$이면 a □ b이다.

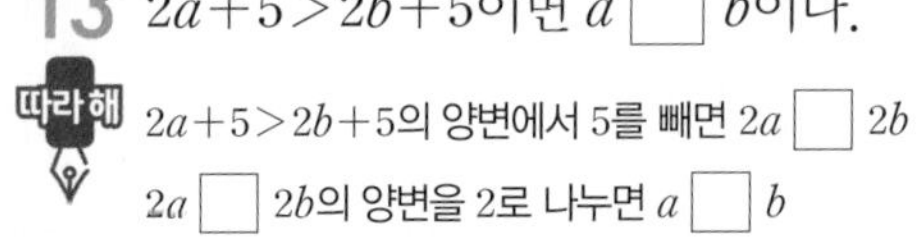

따라해 $2a+5>2b+5$의 양변에서 5를 빼면 $2a$ □ $2b$
$2a$ □ $2b$의 양변을 2로 나누면 a □ b

14 $a+3\leq b+3$이면 a □ b이다.

15 $a-\frac{1}{2}\geq b-\frac{1}{2}$이면 a □ b이다.

16 $-2a<-2b$이면 a □ b이다.

17 $-7a+1>-7b+1$이면 a □ b이다.

18 $-\frac{a}{9}-4\leq-\frac{b}{9}-4$이면 a □ b이다.

19 $2-\frac{2}{3}a\geq2-\frac{2}{3}b$이면 a □ b이다.

20 $\frac{a+5}{6}<\frac{b+5}{6}$이면 a □ b이다.

식의 값의 범위

$x>1$일 때, 다음 식의 값의 범위를 구하시오.

21 $x+3$ ______

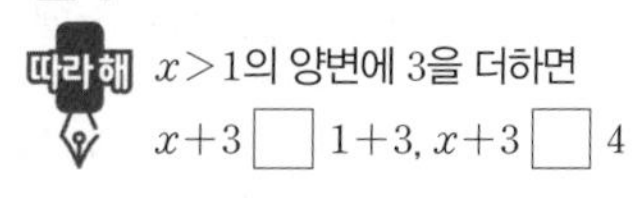

따라해 $x>1$의 양변에 3을 더하면
$x+3$ □ $1+3$, $x+3$ □ 4

22 $2x$ ______

23 $5-x$ ______

24 $-2x+1$ ______

다음과 같이 x의 값의 범위가 주어졌을 때, 식의 값의 범위를 구하시오.

25 $x>2$일 때, $2x+1$의 값의 범위 ______

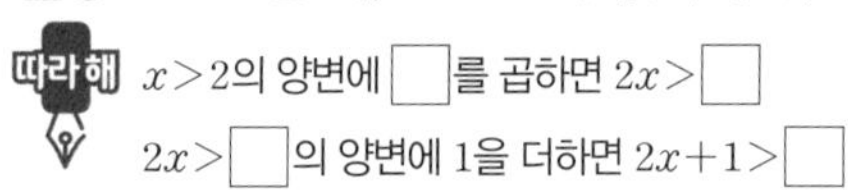

따라해 $x>2$의 양변에 □를 곱하면 $2x>$ □
$2x>$ □의 양변에 1을 더하면 $2x+1>$ □

26 $x\leq-1$일 때, $3x-2$의 값의 범위 ______

27 $x\geq4$일 때, $5-\frac{x}{2}$의 값의 범위 ______

28 $x<-6$일 때, $-\frac{x}{3}+8$의 값의 범위 ______

연산 능력 UP!
10분 연산 TEST

01-03
VISUAL

▶ 정답 및 풀이 28쪽

[01 ~ 04] 다음 중 부등식인 것에는 ○표, 부등식이 아닌 것에는 ×표를 하시오.

01 $x+2\geq 5$ ( )

02 $x-1=x$ ( )

03 $3x-4y$ ( )

04 $2-5<0$ ( )

[05 ~ 07] 다음 문장을 부등식으로 나타내시오.

05 x와 3의 합은 10 이하이다.

06 x km의 거리를 시속 3 km로 걸어가면 5시간 이상 걸린다.

07 가로의 길이가 x cm이고 세로의 길이가 8 cm인 직사각형의 둘레의 길이는 25 cm보다 크지 않다.

[08 ~ 11] 다음 중 $x=2$가 주어진 부등식의 해이면 ○표, 부등식의 해가 아니면 ×표를 하시오.

08 $x\geq -4$ ( )

09 $x+5<3$ ( )

10 $x+2<2x$ ( )

11 $6-2x\leq 8$ ( )

[12 ~ 14] x의 값이 $-2, -1, 0, 1$일 때, 다음 부등식을 푸시오.

12 $3x+1>-2$

13 $3\geq 1-5x$

14 $2x-3\leq x-2$

[15 ~ 18] $a<b$일 때, 다음 □ 안에 알맞은 부등호를 써넣으시오.

15 $a-2$ □ $b-2$

16 $2a-1$ □ $2b-1$

17 $\frac{5-a}{2}$ □ $\frac{5-b}{2}$

18 $7-3a$ □ $7-3b$

[19 ~ 21] $x<2$일 때, 다음 식의 값의 범위를 구하시오.

19 $x+3$

20 $-\frac{1}{2}x$

21 $-2x+1$

한 번 더
연산테스트는
부록 7쪽에서

맞힌 개수 개/21개

일차부등식

일차부등식 : 부등식의 모든 항을 좌변으로 이항하여 정리하였을 때 (이항: 부등식의 한 변에 있는 항을 부호를 바꾸어 다른 변으로 옮기는 것)

(일차식)>0, (일차식)<0, (일차식)≥ 0, (일차식)≤ 0

중 어느 하나의 꼴로 나타나는 부등식

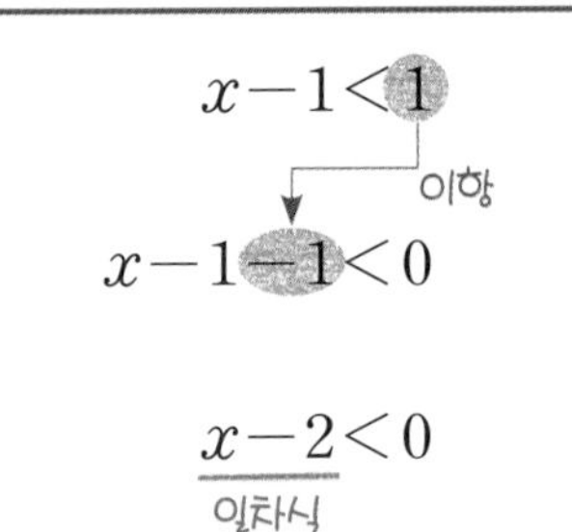

→ 일차부등식이다.

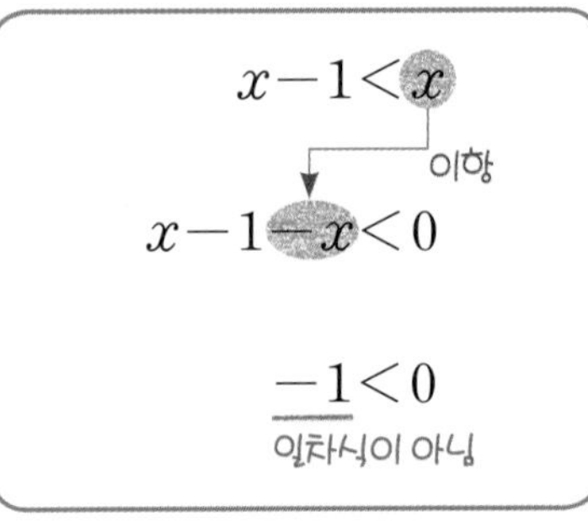

→ 일차부등식이 아니다.

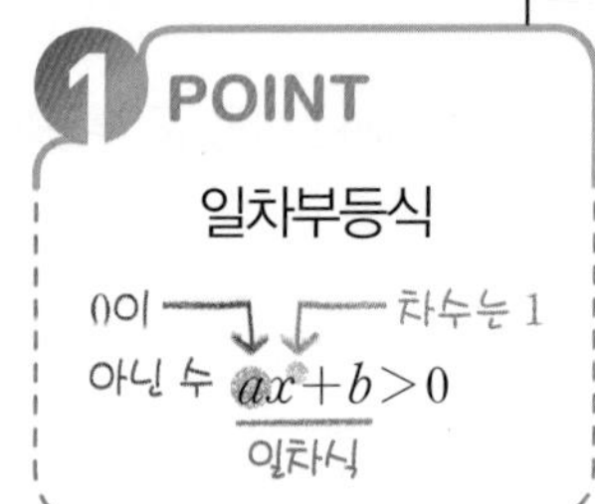

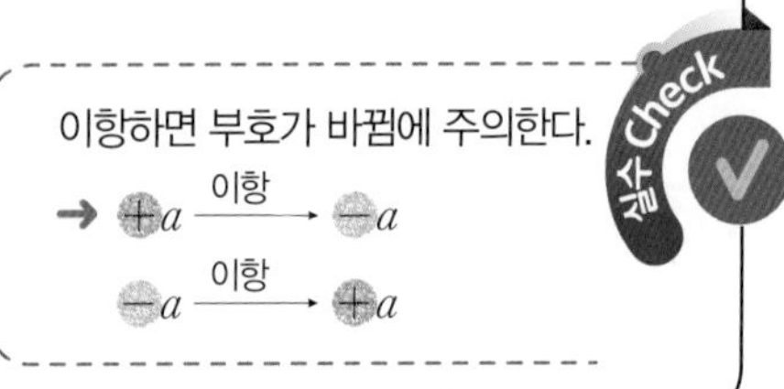

이항하면 부호가 바뀜에 주의한다.
→ $+a$ 이항 $-a$
$-a$ 이항 $+a$
실수 Check

이항

다음 부등식에서 밑줄 친 항을 이항하시오.

01 $x+2>3$ ________

02 $3x-5\leq -2$ ________

03 $4-\frac{1}{2}x<10$ ________

04 $-2x\geq 7x+1$ ________

05 $-6x+1\leq 8x+3$ ________

06 $5-x>2-4x$ ________

일차부등식의 뜻

다음 중 일차부등식인 것에는 ○표, 일차부등식이 아닌 것에는 ×표를 하시오.

07 $3+x<4$ (　　)

따라해 우변의 항을 좌변으로 이항하면
$3+x-$□<0, $x-$□<0
일차식

08 $-x+2\geq 3$ (　　)

09 $2x+5>2x$ (　　)

10 $5-6x<10+6x$ (　　)

11 $2x-4>2(x-1)$ (　　)

12 $x^2+2\geq x^2+3x-2$ (　　)

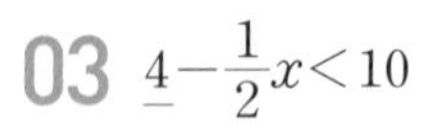

05
VISUAL 연산

▶ 정답 및 풀이 29쪽

일차부등식의 해와 수직선

(1) 부등식의 해를 수직선 위에 나타내기

① $x>a$ ② $x<a$ ③ $x\geq a$ ④ $x\leq a$

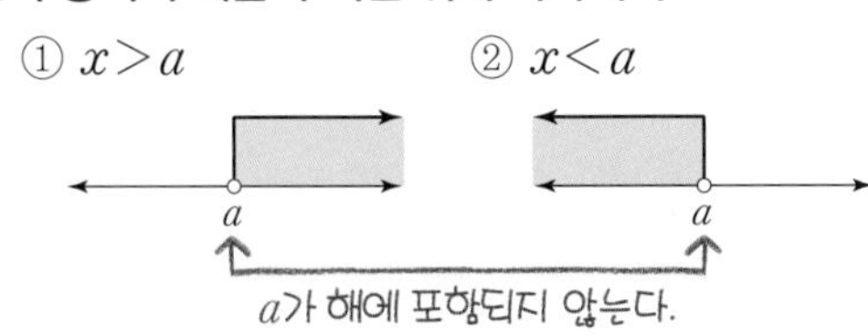
a
a
a가 해에 포함되지 않는다.

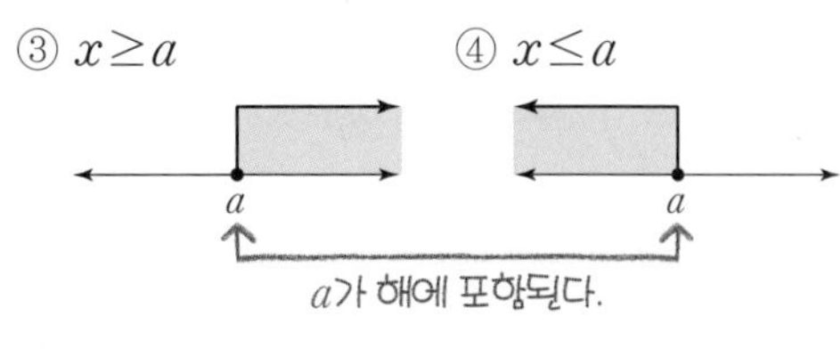
a
a
a가 해에 포함된다.

'●'에 대응하는 수는 부등식의 해에 포함되고, 'o'에 대응하는 수는 부등식의 해에 포함되지 않아!

(2) 일차부등식의 풀이

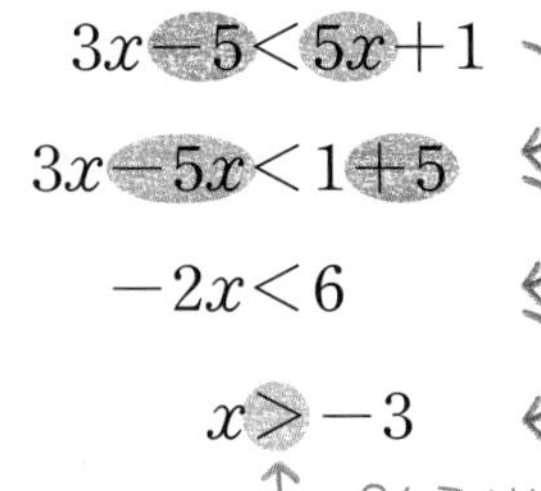

$3x-5<5x+1$

$3x-5x<1+5$

$-2x<6$

$x>-3$

x를 포함한 항은 좌변으로, 상수항은 우변으로 이항하기

양변을 정리하기

양변을 x의 계수인 -2로 나누기

음수로 나누면 부등호의 방향이 바뀐다.

→ 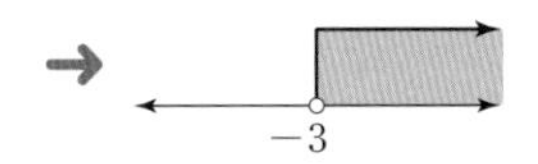
−3

❶ 미지수 x를 포함한 항은 좌변으로, 상수항은 우변으로 이항한다.
❷ 양변을 정리하여 $ax>b$, $ax<b$, $ax\geq b$, $ax\leq b$ 의 꼴로 고친다.
❸ 양변을 x의 계수 a로 나눈다.

다음 부등식의 해를 수직선 위에 나타내시오.

01 $x>2$

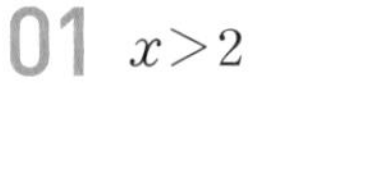

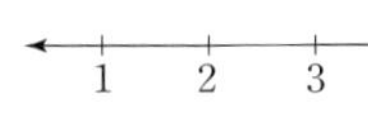
1 2 3

02 $x\leq-5$

−6 −5 −4

03 $x<-1$

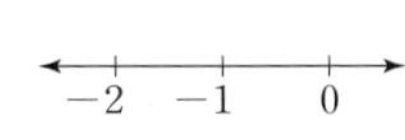
−2 −1 0

04 $x\geq3$

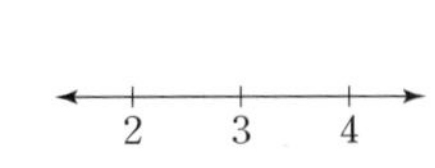
2 3 4

다음 일차부등식을 푸시오.

05 따라해

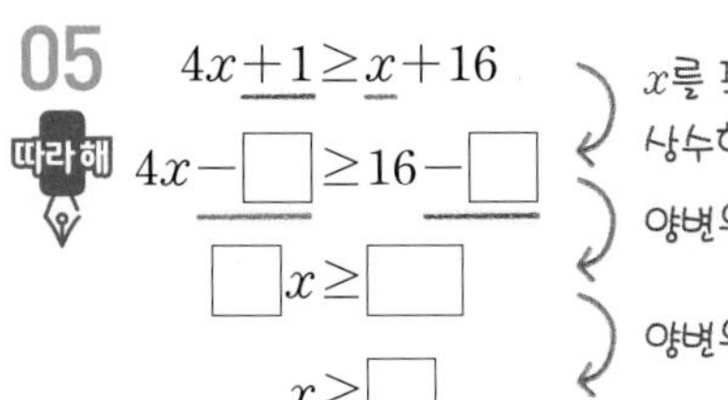

$4x+1\geq x+16$

$4x-\square\geq16-\square$

$\square x\geq\square$

$x\geq\square$

x를 포함한 항은 좌변으로, 상수항은 우변으로 이항하기

양변을 정리하기

양변을 x의 계수인 3으로 나누기

06 $x-6<1$ ________

07 $-2x\geq12$ ________

08 $3x-2\leq7$ ________

09 $x+5>2x$ ________

10 $6x-3<4x-11$ ________

다음 일차부등식을 풀고, 그 해를 수직선 위에 나타내시오.

11 $x+3\leq4$ 해 : ________, (수직선: 1 2 3)

12 $-3x+8\geq x$ 해 : ________, (수직선: 1 2 3)

13 $8x-3>3x+7$ 해 : ________, (수직선: 1 2 3)

▶ 정답 및 풀이 29쪽

괄호가 있는 일차부등식의 풀이

$2(x-3) \geq 4x-2$
↓ 분배법칙을 이용하여 괄호 풀기
$2x-6 \geq 4x-2$
↓ x를 포함한 항은 좌변으로, 상수항은 우변으로 이항하기
$2x-4x \geq -2+6$
↓ 양변을 정리하기
$-2x \geq 4$
↓ 양변을 x의 계수인 -2로 나누기
$x \leq -2$

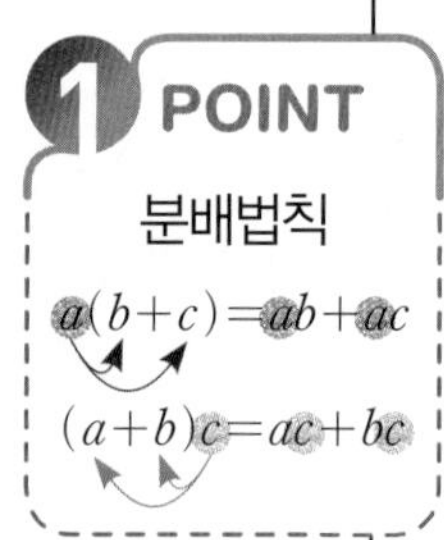

다음 일차부등식을 푸시오.

01 $5(x-2) \leq 7x+6$

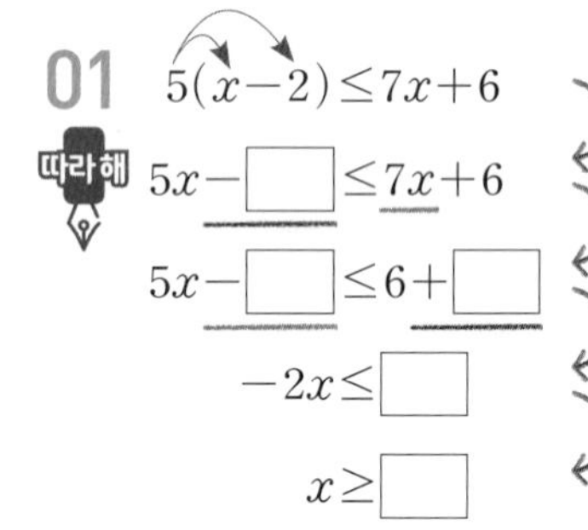

↓ 분배법칙을 이용하여 괄호 풀기
↓ x를 포함한 항은 좌변으로, 상수항은 우변으로 이항하기
↓ 양변을 정리하기
↓ 양변을 x의 계수인 -2로 나누기

02 $3(x+4) > -3$ ______

03 $-2(2x-5) \geq 2x$ ______

04 $2(x-2) < x+8$ ______

05 $4x+5 \leq -2(x-1)$ ______

06 $5x-2(x-3) > 9$ ______

07 $2(x+5) > -(x-1)$ ______

08 $-(x+2) \leq 4(x-3)$ ______

09 $2(x-6) \geq 3(x-1)$ ______

10 $-(5-2x) > 5(x+2)$ ______

11 $3(2x+3) < -2(x+4)+1$ ______

12 $5-2(2x+1) \geq 3(x-6)$ ______

13 $2(x-3)+1 < -2(x+5)-3$ ______

07
VISUAL 연산

계수가 소수인 일차부등식의 풀이

부등식의 양변에 10, 100, 1000, …을 곱하여 계수를 정수로 고친다.

$0.4x+2<0.2x+5$

양변에 10 곱하기

$4x+20<2x+50$

x를 포함한 항은 좌변으로, 상수항은 우변으로 이항하기

$4x-2x<50-20$

양변을 정리하기

$2x<30$

양변을 x의 계수인 2로 나누기

$x<15$

실수 Check

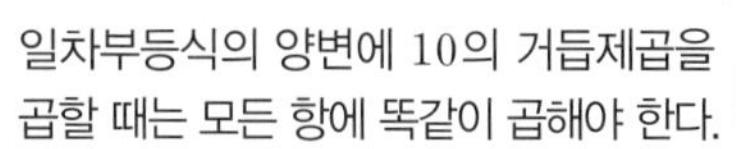
일차부등식의 양변에 10의 거듭제곱을 곱할 때는 모든 항에 똑같이 곱해야 한다.

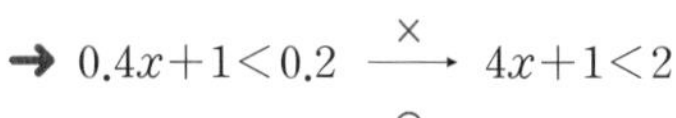
➜ $0.4x+1<0.2$ $\xrightarrow{\times}$ $4x+1<2$

$\xrightarrow{\bigcirc}$ $4x+10<2$

다음 일차부등식을 푸시오.

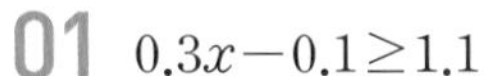
01 $0.3x-0.1\ge1.1$

따라해

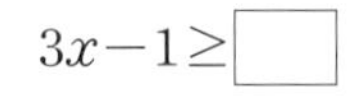
$3x-1\ge\square$ (양변에 10 곱하기)

$3x\ge\square+1$ (상수항을 우변으로 이항하기)

$3x\ge\square$ (양변을 정리하기)

$x\ge\square$ (양변을 x의 계수인 3으로 나누기)

02 $0.5x+0.2>0.7$

03 $0.8x-0.3\le0.3x+1.2$

04 $0.3+0.3x>-0.1x-1.3$

05 $1.2x-2\le0.8x+0.4$

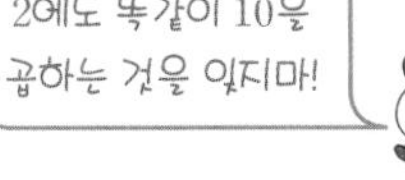
2에도 똑같이 10을
곱하는 것을 잊지마!

06 $0.03x+1.2<1.5$

07 $0.05x<0.1x+0.25$

08 $0.36x-0.38\ge0.18x+1.24$

09 $-0.21x-0.2<1-0.13x$

10 $-0.3(x+3)\le-1.2$

괄호 안의 수에는 10의 거듭제곱을 곱하지 않아!

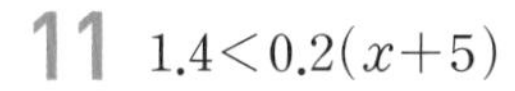
11 $1.4<0.2(x+5)$

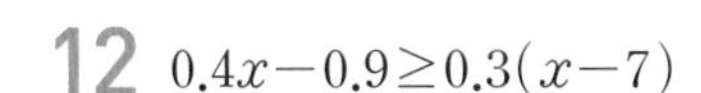
12 $0.4x-0.9\ge0.3(x-7)$

13 $0.08-0.2x>0.3x-0.17$

계수가 분수인 일차부등식의 풀이

부등식의 양변에 분모의 최소공배수를 곱하여 계수를 정수로 고친다.

$\frac{1}{2}x-1\le\frac{1}{3}x+1$

양변에 분모의 최소공배수인 6 곱하기

$3x-6\le2x+6$

x를 포함한 항은 좌변으로, 상수항은 우변으로 이항하기

$3x-2x\le6+6$

양변을 정리하기

$x\le12$

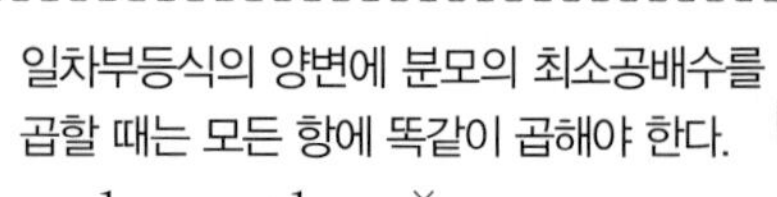

일차부등식의 양변에 분모의 최소공배수를 곱할 때는 모든 항에 똑같이 곱해야 한다.

➜ $\frac{1}{2}x+1\le\frac{1}{3}x \xrightarrow{\times} 3x+1\le2x$

$\xrightarrow{\bigcirc} 3x+6\le2x$

다음 일차부등식을 푸시오.

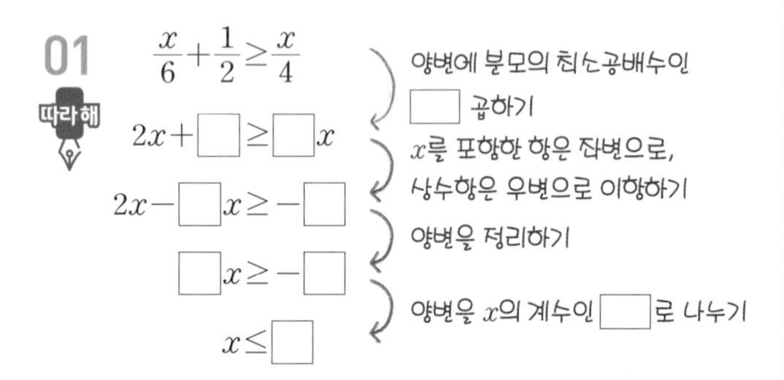

01 따라해

$\frac{x}{6}+\frac{1}{2}\ge\frac{x}{4}$

양변에 분모의 최소공배수인 $\square$ 곱하기

$2x+\square\ge\square x$

x를 포함한 항은 좌변으로, 상수항은 우변으로 이항하기

$2x-\square x\ge-\square$

양변을 정리하기

$\square x\ge-\square$

양변을 x의 계수인 $\square$로 나누기

$x\le\square$

02 $\frac{5}{2}+\frac{1}{4}x<\frac{1}{2}x$

03 $\frac{x}{4}-\frac{3}{2}\le-\frac{x}{2}$

04 $\frac{2}{3}x>\frac{3}{4}x+\frac{1}{2}$

05 $\frac{1}{5}x+\frac{2}{3}<\frac{1}{3}x+2$

2에도 똑같이 15를 곱하는 것을 잊지마!

06 $-\frac{3}{4}x+2<\frac{1}{2}x-\frac{4}{3}$

07 따라해

$\frac{x-1}{2}<\frac{x+1}{3}$

양변에 분모의 최소공배수인 $\square$ 곱하기

$3(x-1)<\square(x+1)$

분배법칙을 이용하여 괄호 풀기

$3x-3<2x+\square$

x를 포함한 항은 좌변으로, 상수항은 우변으로 이항하기

$3x-\square<\square+3$

양변을 정리하기

$x<\square$

08 $\frac{2x-1}{4}\le\frac{x+2}{3}$

09 $\frac{x}{3}-2\ge\frac{x-4}{5}$

10 $\frac{x-2}{2}\le\frac{4-x}{6}-1$

11 $\frac{3}{4}x+1<\frac{1}{2}(2x-1)$

12 $4(5-x)>\frac{1}{2}x+2$

복잡한 일차부등식의 풀이

소수를 기약분수로 바꾼 후 부등식의 양변에 분모의 최소공배수를 곱한다.

$0.2x+0.1>\frac{1}{2}x+1$

↓ 소수를 기약분수로 바꾸기

$\frac{1}{5}x+\frac{1}{10}>\frac{1}{2}x+1$

↓ 양변에 분모의 최소공배수인 10 곱하기

$2x+1>5x+10$

↓ x를 포함한 항은 좌변으로, 상수항은 우변으로 이항하기

$2x-5x>10-1$

↓ 양변을 정리하기

$-3x>9$

↓ 양변을 x의 계수인 -3으로 나누기

$x<-3$

계수에 소수와 분수가 함께 있으면 먼저 소수를 기약분수로 바꾼 후, 분모의 최소공배수를 곱하면 돼.

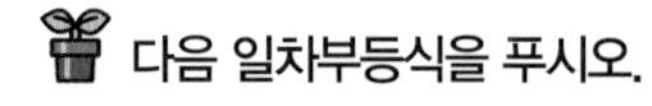

다음 일차부등식을 푸시오.

01 $\frac{1}{2}x-2<0.8x-0.5$

↓ 소수를 기약분수로 바꾸기

$\frac{1}{2}x-2<\square x-\frac{1}{2}$

↓ 양변에 분모의 최소공배수인 □ 곱하기

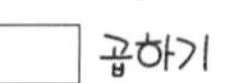

$5x-\square<\square x-5$

↓ x를 포함한 항은 좌변으로, 상수항은 우변으로 이항하기

$5x-\square x<-5+\square$

↓ 양변을 정리하기

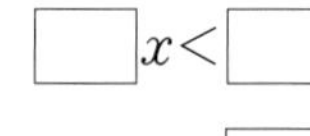

$\square x<\square$

↓ 양변을 x의 계수인 □으로 나누기

$x>\square$

02 $\frac{1}{3}x>0.6x+\frac{4}{5}$ ________

03 $\frac{3}{2}x+5\geq 0.5x-3$ ________

04 $0.4x-0.1>\frac{1}{4}x+2$ ________

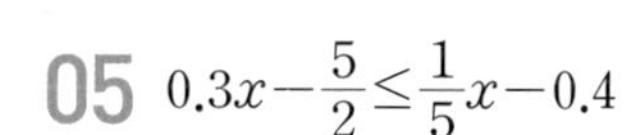

05 $0.3x-\frac{5}{2}\leq\frac{1}{5}x-0.4$ ________

06 $0.4x+0.7<\frac{1}{2}(x-2)$ ________

07 $\frac{6}{5}x+0.2(x+5)\leq -1.2$ ________

08 $0.7(2x-1)\geq 2-\frac{x+1}{5}$ ________

09 $\frac{x-3}{4}>0.2(3x+5)$ ________

10 $1.6(5-x)\leq\frac{10+2x}{5}$ ________

▶ 정답 및 풀이 31쪽

문자가 있는 일차부등식

x의 계수가 문자인 경우

$ax>b$에서

- $a>0$ —부등호의 방향이 바뀌지 않으므로→ $x>\frac{b}{a}$
- $a<0$ —부등호의 방향이 바뀌므로→ $x<\frac{b}{a}$

↑ x의 계수가 음수

일차부등식의 해가 주어진 경우

일차부등식 $ax>b$의 해가

- $x>k$ ➜ $a>0$이고, $x>\frac{b}{a}$이므로 $\frac{b}{a}=k$
- $x<k$ ➜ $a<0$이고, $x<\frac{b}{a}$이므로 $\frac{b}{a}=k$

부등호의 방향이 바뀌었으므로 x의 계수는 음수이다.

x의 계수가 문자인 일차부등식의 풀이

 **$a>0$일 때, x에 대한 다음 일차부등식을 푸시오.**

01 $ax-2<1$ ________

 따라해
$ax-2<1$에서 $ax<\square$이므로 양변을 a로 나눈다.
이때 a는 (양수, 음수)이므로 부등호의 방향은 (바뀐다, 바뀌지 않는다).
$\therefore x \bigcirc \frac{3}{a}$

02 $ax<a$ ________

03 $ax+a\geq0$ ________

04 $2-ax\leq5$ ________

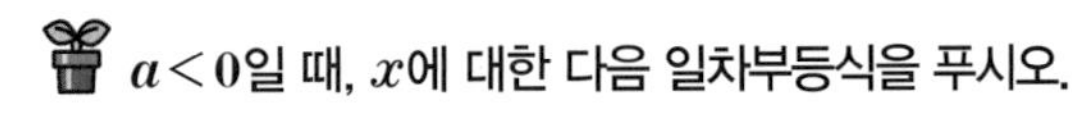
$a<0$일 때, x에 대한 다음 일차부등식을 푸시오.

05 $ax+1>3$ ________

 따라해
$ax+1>3$에서 $ax>\square$이므로 양변을 a로 나눈다.
이때 a는 (양수, 음수)이므로 부등호의 방향은 (바뀐다, 바뀌지 않는다).
$\therefore x \bigcirc \frac{2}{a}$

06 $ax\geq a$ ________

07 $ax-2a\leq0$ ________

08 $ax-1<3$ ________

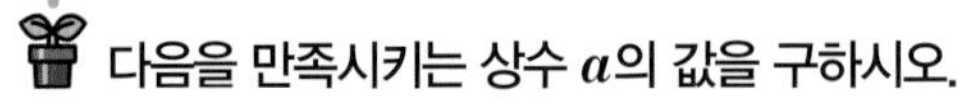
부등식의 해가 주어진 경우 미지수 구하기

다음을 만족시키는 상수 a의 값을 구하시오.

09 $2x+3<a$의 해가 $x<-2$이다. ________

 따라해
$2x+3<a$에서 $x<\frac{a-\square}{2}$
이 부등식의 해가 $x<-2$이므로
$\frac{a-3}{2}=\square$ $\therefore a=\square$

10 $-3x+a\geq4$의 해가 $x\leq1$이다. ________

11 $ax+1<2$의 해가 $x<1$이다. ________

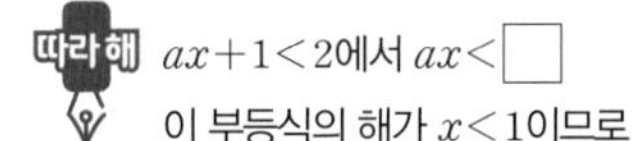 따라해
$ax+1<2$에서 $ax<\square$
이 부등식의 해가 $x<1$이므로
a는 (양수, 음수)이고, 해는 $x<\frac{\square}{a}$
따라서 $\frac{\square}{a}=1$이므로 $a=\square$

12 $ax\geq2$의 해가 $x\geq1$이다. ________

13 $2+ax<1$의 해가 $x>1$이다. ________

▶ 정답 및 풀이 32쪽

[01 ~ 05] 다음 중 일차부등식인 것에는 ○표, 일차부등식이 아닌 것에는 ×표를 하시오.

01 $4-2x\le5-3x$ ( )

02 $x-7>4+x$ ( )

03 $x(x-1)\ge3x+2$ ( )

04 $\frac{x}{2}+3<\frac{x}{3}-1$ ( )

05 $x^2+x>x^2-x$ ( )

[06 ~ 09] 다음 일차부등식을 풀고, 그 해를 수직선 위에 나타내시오.

06 $x-4>-3$

07 $-2x+3\ge1$

08 $2x-8\le4x+2$

09 $-7x-2>-5x-8$

[10 ~ 17] 다음 일차부등식을 푸시오.

10 $x+6\ge2x$

11 $2x+4\le-5x+18$

12 $2(x+2)-3<5x+4$

13 $\frac{3}{5}x-2<\frac{x-4}{2}$

14 $1.1x-0.7\ge0.5x-1$

15 $0.1+0.24x\le0.36x-0.14$

16 $0.5x-\frac{4}{3}<-\frac{1}{6}x$

17 $\frac{x+3}{2}\le0.2(x+6)$

[18 ~ 20] $a<0$일 때, x에 대한 다음 일차부등식을 푸시오.

18 $ax+1>0$

19 $ax<3a$

20 $-ax+5a\le0$

맞힌 개수 개/20개

▶ 정답 및 풀이 33쪽

일차부등식의 활용

어떤 정수의 3배에서 10을 뺀 수는 26보다 크다고 한다. 이와 같은 정수 중에서 가장 작은 수를 구해 보자.

↳ 구하려는 것을 미지수로 놓기

❶ 어떤 정수를 x라 하면

❷ $3x-10>26$

❸ $3x-10>26$에서 $3x>36$, $x>12$
따라서 구하는 가장 작은 정수는 13이다.

❹ $x=12$를 $3x-10>26$에 대입하면 $3\times12-10=26=26$
$x=13$을 $3x-10>26$에 대입하면 $3\times13-10=29>26$
가장 작은 정수 13은 문제의 뜻에 맞는다.

❶ 미지수 정하기
❷ 일차부등식 세우기
❸ 일차부등식 풀기
❹ 문제의 뜻에 맞는지 확인하기

수에 대한 문제

01 어떤 정수의 5배에 3을 더한 수는 23보다 크지 않다고 한다. 이와 같은 정수 중에서 가장 큰 수를 구하려고 할 때, 다음 물음에 답하시오.

(1) 어떤 정수를 x라 할 때, 일차부등식을 세우시오.

어떤 정수의 5배에 3을 더한 수는 ☐
이 수가 23보다 크지 않으므로
부등식을 세우면 ☐ ≤ 23

(2) (1)에서 세운 부등식을 푸시오. ________

(3) 어떤 정수 중 가장 큰 수를 구하시오. ________

02 어떤 자연수를 2배하여 5를 뺀 수는 처음 수에 5를 더한 수보다 크다고 한다. 이와 같은 자연수 중에서 가장 작은 수를 구하려고 할 때, 다음 물음에 답하시오.

(1) 어떤 자연수를 x라 할 때, 일차부등식을 세우시오. ________

(2) (1)에서 세운 부등식을 푸시오. ________

(3) 어떤 자연수 중 가장 작은 수를 구하시오. ________

03 연속하는 세 자연수의 합이 30보다 작다고 한다. 이와 같은 자연수 중에서 가장 큰 세 수를 구하려고 할 때, 다음 물음에 답하시오.

(1) 연속하는 세 자연수 중 가운데 수를 x라 할 때, 일차부등식을 세우시오.

연속하는 세 자연수는 ☐, x, ☐
세 자연수의 합이 30보다 작으므로
부등식을 세우면 (☐) $+x+$ (☐) <30

(2) (1)에서 세운 부등식을 푸시오. ________

(3) 연속하는 세 자연수 중 가장 큰 세 수를 구하시오. ________

04 연속하는 두 홀수 중 작은 수의 3배에 10을 더한 수는 큰 수의 4배 이하라고 한다. 이와 같은 수 중에서 가장 작은 두 홀수를 구하려고 할 때, 다음 물음에 답하시오.

(1) 연속하는 두 홀수 중 작은 수를 x라 할 때, 일차부등식을 세우시오. ________

(2) (1)에서 세운 부등식을 푸시오. ________

(3) 연속하는 두 홀수 중 가장 작은 두 수를 구하시오. ________

가격, 개수에 대한 문제

05 한 개에 500원인 초콜릿을 2000원짜리 상자에 담아 전체 가격이 4000원 이하가 되도록 사려고 한다. 초콜릿은 최대 몇 개까지 살 수 있는지 구하려고 할 때, 다음 물음에 답하시오.

(1) 초콜릿을 x개 산다고 할 때, 일차부등식을 세우시오.

> 초콜릿 x개의 가격은 ☐원이므로
> 부등식을 세우면
> (초콜릿 x개의 가격)$+$(상자의 가격) ☐ 4000
> 에서 ☐$+2000$ ☐ 4000

(2) (1)에서 세운 부등식을 푸시오.

(3) 초콜릿은 최대 몇 개까지 살 수 있는지 구하시오.

20000원보다 적거나 같게

06 한 다발에 3500원인 안개꽃 한 다발과 한 송이에 1500원인 장미를 섞어서 전체 가격이 20000원을 넘지 않도록 꽃다발을 만들려고 한다. 장미는 최대 몇 송이까지 살 수 있는지 구하려고 할 때, 다음 물음에 답하시오. (단, 포장비는 무료이다.)

(1) 장미를 x송이 산다고 할 때, 일차부등식을 세우시오.

(2) (1)에서 세운 부등식을 푸시오.

(3) 장미는 최대 몇 송이까지 살 수 있는지 구하시오.

07 한 개에 1000원인 빵과 한 개에 800원인 우유를 합하여 10개를 사려고 한다. 전체 가격이 9000원 이하가 되도록 하려면 빵은 최대 몇 개까지 살 수 있는지 구하려고 할 때, 다음 물음에 답하시오.

(1) 빵을 x개 산다고 할 때, 표를 완성하시오.

(전체 개수) −(빵의 개수)

	빵	우유
개수(개)		
금액(원)		

(2) 일차부등식을 세우시오.

(3) (2)에서 세운 부등식을 푸시오.

(4) 빵은 최대 몇 개까지 살 수 있는지 구하시오.

08 한 개에 2000원인 참외와 한 개에 1800원인 사과를 합하여 20개를 사려고 한다. 전체 가격이 38000원 미만이 되도록 하려면 참외는 최대 몇 개까지 살 수 있는지 구하려고 할 때, 다음 물음에 답하시오.

(1) 참외를 x개 산다고 할 때, 일차부등식을 세우시오.

(2) (1)에서 세운 부등식을 푸시오.

(3) 참외는 최대 몇 개까지 살 수 있는지 구하시오.

예금액에 대한 문제

09 현재 동생의 예금액은 35000원, 누나의 예금액은 50000원이다. 다음 달부터 매달 동생은 5000원씩, 누나는 4000원씩 예금하려고 할 때, 동생의 예금액이 누나의 예금액보다 많아지는 것은 몇 개월 후부터인지 구하려고 한다. 다음 물음에 답하시오.

(1) x개월 후부터 동생의 예금액이 누나의 예금액보다 많아진다고 할 때, 표를 완성하시오.

	동생	누나
현재 예금액(원)	35000	
매월 예금액(원)	5000	
x개월 후의 예금액(원)	$35000+5000x$	

(2) 일차부등식을 세우시오.

(3) (2)에서 세운 부등식을 푸시오.

(4) 동생의 예금액이 누나의 예금액보다 많아지는 것은 몇 개월 후부터인지 구하시오.

10 현재 준우의 예금액은 10000원, 서현이의 예금액은 20000원이다. 다음 달부터 매달 준우는 3000원씩, 서현이는 2000원씩 예금하려고 할 때, 준우의 예금액이 서현이의 예금액보다 많아지는 것은 몇 개월 후부터인지 구하려고 한다. 다음 물음에 답하시오.

(1) x개월 후부터 준우의 예금액이 서현이의 예금액보다 많아진다고 할 때, 일차부등식을 세우시오.

(2) (1)에서 세운 부등식을 푸시오.

(3) 준우의 예금액이 서현이의 예금액보다 많아지는 것은 몇 개월 후부터인지 구하시오.

11 현재 정화의 저금통에는 5000원, 혜정이의 저금통에는 7000원이 들어 있다. 다음 주부터 매주 정화는 1500원씩, 혜정이는 600원씩 저금통에 넣는다고 하면 정화의 저금액이 혜정이의 저금액의 2배보다 많아지는 것은 몇 주 후부터인지 구하려고 한다. 다음 물음에 답하시오.

(1) x주 후부터 정화의 저금액이 혜정이의 저금액의 2배보다 많아진다고 할 때, 일차부등식을 세우시오.

> x주 후의 정화의 저금액은 ( )원
> x주 후의 혜정이의 저금액은 ( )원
> 따라서 부등식을 세우면
> $\square > 2(\square)$

(2) (1)에서 세운 부등식을 푸시오.

(3) 정화의 저금액이 혜정이의 저금액의 2배보다 많아지는 것은 몇 주 후부터인지 구하시오.

12 현재 형의 예금액은 30000원, 동생의 예금액은 10000원이다. 다음 달부터 매달 형은 4000원씩, 동생은 3000원씩 예금하려고 할 때, 형의 예금액이 동생의 예금액의 2배보다 적어지는 것은 몇 개월 후부터인지 구하려고 한다. 다음 물음에 답하시오.

(1) x개월 후부터 형의 예금액이 동생의 예금액의 2배보다 적어진다고 할 때, 일차부등식을 세우시오.

(2) (1)에서 세운 부등식을 푸시오.

(3) 형의 예금액이 동생의 예금액의 2배보다 적어지는 것은 몇 개월 후부터인지 구하시오.

유리한 방법에 대한 문제

13 동네 문구점에서 한 자루에 800원인 볼펜이 할인점에서는 500원이라고 한다. 할인점에 다녀오는 데 왕복 교통비가 2100원이 들 때, 볼펜을 몇 자루 이상 살 경우에 할인점에서 사는 것이 유리한지 구하려고 한다. 다음 물음에 답하시오. ↳할인점에서 사는 것이 더 싸다.

(1) 볼펜을 x자루 산다고 할 때, 표를 완성하시오.

	동네 문구점	할인점
볼펜 x자루의 가격(원)	$800x$	
교통비(원)	0	
총 금액(원)	$800x$	

(2) 일차부등식을 세우시오.

(3) (2)에서 세운 부등식을 푸시오.

(4) 볼펜을 몇 자루 이상 살 경우에 할인점에서 사는 것이 유리한지 구하시오.

14 동네 꽃가게에서 한 송이에 1200원인 튤립이 도매 시장에서는 900원이라고 한다. 도매 시장에 다녀오는 데 왕복 교통비가 3000원이 들 때, 튤립을 몇 송이 이상 살 경우에 도매 시장에서 사는 것이 유리한지 구하려고 한다. 다음 물음에 답하시오.

(1) 튤립을 x송이 산다고 할 때, 일차부등식을 세우시오.

(2) (1)에서 세운 부등식을 푸시오.

(3) 튤립을 몇 송이 이상 살 경우에 도매 시장에서 사는 것이 유리한지 구하시오.

도형에 대한 문제

15 밑변의 길이가 10 cm인 삼각형의 넓이가 30 cm^2 이하가 되도록 하려면 삼각형의 높이는 몇 cm 이하이어야 하는지 구하려고 한다. 다음 물음에 답하시오.

(1) 삼각형의 높이를 x cm라 할 때, 일차부등식을 세우시오.

삼각형의 넓이가 30 cm^2 이하이므로
$\frac{1}{2}\times\square\times x\,\square\,30$

(2) (1)에서 세운 부등식을 푸시오.

(3) 삼각형의 넓이가 30 cm^2 이하가 되게 하려면 삼각형의 높이는 몇 cm 이하이어야 하는지 구하시오.

16 가로의 길이가 12 cm인 직사각형이 있다. 이 직사각형의 둘레의 길이가 52 cm 이상이 되도록 하려면 세로의 길이는 몇 cm 이상이어야 하는지 구하려고 한다. 다음 물음에 답하시오.

(1) 직사각형의 세로의 길이를 x cm라 할 때, 일차부등식을 세우시오.

(2) (1)에서 세운 부등식을 푸시오.

(3) 직사각형의 둘레의 길이가 52 cm 이상이 되도록 하려면 세로의 길이는 몇 cm 이상이어야 하는지 구하시오.

12 VISUAL 연산 거리, 속력, 시간

준희가 산책을 하는데 갈 때는 시속 2 km로 걷고, 올 때는 같은 길을 시속 4 km로 걸어서 총 1시간 이내에 산책을 마치려고 한다. 최대 몇 km 떨어진 지점까지 갔다 올 수 있는지 구해 보자.

↳ 같거나 적게

최대 x km 떨어진 지점까지 갔다 온다고 하면

	갈 때	올 때
거리(km)	x	x
속력(km/h)	2	4
시간(시간)	$\frac{x}{2}$	$\frac{x}{4}$

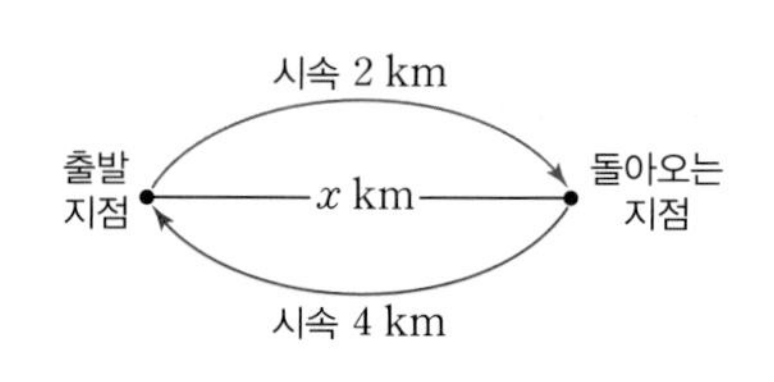

(갈 때 걸린 시간)+(올 때 걸린 시간)$\leq$1이어야 하므로

$\frac{x}{2}+\frac{x}{4}\leq 1$ ➜ $2x+x\leq 4$, $3x\leq 4$, $x\leq\frac{4}{3}$

따라서 최대 $\frac{4}{3}$ km 떨어진 지점까지 갔다 올 수 있다.

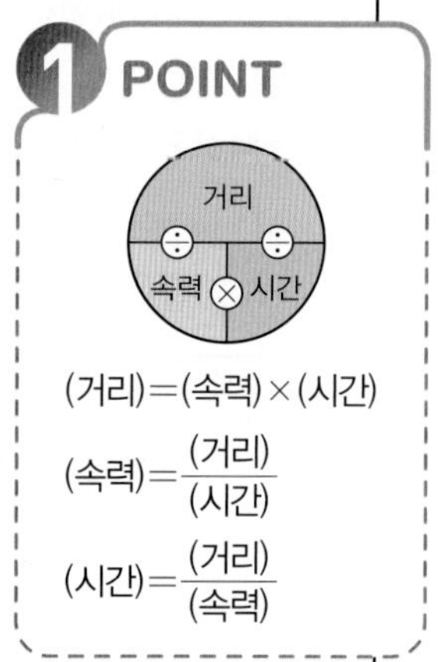

(거리)=(속력)×(시간)

(속력)=$\frac{(거리)}{(시간)}$

(시간)=$\frac{(거리)}{(속력)}$

문제를 풀 때, 먼저 단위를 통일해야 한다.
➜ 1시간=60분, 1 km=1000 m

01 등산을 하는데 올라갈 때는 시속 2 km로, 내려올 때는 같은 길을 시속 3 km로 걸어서 총 3시간 이내에 등산을 마치려고 한다. 최대 몇 km까지 올라갔다 내려올 수 있는지 구하려고 할 때, 다음 물음에 답하시오.

(1) 최대 x km까지 올라갔다 내려온다고 할 때, 표를 완성하시오.

	올라갈 때	내려올 때
거리(km)	x	
속력(km/h)	2	
시간(시간)	$\frac{x}{2}$	

(2) 일차부등식을 세우시오.

(3) (2)에서 세운 부등식을 푸시오.

(4) 최대 몇 km까지 올라갔다 내려올 수 있는지 구하시오.

02 지민이가 집에서 8 km 떨어진 공원까지 가는데 처음에는 시속 3 km로 걷다가 도중에 시속 6 km로 뛰어서 2시간 이내에 도착하려고 한다. 시속 3 km로 걸어간 거리는 최대 몇 km인지 구하려고 할 때, 다음 물음에 답하시오.

(1) 시속 3 km로 걸어간 거리를 x km라 할 때, 표를 완성하시오.

	걸어갈 때	뛰어갈 때
거리(km)	x	
속력(km/h)	3	
시간(시간)	$\frac{x}{3}$	

(2) 일차부등식을 세우시오.

(3) (2)에서 세운 부등식을 푸시오.

(4) 시속 3 km로 걸어간 거리는 최대 몇 km인지 구하시오.

▶ 정답 및 풀이 34쪽

01 연속하는 세 자연수의 합이 45보다 크다고 한다. 이와 같은 자연수 중에서 가장 작은 세 수를 구하려고 할 때, 다음 물음에 답하시오.

(1) 연속하는 세 자연수 중 가운데 수를 x라 할 때, 일차부등식을 세우시오.

(2) 연속하는 세 자연수 중 가장 작은 세 수를 구하시오.

02 어느 전시관의 1인당 입장료가 어른은 4000원, 어린이는 2500원이라고 한다. 어른과 어린이를 합하여 10명이 입장하는 데 드는 전체 금액이 32500원을 넘지 않게 하려면 어른은 최대 몇 명 입장할 수 있는지 구하려고 할 때, 다음 물음에 답하시오.

(1) 어른이 x명 입장한다고 할 때, 일차부등식을 세우시오.

(2) 어른은 최대 몇 명 입장할 수 있는지 구하시오.

03 현재 승주의 예금액은 30000원, 민아의 예금액은 25000원이다. 다음 달부터 매달 승주는 4000원씩, 민아는 1500원씩 예금하려고 할 때, 승주의 예금액이 민아의 예금액의 2배보다 많아지는 것은 몇 개월 후부터인지 구하려고 한다. 다음 물음에 답하시오.

(1) x개월 후부터 승주의 예금액이 민아의 예금액의 2배보다 많아진다고 할 때, 일차부등식을 세우시오.

(2) 승주의 예금액이 민아의 예금액의 2배보다 많아지는 것은 몇 개월 후부터인지 구하시오.

04 학교 앞 문구점에서 한 권에 1200원인 공책이 할인점에서는 800원이라고 한다. 할인점에 다녀오는 데 왕복 교통비가 2000원이 들 때, 공책을 몇 권 이상 살 경우에 할인점에서 사는 것이 유리한지 구하려고 한다. 다음 물음에 답하시오.

(1) 공책을 x권 산다고 할 때, 일차부등식을 세우시오.

(2) 공책을 몇 권 이상 살 경우에 할인점에서 사는 것이 유리한지 구하시오.

05 등산을 하는데 올라갈 때는 시속 3 km로, 내려올 때는 같은 길을 시속 5 km로 걸어서 총 4시간 이내에 등산을 마치려고 한다. 최대 몇 km까지 올라갔다 내려올 수 있는지 구하려고 할 때, 다음 물음에 답하시오.

(1) 최대 x km까지 올라갔다 내려온다고 할 때, 일차부등식을 세우시오.

(2) 최대 몇 km까지 올라갔다 내려올 수 있는지 구하시오.

06 집에서 3000 m 떨어진 기차역까지 가는데 처음에는 분속 50 m로 걷다가 도중에 분속 150 m로 뛰어서 40분 이내에 도착하려고 한다. 분속 50 m로 걸어간 거리는 최대 몇 m인지 구하려고 할 때, 다음 물음에 답하시오.

(1) 분속 50 m로 걸어간 거리를 x m라 할 때, 일차부등식을 세우시오.

(2) 분속 50 m로 걸어간 거리는 최대 몇 m인지 구하시오.

한 번 더 연산테스트는 부록 9쪽에서

맞힌 개수 ___개/6개

학교 시험 미리보기!

학교 시험 PREVIEW

01

다음 중 문장을 부등식으로 나타낸 것으로 옳지 않은 것은?

① x의 2배에 5를 더한 수는 x의 3배보다 크지 않다.
→ $2x+5\le 3x$

② 25에서 x의 2배를 뺀 수는 4 미만이다.
→ $25-2x<4$

③ 한 자루에 500원인 볼펜 x자루와 한 권에 1000원인 공책 y권의 가격의 합은 3000원보다 비싸다.
→ $500x+1000y>3000$

④ 현재 x살인 정아의 5년 후의 나이는 현재 나이의 2배보다 많다. → $x+5<2x$

⑤ 시속 80 km로 x km를 달리면 3시간보다 적게 걸린다.
→ $\frac{x}{80}<3$

02

다음 중 $x=2$일 때, 부등식이 성립하는 것은?

① $2x+3\ge 8$
② $-x+1>1$
③ $2x-1>3x$
④ $4-2x\ge 3x$
⑤ $x+1\ge 3$

03

$a>b$일 때, 다음 중 옳지 않은 것은?

① $-2a<-2b$
② $2a-3>2b-3$
③ $2-a>2-b$
④ $\frac{a}{5}>\frac{b}{5}$
⑤ $-\frac{a}{4}+1<-\frac{b}{4}+1$

04

85% 출제율

다음 중 옳은 것은?

① $2a>2b$이면 $a<b$이다.
② $-4a>-4b$이면 $a>b$이다.
③ $\frac{a}{3}<\frac{b}{3}$이면 $a>b$이다.
④ $-3a+2>-3b+2$이면 $a<b$이다.
⑤ $\frac{a}{4}-2<\frac{b}{4}-2$이면 $a>b$이다.

05

다음 중 일차부등식이 아닌 것은?

① $x<-5$
② $5-x>x+2$
③ $2x-1<5+2x$
④ $3(x-1)>0$
⑤ $2x^2+3<2x^2+2x+1$

06

다음 일차부등식 중 해를 수직선 위에 나타내었을 때, 오른쪽 그림과 같은 것을 모두 고르면? (정답 2개)

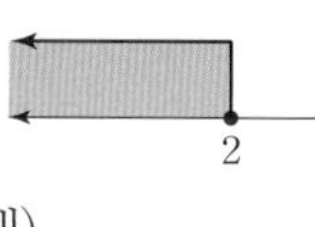

① $3x-x<4$
② $5+4x\le -3$
③ $7x-6\le 4x$
④ $4-2x>2-x$
⑤ $-3x+5\le x-3$

07 80% 출제율

일차부등식 $\frac{x-3}{4} \geq \frac{1-x}{2}+1$을 풀면?

① $x \leq -3$　② $x \leq -1$　③ $x \geq 1$
④ $x \geq 3$　⑤ $x \geq 5$

08

일차부등식 $0.2(x+4)<0.3(-2x+1)-3.5$를 만족시키는 x의 값 중 가장 큰 정수는?

① -8　② -7　③ -6
④ -5　⑤ -4

09

$a<0$일 때, x에 대한 일차부등식 $1-ax<2$를 풀면?

① $x<-\frac{1}{a}$　② $x>-\frac{1}{a}$　③ $x<\frac{1}{a}$
④ $x>\frac{1}{a}$　⑤ $x>\frac{2}{a}$

10 실수 주의

일차부등식 $2x-5<3a$의 해가 $x<10$일 때, 상수 a의 값을 구하시오.

11

윗변의 길이가 8 cm, 높이가 6 cm인 사다리꼴의 넓이가 60 cm^2 이상이 되게 하려면 사다리꼴의 아랫변의 길이는 몇 cm 이상이어야 하는가?

① 10 cm　② 12 cm　③ 14 cm
④ 16 cm　⑤ 18 cm

12

서경이가 집에서 10 km 떨어진 공원에 가는데 처음에는 자전거를 타고 시속 9 km로 가다가 도중에 자전거가 고장나서 그 지점에서부터 시속 3 km로 걸어갔더니 2시간 이내에 도착하였다. 자전거가 고장난 곳은 집에서 최소 몇 km 이상 떨어진 곳인가?

① 4 km　② 5 km　③ 6 km
④ 7 km　⑤ 8 km

13 서술형

$x \geq -3$일 때, $2x-1$의 값의 범위를 구하시오.

채점 기준 1 $2x$의 값의 범위 구하기

채점 기준 2 $2x-1$의 값의 범위 구하기

Ⅱ-2 연립방정식

01 미지수가 2개인 연립방정식

(1) **미지수가 2개인 일차방정식** : 미지수가 2개이고, 그 차수가 모두 1인 방정식

➜ $ax+by+c=0$ (a, b, c는 상수, $a\neq0$, $b\neq0$)

└➤ 미지수가 x, y의 2개

(2) **미지수가 2개인 일차방정식의 해** : 미지수가 x, y인 일차방정식을 참이 되게 하는 x, y의 값 또는 그 순서쌍 (x, y)

(3) **일차방정식을 푼다** : 일차방정식의 해를 모두 구하는 것

(4) **미지수가 2개인 연립일차방정식(연립방정식)** : 미지수가 2개인 두 일차방정식을 한 쌍으로 묶어 놓은 것

예 $\begin{cases}2x+y=8\\x+y=10\end{cases}$, $\begin{cases}y=x-4\\x+y=3\end{cases}$

(5) **연립방정식의 해**

연립방정식에서 두 일차방정식을 동시에 참이 되게 하는 x, y의 값 또는 그 순서쌍 (x, y)를 연립방정식의 해라 한다. 또, 연립방정식의 해를 구하는 것을 연립방정식을 푼다고 한다.

02 연립방정식의 풀이

(1) **가감법을 이용한 연립방정식의 풀이**

❶ 두 식에 적당한 수를 곱하여 없애려는 미지수의 계수의 절댓값을 같게 만든다.

❷ 계수의 부호가 같으면 두 식을 변끼리 빼고, 다르면 두 식을 변끼리 더해서 한 미지수를 없애 방정식을 푼다.

❸ ❷의 해를 일차방정식에 대입하여 다른 미지수의 값을 구한다.

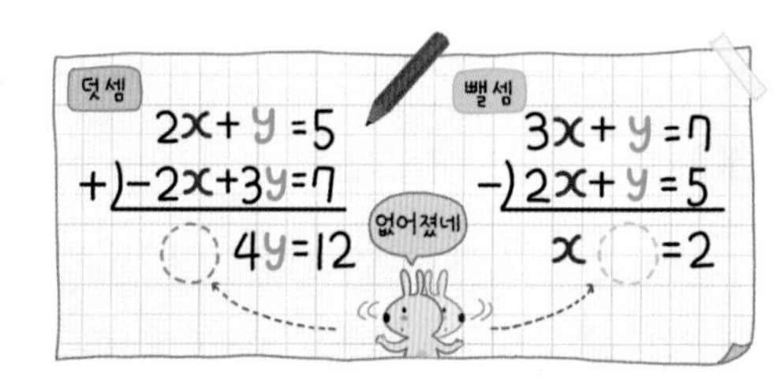

(2) **대입법을 이용한 연립방정식의 풀이** ➝ 한 방정식의 x 또는 y의 계수가 1 또는 −1일 때 대입법을 이용하는 것이 편리하다.

❶ 한 방정식에서 한 미지수를 다른 미지수의 식으로 나타낸다.

❷ ❶의 식을 다른 방정식에 대입하여 방정식을 푼다.

❸ ❷의 해를 ❶의 식에 대입하여 다른 미지수의 값을 구한다.

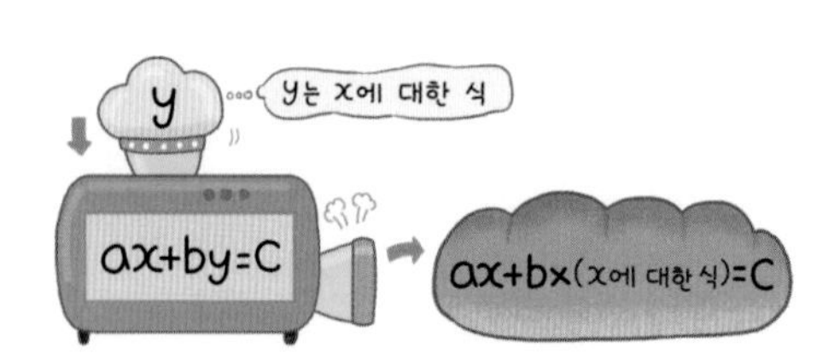

03 복잡한 연립방정식의 풀이

(1) **괄호가 있을 때** : 분배법칙을 이용하여 괄호를 풀고, 동류항끼리 정리하여 식을 간단히 한 후 푼다.

(2) **계수가 분수일 때** : 양변의 모든 항에 분모의 최소공배수를 곱하여 계수를 정수로 바꾼 후 푼다.

(3) **계수가 소수일 때** : 양변의 모든 항에 10의 거듭제곱을 곱하여 계수를 정수로 바꾼 후 푼다.

▶ 정답 및 풀이 36쪽

일차방정식

중학교 1 학년 때 배웠어요!

일차방정식 → 우변의 모든 항을 좌변으로 이항하여 정리했을 때, (x에 대한 일차식)$=0$의 꼴!

• $2x-1=3+x$에서
$2x-x-1-3=0$, $x-4=0$ ↳ (x에 대한 일차식)$=0$의 꼴
→ 일차방정식이다.

• $x+3=x+1$에서
$x-x+3-1=0$, $2=0$ ↳ (x에 대한 일차식)$=0$의 꼴이 아님
→ 일차방정식이 아니다.

일차방정식의 풀이

$5x+4=3x-2$
↓ x를 포함한 항은 좌변으로, 상수항은 우변으로 이항하기
$5x-3x=-2-4$
↓ 양변을 정리하여 $ax=b$의 꼴로 나타내기
$2x=-6$
↓ 양변을 x의 계수로 나누기
$x=-3$

일차방정식의 뜻

다음 중 일차방정식인 것에는 ○표, 일차방정식이 아닌 것에는 ×표를 하시오.

01 $6x-8$ ( )

02 $x+8=7$ ( )

모든 항을 좌변으로 이항하여 정리 후 (x에 대한 일차식)$=0$의 꼴인지 확인해야 해!

03 $2x+6=3x-4$ ( )

04 $4x=6x$ ( )

05 $-x-3=3-x$ ( )

06 $x^2+3x-1=x^2+x+4$ ( )

07 $2(x-3)=2x^2-6$ ( )

일차방정식의 해

다음 일차방정식을 푸시오.

08 $4x+1=5$ (이항) ________

09 $10=-4x+6$ ________

10 $-3x+12=3x$ ________

11 $2x+1=-x+7$ ________

12 $-5x+8=x+14$ ________

13 $6(x-2)=3x+6$ ________

14 $2(2x-3)=-2(x+4)$ ________

▶ 정답 및 풀이 36쪽

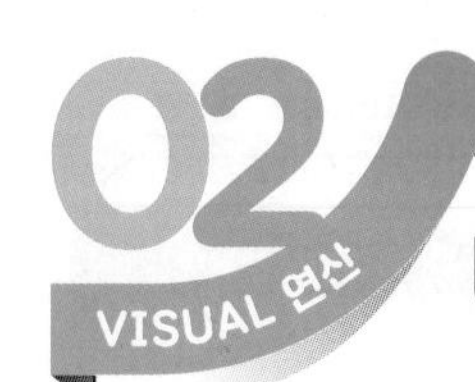

미지수가 2개인 일차방정식

미지수가 2개인 일차방정식 : 미지수가 2개이고, 그 차수가 모두 1인 방정식

$x+y+2=0$ — 미지수가 2개이고, 차수가 모두 1

$2x-y-1=0$ — 미지수가 2개이고, 차수가 모두 1

➜ 미지수가 2개인 일차방정식

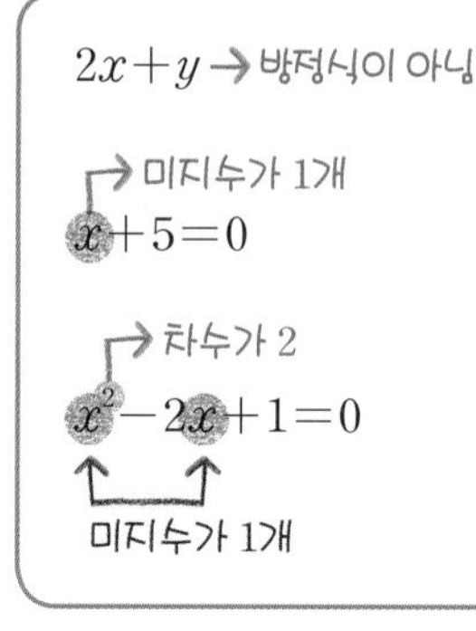

➜ 미지수가 2개인 일차방정식이 아니다.

1 POINT

미지수가 2개인 일차방정식

$ax+by+c=0$ $(a\neq0, b\neq0)$

차수가 1 / 미지수가 2개

상수항인 c의 값은 0이어도 돼.

미지수가 2개인 일차방정식의 뜻

다음 중 미지수가 2개인 일차방정식인 것에는 ○표, 미지수가 2개인 일차방정식이 아닌 것에는 ×표를 하시오.

01 $2x+3y$ ( )

02 $4x+5=0$ ( )

03 $x-3y+2=0$ ( )

04 $\frac{7}{x}+y-1=0$ ( )

05 $6x-2=4y+8$ ( )

06 $x+2y+3=x-9$ ( )

07 $x^2-2y=x-5$ ( )

08 $x(y-3)=xy-2y$ ( )

미지수가 2개인 일차방정식 세우기

다음 문장을 미지수가 2개인 일차방정식으로 나타내시오.

09 x의 3배와 y의 4배의 합은 36이다.

10 선호의 나이 x살과 아빠의 나이 y살의 합은 54살이다.

11 500원짜리 과자 x개와 700원짜리 과자 y개를 샀더니 4200원이었다.

12 병아리 x마리와 강아지 y마리의 다리 수는 모두 28개이다.

13 가로의 길이가 x cm, 세로의 길이가 y cm인 직사각형의 둘레의 길이는 40 cm이다.

14 농구 시합에서 한 선수가 2점 슛을 x골, 3점 슛을 y골 성공시켜 총 24점을 득점하였다.

미지수가 2개인 일차방정식의 해

미지수가 2개인 일차방정식의 해 : 미지수가 x, y인 일차방정식을 참이 되게 하는 x, y의 값 또는 그 순서쌍 (x, y)

x, y가 자연수일 때, 일차방정식 $2x+y=8$을 풀어 보자.

↳ 방정식을 푼다 = 방정식의 해를 모두 구하는 것

x	1	2	3	4	…
y	6	4	2	0	…

→ y의 값이 자연수가 아니므로 해가 아니다.

➜ $2x+y=8$의 해를 순서쌍 (x, y)로 나타내면 (1, 6), (2, 4), (3, 2)

↓ $x=1$, $y=6$으로 쓰기도 해.

미지수가 1개인 일차방정식의 해는 1개이지만 미지수가 2개인 일차방정식의 해는 여러 개일 수 있다.

다음 일차방정식에 대하여 표를 완성하고, x, y가 자연수일 때 일차방정식의 해를 모두 순서쌍으로 나타내시오.

01 $x+y=5$ ______

x	1	2	3	4	5	…
y	4					…

➜ x, y가 자연수이므로 $x+y=5$의 해는 (1, 4), (2, □), (3, □), (4, □)이다.

02 $2x+y=9$ ______

x	1	2	3	4	5	…
y						…

03 $x+2y=8$ ______

x					…
y	1	2	3	4	…

04 $x+3y=11$ ______

x					…
y	1	2	3	4	…

05 $2x+3y=15$ ______

x						…
y	1	2	3	4	5	…

다음 순서쌍 중 일차방정식 $2x-y=5$의 해인 것에는 ○표, 해가 아닌 것에는 ×표를 하시오.

06 (1, 3) (　　)

➜ $x=1$, $y=3$을 $2x-y=5$에 대입하면
2×□−□=5
➜ 등호가 (참, 거짓)이므로 순서쌍 (1, 3)은 $2x-y=5$의 (해이다, 해가 아니다).

07 (2, −1) (　　)

08 (−4, 3) (　　)

09 (−1, −7) (　　)

다음 중 주어진 순서쌍이 일차방정식의 해인 것에는 ○표, 해가 아닌 것에는 ×표를 하시오.

10 $x-2y+6=0$ (1, 2) (　　)

11 $3x-y=7$ (−2, 1) (　　)

12 $2x+3y=-9$ (3, −5) (　　)

▶ 정답 및 풀이 37쪽

미지수가 2개인 연립일차방정식(연립방정식)

미지수가 2개인 연립일차방정식

미지수가 2개인 두 일차방정식을 한 쌍으로 묶어 놓은 것

$x+y=5$

$+$

$x+2y=7$

$\|$

$\begin{cases} x+y=5 \\ x+2y=7 \end{cases}$

연립일차방정식을 연립방정식 이라고도 해.

연립방정식의 풀이

연립방정식의 해 : 연립방정식에서 두 일차방정식을 동시에 참이 되게 하는 x, y의 값 또는 그 순서쌍 $(x,\ y)$

x, y가 자연수일 때

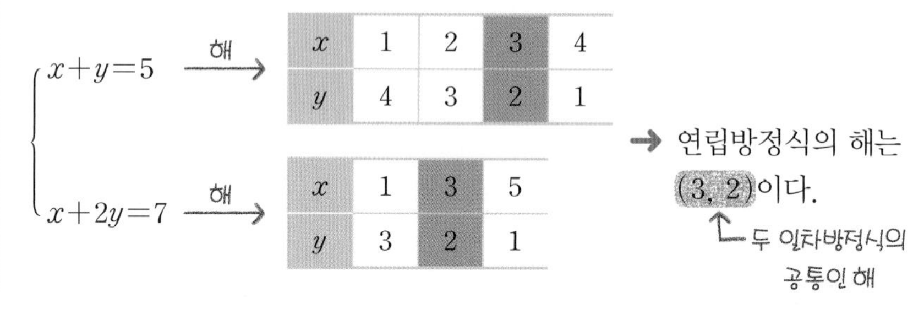

x	1	2	3	4
y	4	3	2	1

x	1	3	5
y	3	2	1

→ 연립방정식의 해는 (3, 2)이다.

두 일차방정식의 공통인 해

---

x, y가 자연수일 때, 다음 연립방정식의 해를 순서쌍으로 나타내시오.

01 $\begin{cases} x+y=5 & \cdots\cdots ㉠ \\ 3x+y=7 & \cdots\cdots ㉡ \end{cases}$

㉠의 해 :

x	1	2	3	4
y				

㉡의 해 :

x	1	2
y		

→ ㉠, ㉡을 모두 만족시키는 순서쌍 $(x,\ y)$는 (□, □)이므로 주어진 연립방정식의 해는 (□, □)이다.

02 $\begin{cases} x+y=6 \\ 2x-y=6 \end{cases}$ ________

03 $\begin{cases} x+y=7 \\ x+2y=10 \end{cases}$ ________

다음 연립방정식 중 순서쌍 $(-1,\ 3)$을 해로 갖는 것에는 ○표, 해로 갖지 않는 것에는 ×표를 하시오.

04 $\begin{cases} x+y=2 \\ 2x+y=5 \end{cases}$ $\xrightarrow[\text{대입}]{x=-1,\ y=3\text{을}}$ $\begin{cases} \square+3=\square \\ 2\times\square+3=\square \end{cases}$ (　　)

따라해

05 $\begin{cases} x-y=-4 \\ x+y=2 \end{cases}$ (　　)

06 $\begin{cases} 2x+y=1 \\ x-y=4 \end{cases}$ (　　)

07 $\begin{cases} x+2y=2 \\ 2x+3y=7 \end{cases}$ (　　)

08 $\begin{cases} 3x-y=-6 \\ x+2y=5 \end{cases}$ (　　)

방정식의 해가 주어진 경우, 미지수 구하기

일차방정식의 해가 주어진 경우

$x+ay=3$의 한 해가 $(-1, 2)$일 때,

상수 a의 값을 구해 보자.

→ $x=-1$, $y=2$를 $x+ay=3$에 대입하면

$-1+a\times2=3$, $2a=4$ $\therefore a=2$

POINT

해가 (●, ▲)인 연립방정식

→ 각각의 일차방정식에 $x=$●, $y=$▲를 대입하면 등식 성립

연립방정식의 해가 주어진 경우

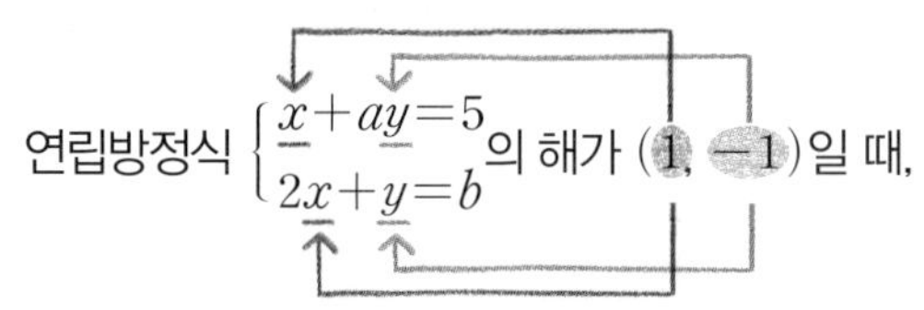

연립방정식 $\begin{cases} x+ay=5 \\ 2x+y=b \end{cases}$의 해가 $(1, -1)$일 때,

상수 a, b의 값을 각각 구해 보자.

→ $x=1$, $y=-1$을 $x+ay=5$에 대입하면

$1+a\times(-1)=5$, $-a=4$ $\therefore a=-4$

$x=1$, $y=-1$을 $2x+y=b$에 대입하면

$2\times1+(-1)=b$ $\therefore b=1$

일차방정식의 해가 주어진 경우 미지수 구하기

다음 일차방정식의 한 해가 $(2, 3)$일 때, 상수 a의 값을 구하시오.

01 $2x-ay=-2$

$x=2$, $y=3$을 $2x-ay=-2$에 대입하면

$2\times\square-a\times\square=-2$, $\square a=\square$ $\therefore a=\square$

02 $3x+y=a$

03 $x-ay=5$

04 $3x-ay=-3$

05 $ax+2y=4$

06 $ax-5y=-7$

연립방정식의 해가 주어진 경우 미지수 구하기

다음 연립방정식의 해가 $(-2, 1)$일 때, 상수 a, b의 값을 각각 구하시오.

07 $\begin{cases} 2x+y=a \\ bx+2y=8 \end{cases}$

따라해

$x=-2$, $y=1$을 $2x+y=a$에 대입하면

$2\times\square+\square=a$ $\therefore a=\square$

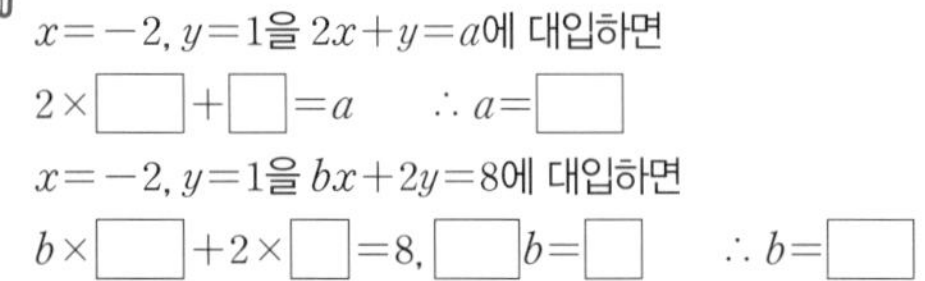

$x=-2$, $y=1$을 $bx+2y=8$에 대입하면

$b\times\square+2\times\square=8$, $\square b=\square$ $\therefore b=\square$

08 $\begin{cases} 3x+ay=2 \\ bx-y=1 \end{cases}$

09 $\begin{cases} ax-2y=4 \\ 2x-y=b \end{cases}$

10 $\begin{cases} ax+y=-3 \\ x-by=2 \end{cases}$

11 $\begin{cases} 3x-ay=-5 \\ 2x+by=2 \end{cases}$

▶ 정답 및 풀이 38쪽

[01 ~ 03] 다음 중 미지수가 2개인 일차방정식인 것에는 ○표, 미지수가 2개인 일차방정식이 아닌 것에는 ×표를 하시오.

01 $\frac{x}{3}-\frac{y}{2}=1$ (　　　)

02 $xy+x-1=y+2$ (　　　)

03 $x(x-1)=x^2+y+4$ (　　　)

[04 ~ 06] 다음 문장을 미지수가 2개인 일차방정식으로 나타내시오.

04 x의 2배와 y의 3배의 합은 23이다.

05 우리 반 학생 35명은 호수에서 3인용 보트 x대와 4인용 보트 y대를 빌려 한 명도 빠짐없이 빈자리가 없도록 보트를 탔다.

06 토끼 x마리와 오리 y마리의 다리 수는 모두 48개이다.

[07 ~ 08] x, y가 자연수일 때, 다음 일차방정식의 해를 모두 순서쌍으로 나타내시오.

07 $x+y=7$

08 $3x+y=11$

[09 ~ 10] 다음 일차방정식 중 순서쌍 $(2, -1)$을 해로 갖는 것에는 ○표, 해로 갖지 않는 것에는 ×표를 하시오.

09 $x+y=1$ (　　　)

10 $3x-2y=4$ (　　　)

[11 ~ 12] x, y가 자연수일 때, 다음 연립방정식의 해를 순서쌍으로 나타내시오.

11 $\begin{cases} x+y=5 \\ 2x+y=7 \end{cases}$

12 $\begin{cases} x-y=3 \\ x+3y=11 \end{cases}$

[13 ~ 14] 다음의 각 경우에 대하여 상수 a의 값을 구하시오.

13 $3x-ay=2$의 해가 $(1, -1)$인 경우

14 $ax-y=-1$의 해가 $(2, 3)$인 경우

[15 ~ 16] 다음의 각 경우에 대하여 상수 a, b의 값을 각각 구하시오.

15 $\begin{cases} 2x+y=a \\ bx-2y=-8 \end{cases}$의 해가 $(-2, 1)$인 경우

16 $\begin{cases} x+ay=-7 \\ bx+y=14 \end{cases}$의 해가 $(3, 5)$인 경우

맞힌 개수 　개/16개

연립방정식의 풀이 - 가감법

연립방정식 $\begin{cases} 2x+y=13 \\ 3x-2y=2 \end{cases}$를 가감법을 이용하여 풀어 보자.

↱ 두 일차방정식을 변끼리 더하거나 빼어서 한 미지수를 없애는 방법

미지수가 2개인 연립방정식에서 한 미지수를 없애는 것 ⟵ 소거하려는 미지수의 계수의 절댓값을 같게 만들기 → 한 미지수를 없앤 후 방정식 풀기 → 다른 미지수의 값을 구하여 연립방정식의 해 구하기

연립방정식
$\begin{cases} 2x+y=13 & \cdots ㉠ \\ 3x-2y=2 & \cdots ㉡ \end{cases}$

㉠의 양변에 2를 곱하면
$\begin{cases} 4x+2y=26 \\ 3x-2y=2 \end{cases}$

계수의 부호가 다르면 +, 같으면 −

두 식을 변끼리 더하면
$\begin{array}{rl} & 4x+2y=26 \\ +) & 3x-2y=2 \\ \hline & 7x \quad\;\; =28 \end{array}$
$\therefore x=4$

$x=4$를 ㉠에 대입하면
(㉡에 대입해도 결과는 같아.)
$2\times4+y=13$ $\therefore y=5$
따라서 연립방정식의 해는
$x=4,\ y=5$

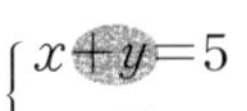 다음 연립방정식에서 한 미지수를 소거할 때, 필요한 식을 ㉠, ㉡을 사용하여 나타내려고 한다. □ 안에 알맞은 것을 써넣으시오.

01 $\begin{cases} x+y=5 & \cdots\cdots ㉠ \\ 2x-y=1 & \cdots\cdots ㉡ \end{cases}$ ㉠ □ ㉡

y의 계수의 절댓값이 같으므로 ㉠ □ ㉡을 하면 하나의 미지수가 소거된다.

두 방정식에서 한 미지수의 계수의 절댓값이 같을 때는 가감법을 이용하는 것이 편리해.

02 $\begin{cases} 2x+3y=10 & \cdots\cdots ㉠ \\ 2x-y=3 & \cdots\cdots ㉡ \end{cases}$ ㉠ □ ㉡

03 $\begin{cases} -4x+2y=1 & \cdots\cdots ㉠ \\ 3x+y=5 & \cdots\cdots ㉡ \end{cases}$ ㉠−㉡×□

04 $\begin{cases} x-y=5 & \cdots\cdots ㉠ \\ 5x+3y=3 & \cdots\cdots ㉡ \end{cases}$ ㉠×□+㉡

05 $\begin{cases} 2x+3y=4 & \cdots\cdots ㉠ \\ -3x+4y=2 & \cdots\cdots ㉡ \end{cases}$ ㉠×□+㉡×□

 다음 연립방정식을 가감법을 이용하여 푸시오.

06 $\begin{cases} 2x+3y=4 & \cdots\cdots ㉠ \\ 4x-3y=-10 & \cdots\cdots ㉡ \end{cases}$

㉠+㉡을 하면 $6x=$□ $\therefore x=$□
$x=$□을 ㉠에 대입하면
$2\times$□$+3y=4$, $3y=$□ $\therefore y=$□
따라서 연립방정식의 해는 $x=$□, $y=$□

07 $\begin{cases} x+2y=8 & \cdots\cdots ㉠ \\ x-y=-1 & \cdots\cdots ㉡ \end{cases}$

08 $\begin{cases} x-5y=2 & \cdots\cdots ㉠ \\ -x+3y=4 & \cdots\cdots ㉡ \end{cases}$

09 $\begin{cases} x+y=-1 & \cdots\cdots ㉠ \\ x-y=7 & \cdots\cdots ㉡ \end{cases}$

10 $\begin{cases} 2x+y=3 & \cdots\cdots ㉠ \\ 2x-y=5 & \cdots\cdots ㉡ \end{cases}$

11 $\begin{cases} x+2y=4 & \cdots\cdots ㉠ \\ 2x+y=2 & \cdots\cdots ㉡ \end{cases}$

따라해

㉠×□−㉡을 하면

$\square x+4y=\square$

$-)\ 2x+\ y=2$

$3y=\square \quad \therefore y=\square$

$y=\square$를 ㉠에 대입하여 풀면 $x=\square$

따라서 연립방정식의 해는 $x=\square$, $y=\square$

12 $\begin{cases} x-2y=3 & \cdots\cdots ㉠ \\ 2x+3y=-1 & \cdots\cdots ㉡ \end{cases}$

13 $\begin{cases} 2x+y=3 & \cdots\cdots ㉠ \\ 3x+2y=5 & \cdots\cdots ㉡ \end{cases}$

14 $\begin{cases} 3x+y=9 & \cdots\cdots ㉠ \\ 2x-3y=6 & \cdots\cdots ㉡ \end{cases}$

15 $\begin{cases} 5x-2y=-7 & \cdots\cdots ㉠ \\ 3x+4y=1 & \cdots\cdots ㉡ \end{cases}$

16 $\begin{cases} -3x+y=9 & \cdots\cdots ㉠ \\ x-2y=-8 & \cdots\cdots ㉡ \end{cases}$

17 $\begin{cases} 2x+3y=-7 & \cdots\cdots ㉠ \\ 3x-2y=9 & \cdots\cdots ㉡ \end{cases}$

따라해

㉠×□−㉡×2를 하면

$6x+\square y=\square$

$-)\ 6x-\ 4y=18$

$13y=\square \quad \therefore y=\square$

$y=\square$을 ㉠에 대입하여 풀면 $x=\square$

따라서 연립방정식의 해는 $x=\square$, $y=\square$

18 $\begin{cases} 3x+2y=1 & \cdots\cdots ㉠ \\ 5x-3y=8 & \cdots\cdots ㉡ \end{cases}$

19 $\begin{cases} 2x-7y=9 & \cdots\cdots ㉠ \\ 9x-5y=14 & \cdots\cdots ㉡ \end{cases}$

20 $\begin{cases} 2x+3y=7 & \cdots\cdots ㉠ \\ -3x+4y=-2 & \cdots\cdots ㉡ \end{cases}$

21 $\begin{cases} -4x+5y=-1 & \cdots\cdots ㉠ \\ 7x-2y=22 & \cdots\cdots ㉡ \end{cases}$

22 $\begin{cases} 3x+5y=2 & \cdots\cdots ㉠ \\ -2x+3y=5 & \cdots\cdots ㉡ \end{cases}$

▶ 정답 및 풀이 40쪽

07
VISUAL 연산

연립방정식의 풀이 - 대입법

연립방정식 $\begin{cases} x-y=1 \\ x+2y=4 \end{cases}$ 를 대입법을 이용하여 풀어 보자.

→ 한 일차방정식을 하나의 미지수에 대하여 정리하고 이를 다른 일차방정식에 대입하는 방법

한 일차방정식을 하나의 미지수에 대하여 정리하기 → 다른 일차방정식에 대입하여 방정식 풀기 → 다른 미지수의 값을 구하여 연립방정식의 해 구하기

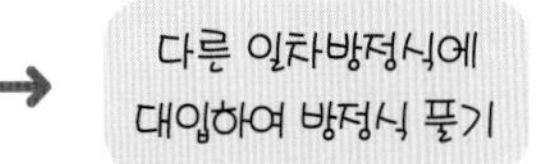
다른 일차방정식에
대입하여 방정식 풀기

연립방정식

$\begin{cases} x-y=1 & \cdots ㉠ \\ x+2y=4 & \cdots ㉡ \end{cases}$

㉠에서 x를 y에 대한 식으로 나타내면

$x=1+y$ $\cdots$ ㉢

㉢을 ㉡에 대입하면

$(1+y)+2y=4$

$3y=3$ $\therefore y=1$

$y=1$을 ㉢에 대입하면

$x=1+1=2$

따라서 연립방정식의 해는

$x=2$, $y=1$

다음 연립방정식을 대입법을 이용하여 푸시오.

01 $\begin{cases} x=2y-8 & \cdots\cdots ㉠ \\ 3x+4y=6 & \cdots\cdots ㉡ \end{cases}$

따라해

㉠을 ㉡에 대입하면 $3(\square)+4y=6$

$\square y-\square=6$ $\therefore y=\square$

$y=\square$을 ㉠에 대입하면 $x=2\times\square-8=\square$

따라서 연립방정식의 해는 $x=\square$, $y=\square$

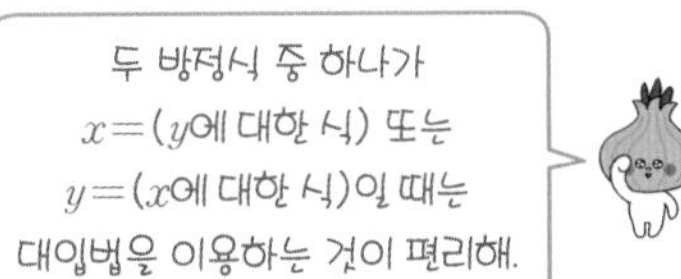
두 방정식 중 하나가
x=(y에 대한 식) 또는
y=(x에 대한 식)일 때는
대입법을 이용하는 것이 편리해.

02 $\begin{cases} y=3x & \cdots\cdots ㉠ \\ 2x-y=5 & \cdots\cdots ㉡ \end{cases}$

03 $\begin{cases} x=5y & \cdots\cdots ㉠ \\ x+4y=18 & \cdots\cdots ㉡ \end{cases}$

04 $\begin{cases} x+3y=5 & \cdots\cdots ㉠ \\ x=y-3 & \cdots\cdots ㉡ \end{cases}$

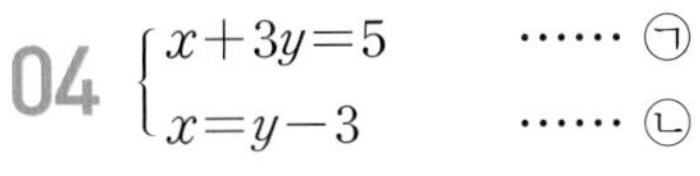

05 $\begin{cases} 3x-y=11 & \cdots\cdots ㉠ \\ y=x-7 & \cdots\cdots ㉡ \end{cases}$

06 $\begin{cases} x=2y-3 & \cdots\cdots ㉠ \\ 2x+y=-1 & \cdots\cdots ㉡ \end{cases}$

07 $\begin{cases} y=3x+7 & \cdots\cdots ㉠ \\ 2x+3y=-1 & \cdots\cdots ㉡ \end{cases}$

08 $\begin{cases} 3x+2y=5 & \cdots\cdots ㉠ \\ x=3-6y & \cdots\cdots ㉡ \end{cases}$

09 $\begin{cases} -x+6y=2 & \cdots\cdots ㉠ \\ 3y=7-x & \cdots\cdots ㉡ \end{cases}$

10 $\begin{cases} x=3y+1 & \cdots\cdots ㉠ \\ x=2y-5 & \cdots\cdots ㉡ \end{cases}$

11 $\begin{cases} y=5x+2 & \cdots\cdots ㉠ \\ y=-4x-7 & \cdots\cdots ㉡ \end{cases}$

12 $\begin{cases} x+y=7 & \cdots\cdots ㉠ \\ 2x-y=5 & \cdots\cdots ㉡ \end{cases}$

따라해

㉠에서 y를 x에 대한 식으로 나타내면

$y=\square$ ······ ㉢

㉢을 ㉡에 대입하면

$2x-(\square)=5$, $3x=\square$ $\therefore x=\square$

$x=\square$를 ㉢에 대입하여 풀면 $y=\square$

따라서 연립방정식의 해는 $x=\square$, $y=\square$

13 $\begin{cases} x+y=3 & \cdots\cdots ㉠ \\ 3x+y=-1 & \cdots\cdots ㉡ \end{cases}$

14 $\begin{cases} x-2y=8 & \cdots\cdots ㉠ \\ x+3y=3 & \cdots\cdots ㉡ \end{cases}$

15 $\begin{cases} x-y=-3 & \cdots\cdots ㉠ \\ 3x-y=5 & \cdots\cdots ㉡ \end{cases}$

16 $\begin{cases} 2x+y=5 & \cdots\cdots ㉠ \\ 3x+y=8 & \cdots\cdots ㉡ \end{cases}$

17 $\begin{cases} x+2y=4 & \cdots\cdots ㉠ \\ 2x-3y=-13 & \cdots\cdots ㉡ \end{cases}$

18 $\begin{cases} x+5y=10 & \cdots\cdots ㉠ \\ 4x+3y=-11 & \cdots\cdots ㉡ \end{cases}$

19 $\begin{cases} 3x-y=5 & \cdots\cdots ㉠ \\ 7x-2y=13 & \cdots\cdots ㉡ \end{cases}$

20 $\begin{cases} 2x-3y=-10 & \cdots\cdots ㉠ \\ 6x-2y=-16 & \cdots\cdots ㉡ \end{cases}$

21 $\begin{cases} 2x+y=-1 & \cdots\cdots ㉠ \\ 5x+4y=2 & \cdots\cdots ㉡ \end{cases}$

22 $\begin{cases} 2x-3y=9 & \cdots\cdots ㉠ \\ -3x-y=-8 & \cdots\cdots ㉡ \end{cases}$

23 $\begin{cases} 4x-y=-5 & \cdots\cdots ㉠ \\ -x+2y=-4 & \cdots\cdots ㉡ \end{cases}$

24 $\begin{cases} -2x+y=-1 & \cdots\cdots ㉠ \\ -3x+2y=1 & \cdots\cdots ㉡ \end{cases}$

▶ 정답 및 풀이 41쪽

괄호가 있는 연립방정식의 풀이

분배법칙을 이용하여 괄호를 먼저 푼다.

$\begin{cases} 2x-(x+y)=3 \\ 3x+4(x-y)=27 \end{cases}$ $\xrightarrow{\text{괄호 풀기}}$ $\begin{cases} 2x-x-y=3 \\ 3x+4x-4y=27 \end{cases}$ $\xrightarrow[\text{정리하기}]{\text{동류항끼리}}$ $\begin{cases} x-y=3 \\ 7x-4y=27 \end{cases}$ $\xrightarrow{\text{해}}$ $x=5,\ y=2$

다음 연립방정식을 푸시오.

01 $\begin{cases} 2(x+y)+3y=4 & \cdots\cdots ㉠ \\ x+4y=5 & \cdots\cdots ㉡ \end{cases}$

㉠의 괄호를 풀어 정리하면

$\square=4$ ⋯⋯ ㉢

㉢－㉡×2를 하면 $-3y=\square$ $\therefore y=\square$

$y=\square$를 ㉡에 대입하여 풀면 $x=\square$

따라서 연립방정식의 해는 $x=\square$, $y=\square$

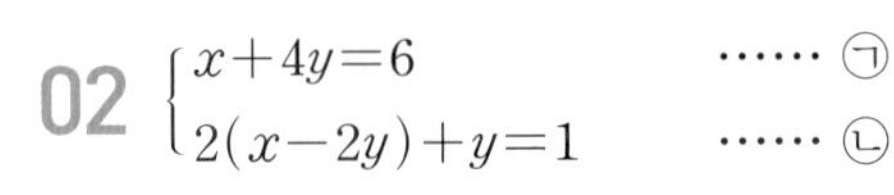

02 $\begin{cases} x+4y=6 & \cdots\cdots ㉠ \\ 2(x-2y)+y=1 & \cdots\cdots ㉡ \end{cases}$

03 $\begin{cases} 3(2x+1)+2y=1 & \cdots\cdots ㉠ \\ 5x-2y=-9 & \cdots\cdots ㉡ \end{cases}$

04 $\begin{cases} 4x+y=-7 & \cdots\cdots ㉠ \\ 3x-2(x+y)=5 & \cdots\cdots ㉡ \end{cases}$

05 $\begin{cases} 2x-3(x+y)=10 & \cdots\cdots ㉠ \\ x-5y=22 & \cdots\cdots ㉡ \end{cases}$

06 $\begin{cases} x+2(y+1)=3 & \cdots\cdots ㉠ \\ 3x-4(y+1)=9 & \cdots\cdots ㉡ \end{cases}$

따라해

㉠의 괄호를 풀어 정리하면

$\square=1$ ⋯⋯ ㉢

㉡의 괄호를 풀어 정리하면

$\square=13$ ⋯⋯ ㉣

㉢×2＋㉣을 하면 $5x=\square$ $\therefore x=\square$

$x=\square$을 ㉢에 대입하여 풀면 $y=\square$

따라서 연립방정식의 해는 $x=\square$, $y=\square$

07 $\begin{cases} 5(2x-1)+y=2 & \cdots\cdots ㉠ \\ 2(x+2)-2y=12 & \cdots\cdots ㉡ \end{cases}$

08 $\begin{cases} 2(x-y)+3y=1 & \cdots\cdots ㉠ \\ x-(2y-3)=6 & \cdots\cdots ㉡ \end{cases}$

09 $\begin{cases} -x+2(x-2y)=-3 & \cdots\cdots ㉠ \\ 5y-3(x-y)=1 & \cdots\cdots ㉡ \end{cases}$

10 $\begin{cases} 4x-6=2(y+2) & \cdots\cdots ㉠ \\ 3(x-y)+2y=7 & \cdots\cdots ㉡ \end{cases}$

계수가 소수인 연립방정식의 풀이

양변에 10의 거듭제곱을 곱하여 계수를 정수로 고친다.

정수에도 곱해야 해!

$$\begin{cases} 1.3x-y=-0.7 \\ 0.03x-0.1y=-0.17 \end{cases} \xrightarrow[\times 100]{\times 10} \begin{cases} 13x-10y=-7 \\ 3x-10y=-17 \end{cases} \xrightarrow{\text{해}} x=1,\ y=2$$

방정식의 양변에 10의 거듭제곱을 곱할 때는 모든 항에 똑같이 곱해야 한다.

➜ $1.3x-y=-0.7 \xrightarrow{\times} 13x-y=-7$

$\xrightarrow{\bigcirc} 13x-10y=-7$

다음 연립방정식을 푸시오.

01 $\begin{cases} 0.2x+0.5y=-0.2 & \cdots\cdots ㉠ \\ 0.2x-0.3y=1.4 & \cdots\cdots ㉡ \end{cases}$

㉠×10을 하면 $\square x+5y=-2$ ······ ㉢

㉡×10을 하면 $2x-\square y=14$ ······ ㉣

㉢−㉣을 하면 $\square y=-16$ $\therefore y=\square$

$y=\square$를 ㉢에 대입하여 풀면 $x=\square$

따라서 연립방정식의 해는 $x=\square$, $y=\square$

02 $\begin{cases} x-2y=-1 & \cdots\cdots ㉠ \\ 0.1x-0.3y=-0.3 & \cdots\cdots ㉡ \end{cases}$

03 $\begin{cases} 0.3x+0.5y=0.2 & \cdots\cdots ㉠ \\ 0.2x-0.1y=-0.3 & \cdots\cdots ㉡ \end{cases}$

04 $\begin{cases} 1.2x+0.7y=3.8 & \cdots\cdots ㉠ \\ 0.4x+0.2y=1.2 & \cdots\cdots ㉡ \end{cases}$

05 $\begin{cases} 0.3x-0.1y=0.1 & \cdots\cdots ㉠ \\ 0.01x+0.02y=0.05 & \cdots\cdots ㉡ \end{cases}$

06 $\begin{cases} 0.2x-0.3y=2.6 & \cdots\cdots ㉠ \\ 0.01x+0.05y=-0.26 & \cdots\cdots ㉡ \end{cases}$

정수인 항에도 똑같이 곱해야 해.

07 $\begin{cases} 0.1x-0.2y=1 & \cdots\cdots ㉠ \\ 0.03x+0.04y=0.6 & \cdots\cdots ㉡ \end{cases}$

08 $\begin{cases} 0.12x-0.08y=-0.4 & \cdots\cdots ㉠ \\ 0.6x+0.11y=-0.98 & \cdots\cdots ㉡ \end{cases}$

09 $\begin{cases} 1.15x+0.3y=-0.85 & \cdots\cdots ㉠ \\ 0.15x+0.4y=0.25 & \cdots\cdots ㉡ \end{cases}$

계수가 분수인 연립방정식의 풀이

양변에 분모의 최소공배수를 곱하여 계수를 정수로 고친다.

$$\begin{cases} \frac{x}{2}-\frac{y}{3}=2 \\ \frac{x}{4}+\frac{y}{6}=3 \end{cases}$$

최소공배수 : 6 (×6), 최소공배수 : 12 (×12)

$$\begin{cases} 3x-2y=12 \\ 3x+2y=36 \end{cases} \xrightarrow{\text{해}} x=8,\ y=6$$

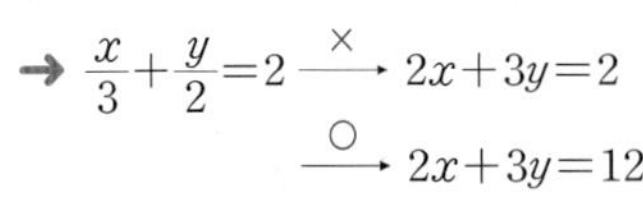

방정식의 양변에 분모의 최소공배수를 곱할 때는 모든 항에 똑같이 곱해야 한다.

→ $\frac{x}{3}+\frac{y}{2}=2 \xrightarrow{\times} 2x+3y=2$

$\xrightarrow{\bigcirc} 2x+3y=12$

다음 연립방정식을 푸시오.

01 따라해

$$\begin{cases} \frac{x}{3}+\frac{y}{2}=2 & \cdots\cdots ㉠ \\ \frac{3}{4}x-\frac{y}{3}=\frac{19}{12} & \cdots\cdots ㉡ \end{cases}$$

㉠×6을 하면 $\square x+3y=12$ ······ ㉢

㉡×12를 하면 $9x-\square y=\square$ ······ ㉣

㉢×4+㉣×3을 하면 $\square x=105$ ∴ $x=\square$

$x=\square$을 ㉢에 대입하여 풀면 $y=\square$

따라서 연립방정식의 해는 $x=\square$, $y=\square$

02

$$\begin{cases} 3x+2y=5 & \cdots\cdots ㉠ \\ \frac{x}{3}-\frac{y}{2}=2 & \cdots\cdots ㉡ \end{cases}$$

03

$$\begin{cases} \frac{x}{3}+\frac{y}{6}=1 & \cdots\cdots ㉠ \\ -2x+y=-2 & \cdots\cdots ㉡ \end{cases}$$

04

$$\begin{cases} \frac{2}{3}x-\frac{1}{4}y=-\frac{5}{2} & \cdots\cdots ㉠ \\ \frac{1}{2}x+\frac{2}{3}y=-\frac{1}{6} & \cdots\cdots ㉡ \end{cases}$$

05

$$\begin{cases} \frac{3}{4}x+\frac{1}{2}y=-1 & \cdots\cdots ㉠ \\ \frac{2}{3}x+\frac{5}{6}y=-\frac{1}{2} & \cdots\cdots ㉡ \end{cases}$$

06

$$\begin{cases} \frac{1}{2}x+\frac{3}{4}y=1 & \cdots\cdots ㉠ \\ -\frac{2}{3}x+\frac{1}{6}y=-\frac{1}{6} & \cdots\cdots ㉡ \end{cases}$$

07

$$\begin{cases} \frac{3}{2}x+\frac{1}{8}y=-5 & \cdots\cdots ㉠ \\ \frac{x-4}{4}+y=6 & \cdots\cdots ㉡ \end{cases}$$

08

$$\begin{cases} \frac{x+3}{3}-\frac{1}{2}y=\frac{5}{2} & \cdots\cdots ㉠ \\ \frac{5}{12}x+\frac{1}{4}y=1 & \cdots\cdots ㉡ \end{cases}$$

09

$$\begin{cases} \frac{1}{3}x+\frac{1}{2}y=\frac{7}{6} & \cdots\cdots ㉠ \\ x-\frac{y-5}{6}=\frac{8}{3} & \cdots\cdots ㉡ \end{cases}$$

복잡한 연립방정식의 풀이

$$\begin{cases} 0.3x+0.5y=1.9 \\ \frac{1}{3}x+\frac{1}{2}y=2 \end{cases} \xrightarrow[\times 6]{\times 10} \begin{cases} 3x+5y=19 \\ 2x+3y=12 \end{cases} \xrightarrow{\text{해}} x=3,\ y=2$$

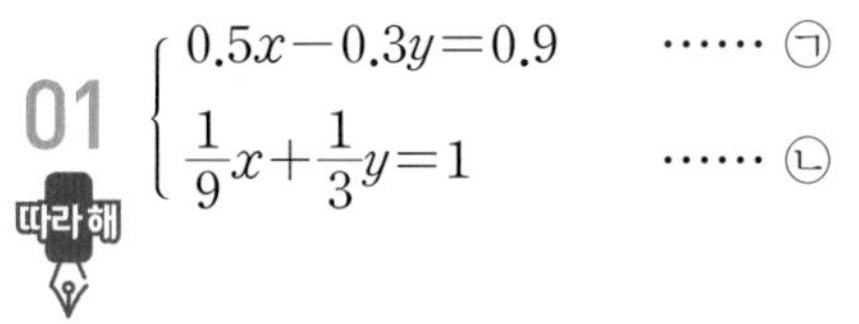

다음 연립방정식을 푸시오.

01 따라해

$\begin{cases} 0.5x-0.3y=0.9 & \cdots\cdots ㉠ \\ \frac{1}{9}x+\frac{1}{3}y=1 & \cdots\cdots ㉡ \end{cases}$

㉠×10을 하면 $\square x-3y=\square$ ⋯⋯ ㉢
㉡×9를 하면 $x+\square y=9$ ⋯⋯ ㉣
㉢+㉣을 하면 $\square x=18$ ∴ $x=\square$
$x=\square$을 ㉣에 대입하여 풀면 $y=\square$
따라서 연립방정식의 해는 $x=\square$, $y=\square$

02

$\begin{cases} 0.2x-0.7y=-1.3 & \cdots\cdots ㉠ \\ \frac{1}{2}x-y=-1 & \cdots\cdots ㉡ \end{cases}$

03

$\begin{cases} \frac{1}{5}x+\frac{3}{5}y=-2 & \cdots\cdots ㉠ \\ 0.3x-0.4y=0.9 & \cdots\cdots ㉡ \end{cases}$

04

$\begin{cases} 0.2x+y=0.8 & \cdots\cdots ㉠ \\ -\frac{1}{3}x+\frac{1}{2}y=3 & \cdots\cdots ㉡ \end{cases}$

05

$\begin{cases} x-\frac{2}{3}y=\frac{11}{6} & \cdots\cdots ㉠ \\ 0.6x-0.2y=0.1 & \cdots\cdots ㉡ \end{cases}$

06

$\begin{cases} \frac{x}{2}+\frac{y}{3}=2 & \cdots\cdots ㉠ \\ 0.01x+0.02y=0.14 & \cdots\cdots ㉡ \end{cases}$

07

$\begin{cases} \frac{x}{3}+\frac{2+y}{4}=\frac{1}{3} & \cdots\cdots ㉠ \\ 0.4x-0.1y=0.2 & \cdots\cdots ㉡ \end{cases}$

08

$\begin{cases} 0.1x-0.2y=0.2 & \cdots\cdots ㉠ \\ \frac{2x-3y}{3}=\frac{1}{3} & \cdots\cdots ㉡ \end{cases}$

09

$\begin{cases} 0.3(2x+y)-0.2y=1 & \cdots\cdots ㉠ \\ \frac{3}{4}(x-y)=3 & \cdots\cdots ㉡ \end{cases}$

미지수가 있는 연립방정식

해의 조건이 주어진 경우

연립방정식 $\begin{cases} x+y=1 \\ ax+2y=5 \end{cases}$ 의 해가 일차방정식 $x-y=-3$을 만족시킬 때, 상수 a의 값을 구해 보자.

➜ 미지수가 없는 방정식끼리 묶기 : $\begin{cases} x+y=1 \\ x-y=-3 \end{cases}$

➜ 연립방정식 $\begin{cases} x+y=1 \\ x-y=-3 \end{cases}$ 풀기 : $x=-1$, $y=2$

➜ $x=-1$, $y=2$를 $ax+2y=5$에 대입하면
$a\times(-1)+2\times2=5$ $\quad\therefore a=-1$

해가 서로 같은 두 연립방정식이 주어진 경우

연립방정식 $\begin{cases} x+y=1 \\ ax-y=2 \end{cases}$, $\begin{cases} x-y=3 \\ 2x+by=1 \end{cases}$ 의 해가 서로 같을 때, 상수 a, b의 값을 각각 구해 보자.

➜ 미지수가 없는 방정식끼리 묶기 : $\begin{cases} x+y=1 \\ x-y=3 \end{cases}$

➜ 연립방정식 $\begin{cases} x+y=1 \\ x-y=3 \end{cases}$ 풀기 : $x=2$, $y=-1$

➜ $x=2$, $y=-1$을 $ax-y=2$에 대입하면
$a\times2-(-1)=2$ $\quad\therefore a=\frac{1}{2}$
$x=2$, $y=-1$을 $2x+by=1$에 대입하면
$2\times2+b\times(-1)=1$ $\quad\therefore b=3$

해의 조건이 주어진 연립방정식

다음 연립방정식의 해가 [ ] 안의 일차방정식을 만족시킬 때, 상수 a의 값을 구하시오.

01 $\begin{cases} x-y=5 \\ ax+2y=2 \end{cases}$ $[x+y=3]$ ________

따라해
주어진 연립방정식의 해는 세 방정식을 모두 만족시키므로
연립방정식 $\begin{cases} x-y=5 \\ x+y=3 \end{cases}$의 해와 같다.
$\begin{cases} x-y=5 \\ x+y=3 \end{cases}$을 풀면 $x=\square$, $y=\square$
따라서 $x=\square$, $y=\square$을 $ax+2y=2$에 대입하여 풀면
$a=\square$

02 $\begin{cases} x+2y=5 \\ x+ay=-3 \end{cases}$ $[x-y=-1]$ ________

03 $\begin{cases} 2x-y=-8 \\ ax+2y=-5 \end{cases}$ $[y=x+5]$ ________

해가 서로 같은 두 연립방정식

다음 두 연립방정식의 해가 서로 같을 때, 상수 a, b의 값을 각각 구하시오.

04 $\begin{cases} x+y=-1 \\ 3x+2y=a \end{cases}$, $\begin{cases} 4x+by=-6 \\ 5x-2y=9 \end{cases}$ ________

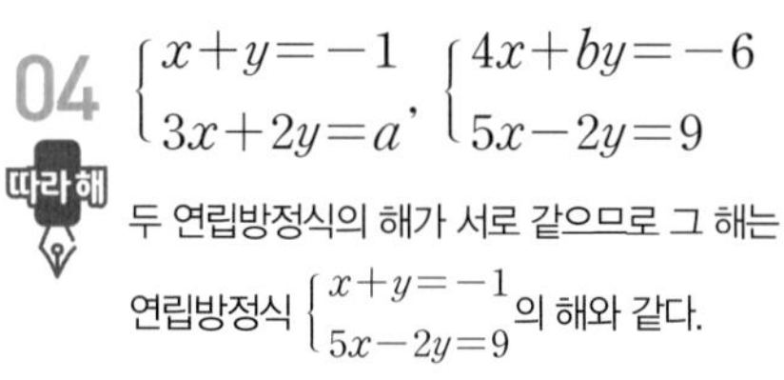

따라해
두 연립방정식의 해가 서로 같으므로 그 해는
연립방정식 $\begin{cases} x+y=-1 \\ 5x-2y=9 \end{cases}$의 해와 같다.
$\begin{cases} x+y=-1 \\ 5x-2y=9 \end{cases}$를 풀면 $x=\square$, $y=\square$
따라서 $x=\square$, $y=\square$를 $3x+2y=a$에 대입하여 풀면
$a=\square$
$x=\square$, $y=\square$를 $4x+by=-6$에 대입하여 풀면 $b=\square$

05 $\begin{cases} x+y=5 \\ x+ay=11 \end{cases}$, $\begin{cases} 2x-y=b \\ 3x+2y=12 \end{cases}$ ________

06 $\begin{cases} 4x-y=a \\ 5x+y=6 \end{cases}$, $\begin{cases} 3x-4y=-1 \\ bx+5y=-2 \end{cases}$ ________

▶ 정답 및 풀이 44쪽

$A=B=C$ 꼴의 방정식의 풀이

방정식 $x+y=3x-2y=5$는 다음 세 연립방정식 중 하나로 고쳐서 푼다.

① $\begin{cases} x+y=3x-2y \\ x+y=5 \end{cases}$ ② $\begin{cases} x+y=3x-2y \\ 3x-2y=5 \end{cases}$ ③ $\begin{cases} x+y=5 \\ 3x-2y=5 \end{cases}$

이때 해가 모두 같으므로 가장 간단한 식을 선택해.

$A=B=C$ 꼴의 방정식

→ $\begin{cases} A=B \\ A=C \end{cases}$, $\begin{cases} A=B \\ B=C \end{cases}$, $\begin{cases} A=C \\ B=C \end{cases}$

중 하나의 연립방정식으로 고쳐서 푼다.

다음 방정식을 푸시오.

01 $x-2y=2x-y=9$

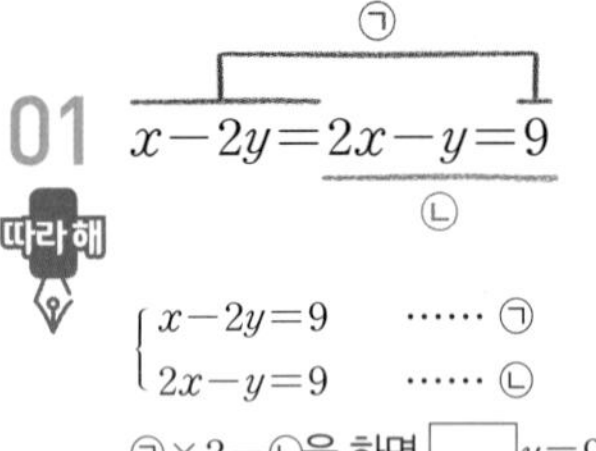

따라해

$\begin{cases} x-2y=9 & \cdots\cdots ㉠ \\ 2x-y=9 & \cdots\cdots ㉡ \end{cases}$

㉠$\times 2-$㉡을 하면 $\square y=9$ $\therefore y=\square$

$y=\square$을 ㉠에 대입하여 풀면 $x=\square$

따라서 방정식의 해는 $x=\square$, $y=\square$

02 $2x+y=x-y=6$ (㉠, ㉡)

네 식 중 가장 간단한 식을 두 번 사용하면 간편해!

03 $2x+3y=3x+4y=1$

04 $x+3y=x+y-2=5$

05 $4x+2y-1=2x-3y+5=3$

06 $3x-y=y-8=5x+3$

07 $y-5=-1-2x=2x-3y+1$

08 $x+3y=y+4=2x-y+2$

09 $3x-2y+1=x-5y+5=-4y-3$

14 VISUAL 연산 해가 특수한 연립방정식의 풀이

계수가 같아지도록 ㉠×2

$\begin{cases} x+2y=1 & \cdots ㉠ \\ 2x+4y=2 & \cdots ㉡ \end{cases}$ 에서 $\begin{cases} 2x+4y=2 & \cdots ㉢ \\ 2x+4y=2 & \cdots ㉡ \end{cases}$

→ x의 계수, y의 계수, 상수항이 각각 같다.

→ 연립방정식의 해가 무수히 많다. ↑ 두 방정식이 같다!

> 연립방정식 $\begin{cases} ax+by=c \\ a'x+b'y=c' \end{cases}$ 에서
> $\dfrac{a}{a'}=\dfrac{b}{b'}=\dfrac{c}{c'}$ 일 때 → 해가 무수히 많다.

계수가 같아지도록 ㉠×2 다르다!

$\begin{cases} x+2y=1 & \cdots ㉠ \\ 2x+4y=4 & \cdots ㉡ \end{cases}$ 에서 $\begin{cases} 2x+4y=2 & \cdots ㉢ \\ 2x+4y=4 & \cdots ㉡ \end{cases}$

→ x의 계수, y의 계수는 각각 같고, 상수항은 다르다.

→ 연립방정식의 해가 없다.

> 연립방정식 $\begin{cases} ax+by=c \\ a'x+b'y=c' \end{cases}$ 에서
> $\dfrac{a}{a'}=\dfrac{b}{b'}\neq\dfrac{c}{c'}$ 일 때 → 해가 없다.

다음 연립방정식을 푸시오.

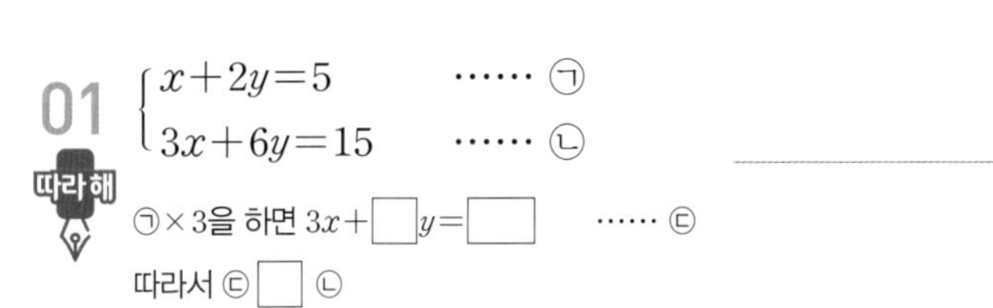

01 $\begin{cases} x+2y=5 & \cdots\cdots ㉠ \\ 3x+6y=15 & \cdots\cdots ㉡ \end{cases}$

따라해 ㉠×3을 하면 $3x+$ ☐ $y=$ ☐ …… ㉢

따라서 ㉢ ☐ ㉡

02 $\begin{cases} 2x-y=1 \\ 4x-2y=2 \end{cases}$

03 $\begin{cases} 5x-2y=3 \\ -15x+6y=-9 \end{cases}$

04 $\begin{cases} \dfrac{x}{2}+\dfrac{y}{3}=1 \\ 3x+2y=6 \end{cases}$

다음 연립방정식을 푸시오.

05 $\begin{cases} x-3y=3 & \cdots\cdots ㉠ \\ 2x-6y=-1 & \cdots\cdots ㉡ \end{cases}$

따라해 ㉠×2를 하면 $2x-$ ☐ $y=$ ☐ …… ㉢

㉢과 ㉡을 비교하면

x의 계수와 y의 계수는 각각 (같고, 다르고),

상수항은 (같다, 다르다).

06 $\begin{cases} x+y=4 \\ 2x+2y=4 \end{cases}$

07 $\begin{cases} 2x+3y=1 \\ -4x-6y=2 \end{cases}$

08 $\begin{cases} 3x-2y=5 \\ \dfrac{x}{4}-\dfrac{y}{6}=\dfrac{5}{6} \end{cases}$

연산 능력 UP! 10분 연산 TEST

▶ 정답 및 풀이 45쪽

[01 ~ 03] 다음 연립방정식을 가감법을 이용하여 푸시오.

01 $\begin{cases} x+y=9 \\ x-y=5 \end{cases}$

02 $\begin{cases} x+2y=1 \\ x+4y=5 \end{cases}$

03 $\begin{cases} 5x+3y=7 \\ 2x+y=3 \end{cases}$

[04 ~ 07] 다음 연립방정식을 대입법을 이용하여 푸시오.

04 $\begin{cases} y=3x-2 \\ 2x+y=8 \end{cases}$

05 $\begin{cases} -6x-y=2 \\ x=y-5 \end{cases}$

06 $\begin{cases} 3y=2x-8 \\ 3y=-9x+3 \end{cases}$

07 $\begin{cases} x-2y=-8 \\ 3x+5y=9 \end{cases}$

[08 ~ 13] 다음 연립방정식을 푸시오.

08 $\begin{cases} 2(x-y)+3y=1 \\ x+3(x-2y)=10 \end{cases}$

09 $\begin{cases} 0.3x-0.2y=0.8 \\ 0.4x+y=-0.2 \end{cases}$

10 $\begin{cases} \frac{1}{3}x-\frac{1}{2}y=\frac{4}{3} \\ \frac{1}{2}x+\frac{1}{6}y=\frac{1}{6} \end{cases}$

11 $\begin{cases} 0.3x-0.5y=1.9 \\ \frac{x}{2}+\frac{y}{3}=\frac{5}{6} \end{cases}$

12 $\begin{cases} x+3y=-4 \\ 3x+9y=-12 \end{cases}$

13 $\begin{cases} -x+2y=7 \\ x-2y=-3 \end{cases}$

[14 ~ 15] 다음 연립방정식의 해가 $x+2y=1$을 만족시킬 때, 상수 a의 값을 구하시오.

14 $\begin{cases} ax-y=-3 \\ x+5y=4 \end{cases}$

15 $\begin{cases} 3x+y=-2 \\ 4x-ay=-7 \end{cases}$

[16 ~ 17] 다음 방정식을 푸시오.

16 $2x-3y=5x-y=13$

17 $x+2y+7=6x-2y=3x+y$

맞힌 개수 개/17개

연립방정식의 활용

어떤 두 자연수의 합은 37이고(㉠), 큰 수는 작은 수의 3배보다 5만큼 클 때(㉡), 두 자연수를 구해 보자.

❶ 큰 수를 x, 작은 수를 y라 하면

❷ $\begin{cases} x+y=37 & \cdots\cdots ㉠ \\ x=3y+5 & \cdots\cdots ㉡ \end{cases}$

❸ ㉡을 ㉠에 대입하면 $3y+5+y=37$, $4y=32$ $\therefore y=8$
$y=8$을 ㉠에 대입하면 $x+8=37$ $\therefore x=29$
따라서 작은 수는 8, 큰 수는 29이다.

❹ $8+29=37$, $8\times3+5=29$이므로 구한 값은 문제의 뜻에 맞는다.

❶ 미지수 x, y 정하기
❷ 연립방정식 세우기
❸ 연립방정식 풀기
❹ 문제의 뜻에 맞는지 확인하기

수에 대한 문제

01 따라해 어떤 두 자연수의 차가 4이고, 큰 수는 작은 수의 2배보다 9만큼 작다고 한다. 이와 같은 두 자연수 중에서 큰 수를 구하려고 할 때, 다음 물음에 답하시오.

(1) 두 자연수 중 큰 수를 x, 작은 수를 y라 할 때, 연립방정식을 세우시오.

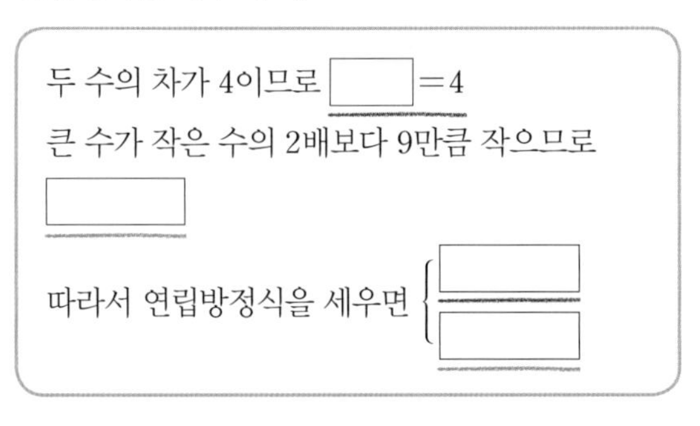
두 수의 차가 4이므로 ☐$=4$
큰 수가 작은 수의 2배보다 9만큼 작으므로
☐
따라서 연립방정식을 세우면 $\begin{cases} ☐ \\ ☐ \end{cases}$

(2) (1)에서 세운 연립방정식을 푸시오. ________

(3) 두 자연수 중 큰 수를 구하시오. ________

02 어떤 두 자연수의 합이 32이고, 차가 10일 때, 이와 같은 두 자연수 중에서 작은 수를 구하려고 한다. 다음 물음에 답하시오.

(1) 두 자연수 중 큰 수를 x, 작은 수를 y라 할 때, 연립방정식을 세우시오. ________

(2) (1)에서 세운 연립방정식을 푸시오. ________

(3) 두 자연수 중 작은 수를 구하시오. ________

03 따라해 두 자리의 자연수가 있다. 각 자리의 숫자의 합은 9이고, 십의 자리의 숫자와 일의 자리의 숫자를 바꾼 수는 처음 수보다 9만큼 크다고 한다. 처음 수를 구하려고 할 때, 다음 물음에 답하시오.

(1) 처음 수의 십의 자리의 숫자를 x, 일의 자리의 숫자를 y라 할 때, 연립방정식을 세우시오.

각 자리의 숫자의 합은 9이므로 ☐$=9$
처음 수는 $10x+y$이고 각 자리의 숫자를 바꾼 수는 ☐이므로 ☐$=(10x+y)+9$
따라서 연립방정식을 세우면
$\begin{cases} ☐ \\ ☐ \end{cases}$

(2) (1)에서 세운 연립방정식을 푸시오. ________

(3) 처음 수를 구하시오. ________

04 두 자리의 자연수가 있다. 각 자리의 숫자의 합은 10이고, 십의 자리의 숫자와 일의 자리의 숫자를 바꾼 수는 처음 수의 2배보다 1만큼 작다고 한다. 처음 수를 구하려고 할 때, 다음 물음에 답하시오.

(1) 처음 수의 십의 자리의 숫자를 x, 일의 자리의 숫자를 y라 할 때, 연립방정식을 세우시오. ________

(2) (1)에서 세운 연립방정식을 푸시오. ________

(3) 처음 수를 구하시오. ________

가격, 개수에 대한 문제

05 따라해 한 개에 700원인 음료수와 한 개에 1000원인 아이스크림을 합하여 9개 사고 7500원을 지불하였다. 음료수는 몇 개 샀는지 구하려고 할 때, 다음 물음에 답하시오.

(1) 음료수를 x개, 아이스크림을 y개 샀다고 할 때, 표를 완성하시오.

	음료수	아이스크림	합계
개수(개)	x	y	9
금액(원)	$700x$		

(2) 연립방정식을 세우시오.

(3) (2)에서 세운 연립방정식을 푸시오.

(4) 음료수는 몇 개 샀는지 구하시오.

06 한 송이에 1000원인 장미와 한 송이에 1500원인 백합을 합하여 20송이 사고 24000원을 지불하였다. 장미는 몇 송이 샀는지 구하려고 할 때, 다음 물음에 답하시오.

(1) 장미를 x송이, 백합을 y송이 샀다고 할 때, 연립방정식을 세우시오.

(2) (1)에서 세운 연립방정식을 푸시오.

(3) 장미는 몇 송이 샀는지 구하시오.

07  어느 농장에서 오리와 토끼를 합하여 25마리를 기르고 있다. 오리와 토끼의 다리 수가 모두 64개일 때, 오리 수를 구하려고 한다. 다음 물음에 답하시오.

(1) 오리를 x마리, 토끼를 y마리라 할 때, 표를 완성하시오.

	오리	토끼	합계
동물 수(마리)	x	y	
다리 수(개)	$2x$		

(2) 연립방정식을 세우시오.

(3) (2)에서 세운 연립방정식을 푸시오.

(4) 오리 수를 구하시오.

08 도원이는 수학 시험에서 3점짜리 문제와 4점짜리 문제를 합하여 21개 맞히고 80점을 얻었다. 도원이가 맞힌 4점짜리 문제 수를 구하려고 할 때, 다음 물음에 답하시오.

(1) 3점짜리 문제를 x개, 4점짜리 문제를 y개라 할 때, 연립방정식을 세우시오.

(2) (1)에서 세운 연립방정식을 푸시오.

(3) 도원이가 맞힌 4점짜리 문제 수를 구하시오.

나이에 대한 문제

09 따라해

현재 아버지와 아들의 나이의 차는 30살이고, 15년 후에는 아버지의 나이가 아들의 나이의 2배가 된다고 한다. 현재 아버지의 나이를 구하려고 할 때, 다음 물음에 답하시오.

(1) 현재 아버지의 나이를 x살, 아들의 나이를 y살이라 할 때, 표를 완성하시오.

	아버지	아들
현재 나이(살)	x	y
15년 후의 나이(살)	$x+15$	

(2) 연립방정식을 세우시오. ______

(3) (2)에서 세운 연립방정식을 푸시오. ______

(4) 현재 아버지의 나이를 구하시오. ______

10 현재 선아와 선아 동생의 나이의 합은 23살이고, 10년 후에는 선아의 나이가 동생의 나이의 2배보다 11살 적어진다고 한다. 현재 동생의 나이를 구하려고 할 때, 다음 물음에 답하시오.

(1) 현재 선아의 나이를 x살, 동생의 나이를 y살이라 할 때, 연립방정식을 세우시오. ______

(2) (1)에서 세운 연립방정식을 푸시오. ______

(3) 현재 동생의 나이를 구하시오. ______

도형에 대한 문제

11 따라해

가로의 길이가 세로의 길이보다 8 cm 더 긴 직사각형이 있다. 이 직사각형의 둘레의 길이가 100 cm일 때, 가로의 길이를 구하려고 한다. 다음 물음에 답하시오.

(1) 직사각형의 가로의 길이를 x cm, 세로의 길이를 y cm라 할 때, 연립방정식을 세우시오.

가로의 길이가 세로의 길이보다 8 cm 더 길므로

$x=\square$

둘레의 길이가 100 cm이므로

$2\times(x+\square)=100$

따라서 연립방정식을 세우면

$\begin{cases}\square\\\square\end{cases}$

(2) (1)에서 세운 연립방정식을 푸시오. ______

(3) 직사각형의 가로의 길이를 구하시오. ______

12 길이가 60 cm인 끈을 두 개로 나누었다. 짧은 끈의 길이가 긴 끈의 길이보다 16 cm만큼 짧을 때, 긴 끈의 길이를 구하려고 한다. 다음 물음에 답하시오.

(1) 짧은 끈의 길이를 x cm, 긴 끈의 길이를 y cm라 할 때, 연립방정식을 세우시오. ______

(2) (1)에서 세운 연립방정식을 푸시오. ______

(3) 긴 끈의 길이를 구하시오. ______

16 VISUAL 연산 거리, 속력, 시간

영준이가 집에서 5 km 떨어진 공원에 가는데 자전거를 타고 시속 8 km로 가다가 도중에 자전거가 고장 나서 남은 거리를 시속 2 km로 걸었더니 1시간 만에 도착하였다. 자전거를 타고 간 거리는 몇 km인지 구해 보자.

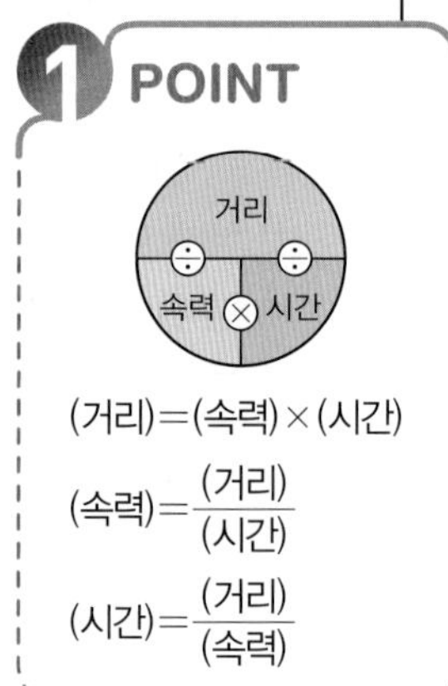

(거리)=(속력)×(시간)

(속력)=$\frac{(거리)}{(시간)}$

(시간)=$\frac{(거리)}{(속력)}$

자전거를 타고 간 거리를 x km, 걸어간 거리를 y km라 하면

	자전거를 탈 때	걸어갈 때
거리(km)	x	y
속력(km/h)	8	2
시간(시간)	$\frac{x}{8}$	$\frac{y}{2}$

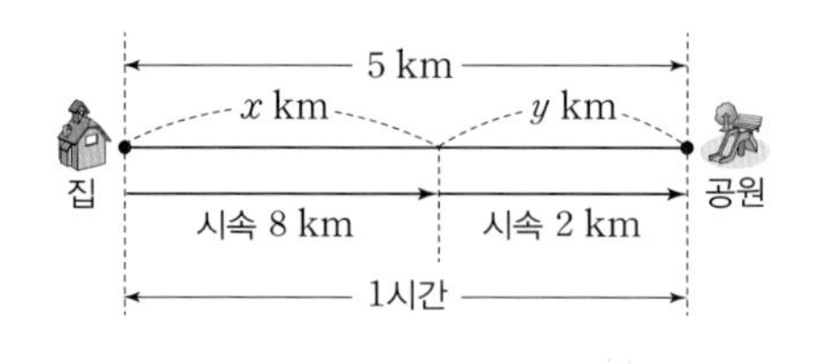

(자전거를 타고 간 거리)+(걸어간 거리)=5(km) ➜ $x+y=5$

(자전거를 타고 간 시간)+(걸어간 시간)=1(시간) ➜ $\frac{x}{8}+\frac{y}{2}=1$

연립방정식을 세우면 $\begin{cases} x+y=5 \\ \frac{x}{8}+\frac{y}{2}=1 \end{cases}$ $\xrightarrow{해}$ $x=4,\ y=1$

따라서 자전거를 타고 간 거리는 4 km이다.

문제를 풀 때, 먼저 단위를 통일해야 한다.
➜ 1시간=60분, 1 km=1000 m

01 따라해 수혁이가 집에서 4.5 km 떨어진 박물관을 가는데 시속 4 km로 걷다가 도중에 시속 6 km로 뛰었더니 1시간 만에 박물관에 도착하였다. 걸은 거리는 몇 km인지 구하려고 할 때, 다음 물음에 답하시오.

(1) 걸어간 거리를 x km, 뛰어간 거리를 y km라 할 때, 표를 완성하시오.

	걸어갈 때	뛰어갈 때
거리(km)	x	
속력(km/h)	4	
시간(시간)	$\frac{x}{4}$	

(2) 연립방정식을 세우시오.

(3) (2)에서 세운 연립방정식을 푸시오.

(4) 걸은 거리는 몇 km인지 구하시오.

02 따라해 혜영이가 등산을 하는데 올라갈 때는 시속 3 km로 걷고, 내려올 때는 올라갈 때보다 1 km 더 가까운 길을 시속 5 km로 걸어서 모두 3시간이 걸렸다. 내려온 거리는 몇 km인지 구하려고 할 때, 다음 물음에 답하시오.

(1) 올라간 거리를 x km, 내려온 거리를 y km라 할 때, 표를 완성하시오.

	올라갈 때	내려올 때
거리(km)	x	
속력(km/h)	3	
시간(시간)	$\frac{x}{3}$	

(2) 연립방정식을 세우시오.

(3) (2)에서 세운 연립방정식을 푸시오.

(4) 내려온 거리는 몇 km인지 구하시오.

10분 연산 TEST

▶ 정답 및 풀이 48쪽

01 두 자리의 자연수가 있다. 각 자리의 숫자의 합은 9이고, 십의 자리의 숫자와 일의 자리의 숫자를 바꾼 수는 처음 수의 2배보다 18만큼 크다고 한다. 처음 수를 구하려고 할 때, 다음 물음에 답하시오.

(1) 처음 수의 십의 자리의 숫자를 x, 일의 자리의 숫자를 y라 할 때, 연립방정식을 세우시오.

(2) 처음 수를 구하시오.

02 어느 미술관의 입장료는 성인이 1100원, 청소년이 800원이다. 정하네 가족 5명의 입장료의 합계가 5200원이었을 때, 정하네 가족 중 청소년은 몇 명인지 구하려고 한다. 다음 물음에 답하시오. (단, 정하네 가족은 성인과 청소년으로 이루어져 있다.)

(1) 성인이 x명, 청소년이 y명이라 할 때, 연립방정식을 세우시오.

(2) 정하네 가족 중 청소년은 몇 명인지 구하시오.

03 과자 6봉지와 아이스크림 5개의 가격은 8300원이고, 과자 3봉지와 아이스크림 6개의 가격은 6600원이다. 과자 1봉지의 가격을 구하려고 할 때, 다음 물음에 답하시오.

(1) 과자 1봉지의 가격을 x원, 아이스크림 1개의 가격을 y원이라 할 때, 연립방정식을 세우시오.

(2) 과자 1봉지의 가격을 구하시오.

04 현재 어머니의 나이는 성욱이의 나이보다 27살이 많고, 어머니와 성욱이의 나이의 합은 55살이라고 한다. 현재 어머니의 나이를 구하려고 할 때, 다음 물음에 답하시오.

(1) 현재 어머니의 나이를 x살, 성욱이의 나이를 y살이라 할 때, 연립방정식을 세우시오.

(2) 현재 어머니의 나이를 구하시오.

05 가로의 길이가 세로의 길이보다 2 cm 더 긴 직사각형이 있다. 이 직사각형의 둘레의 길이가 36 cm일 때, 세로의 길이를 구하려고 한다. 다음 물음에 답하시오.

(1) 직사각형의 가로의 길이를 x cm, 세로의 길이를 y cm라 할 때, 연립방정식을 세우시오.

(2) 세로의 길이를 구하시오.

06 집에서 7 km 떨어진 할머니 댁에 가는데 시속 4 km로 걷다가 도중에 시속 3 km로 걸었더니 2시간 만에 도착하였다. 시속 4 km로 걸은 거리는 몇 km인지 구하려고 할 때, 다음 물음에 답하시오.

(1) 시속 4 km로 걸은 거리를 x km, 시속 3 km로 걸은 거리를 y km라 할 때, 연립방정식을 세우시오.

(2) 시속 4 km로 걸은 거리는 몇 km인지 구하시오.

맞힌 개수 개/6개

학교 시험 미리보기!

학교 시험 PREVIEW

01

다음 중 미지수가 2개인 일차방정식인 것은?

① $4x-5$　② $3y-2=3x$

③ $xy+y=1$　④ $\frac{1}{x}+\frac{1}{y}=1$

⑤ $2(x+y)-1=2x+y$

02

80% 출제율

다음 중 일차방정식 $3x-y=2$의 해가 아닌 것은?

① $(-2, -8)$　② $(-1, -5)$　③ $(0, 3)$

④ $(1, 1)$　⑤ $(2, 4)$

03

다음 문장을 연립방정식으로 나타낸 것으로 옳은 것은?

x의 2배와 y의 합은 15이고, y는 x의 3배와 같다.

① $\begin{cases} x+2y=15 \\ y=3x \end{cases}$　② $\begin{cases} x+2y=15 \\ y=x+3 \end{cases}$

③ $\begin{cases} 2x+y=15 \\ y=3x \end{cases}$　④ $\begin{cases} 2x+y=15 \\ x=3y \end{cases}$

⑤ $\begin{cases} 2x+y=15 \\ y=x+3 \end{cases}$

04

x, y가 자연수일 때, 연립방정식 $\begin{cases} x+2y=7 \\ 2x+y=8 \end{cases}$의 해는?

① $(1, 3)$　② $(1, 6)$　③ $(2, 4)$

④ $(3, 2)$　⑤ $(5, 1)$

05

실수 ✓ 주의

연립방정식 $\begin{cases} 3x+2y=14 & \cdots\cdots ㉠ \\ 4x-3y=-4 & \cdots\cdots ㉡ \end{cases}$에서 x를 가감법으로 소거하여 풀려고 한다. 다음 중 필요한 식은?

① ㉠$\times 4+$㉡$\times 3$　② ㉠$\times 4-$㉡$\times 3$

③ ㉠$\times 3+$㉡$\times 2$　④ ㉠$\times 3-$㉡$\times 2$

⑤ ㉠$\times 2-$㉡$\times 3$

06

연립방정식 $\begin{cases} 0.3x+0.4y=1.7 \\ \frac{2}{3}x+\frac{1}{2}y=3 \end{cases}$을 풀면?

① $x=-3$, $y=-2$　② $x=-3$, $y=2$

③ $x=-1$, $y=3$　④ $x=2$, $y=-1$

⑤ $x=3$, $y=2$

▶ 정답 및 풀이 48쪽

07 85% 출제율

연립방정식 $\begin{cases} x+by=3 \\ 3x-2y=a \end{cases}$의 해가 $(1,\ 2)$일 때, 상수 a, b에 대하여 $a+b$의 값은?

① -2 ② $-\frac{1}{2}$ ③ 0
④ 1 ⑤ $\frac{3}{2}$

08

연립방정식 $\begin{cases} x-4y=3 \\ ax-4y=-13 \end{cases}$의 해가 일차방정식 $2y-x=-1$을 만족시킬 때, 상수 a의 값은?

① 7 ② 9 ③ 13
④ 15 ⑤ 17

09

다음 연립방정식 중 해가 무수히 많은 것은?

① $\begin{cases} 2x+y=-2 \\ x+y=9 \end{cases}$ ② $\begin{cases} x+y=0 \\ 3x-y=0 \end{cases}$

③ $\begin{cases} 3x+y=5 \\ x-3y=10 \end{cases}$ ④ $\begin{cases} 2x-3y=5 \\ 4x-6y=10 \end{cases}$

⑤ $\begin{cases} x-2y=-1 \\ 2x-4y=1 \end{cases}$

10

어느 농장에서 기르는 닭과 토끼의 머리 수는 모두 180개이고, 다리 수는 모두 600개라 한다. 이 농장에서 기르는 닭은 몇 마리인가?

① 30마리 ② 45마리 ③ 50마리
④ 60마리 ⑤ 75마리

11

명진이네 집에서 기차역까지의 거리는 5 km이다. 명진이가 처음에는 시속 4 km로 걷다가 약속 시간에 늦을 것 같아 도중에 시속 6 km로 뛰어서 1시간 만에 기차역에 도착하였다. 명진이가 시속 6 km로 뛰어간 거리는 몇 km인가?

① 1 km ② 1.5 km ③ 2 km
④ 2.5 km ⑤ 3 km

12 서술형

방정식 $\frac{2+x}{3}=\frac{4y-1}{2}=x-y$의 해가 $x=a$, $y=b$일 때, $a+b$의 값을 구하시오.

채점 기준 1 연립방정식으로 나타내기

채점 기준 2 a, b의 값을 각각 구하기

채점 기준 3 $a+b$의 값 구하기

장갑, 국자, 완두콩, 솔, 양말, 초승달, 음표, 지팡이, 꽃삽, 화살표, 못

정답

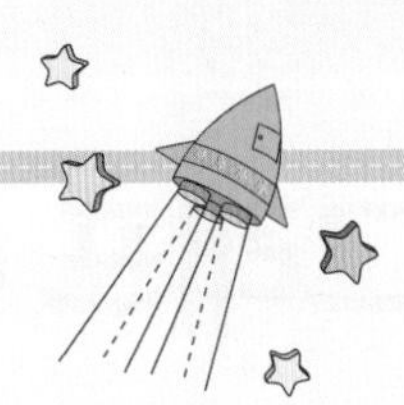

III 일차함수와 그래프

함수는 변화하는 양 사이의 관계를 나타내며, 그래프는 함수를 시각적으로 표현하는 도구이에요. 함수는 다양한 변화 현상 속의 수학적 관계를 이해하고 표현함으로써 실생활 문제를 해결하는 데 도움이 되지요.
일차함수와 그래프는 왜 배우나요?

일차함수와 그래프 (1)

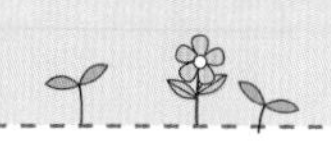

01 함수

(1) **함수** : 두 변수 x, y에 대하여 x의 값이 변함에 따라 y의 값이 하나씩 정해지는 대응 관계가 있을 때, y를 x의 함수라 한다. **기호** $y=f(x)$

참고 변수와 달리 일정한 값을 나타내는 수나 문자를 상수라 한다.

(2) **대표적인 함수의 예**

① y가 x에 정비례할 때, 즉 $y=ax\ (a\neq0)$이면 y는 x의 함수이다.

x	1	2	3	4	…
y	2	4	6	8	…

$\times2$ → $y=2x$

② y가 x에 반비례할 때, 즉 $y=\dfrac{a}{x}\ (a\neq0)$이면 y는 x의 함수이다.

x	1	2	3	4	…
y	12	6	4	3	…
	12	12	12	12	→12로 일정

→ $y=\dfrac{12}{x}$

③ $y=$(x에 대한 일차식)이면 y는 x의 함수이다.

(3) **함숫값** : 함수 $y=f(x)$에서 x의 값에 따라 하나로 정해지는 y의 값 **기호** $f(x)$

예 함수 $f(x)=2x$에서 $x=1$일 때 함숫값은 $f(1)=2\times1=2$

참고 함수 $y=f(x)$에 대하여 $f(a)$ → $x=a$일 때, y의 값 → $x=a$일 때 함숫값
→ $f(x)$에 x 대신 a를 대입하여 얻은 값

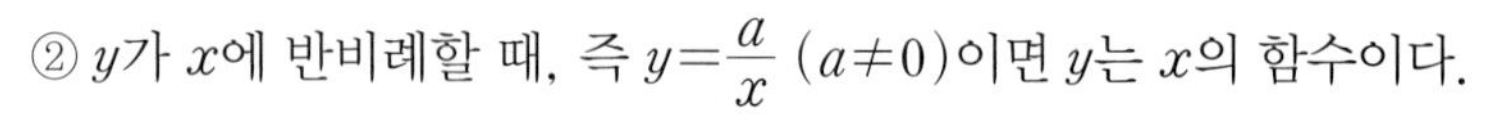

02 일차함수의 뜻

함수 $y=f(x)$에서 y가 x에 대한 일차식 $y=ax+b$ (a, b는 상수, $a\neq0$)로 나타내어질 때, 이 함수를 x에 대한 **일차함수**라 한다.

예 $y=3x$, $y=\frac{1}{2}x$, $y=-4x+3$: 일차함수, $y=-1$, $y=\frac{2}{x}$, $y=-3x^2+7$: 일차함수가 아니다.

03 일차함수 $y=ax+b$의 그래프

(1) **함수의 그래프** : 함수 $y=f(x)$에서 x의 값에 대한 함숫값 y의 순서쌍 (x, y)를 좌표로 하는 모든 점을 좌표평면 위에 나타낸 것

(2) **평행이동** : 한 도형을 일정한 방향으로 일정한 거리만큼 옮기는 것

(3) **일차함수 $y=ax+b$의 그래프** : 일차함수 $y=ax$의 그래프를 y축의 방향으로 b만큼 평행이동한 직선

$y=ax$ $\xrightarrow[b\text{만큼 평행이동}]{y\text{축의 방향으로}}$ $y=ax+b$ **예** $y=3x$ $\xrightarrow[2\text{만큼 평행이동}]{y\text{축의 방향으로}}$ $y=3x+2$

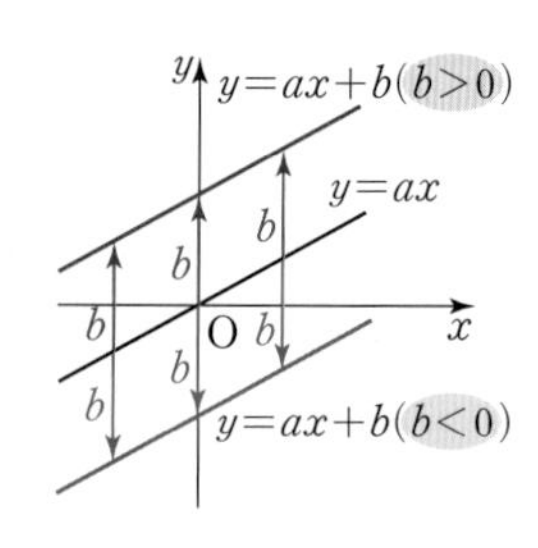

04 일차함수의 그래프의 x절편과 y절편

일차함수 $y=ax+b$ $(a\neq0)$의 그래프에서

(1) **x절편** : 그래프가 x축과 만나는 점의 x좌표

→ $y=0$일 때, x의 값 → $-\dfrac{b}{a}$

(2) **y절편** : 그래프가 y축과 만나는 점의 y좌표

→ $x=0$일 때, y의 값 → b

└→ $y=ax+b$의 상수항

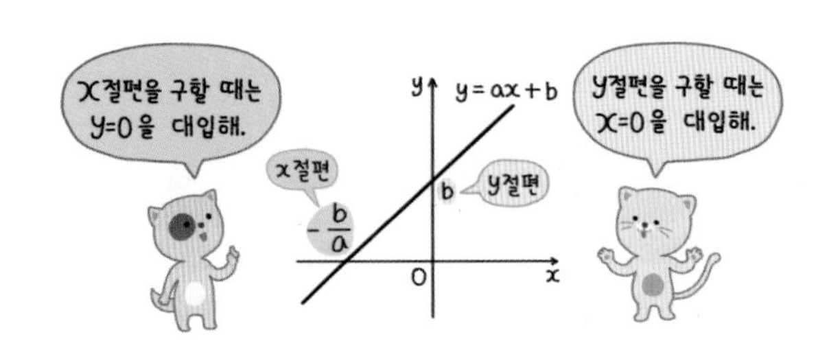

05 일차함수의 그래프의 기울기

일차함수 $y=ax+b$에서 x의 값 증가량에 대한 y의 값의 증가량의 비율은 항상 일정하며, 그 비율은 x의 계수 a와 같다.

이때 이 증가량의 비율 a를 일차함수 $y=ax+b$의 그래프의 **기울기**라 한다.

$$(\text{기울기})=\frac{(y\text{의 값의 증가량})}{(x\text{의 값의 증가량})}=a$$

└→ x의 계수

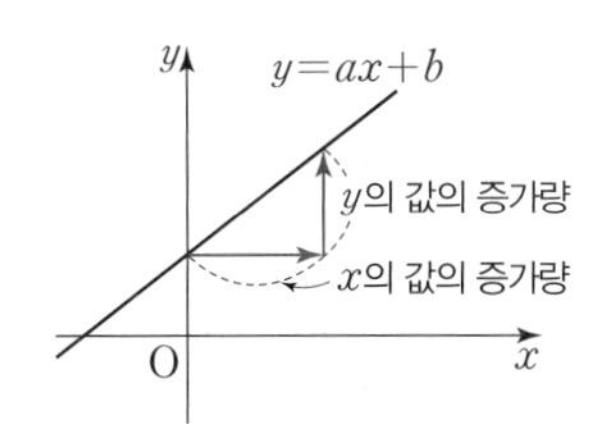

06 일차함수 $y=ax+b$의 그래프 그리기

[방법 1] 두 점을 이용하여 일차함수의 그래프 그리기

❶ 일차함수를 만족시키는 두 점의 좌표를 찾는다.

❷ ❶에서 찾은 두 점을 좌표평면 위에 나타낸 후, 두 점을 직선으로 연결한다.

예 일차함수 $y=x+1$에서 $x=0$일 때 $y=1$, $x=-1$일 때 $y=0$이므로 일차함수 $y=x+1$의 그래프는 두 점 $(0, 1)$, $(-1, 0)$을 지나는 직선이다.

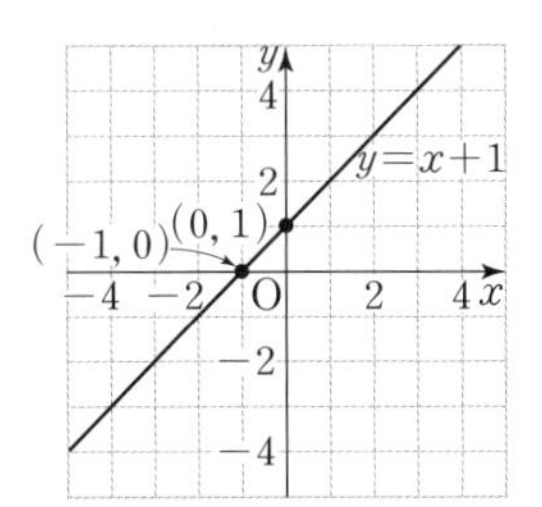

[방법 2] x절편과 y절편을 이용하여 그래프 그리기

❶ x절편, y절편을 각각 구한다.

❷ 두 점 (x절편, 0), (0, y절편)을 좌표평면 위에 나타낸다.

❸ ❷에서 나타낸 두 점을 직선으로 연결한다.

예 일차함수 $y=-x+2$에서 x절편은 2, y절편은 2이므로 일차함수 $y=-x+2$의 그래프는 두 점 $(2, 0)$, $(0, 2)$를 지나는 직선이다.

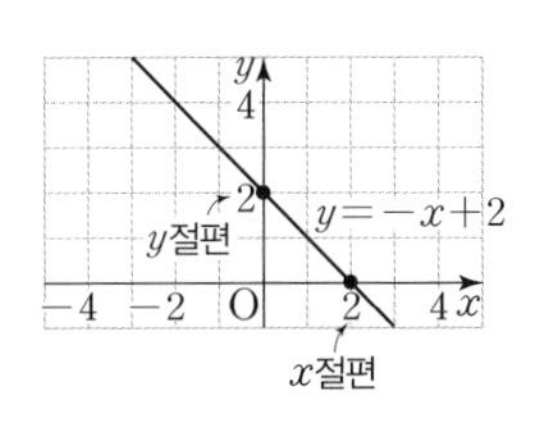

[방법 3] 기울기와 y절편을 이용하여 그래프 그리기

❶ 점 (0, y절편)을 좌표평면 위에 나타낸다.

❷ 기울기를 이용하여 그래프가 지나는 다른 한 점을 찾아 좌표평면 위에 나타낸다.

❸ ❶, ❷에서 나타낸 두 점을 직선으로 연결한다.

예 일차함수 $y=2x+6$에서
y절편이 6 → 점 $(0, 6)$을 지난다.
기울기가 2 → $(0+1, 6+2)=(1, 8)$
→ 점 $(1, 8)$을 지난다.

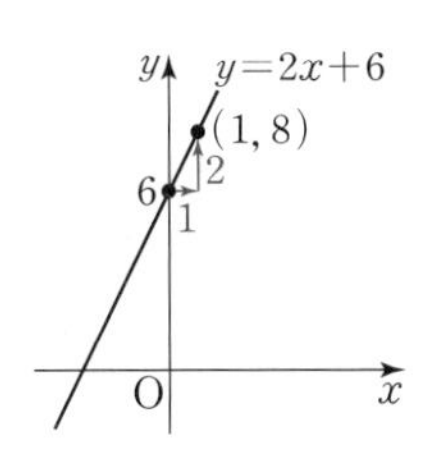

정비례 관계, 반비례 관계

중학교 1 학년 때 배웠어요!

정비례 관계

한 개에 500원인 사탕 x개의 값을 y원이라 하면

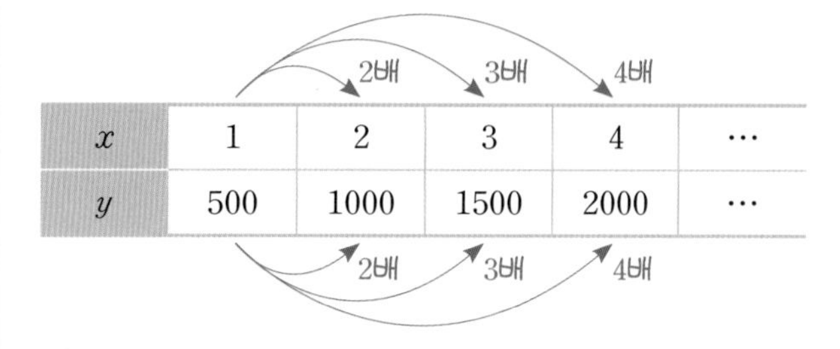

x	1	2	3	4	…
y	500	1000	1500	2000	…

→ y는 x에 정비례

→ x와 y 사이의 관계식은 $y=500x$

y가 x에 정비례 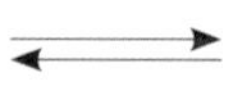 $y=ax\ (a\neq0)$

반비례 관계

사탕 60개를 x명의 학생에게 똑같이 나누어 줄 때 한 학생이 갖는 사탕의 개수를 y라 하면

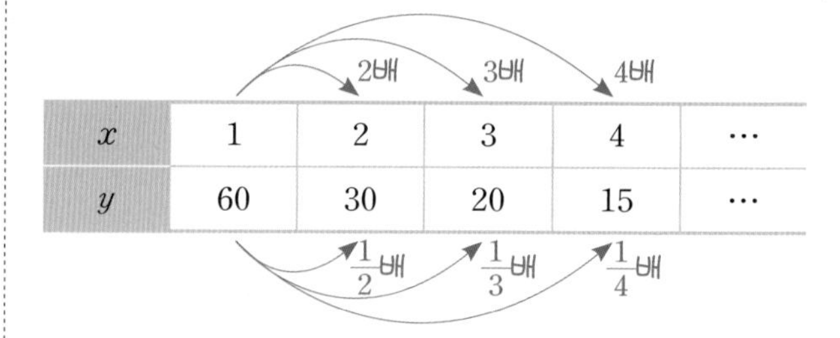

x	1	2	3	4	…
y	60	30	20	15	…

→ y는 x에 반비례

→ x와 y 사이의 관계식은 $y=\frac{60}{x}$

y가 x에 반비례  $y=\frac{a}{x}\ (a\neq0)$

정비례 관계

다음 표를 완성하고, y가 x에 정비례하는 것에는 ○표, 정비례하지 않는 것에는 ×표를 하시오.

01 가로의 길이가 3 cm, 세로의 길이가 x cm인 직사각형의 넓이 $y\text{ cm}^2$ (　　　)

따라해

x	1	2	3	4	…
y	3		9		…

→ x와 y 사이의 관계식은 $y=$☐이므로
y는 x에 정비례(한다, 하지 않는다).

02 한 개에 50 g인 달걀 x개의 무게 y g (　　　)

x	1	2	3	4	…
y					…

03 시속 x km로 y시간 동안 걸은 거리 4 km (　　　)

x	1	2	3	4	…
y					…

반비례 관계

다음 표를 완성하고, y가 x에 반비례하는 것에는 ○표, 반비례하지 않는 것에는 ×표를 하시오.

04 길이가 48 cm인 끈을 x등분하여 자를 때, 잘린 끈 한 개의 길이 y cm (　　　)

따라해

x	1	2	3	4	…
y	48		16		…

→ x와 y 사이의 관계식은 $y=$☐이므로
y는 x에 반비례(한다, 하지 않는다).

05 밑변의 길이가 x cm, 높이가 10 cm인 삼각형의 넓이 $y\text{ cm}^2$ (　　　)

x	1	2	3	4	…
y					…

06 24 L 용량의 물통에 매분 x L씩 물을 넣을 때, 물통이 가득 찰 때까지 걸리는 시간 y분 (　　　)

x	1	2	3	4	…
y					…

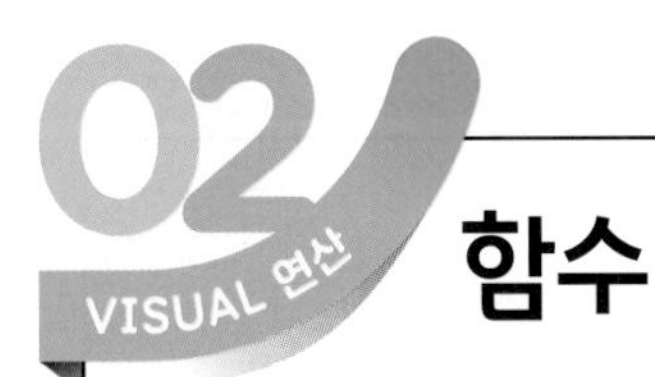

함수

두 변수 x, y에 대하여 x의 값이 변함에 따라 y의 값이 하나씩 정해지는 대응 관계가 있을 때, y를 x의 **함수**라 한다.

자연수 x보다 작은 자연수의 개수 y

x	1	2	3	4	…
y	0	1	2	3	…

➜ x의 값이 변함에 따라 y의 값이 하나씩 정해지므로 y는 x의 함수이다.

자연수 x의 약수 y

x	1	2	3	4	…
y	1	1, 2	1, 3	1, 2, 4	…

y의 값이 여러 개

➜ x의 값이 변함에 따라 y의 값이 하나씩 정해지지 않으므로 y는 x의 함수가 아니다.

참고 정비례 관계 $y=ax\ (a\neq0)$와 반비례 관계 $y=\frac{a}{x}\ (a\neq0)$는 x의 값이 변함에 따라 y의 값이 하나씩 정해지므로 y는 x의 함수이다.

x의 값이 변할 때 y의 값이 정해지지 않거나 2개 이상 정해지면 y는 x의 함수가 아니다.

다음 표를 완성하고, y가 x의 함수인 것에는 ○표, 함수가 아닌 것에는 ×표를 하시오.

01 한 개에 800원인 초콜릿 x개의 값 y원 (　　)

x	1	2	3	4	…
y	800		2400		…

➜ x의 값이 변함에 따라 y의 값이 하나씩 정해지므로 y는 x의 (함수이다, 함수가 아니다).

02 한 변의 길이가 x cm인 정삼각형의 둘레의 길이 y cm (　　)

x	1	2	3	4	…
y					…

03 자연수 x보다 작은 소수 y (　　)

따라해

x	1	2	3	4	…
y	없다.		2		…

➜ x의 값이 변함에 따라 y의 값이 하나씩 정해지지 않으므로 y는 x의 (함수이다, 함수가 아니다).

04 자연수 x의 약수의 개수 y (　　)

x	1	2	3	4	…
y					…

05 시속 x km로 120 km의 거리를 달릴 때 걸리는 시간 y시간 (　　)

x	1	2	3	4	…
y					…

06 절댓값이 x인 수 y (　　)

x	1	2	3	4	…
y					…

07 100쪽짜리 책 한 권을 읽을 때, 읽은 쪽수 x쪽과 남은 쪽수 y쪽 (　　)

x	1	2	3	4	…
y					…

08 50 L 용량의 물통에 가득 찬 물이 1분에 5 L씩 x분 동안 빠져나가고 남은 물의 양 y L (　　)

x	1	2	3	4	…
y					…

▶ 정답 및 풀이 50쪽

함숫값

(1) y가 x의 함수일 때, 이것을 기호로 $\boldsymbol{y=f(x)}$로 나타낸다.
(2) 함수 $y=f(x)$에서 x의 값에 따라 하나로 정해지는 y의 값, 즉 $\boldsymbol{f(x)}$를 x에서의 **함숫값**이라 한다.

함수 $f(x)=2x$에 대하여 $f(1)$ ➜ x의 값이 1일 때의 함숫값
➜ $f(1)=2\times1=2$
x 대신 1을 대입

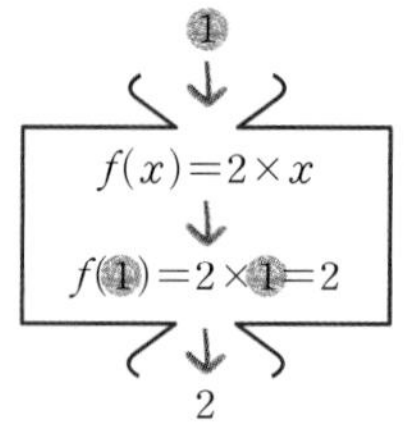

POINT
함수 $y=f(x)$에 대하여
$f(a)$ ➜ x의 값이 a일 때의 함숫값
➜ $x=a$일 때, y의 값
➜ $f(x)$에 x 대신 a를 대입하여 얻은 값

함수 $f(x)=3x$에 대하여 다음을 구하시오.

$x=1$일 때의 함숫값

01 $f(1)=3\times\square=\square$

따라해

02 $x=0$일 때의 함숫값

03 $f(-3)$

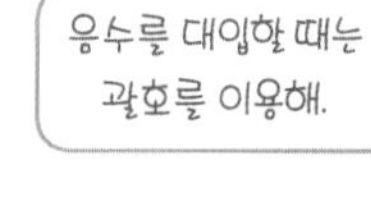

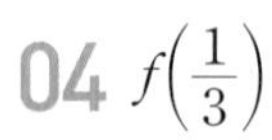

04 $f\left(\frac{1}{3}\right)$

05 $f(-1)+f(2)$

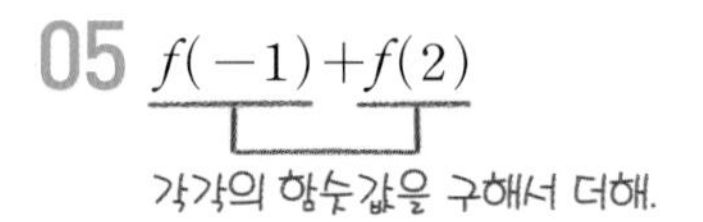

함수 $f(x)=\dfrac{12}{x}$에 대하여 다음을 구하시오.

06 $x=-1$일 때의 함숫값

07 $f(6)$

08 $f(-4)$

09 $f\left(\frac{1}{3}\right)$

10 $f(2)+f(-3)$

함수 $f(x)=x-1$에 대하여 다음을 구하시오.

11 $x=3$일 때의 함숫값

12 $f(-1)$

13 $f(-5)$

14 $f\left(\frac{1}{2}\right)$

15 $f(4)-f(0)$

▶ 정답 및 풀이 50쪽

함숫값이 주어질 때 미지수의 값 구하기

함수 $f(x)=2x$에 대하여 $f(a)=2$일 때, a의 값
↳ $f(x)$에 x 대신 a를 대입하여 얻은 값이 2
➜ $f(a)=2\times a=2$이므로 $a=1$

함수 $f(x)=ax$에 대하여 $f(1)=5$일 때, 상수 a의 값
↳ $f(x)$에 x 대신 1을 대입하여 얻은 값이 5
➜ $f(1)=a\times 1=5$이므로 $a=5$

 함수 $f(x)=4x$에 대하여 다음을 만족시키는 a의 값을 구하시오.

01 $f(a)=8$ ➜ $f(a)=4\times a=\square$
따라해 ➜ $a=\square$

02 $f(a)=12$

03 $f(a)=-4$

04 $f(a)=2$

 함수 $f(x)=\frac{10}{x}$에 대하여 다음을 만족시키는 a의 값을 구하시오.

05 $f(a)=2$ ➜ $f(a)=\frac{10}{a}=\square$
따라해 ➜ $a=\square$

06 $f(a)=10$

07 $f(a)=-5$

08 $f(a)=4$

 함수 $f(x)=ax$에 대하여 다음을 만족시키는 상수 a의 값을 구하시오.

09 $f(2)=8$ ➜ $f(2)=a\times 2=\square$
따라해 ➜ $a=\square$

10 $f(-1)=3$

11 $f(-2)=-6$

12 $f\left(\frac{1}{2}\right)=4$

 함수 $f(x)=\frac{a}{x}$에 대하여 다음을 만족시키는 상수 a의 값을 구하시오.

13 $f(3)=1$ ➜ $f(3)=\frac{a}{3}=\square$
따라해 ➜ $a=\square$

14 $f(2)=3$

15 $f(-1)=5$

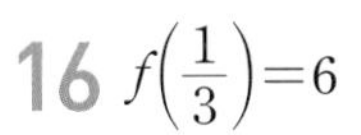

16 $f\left(\frac{1}{3}\right)=6$

▶ 정답 및 풀이 50쪽

[01 ~ 04] 다음 중 y가 x의 함수인 것에는 ○표, 함수가 아닌 것에는 ×표를 하시오.

01 자연수 x를 5로 나눈 나머지 y ( )

02 자연수 x보다 큰 자연수 y ( )

03 한 개에 1500원인 아이스크림 x개의 가격 y원 ( )

04 시속 60 km로 x시간 동안 달린 자동차가 이동한 거리 y km ( )

[05 ~ 08] 함수 $f(x)=-3x$에 대하여 다음을 구하시오.

05 $f(0)$

06 $f(-2)$

07 $f\left(\frac{1}{3}\right)$

08 $f(1)+f\left(-\frac{2}{3}\right)$

[09 ~ 12] 함수 $f(x)=\frac{15}{x}$에 대하여 다음을 구하시오.

09 $f(-1)$

10 $f(5)$

11 $f\left(\frac{1}{2}\right)$

12 $f(3)+f\left(-\frac{1}{3}\right)$

[13 ~ 16] 함수 $y=f(x)$가 다음과 같을 때, $f(-2)$의 값을 구하시오.

13 $f(x)=\frac{1}{2}x$

14 $f(x)=-\frac{8}{x}$

15 $f(x)=x+1$

16 $f(x)=-2x+3$

[17 ~ 20] 다음을 구하시오.

17 함수 $f(x)=-2x$에 대하여 $f(a)=2$일 때, a의 값

18 함수 $f(x)=-\frac{20}{x}$에 대하여 $f(a)=-4$일 때, a의 값

19 함수 $f(x)=ax$에 대하여 $f(-3)=6$일 때, 상수 a의 값

20 함수 $f(x)=\frac{a}{x}$에 대하여 $f(8)=\frac{1}{2}$일 때, 상수 a의 값

맞힌 개수 개/20개

▶ 정답 및 풀이 51쪽

일차함수

함수 $y=f(x)$에서 y가 x에 대한 일차식 $y=ax+b$ (a, b는 상수, $a\neq0$)로 나타내어질 때, 이 함수를 x에 대한 **일차함수**라 한다.

일차함수인 것

$y=2x$, $y=-x+5$, $y=\frac{1}{3}x-1$

↳ $y=$(x에 대한 일차식)의 꼴

일차함수가 아닌 것

$y=3x^2$, $y=7$, $y=\frac{1}{x}$

이차식 / 상수 / 분모에 x가 있음

1 POINT

일차함수

→ $y=$(x에 대한 일차식)의 꼴

→ $y=ax+b$ ($a\neq0$)

다음 중 y가 x에 대한 일차함수인 것에는 ○표, 일차함수가 아닌 것에는 ×표를 하시오.

01 $y=x$ ( )

→ $y=$(x에 대한 일차식)

02 $y=\frac{1}{2}x+6$ ( )

03 $y=\frac{3}{x}+1$ ( )

04 $y=-5$ ( )

05 $y=2-x$ ( )

06 $y=x(x-2)$ ( )

괄호를 풀고 전개해!

07 $y=3x^2-x(3x+1)$ ( )

08 $y+x=-x+1$ ( )

다음에서 y를 x에 대한 식으로 나타내고, y가 x에 대한 일차함수인지 아닌지 말하시오.

09 한 변의 길이가 x cm인 정사각형의 둘레의 길이 y cm

10 10000원으로 한 개에 500원인 과자 x개를 사고 남은 돈 y원

11 한 송이에 1000원인 장미꽃 x송이와 한 개에 5000원인 바구니 1개를 구입한 총금액 y원

12 가로의 길이가 x cm, 세로의 길이가 $(x+1)$ cm인 직사각형의 넓이 y cm^2

13 반지름의 길이가 x cm인 원의 넓이 y cm^2

14 시속 x km로 y시간 동안 걸은 거리 10 km

▶ 정답 및 풀이 51쪽

일차함수 $y=ax$의 그래프

일차함수 $y=2x$에 대하여
↳ 정비례 관계는 일차함수이다.

x	…	-2	-1	0	1	2	…
y	…	-4	-2	0	2	4	…

→ x의 값의 범위가 수 전체일 때, 일차함수 $y=2x$의 그래프는 오른쪽 그림과 같이 원점을 지나는 직선이다.

함수 $y=2x$에서 x의 값에 대한 함숫값 y의 순서쌍 (x, y)를 좌표로 하는 모든 점을 좌표평면 위에 나타낸 것

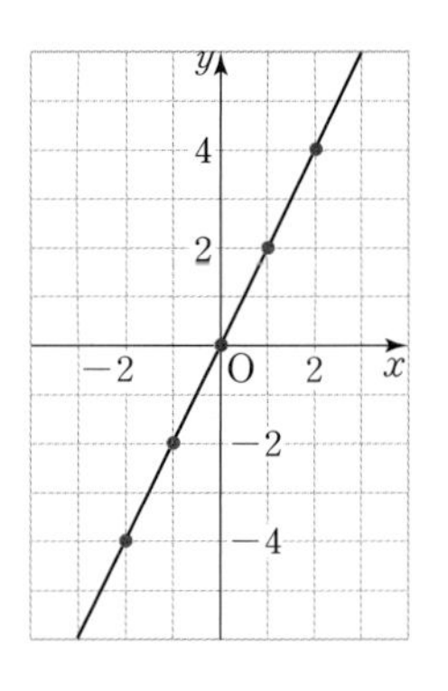

POINT

일차함수 $y=ax\ (a\neq0)$의 그래프는 원점을 지나는 직선이다.

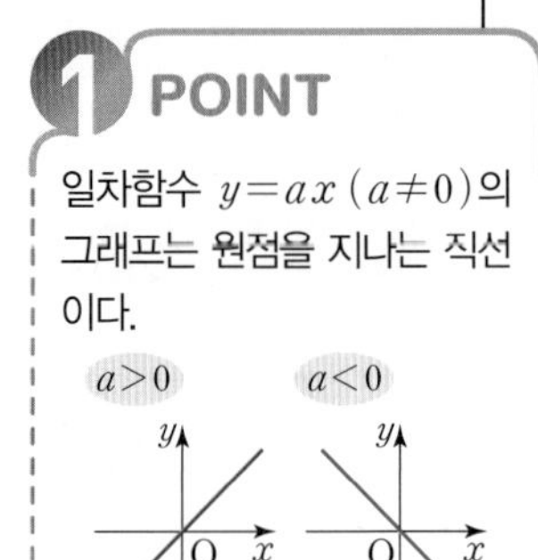

참고 일차함수 $y=ax\ (a\neq0)$의 그래프는 원점 $(0, 0)$과 점 $(1, a)$를 지난다.

x의 값의 범위가 수 전체일 때, 다음 일차함수의 그래프를 그리시오.

01 $y=-2x$

x	…	-1	0	1	…
y	…		0		…

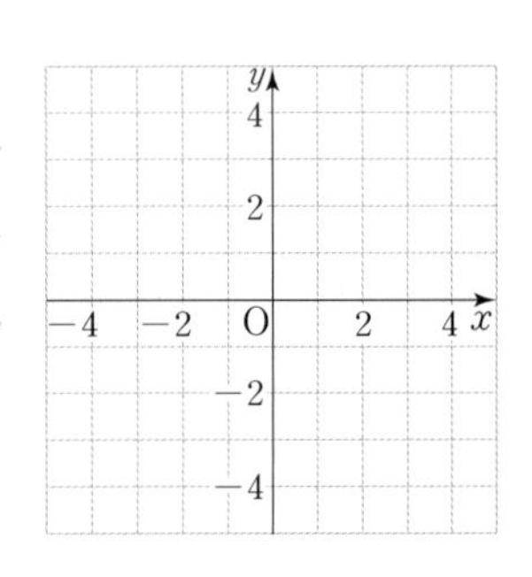

02 $y=\frac{1}{2}x$

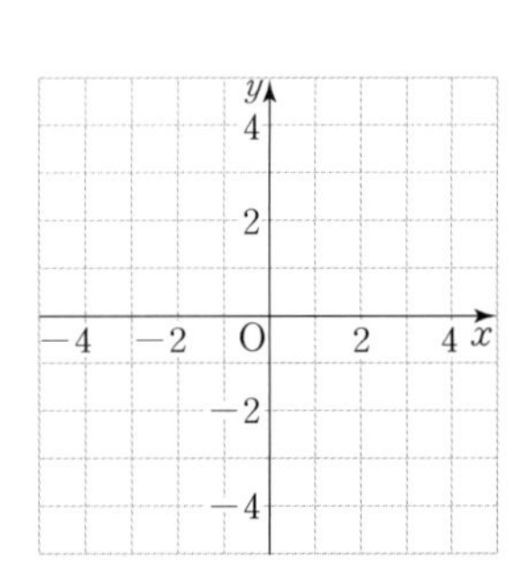

03 $y=-4x$

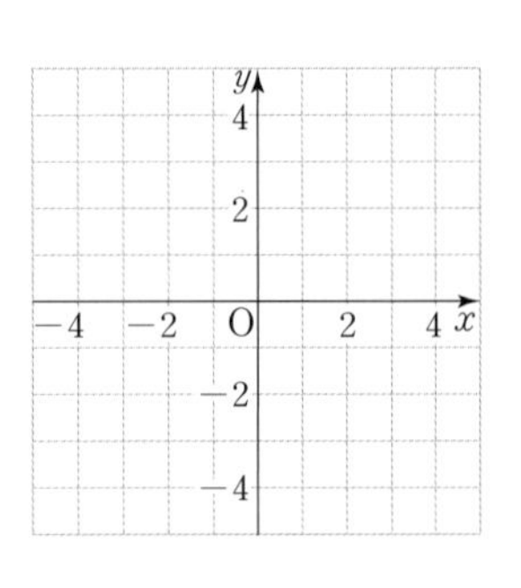

04 $y=3x$

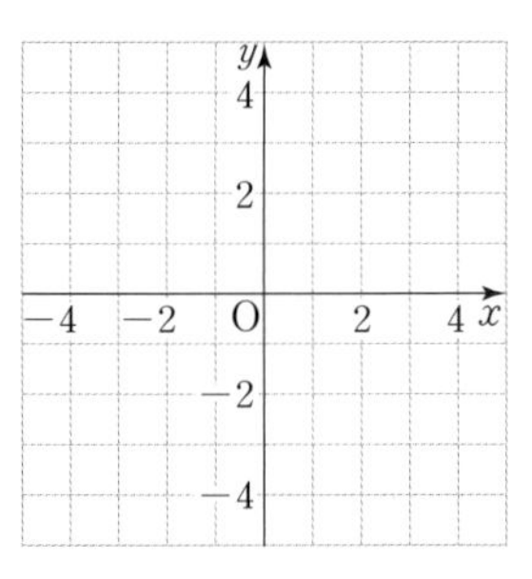

05 $y=-\frac{3}{2}x$

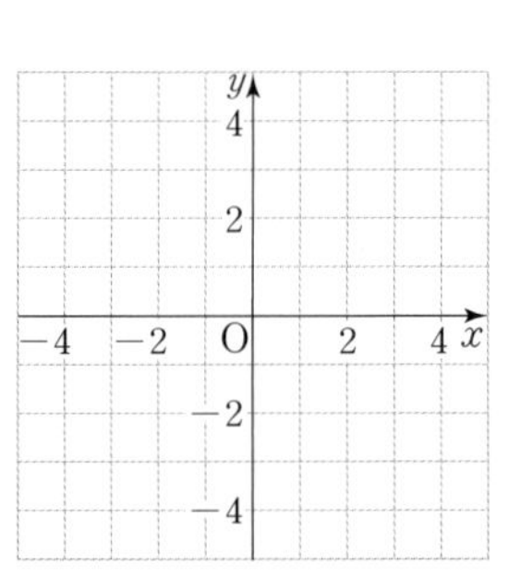

06 $y=\frac{2}{3}x$

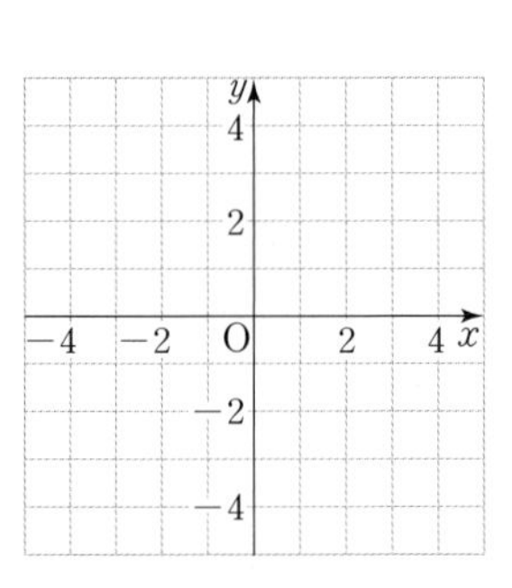

일차함수 $y=ax+b$의 그래프

평행이동 : 한 도형을 일정한 방향으로 일정한 거리만큼 옮기는 것

일차함수 $y=2x$의 그래프 $\xrightarrow[\text{3만큼 평행이동}]{y\text{축의 방향으로}}$ 일차함수 $y=2x+3$의 그래프

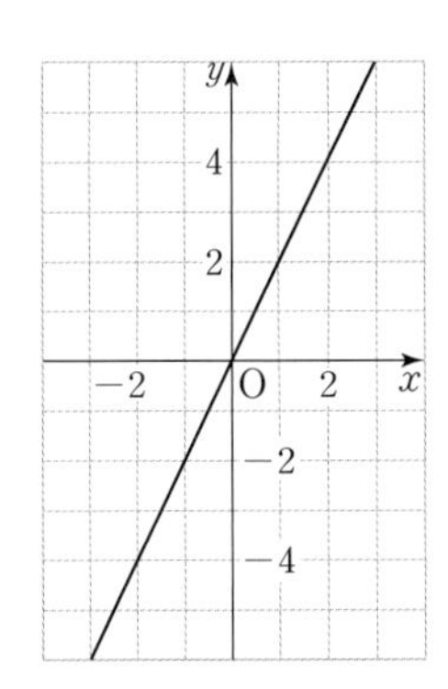

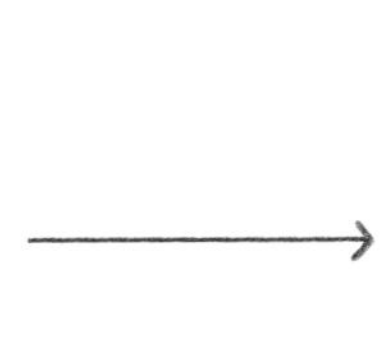

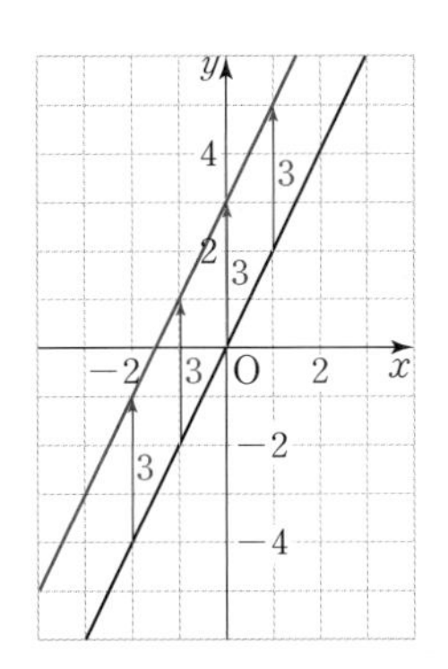

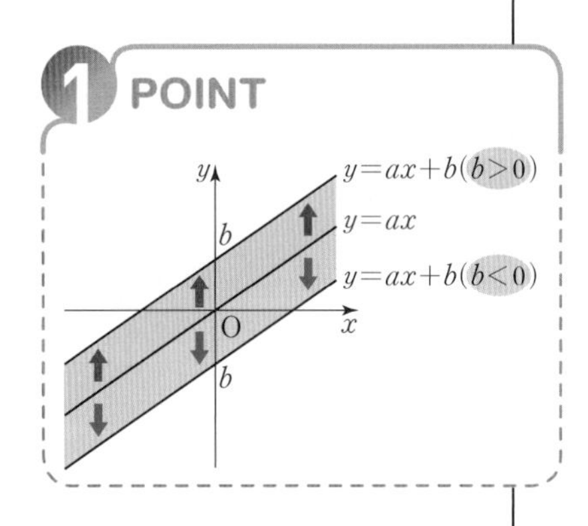

$y=ax$의 그래프 $\xrightarrow[b\text{만큼 평행이동}]{y\text{축의 방향으로}}$ $y=ax+b$의 그래프

일차함수 $y=ax+b$의 그래프

다음 표를 완성하고, x, y의 값의 범위가 수 전체일 때, 좌표평면 위에 각각의 그래프를 그리시오.

01

x	⋯	-2	-1	0	1	2	⋯
$y=2x$	⋯	-4		0		4	⋯
$y=2x-3$	⋯						⋯

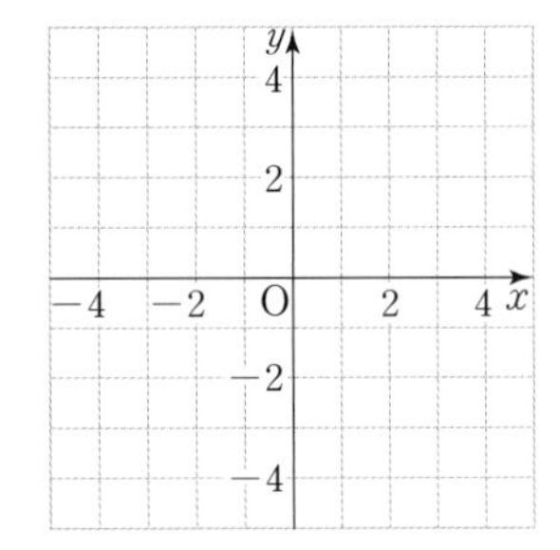

02

x	⋯	-2	-1	0	1	2	⋯
$y=-x$	⋯			0			⋯
$y=-x+2$	⋯						⋯

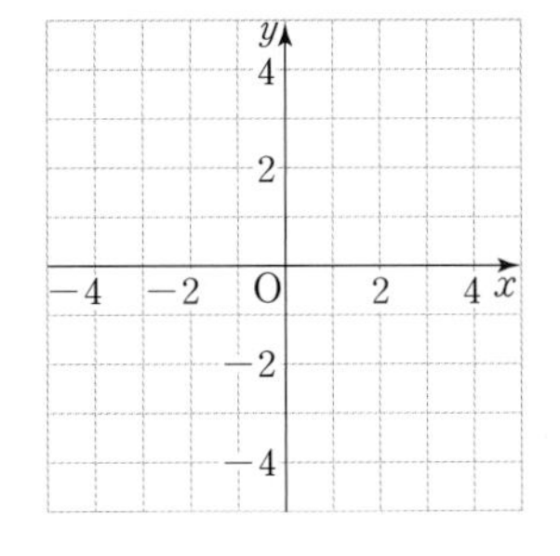

평행이동을 이용한 일차함수 $y=ax+b$의 그래프

주어진 함수의 그래프를 이용하여 다음 일차함수의 그래프를 그리시오.

03 $y=3x-2$

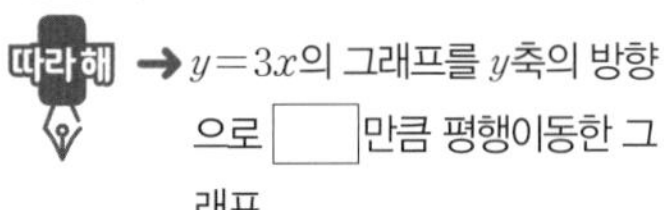

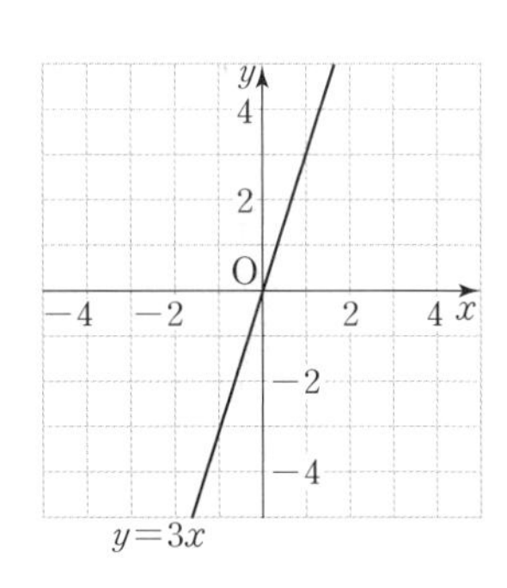

04 $y=\frac{2}{3}x+3$

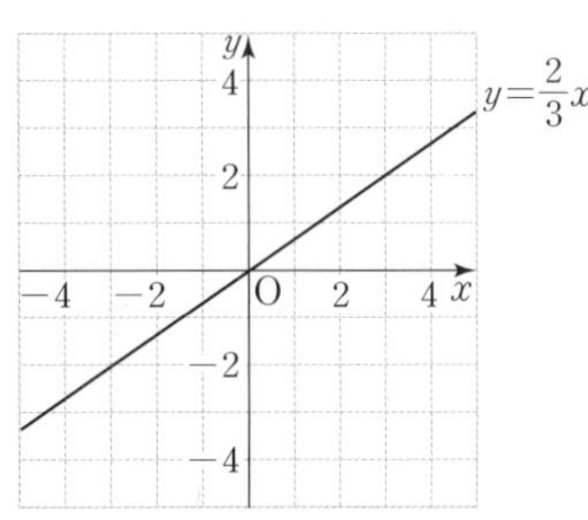

05 $y=-\frac{1}{2}x-1$

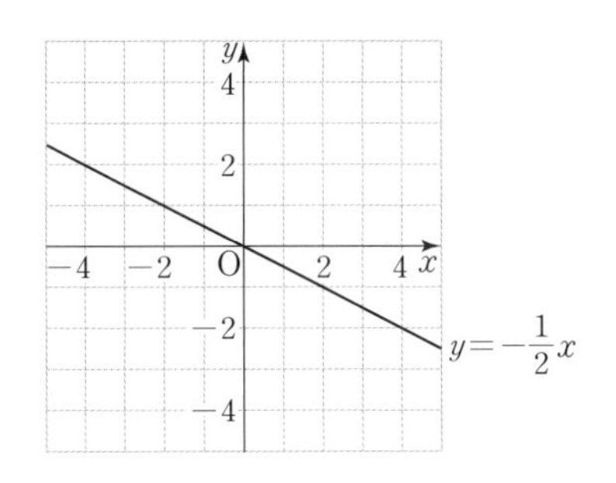

일차함수의 그래프의 평행이동

다음 일차함수의 그래프는 일차함수 $y=3x$의 그래프를 y축의 방향으로 얼마만큼 평행이동한 것인지 구하시오.

06 $y=3x+2$ ________

07 $y=3x-\frac{1}{2}$ ________

08 $y=3x-5$ ________

09 $y=3(x+1)$ ________

$y=ax+b$의 꼴로 정리한 후 구해 봐.

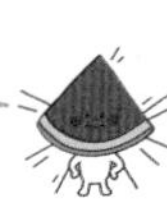

다음 일차함수의 그래프는 일차함수 $y=-2x$의 그래프를 y축의 방향으로 얼마만큼 평행이동한 것인지 구하시오.

10 $y=-2x-1$ ________

11 $y=-2x+\frac{1}{4}$ ________

12 $y=-2x-\frac{2}{3}$ ________

13 $y=-2\left(x-\frac{1}{2}\right)$ ________

다음 좌표평면 위의 일차함수의 그래프 ㉠~㉢은 일차함수 $y=-2x$의 그래프를 평행이동하여 그린 것이다. 각각의 그래프는 일차함수 $y=-2x$의 그래프를 y축의 방향으로 얼마만큼 평행이동했는지 구하고, 각각의 그래프를 나타내는 일차함수의 식을 구하시오.

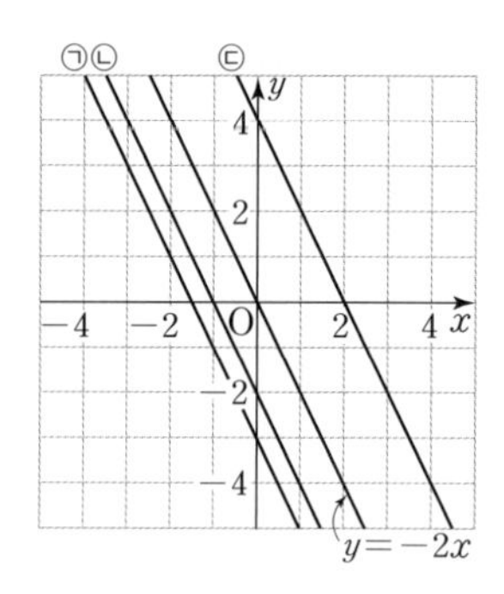

14 ㉠

따라해

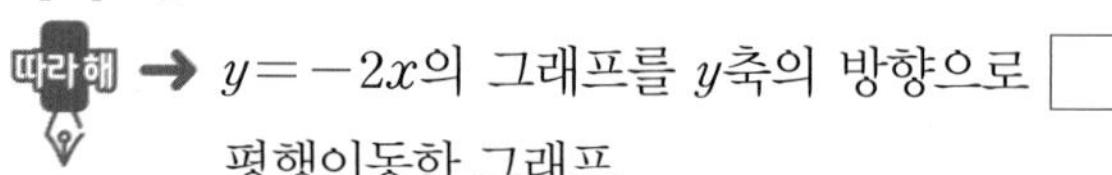

→ $y=-2x$의 그래프를 y축의 방향으로 ☐만큼 평행이동한 그래프

→ $y=-2x-$☐

15 ㉡ ________

16 ㉢ ________

다음 일차함수의 그래프를 y축의 방향으로 [ ] 안의 수만큼 평행이동한 그래프가 나타내는 식을 구하시오.

17 $y=\frac{1}{2}x$ [-2] ________

18 $y=-4x$ [3] ________

19 $y=5x+1$ [2] ________

$y=ax+b$ $\xrightarrow[c\text{만큼 평행이동}]{y\text{축의 방향으로}}$ $y=ax+b+c$

20 $y=-3x+2$ [-1] ________

▶ 정답 및 풀이 52쪽

일차함수의 그래프 위의 점

x에 x좌표 y에 y좌표
(1) $y=3x-1$에 $x=1$, $y=2$를 대입
➜ $2=3\times1-1$ ➜ 등식이 성립한다.
➜ 점 (1, 2)는 $y=3x-1$의 그래프 위의 점이다.

x에 x좌표 y에 y좌표
(2) $y=3x-1$에 $x=2$, $y=3$을 대입
➜ $3\neq3\times2-1$ ➜ 등식이 성립하지 않는다.
➜ 점 (2, 3)은 $y=3x-1$의 그래프 위의 점이 아니다.

POINT
점 (●, ■)가 $y=ax+b$의 그래프 위의 점이다.
➜ $y=ax+b$에 $x=$●, $y=$■를 대입하면 등식이 성립한다.
➜ ■$=a\times$●$+b$

일차함수의 그래프 위의 점

다음 중 일차함수 $y=-2x+1$의 그래프 위의 점인 것에는 ○표, 그래프 위의 점이 아닌 것에는 ×표를 하시오.

01 (1, −1) (　　)

$y=-2x+1$에 $x=1$, $y=$☐을 대입하면
☐$=-2\times1+1$
즉, 등식이 성립하므로 점 (1, −1)은 $y=-2x+1$의 그래프 위의 점이다.

02 (2, 3) (　　)

03 (−1, 3) (　　)

다음 일차함수의 그래프가 주어진 점을 지날 때, 상수 a의 값을 구하시오.

04 $y=-x+3$ $(a, 5)$ ______

$y=-x+3$에 $x=a$, $y=$☐를 대입하면
☐$=-a+3$ ∴ $a=$☐

05 $y=4x-5$ $(2, a)$ ______

06 $y=-\frac{1}{3}x+a$ (6, 3) ______

07 $y=ax-8$ (2, −4) ______

평행이동한 그래프 위의 점

다음 일차함수의 그래프를 y축의 방향으로 [ ] 안의 수만큼 평행이동한 그래프가 주어진 점을 지날 때, a의 값을 구하시오.

08 $y=2x$ [−5], $(1, a)$ ______

❶ 평행이동한 그래프의 식 ➜ ______
❷ ❶의 식에 $x=$☐, $y=$☐를 대입 ➜ $a=$☐$-5=$☐

09 $y=3x$ [1], $(a, -2)$ ______

10 $y=\frac{1}{3}x$ [−2], $(6, a)$ ______

11 $y=-\frac{3}{4}x$ $\left[\frac{1}{2}\right]$, $(a, -1)$ ______

12 $y=4x+1$ $[a]$, (−1, 0) ______

13 $y=-5x-2$ $[a]$, (2, −7) ______

▶ 정답 및 풀이 53쪽

[01~06] 다음 중 y가 x에 대한 일차함수인 것에는 ○표, 일차함수가 아닌 것에는 ×표를 하시오.

01 $y=3x$ ( )

02 $y=\frac{1}{2}x-5$ ( )

03 $y=\frac{8}{x}$ ( )

04 $y=-10$ ( )

05 $x+y=4$ ( )

06 $y=2(x-1)$ ( )

[07~11] 다음에서 y를 x에 대한 식으로 나타내고, y가 x에 대한 일차함수인지 아닌지 말하시오.

07 올해 15살인 은서의 x년 후의 나이 y살

08 가로의 길이가 x cm, 세로의 길이가 4 cm인 직사각형의 둘레의 길이 y cm

09 40 km를 시속 x km로 달렸을 때 걸린 시간 y시간

10 50개의 초콜릿을 하루에 2개씩 x일 동안 먹고 남은 개수 y

11 1분에 3개씩 물건을 만드는 기계가 x분 동안 만든 물건의 개수 y

[12~13] 일차함수 $y=3x$의 그래프를 이용하여 오른쪽 좌표평면 위에 다음 일차함수의 그래프를 그리시오.

$y=3x$

12 $y=3x-3$

13 $y=3x+4$

[14~17] 다음 그래프를 나타내는 일차함수의 식을 구하시오.

14 일차함수 $y=2x$의 그래프를 y축의 방향으로 1만큼 평행이동한 그래프

15 일차함수 $y=-x$의 그래프를 y축의 방향으로 $-\frac{1}{2}$만큼 평행이동한 그래프

16 일차함수 $y=\frac{1}{3}x$의 그래프를 y축의 방향으로 3만큼 평행이동한 그래프

17 일차함수 $y=-4x+1$의 그래프를 y축의 방향으로 -5만큼 평행이동한 그래프

[18~20] 다음 주어진 점이 일차함수 $y=-2x+4$의 그래프 위의 점일 때, a, b, c의 값을 각각 구하시오.

18 $(1, a)$

19 $\left(\frac{1}{2}, b\right)$

20 $(c, -4)$

한 번 더
연산테스트는
부록 14쪽에서

맞힌 개수 개/20개

두 점을 이용하여 일차함수의 그래프 그리기

❶ 일차함수의 식을 만족시키는 두 점의 좌표 찾기

❷ 좌표평면 위에 두 점을 표시하고 직선으로 연결하기

일차함수 $y=2x-1$에서

$x=0$일 때, $y=2\times0-1=-1$

$x=1$일 때, $y=2\times1-1=1$

➜ 일차함수 $y=2x-1$의 그래프는 두 점 $(0,\ -1)$, $(1,\ 1)$을 지난다.

⟶

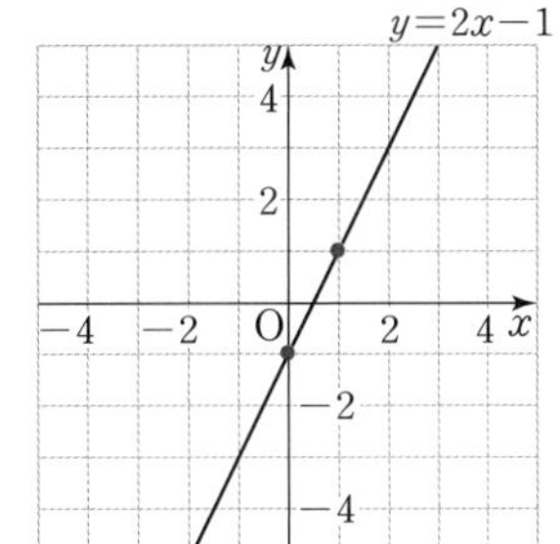

1 POINT

두 점을 찾을 때는 x좌표, y좌표가 정수가 되는 것을 찾는 것이 편리하다.

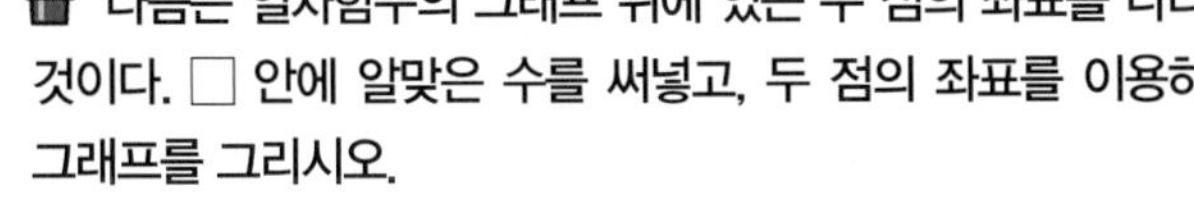

다음은 일차함수의 그래프 위에 있는 두 점의 좌표를 나타낸 것이다. □ 안에 알맞은 수를 써넣고, 두 점의 좌표를 이용하여 그래프를 그리시오.

01 $y=x-1$

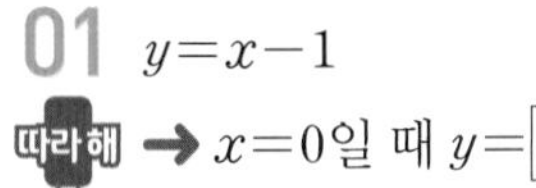

➜ $x=0$일 때 $y=$□

➜ $(0,\ $□$)$

➜ $x=1$일 때 $y=$□

➜ $(1,\ $□$)$

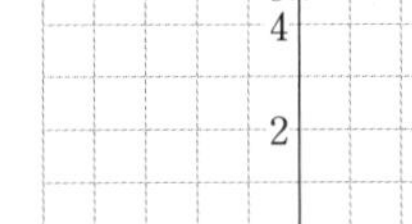

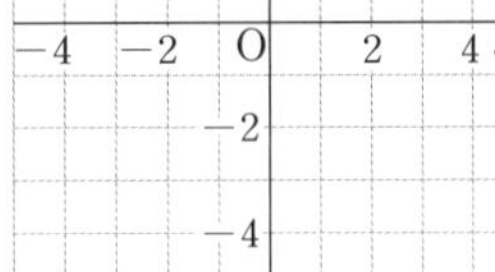

02 $y=-3x+4$

➜ $($□$,\ 4)$, $($□$,\ 1)$

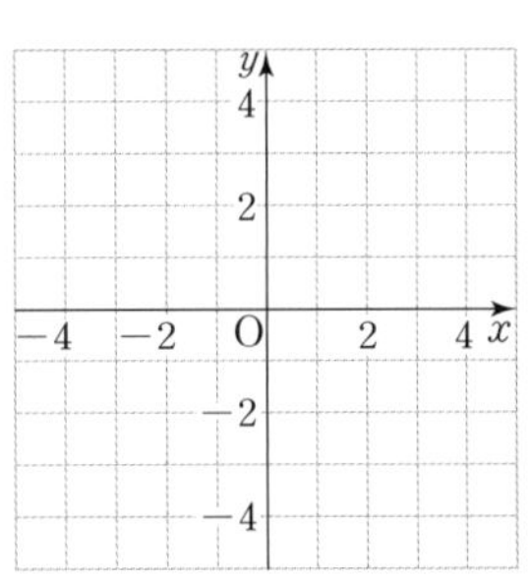

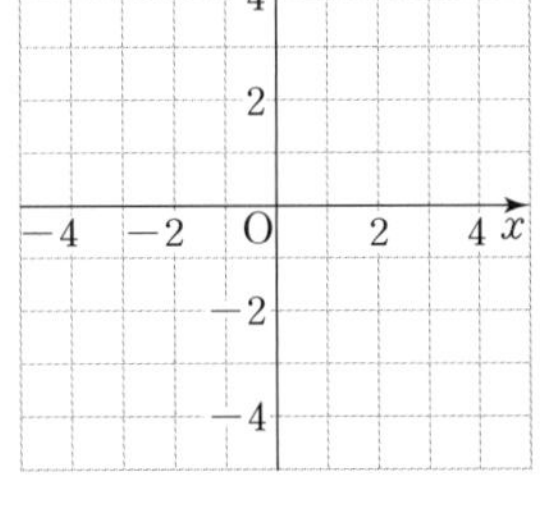

03 $y=2x+2$

➜ $(-2,\ $□$)$, $($□$,\ 2)$

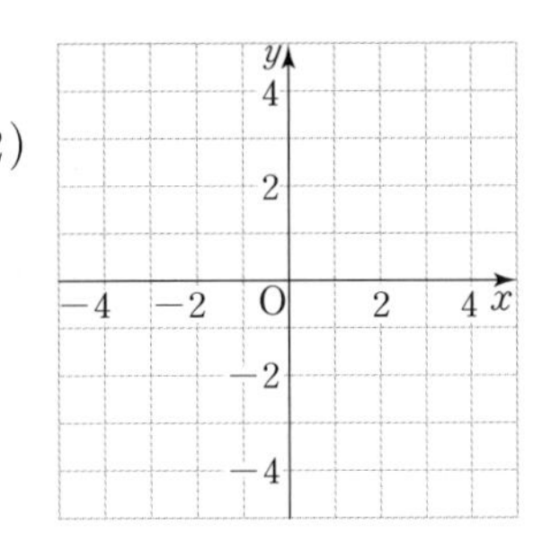

04 $y=-2x-3$

➜ $($□$,\ 1)$, $($□$,\ -3)$

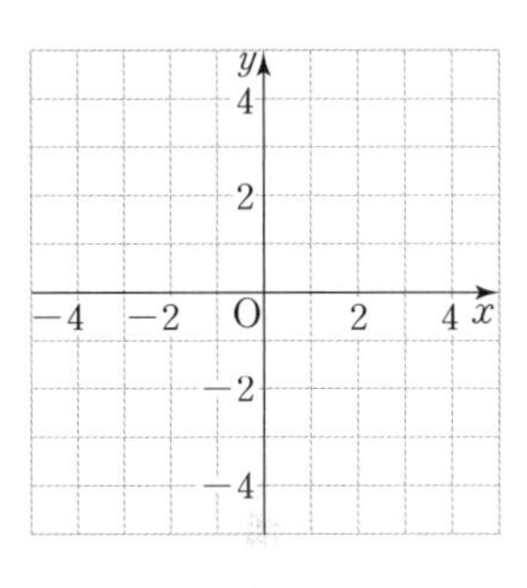

05 $y=\frac{1}{3}x-1$

➜ $(-3,\ $□$)$, $(0,\ $□$)$

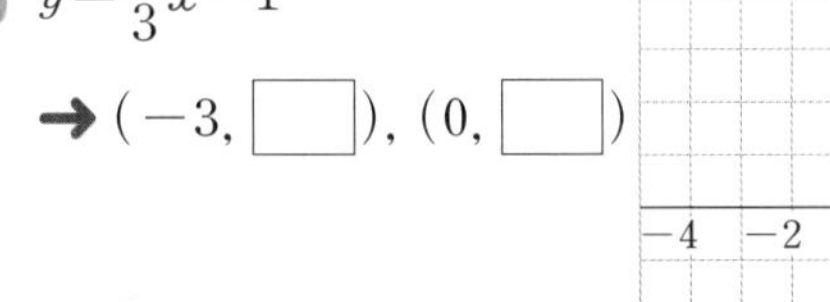

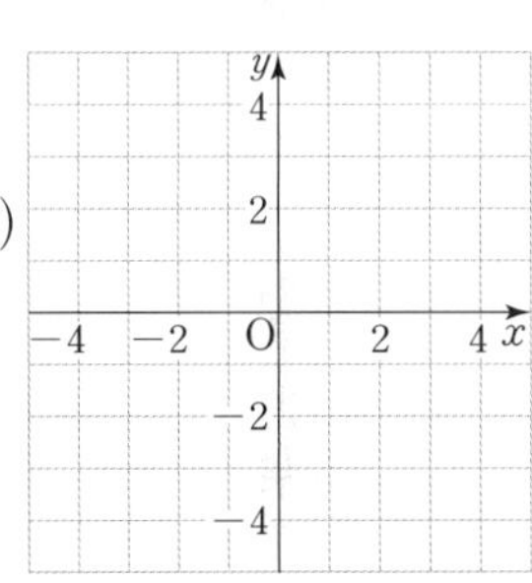

06 $y=\frac{2}{3}x+\frac{4}{3}$

➜ $(-2,\ $□$)$, $(1,\ $□$)$

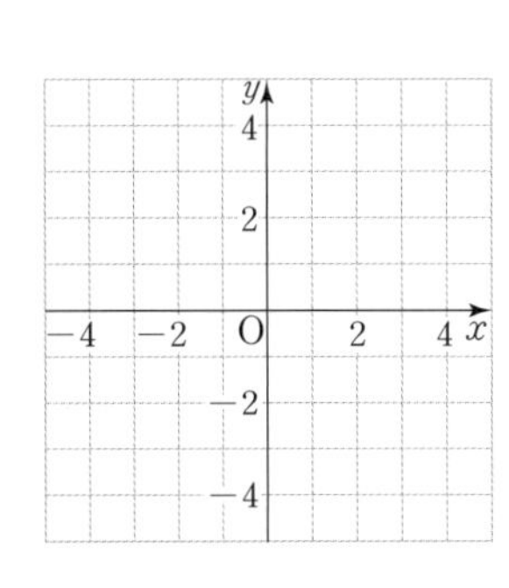

07 $y=-\frac{1}{2}x-1$

➜ $($□$,\ 1)$, $($□$,\ -1)$

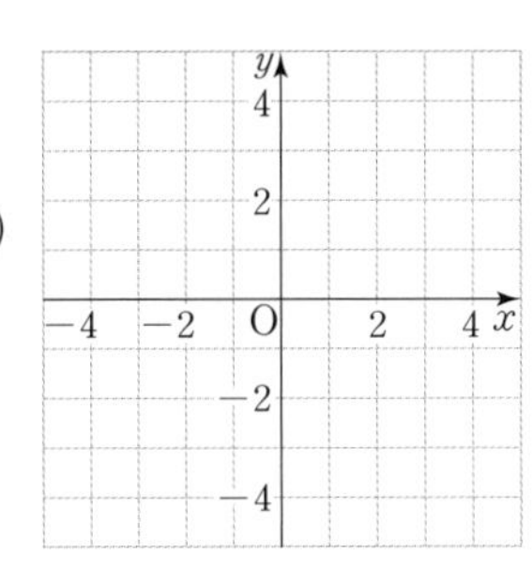

▶ 정답 및 풀이 53쪽

10 VISUAL 연산

일차함수의 그래프의 절편

(1) **x절편** : 함수의 그래프가 x축과 만나는 점의 x좌표 ➜ $y=0$일 때, x의 값

(2) **y절편** : 함수의 그래프가 y축과 만나는 점의 y좌표 ➜ $x=0$일 때, y의 값

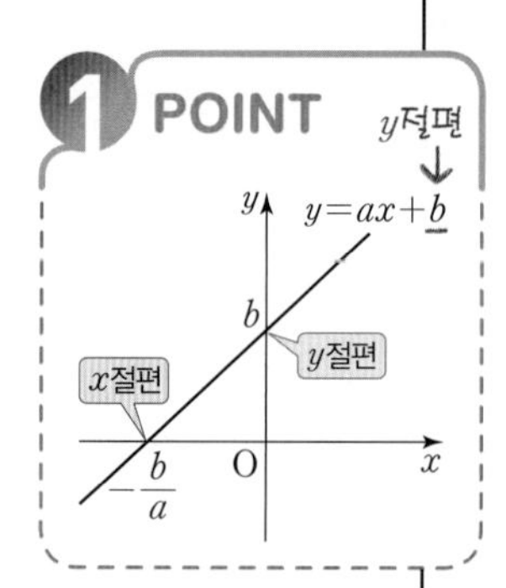

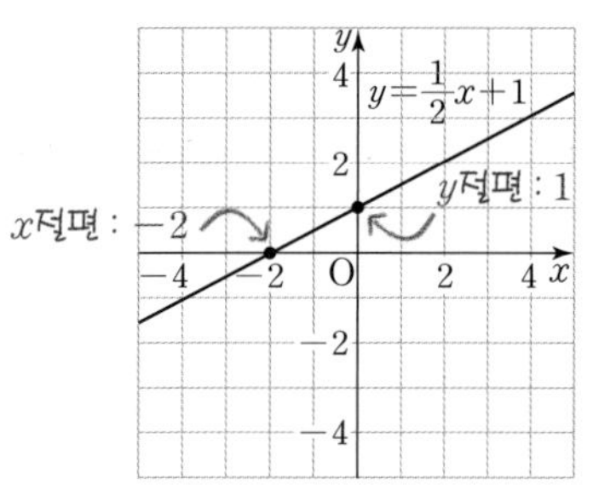

식 이용

$y=\frac{1}{2}x+1$에

$y=0$을 대입 ➜ $0=\frac{1}{2}x+1$

$\therefore x=-2$ ➜ x절편 : -2

$x=0$을 대입 ➜ $y=\frac{1}{2}\times0+1=1$ ➜ y절편 : 1

일차함수의 그래프에서
x절편 : x축과 만나는 점의 x좌표
y절편 : y축과 만나는 점의 y좌표

일차함수의 식에서
x절편 : $y=0$일 때, x의 값
y절편 : $x=0$일 때, y의 값

실수 Check

x절편과 y절편은 순서쌍이 아닌 수이다.
➜ x축과 만나는 점의 좌표가 $(a, 0)$이면 x절편은 a
➜ y축과 만나는 점의 좌표가 $(0, b)$이면 y절편은 b

다음 일차함수의 그래프의 x절편과 y절편을 각각 구하시오.

01 따라해

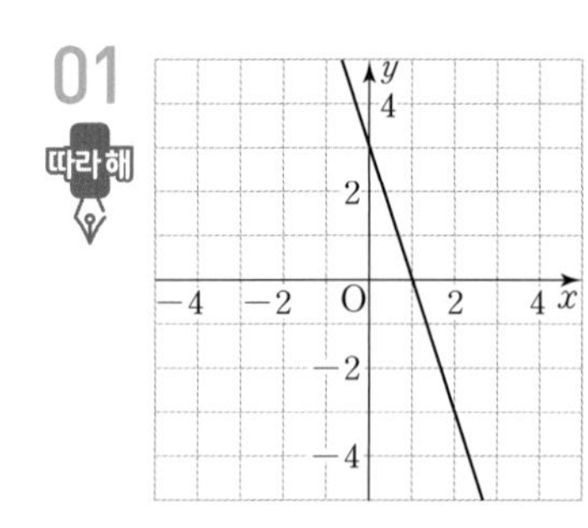

➜ 그래프가 x축과 만나는 점이 ($\square$, 0)이므로 x절편은 $\square$이다.

➜ 그래프가 y축과 만나는 점이 (0, $\square$)이므로 y절편은 $\square$이다.

02

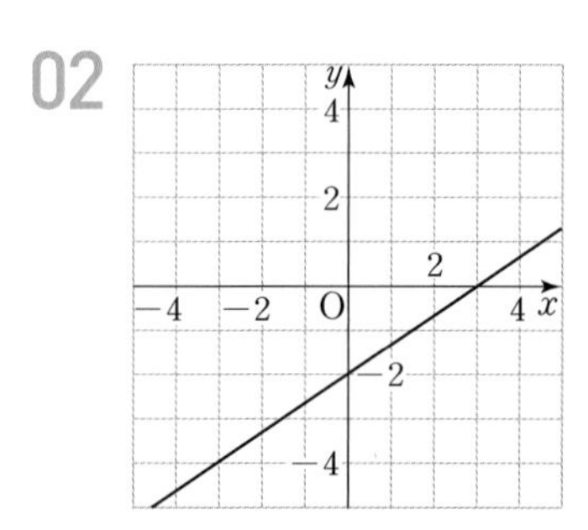

➜ x절편 : ______
y절편 : ______

03

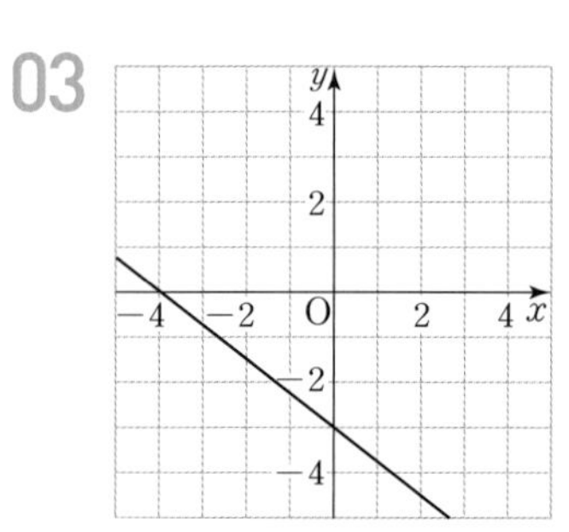

➜ x절편 : ______
y절편 : ______

다음 일차함수의 그래프의 x절편과 y절편을 각각 구하시오.

04 따라해 $y=x-2$ ➜ $y=0$일 때, $\square=x-2$ $\therefore x=\square$
따라서 x절편은 $\square$이다.
➜ $x=0$일 때, $y=\square-2$ $\therefore y=\square$
따라서 y절편은 $\square$이다.

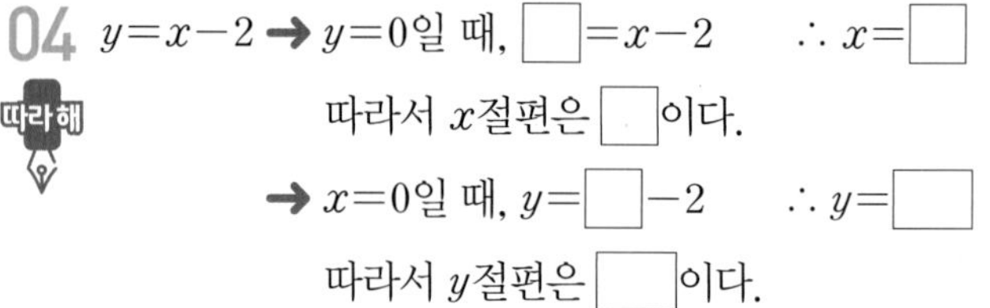

05 $y=3x+6$ x절편 : ______, y절편 : ______

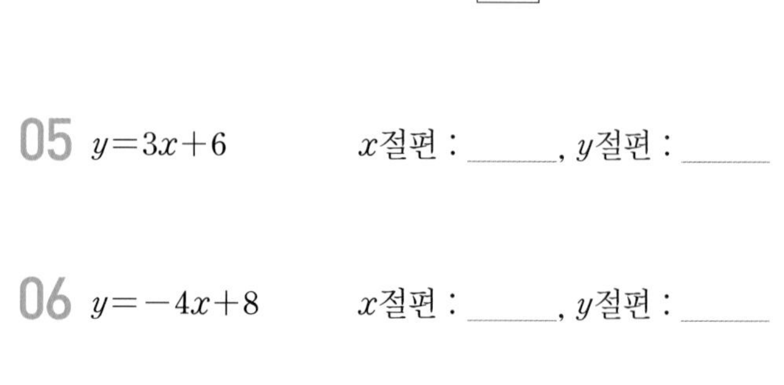

06 $y=-4x+8$ x절편 : ______, y절편 : ______

07 $y=-2x-5$ x절편 : ______, y절편 : ______

08 $y=\frac{2}{3}x+4$ x절편 : ______, y절편 : ______

09 $y=\frac{1}{4}x-3$ x절편 : ______, y절편 : ______

11 VISUAL 연산 x절편, y절편을 이용하여 그래프 그리기

❶ x절편과 y절편을 각각 구하기

❷ 두 점 (x절편, 0), (0, y절편)을 좌표평면 위에 나타내기

❸ 두 점을 직선으로 연결하기

$y=-3x+3$에서

$y=0$일 때, $0=-3x+3$

$\therefore x=1$

$x=0$일 때, $y=-3\times0+3$

$=3$

→ x절편 : 1, y절편 : 3

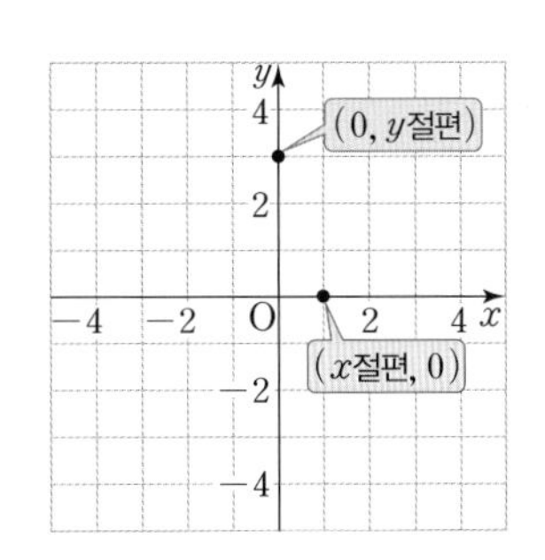

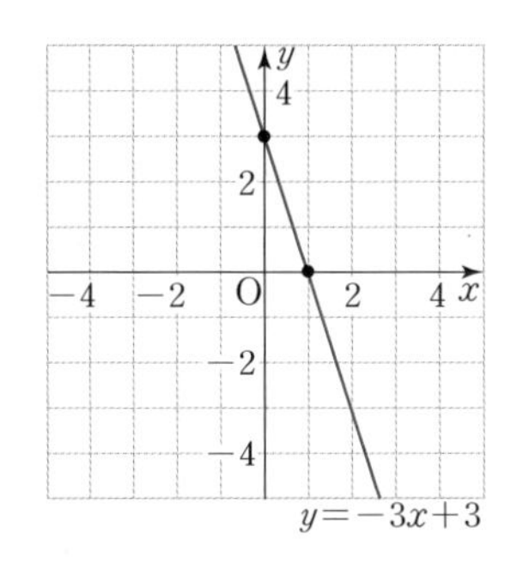

일차함수의 그래프의 x절편과 y절편이 다음과 같을 때, 그 그래프를 그리시오.

01 x절편 : 3
y절편 : 2

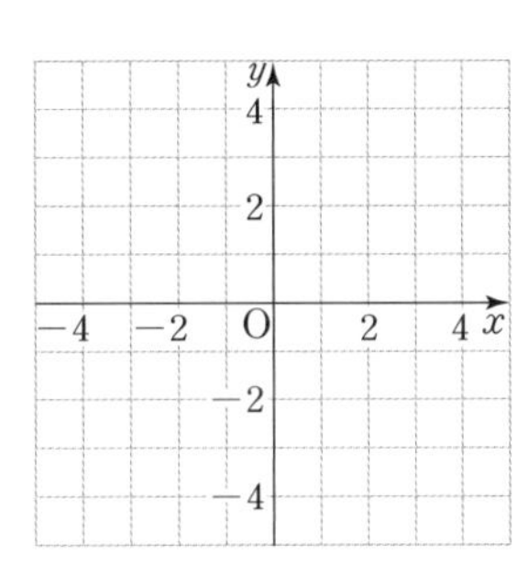

02 x절편 : 2
y절편 : -4

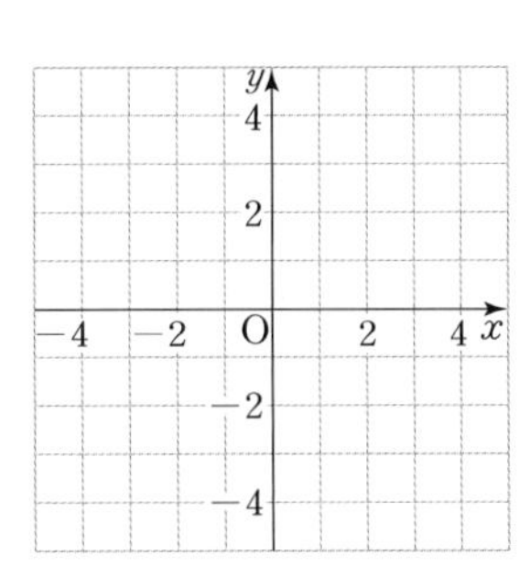

03 x절편 : -1
y절편 : -3

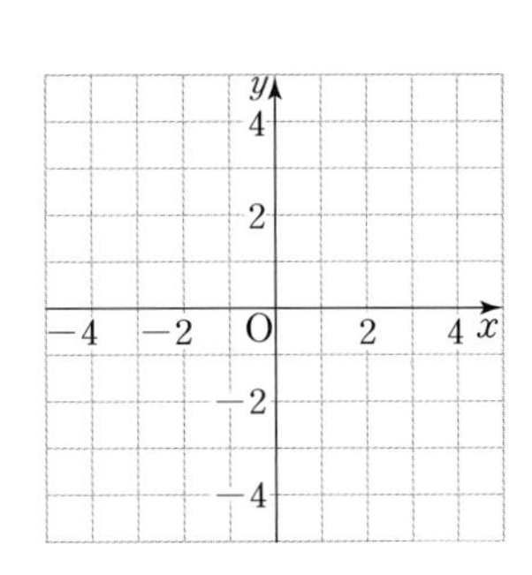

다음 일차함수의 그래프의 x절편과 y절편을 각각 구하고, 이를 이용하여 그래프를 그리시오.

04 $y=-x+3$

→ x절편은 ☐이므로
점 (☐, 0)을 지난다.

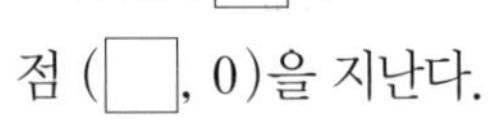

→ y절편은 ☐이므로
점 (0, ☐)을 지난다.

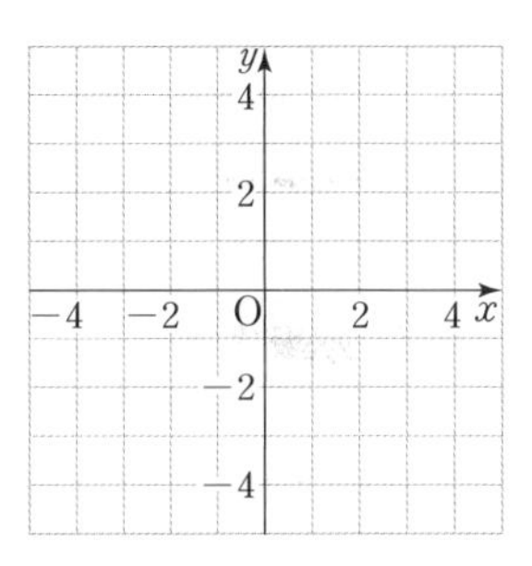

05 $y=3x-3$

x절편 : ______
y절편 : ______

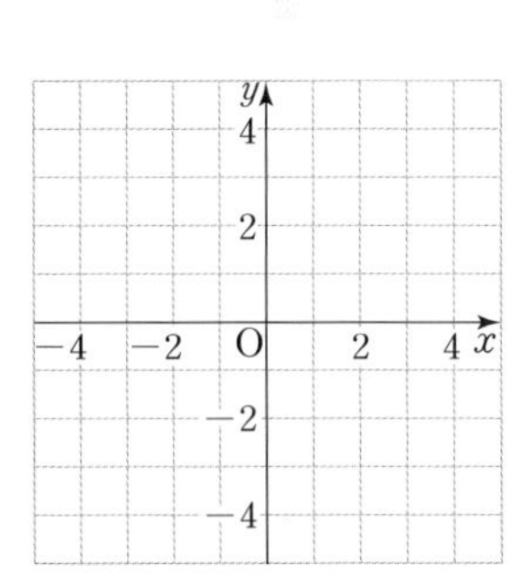

06 $y=-\frac{1}{4}x-1$

x절편 : ______
y절편 : ______

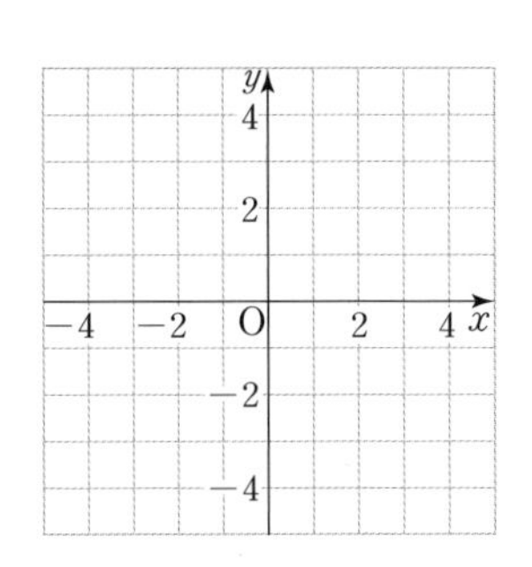

▶ 정답 및 풀이 54쪽

12 VISUAL 연산

일차함수의 그래프의 기울기

일차함수 $y=ax+b$에서 x의 값의 증가량에 대한 y의 값의 증가량의 비율을 일차함수 $y=ax+b$의 그래프의 **기울기**라 한다.

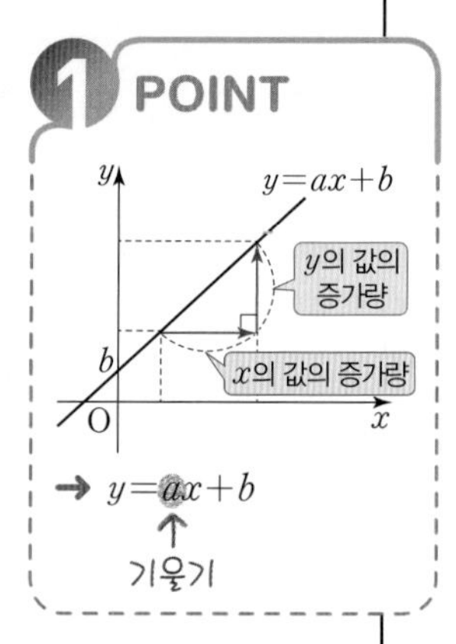

일차함수 $y=2x+1$에 대하여

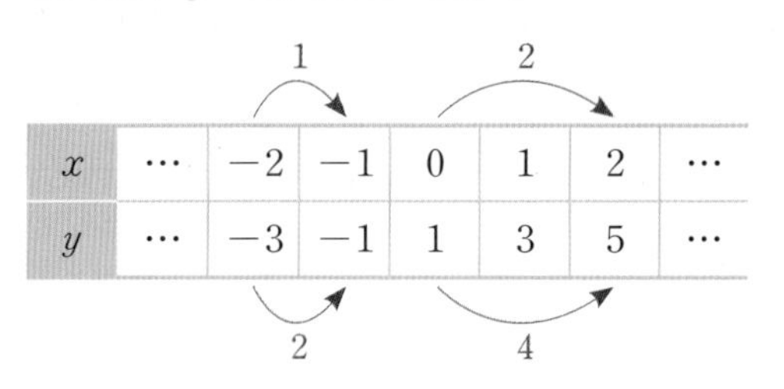

x	⋯	-2	-1	0	1	2	⋯
y	⋯	-3	-1	1	3	5	⋯

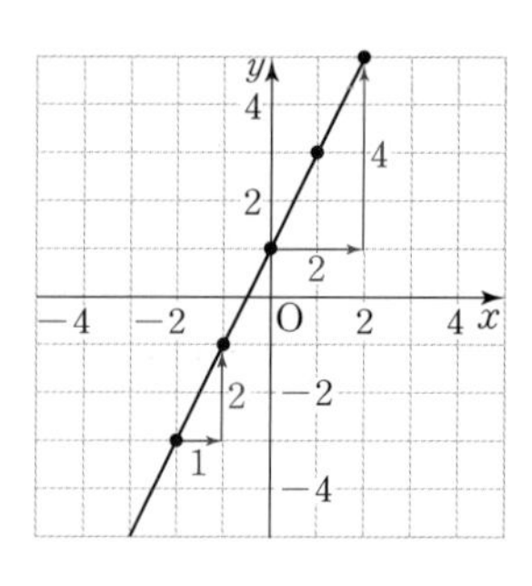

→ x의 값이 1만큼 증가할 때 y의 값은 2만큼 증가하고, x의 값이 2만큼 증가할 때 y의 값은 4만큼 증가한다.

→ $(기울기)=\frac{(y의\ 값의\ 증가량)}{(x의\ 값의\ 증가량)}=\frac{2}{1}=\frac{4}{2}=\cdots=2$ ← x의 계수 2와 같다.

참고 두 점 (a, b), (c, d)를 지나는 일차함수의 그래프의 기울기는 $\frac{(y의\ 값의\ 증가량)}{(x의\ 값의\ 증가량)}=\frac{d-b}{c-a}=\frac{b-d}{a-c}$

다음 일차함수에 대하여 표를 완성하고, 그래프의 기울기를 구하시오.

01 $y=3x-2$

x	⋯	-1	0	1	2	3	⋯
y	⋯	-5	-2			7	⋯

→ x의 값이 1만큼 증가할 때, y의 값은 □만큼 증가하므로

$(기울기)=\frac{(y의\ 값의\ 증가량)}{(x의\ 값의\ 증가량)}=\frac{□}{1}=□$

02 $y=-x+3$ ________

x	⋯	-1	0	1	2	⋯
y	⋯					⋯

03 $y=\frac{1}{2}x-1$ ________

x	⋯	-1	0	1	2	⋯
y	⋯					⋯

다음 □ 안에 알맞은 수를 써넣고, 일차함수의 그래프의 기울기를 구하시오.

04 따라해

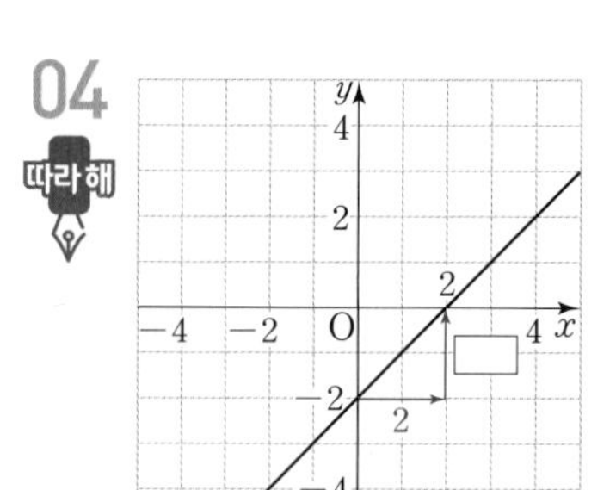

→ (기울기)

$=\frac{(y의\ 값의\ 증가량)}{(x의\ 값의\ 증가량)}$

$=\frac{□}{2}=□$

05

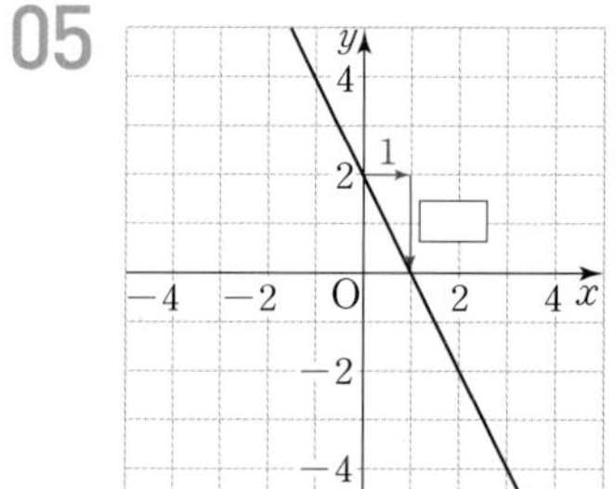

기울기 : ________

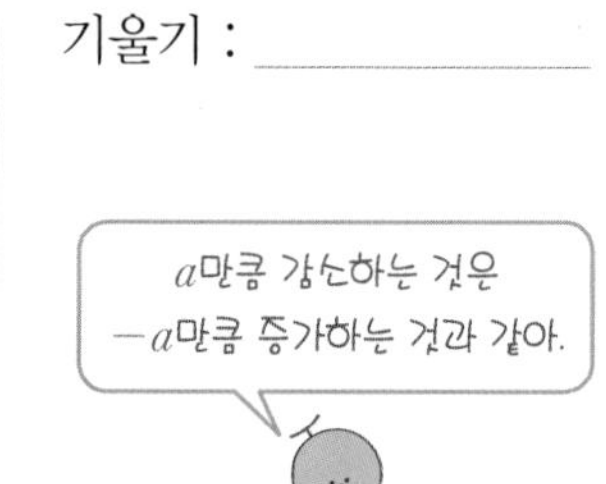

06

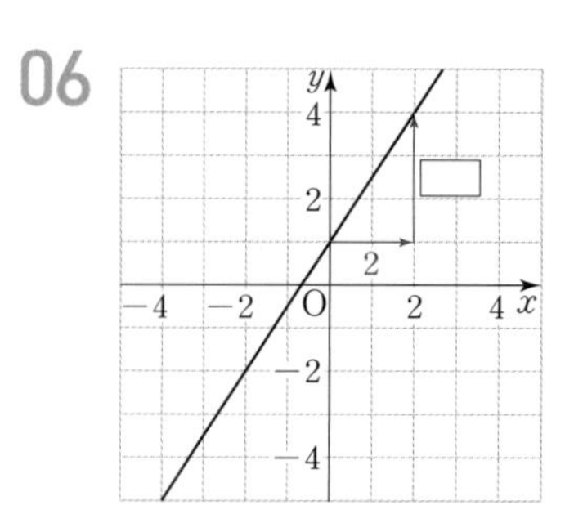

기울기 : ________

다음 일차함수의 그래프의 기울기를 구하시오.

07 $y=x+5$

08 $y=-2x+3$

09 $y=\frac{2}{3}x-1$

10 $y=-\frac{1}{5}x-2$

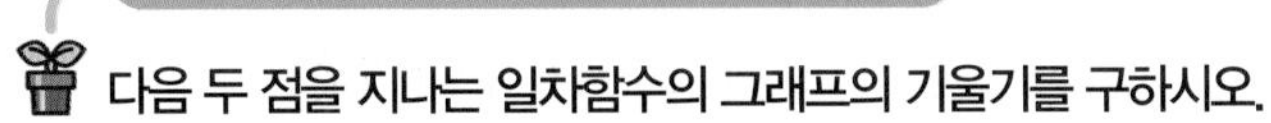

다음 두 점을 지나는 일차함수의 그래프의 기울기를 구하시오.

11 $(1, 3)$, $(2, 2)$

따라해 ➜ $(\text{기울기})=\frac{(y\text{의 값의 증가량})}{(x\text{의 값의 증가량})}$

$=\frac{\square-\square}{2-1}=\square$

12 $(3, 0)$, $(5, 6)$

13 $(-2, 4)$, $(-1, 2)$

14 $(-1, -5)$, $(1, -1)$

기울기를 이용하여 증가량 구하기

다음을 구하시오.

15 일차함수 $y=2x+1$의 그래프에서 x의 값이 2만큼 증가할 때, y의 값의 증가량

따라해 ➜ $(\text{기울기})=\frac{(y\text{의 값의 증가량})}{(x\text{의 값의 증가량})}$이므로

$\frac{(y\text{의 값의 증가량})}{\square}=2$

$\therefore$ $(y$의 값의 증가량$)=2\times\square=\square$

16 일차함수 $y=-3x+2$의 그래프에서 x의 값이 3만큼 증가할 때, y의 값의 증가량

17 일차함수 $y=4x-1$의 그래프에서 x의 값이 1에서 3까지 증가할 때, y의 값의 증가량

↳ x의 값의 증가량 : $3-1=2$

18 일차함수 $y=-\frac{2}{3}x+1$의 그래프에서 x의 값이 3에서 9까지 증가할 때, y의 값의 증가량

그래프가 다음을 만족시키는 일차함수를 보기에서 고르시오.

보기

ㄱ. $y=2x+3$　　ㄴ. $y=\frac{1}{2}x+2$

ㄷ. $y=-2x+6$　　ㄹ. $y=-\frac{1}{2}x+3$

19 x의 값이 3만큼 증가할 때, y의 값은 6만큼 증가한다.

20 x의 값이 4만큼 증가할 때, y의 값은 2만큼 감소한다.

→ -2만큼 증가

▶ 정답 및 풀이 54쪽

13 VISUAL 연산

기울기와 y절편을 이용하여 그래프 그리기

❶ 기울기와 y절편을 각각 구하기
❷ 점 (0, y절편)을 좌표평면 위에 나타내기
❸ 기울기를 이용하여 그래프가 지나는 다른 한 점 나타내기
❹ 두 점을 직선으로 연결하기

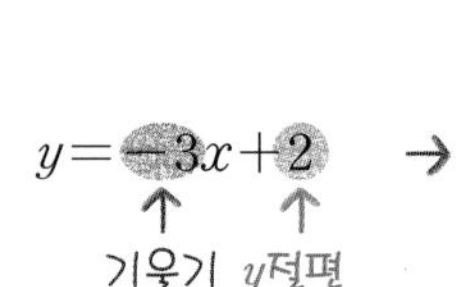

→

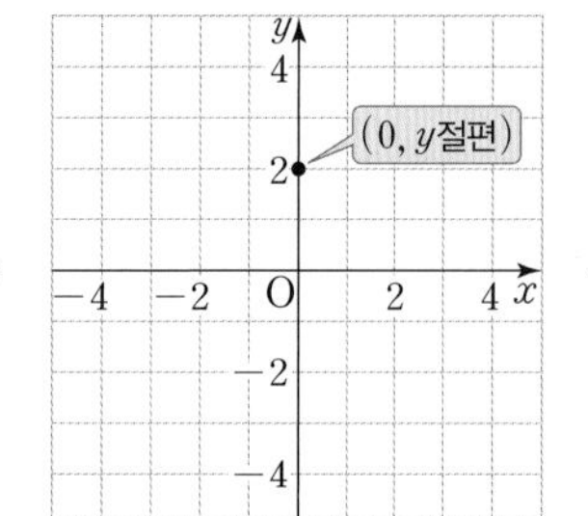

→

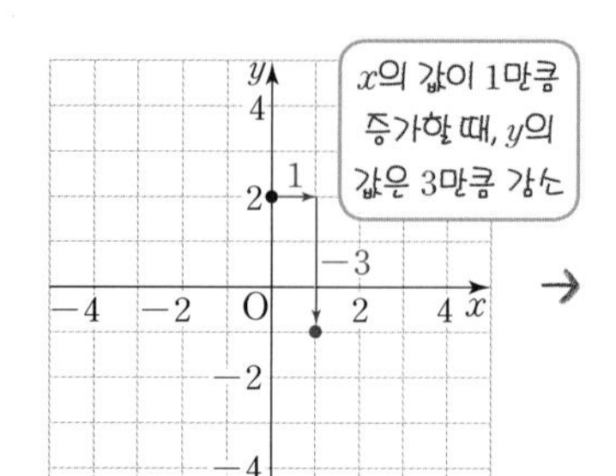

→

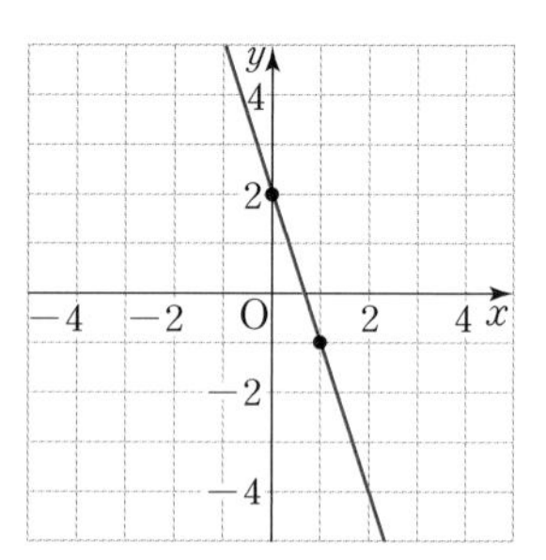

일차함수의 그래프의 기울기와 y절편이 다음과 같을 때, 그 그래프를 그리시오.

01 기울기 : $\frac{2}{3}$, y절편 : -2

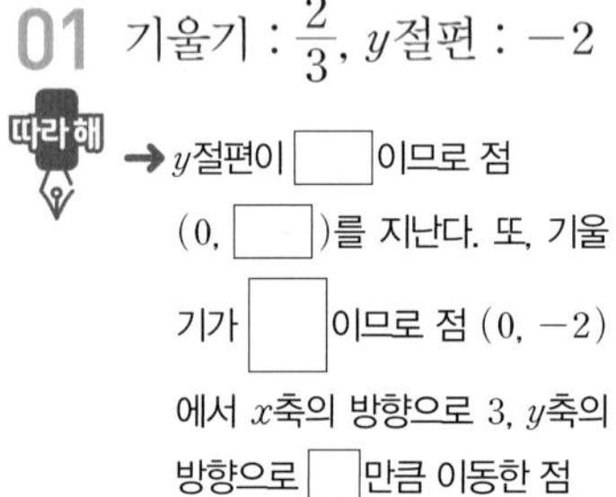

따라해 → y절편이 ☐이므로 점 (0, ☐)를 지난다. 또, 기울기가 ☐이므로 점 (0, −2)에서 x축의 방향으로 3, y축의 방향으로 ☐만큼 이동한 점 (☐, ☐)을 지난다.

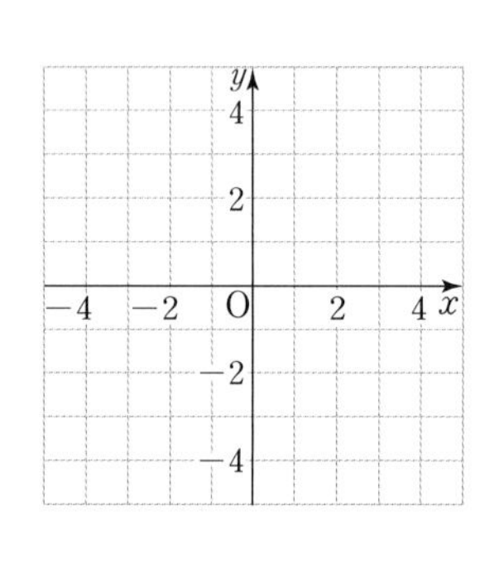

02 기울기 : 2, y절편 : 1

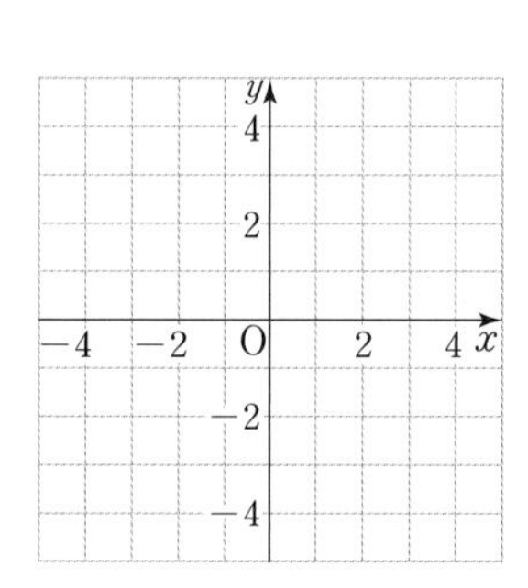

03 기울기 : -1, y절편 : 3

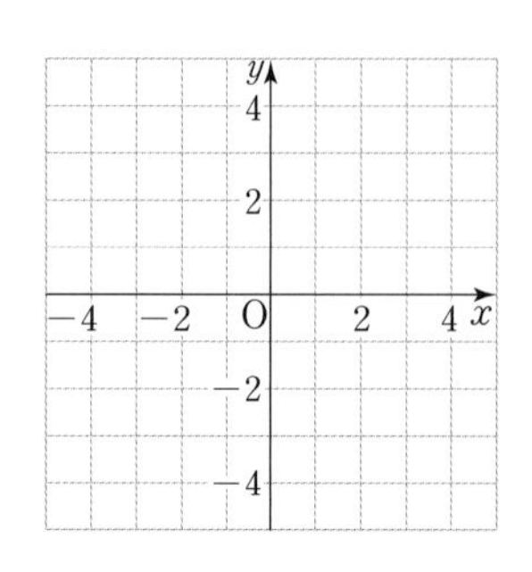

다음 일차함수의 그래프의 기울기와 y절편을 각각 구하고, 이를 이용하여 그래프를 그리시오.

04 $y=2x-1$

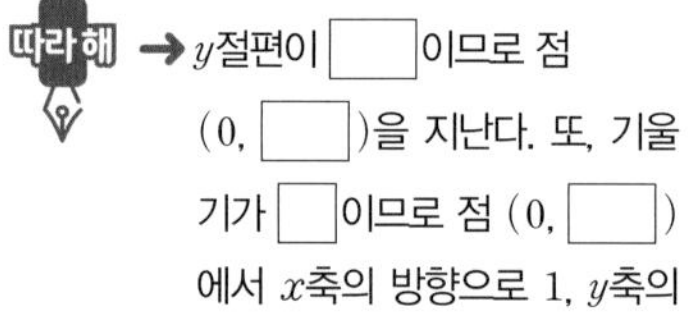

따라해 → y절편이 ☐이므로 점 (0, ☐)을 지난다. 또, 기울기가 ☐이므로 점 (0, ☐)에서 x축의 방향으로 1, y축의 방향으로 ☐만큼 이동한 점 (☐, ☐)을 지난다.

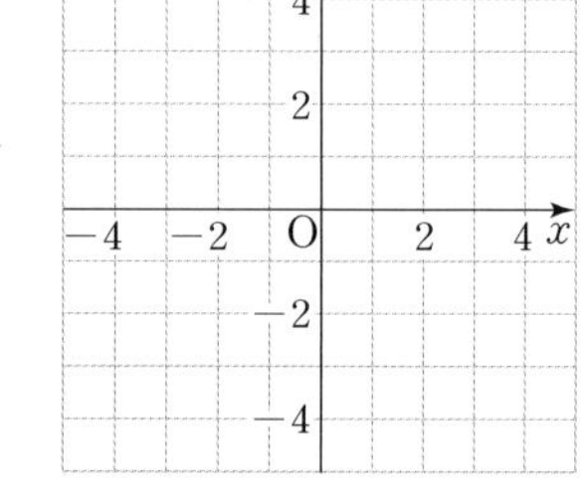

05 $y=-3x+5$

기울기 : ________

y절편 : ________

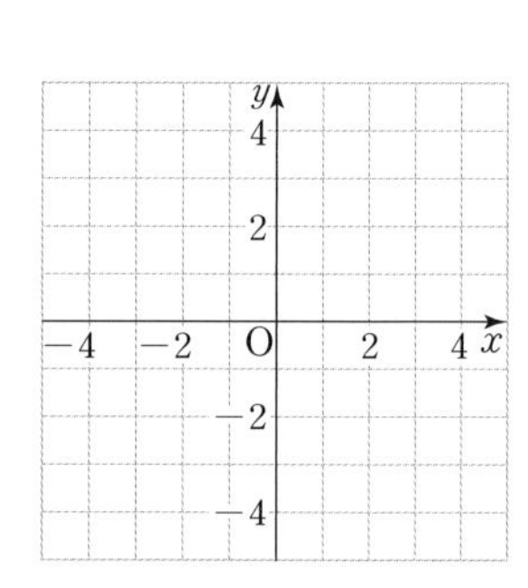

06 $y=\frac{1}{2}x+3$

기울기 : ________

y절편 : ________

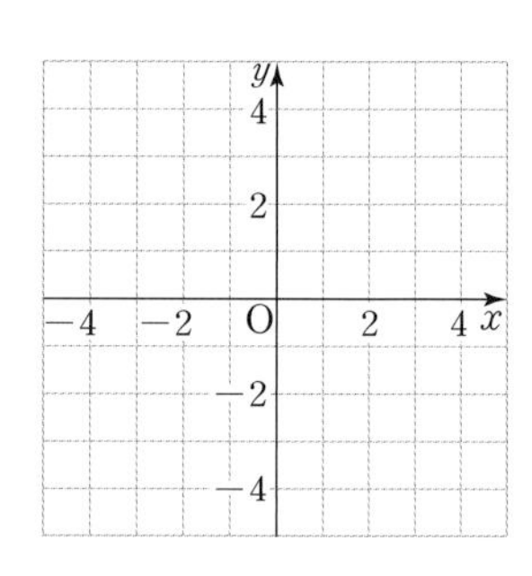

연산 능력 UP! 10분 연산 TEST

▶ 정답 및 풀이 55쪽

[01 ~ 03] 다음 일차함수의 그래프의 x절편, y절편, 기울기를 각각 구하시오.

01

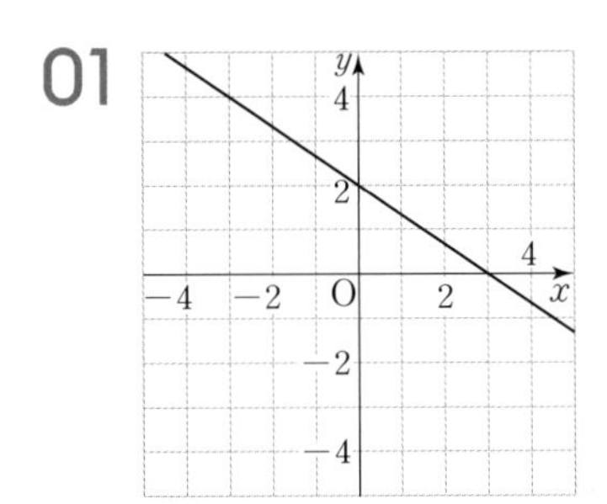

02

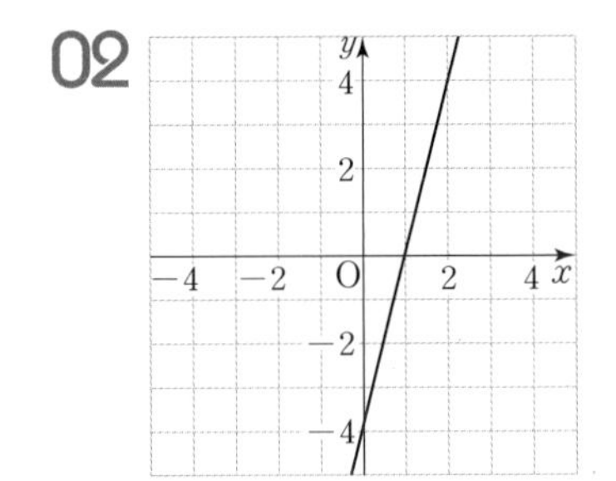

03

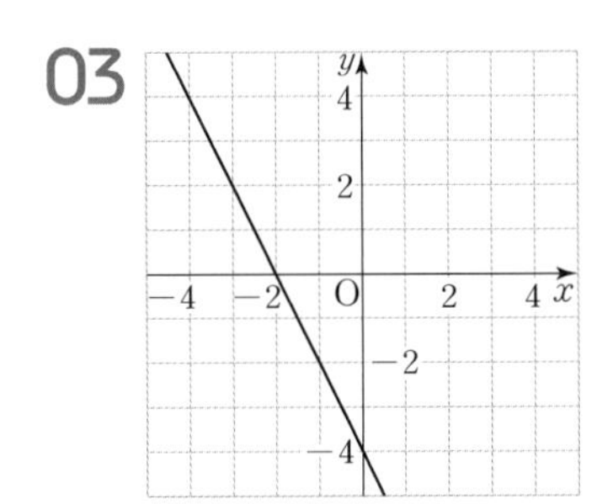

[04 ~ 06] 다음 일차함수의 그래프의 x절편, y절편, 기울기를 각각 구하시오.

04 $y=x-3$

05 $y=-3x+6$

06 $y=-\frac{1}{3}x-1$

[07 ~ 10] 다음 두 점을 지나는 일차함수의 그래프의 기울기를 구하시오.

07 $(1,\ 1),\ (2,\ -1)$

08 $(-1,\ 3),\ (2,\ 5)$

09 $(2,\ 0),\ (4,\ 6)$

10 $(3,\ -1),\ (1,\ -3)$

[11 ~ 12] 그래프 위의 두 점의 좌표를 이용하여 일차함수의 그래프를 그리시오.

11 $y=-3x+3$

12 $y=\frac{1}{2}x+1$

[13 ~ 14] x절편과 y절편을 이용하여 일차함수의 그래프를 그리시오.

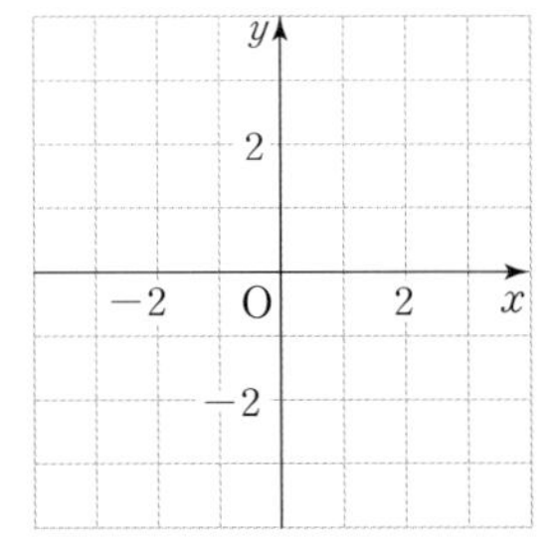

13 $y=x-3$

14 $y=-\frac{1}{2}x+2$

[15 ~ 16] 기울기와 y절편을 이용하여 일차함수의 그래프를 그리시오.

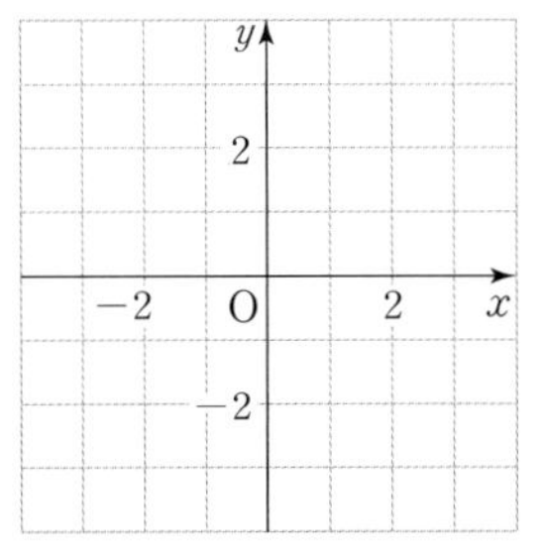

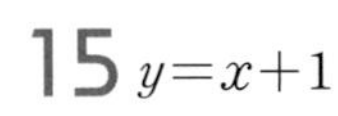

15 $y=x+1$

16 $y=-\frac{2}{3}x-2$

맞힌 개수 개/16개

01

다음 중 y가 x의 함수가 아닌 것은?

① x개의 의자에 2명씩 앉은 학생 수 y명
② 자연수 x의 배수 y
③ 넓이가 $8\ \mathrm{cm}^2$인 직각삼각형의 밑변의 길이 x cm와 높이 y cm
④ 두께가 0.7 cm인 공책 x권을 쌓았을 때의 높이 y cm
⑤ 자연수 x를 3으로 나눈 나머지 y

02

함수 $f(x)=3x-5$일 때, 다음 중 옳지 않은 것은?

① $f(-2)=-11$
② $f(0)=-5$
③ $f(1)=-2$
④ $f\left(\frac{2}{3}\right)=-4$
⑤ $f(3)=4$

03 85% 출제율

함수 $f(x)=\frac{a}{x}$에 대하여 $f(-5)=2$일 때, 상수 a의 값은?

① -10
② -7
③ -3
④ 7
⑤ 10

04

함수 $f(x)=5x+1$에 대하여 $f(a)=-9$일 때, a의 값은?

① -2
② -1
③ 1
④ 2
⑤ 3

05

다음 중 y가 x에 대한 일차함수인 것은?

① $y=-x^2$
② $y=\frac{-x+3}{2}$
③ $y=\frac{2}{x}$
④ $y=x+(1-x)$
⑤ $y=x(x+5)$

06

다음 중 일차함수 $y=3x-5$의 그래프를 y축의 방향으로 9만큼 평행이동하였을 때, 그래프가 겹쳐지는 일차함수는?

① $y=3x$
② $y=9x-5$
③ $y=3x-14$
④ $y=3x+4$
⑤ $y=-3x+4$

07 

다음 중 일차함수 $y=-3x+2$의 그래프 위의 점이 아닌 것은?

① $(-2,\ 8)$ ② $(-1,\ 5)$ ③ $(1,\ -1)$
④ $(2,\ 4)$ ⑤ $(3,\ -7)$

08 실수 주의

다음 일차함수의 그래프 중 x절편이 나머지 넷과 다른 하나는?

① $y=x+3$ ② $y=-x-3$
③ $y=3x-6$ ④ $y=3x+9$
⑤ $y=4x+12$

09

다음 중 일차함수 $y=-\frac{3}{2}x+3$의 그래프는?

①
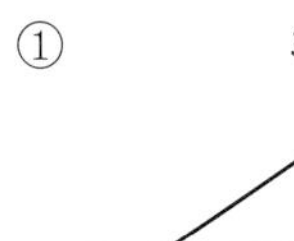

②
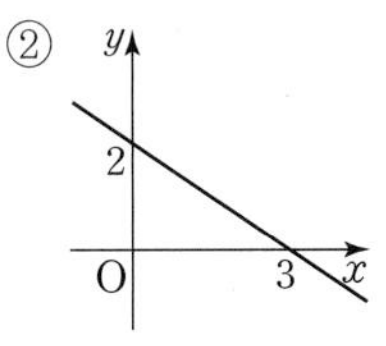

③
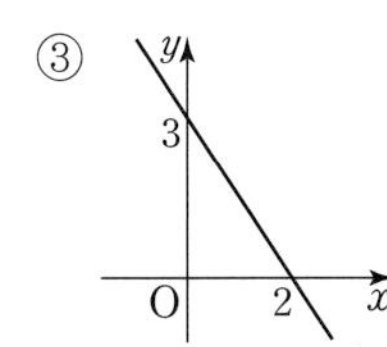

④
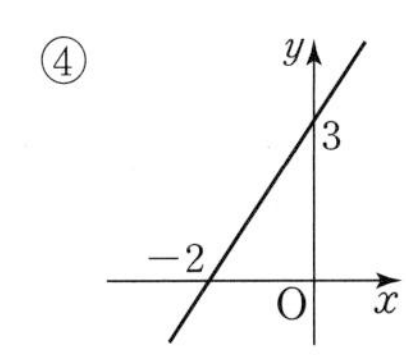

⑤
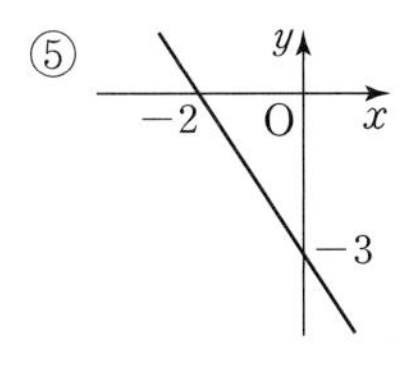

10

다음 일차함수의 그래프 중에서 x의 값이 2만큼 증가할 때, y의 값은 3만큼 감소하는 것은?

① $y=-\frac{3}{2}x-1$ ② $y=-\frac{2}{3}x+2$
③ $y=\frac{2}{3}x+3$ ④ $y=2x-3$
⑤ $y=3x-2$

11

두 점 $(-1,\ 6)$, $(3,\ -2)$를 지나는 일차함수의 그래프의 기울기는?

① -2 ② $-\frac{1}{2}$ ③ $\frac{1}{2}$
④ 1 ⑤ $\frac{4}{3}$

12 서술형

일차함수 $y=-\frac{2}{3}x+3$의 그래프를 x절편, y절편을 이용하여 그리시오.

채점 기준 1 x절편 구하기

채점 기준 2 y절편 구하기

채점 기준 3 x절편, y절편을 이용하여 그래프 그리기

III-2 일차함수와 그래프 (2)

01 일차함수 $y=ax+b$의 그래프의 성질

(1) **기울기 a의 부호** : 그래프의 방향 결정

① $a>0$이면 x의 값이 증가할 때 y의 값도 증가 ➜ 오른쪽 위로 향하는 직선

② $a<0$이면 x의 값이 증가할 때 y의 값은 감소 ➜ 오른쪽 아래로 향하는 직선

(2) **y절편 b의 부호** : 그래프가 y축과 만나는 부분 결정

① $b>0$이면 y절편이 양수 ➜ y축과 양의 부분에서 만난다.

② $b<0$이면 y절편이 음수 ➜ y축과 음의 부분에서 만난다.

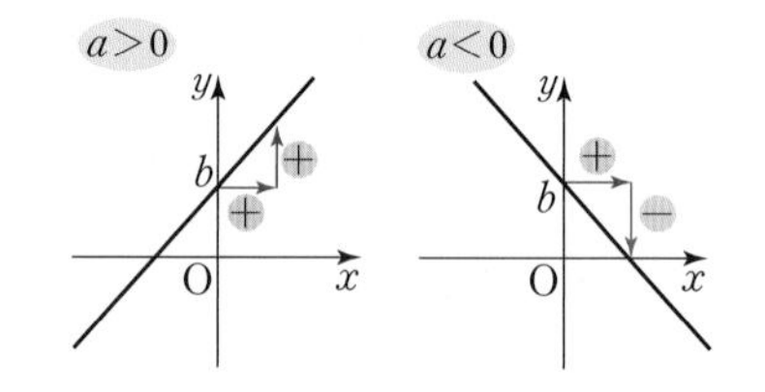

참고 a의 절댓값이 클수록 그래프는 y축에 가까워진다.

02 일차함수의 그래프의 평행과 일치

(1) 기울기가 같은 두 일차함수의 그래프는 서로 평행하거나 일치한다.

① 기울기가 같고 y절편이 다르면 두 그래프는 서로 평행하다.

② 기울기가 같고 y절편도 같으면 두 그래프는 일치한다.

(2) 서로 평행한 두 일차함수의 그래프의 기울기는 서로 같다.

03 일차함수의 식 구하기

(1) 기울기가 a이고, y절편이 b인 직선을 그래프로 하는 일차함수의 식은 $y=ax+b$이다.

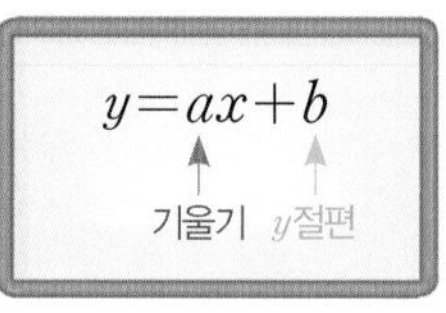

(2) 기울기가 a이고, 한 점 (x_1, y_1)을 지나는 직선을 그래프로 하는 일차함수의 식은

❶ 일차함수의 식을 $y=ax+b$로 놓는다.

❷ $y=ax+b$에 $x=x_1$, $y=y_1$을 대입하여 b의 값을 구한다.

(3) 서로 다른 두 점 (x_1, y_1), (x_2, y_2)를 지나는 직선을 그래프로 하는 일차함수의 식은

❶ 두 점을 지나는 직선의 기울기 a를 구한다. ➜ $a=\frac{y_2-y_1}{x_2-x_1}=\frac{y_1-y_2}{x_1-x_2}$ (단, $x_1\neq x_2$)

❷ 일차함수의 식을 $y=ax+b$로 놓고 한 점의 좌표를 대입하여 b의 값을 구한다.

(4) x절편이 m, y절편이 n인 직선을 그래프로 하는 일차함수의 식은

❶ 두 점 $(m, 0)$, $(0, n)$을 지나는 직선의 기울기 a를 구한다. ➜ $a=\frac{n-0}{0-m}=-\frac{n}{m}$

❷ y절편은 n이므로 일차함수의 식은 $y=-\frac{n}{m}x+n$이다.

04 일차함수의 활용 문제

❶ **변수 정하기** : 문제의 뜻에 맞는 수량 관계를 조사하여 두 변수 x, y를 정한다.

❷ **일차함수의 식 구하기** : 두 변수 x와 y 사이의 관계를 일차함수의 식으로 나타낸다.

❸ **답 구하기** : 일차함수의 식이나 그래프를 이용하여 필요한 함숫값을 구한다.

❹ **확인하기** : 구한 값이 문제의 뜻에 맞는지 확인한다.

▶ 정답 및 풀이 57쪽

일차함수 $y=ax+b$의 그래프의 성질

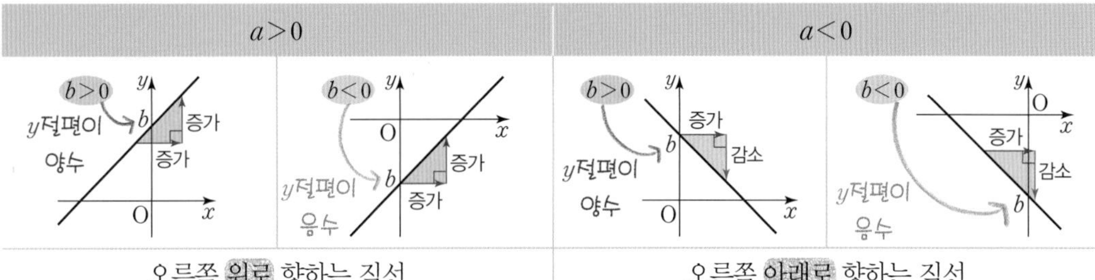

$a>0$	$a<0$
오른쪽 **위로** 향하는 직선 x의 값이 증가할 때, y의 값도 **증가**	오른쪽 **아래로** 향하는 직선 x의 값이 증가할 때, y의 값은 **감소**

참고 ❶ $b>0$ → y절편이 양수 → y축과 양의 부분에서 만난다.
❷ $b<0$ → y절편이 음수 → y축과 음의 부분에서 만난다.

a, b의 부호에 따른 그래프의 모양

일차함수 $y=2x-1$의 그래프에 대하여 옳은 것에 ○표를 하시오.

01 기울기가 (양수, 음수)이다.

02 오른쪽 (위, 아래)로 향하는 직선이다.

03 x의 값이 증가할 때, y의 값은 (증가, 감소)한다.

04 y절편이 (양수, 음수)이다.

05 y축과 (양, 음)의 부분에서 만난다.

일차함수 $y=-2x+1$의 그래프에 대하여 옳은 것에 ○표를 하시오.

06 기울기가 (양수, 음수)이다.

07 오른쪽 (위, 아래)로 향하는 직선이다.

08 x의 값이 증가할 때, y의 값은 (증가, 감소)한다.

09 y절편이 (양수, 음수)이다.

10 y축과 (양, 음)의 부분에서 만난다.

다음 조건을 만족시키는 일차함수의 그래프를 보기에서 모두 고르시오.

보기
ㄱ. $y=x$　　ㄴ. $y=-3x$
ㄷ. $y=6x+1$　　ㄹ. $y=-4x-2$
ㅁ. $y=-\frac{1}{2}x-3$　　ㅂ. $y=\frac{2}{3}x+5$

11 x의 값이 증가할 때, y의 값도 증가하는 직선 ________

12 x의 값이 증가할 때, y의 값은 감소하는 직선 ________

13 오른쪽 위로 향하는 직선 ________

14 오른쪽 아래로 향하는 직선 ________

15 원점을 지나는 직선 ________

16 y축과 양의 부분에서 만나는 직선 ________

17 y절편이 음수인 직선 ________

일차함수의 그래프의 모양

 상수 a, b의 부호가 다음과 같을 때, 일차함수 $y=ax+b$의 그래프를 그리시오.

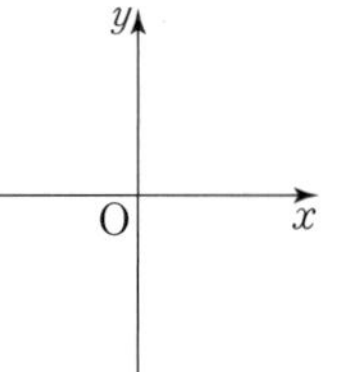

18 $a>0$, $b>0$

따라해 기울기가 양수이므로 오른쪽 (위, 아래)로 향하고, y절편이 양수이므로 y축과 (양, 음)의 부분에서 만난다.

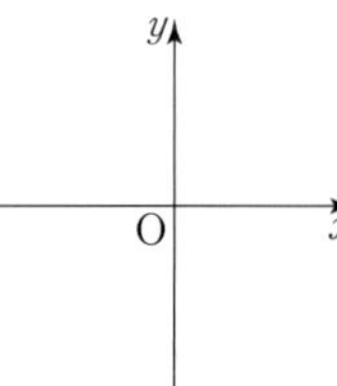
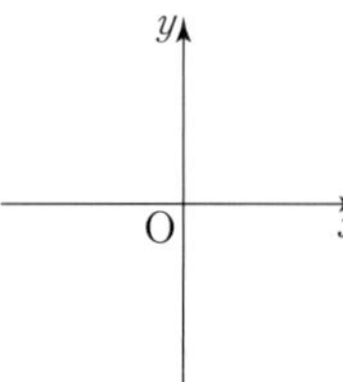

a의 부호는 그래프의 방향을 결정하고, b의 부호는 그래프가 y축과 만나는 부분을 결정해.

19 $a>0$, $b<0$

20 $a<0$, $b>0$

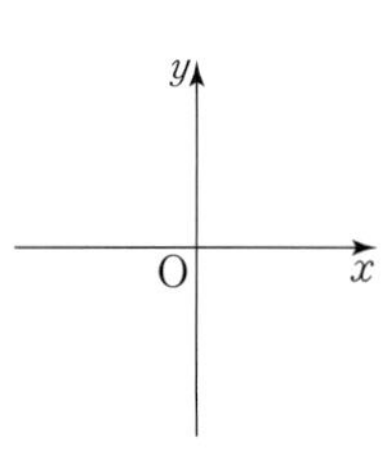

21 $a<0$, $b<0$

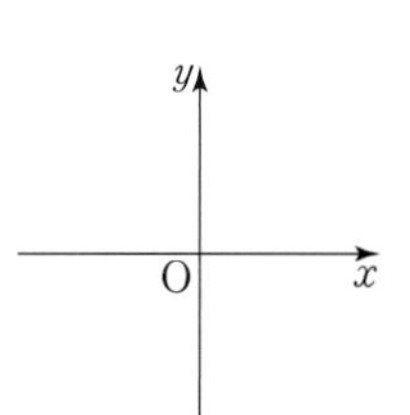

 일차함수와 그 그래프가 다음과 같을 때, 상수 a, b의 부호를 정하시오.

22 $y=ax-b$

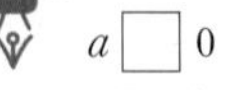
따라해 오른쪽 (위, 아래)로 향하는 직선이므로

a ☐ 0

y축과 (양, 음)의 부분에서 만나므로

$-b$ ☐ 0 $\quad\therefore b$ ☐ 0

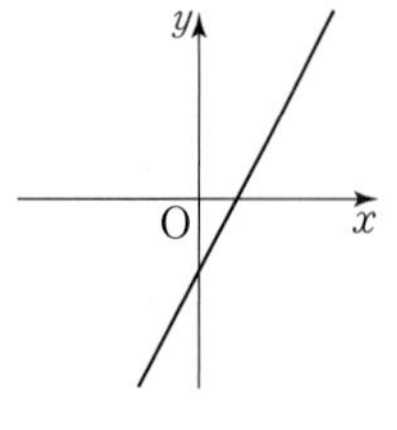

23 $y=ax-b$

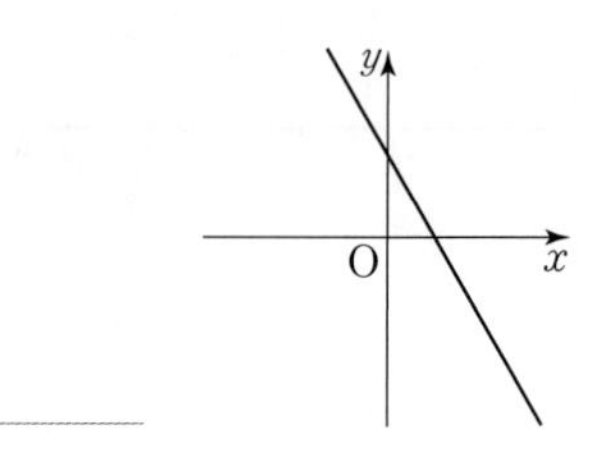
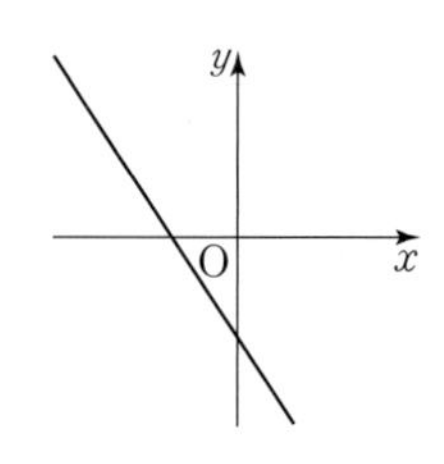

24 $y=-ax+b$

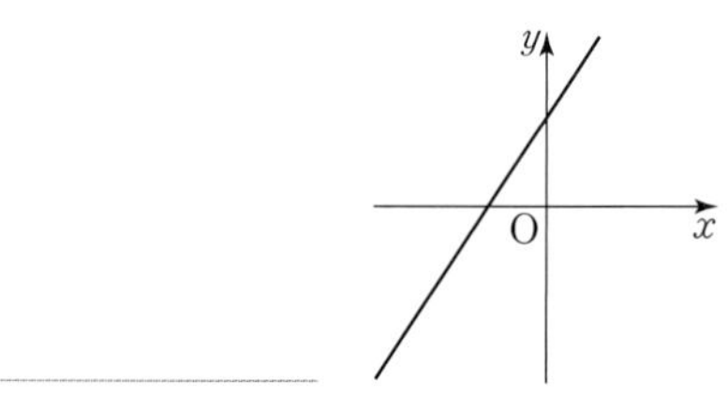

25 $y=-ax+b$

26 $y=-ax-b$

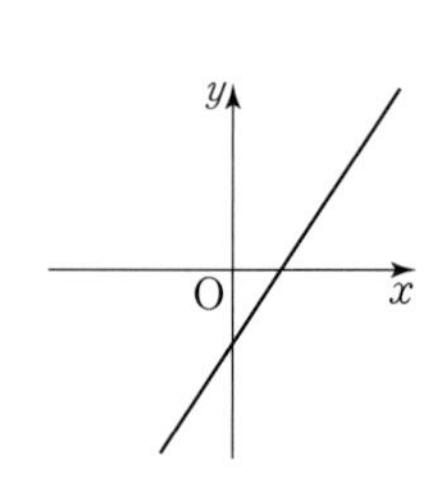

27 $y=-ax-b$

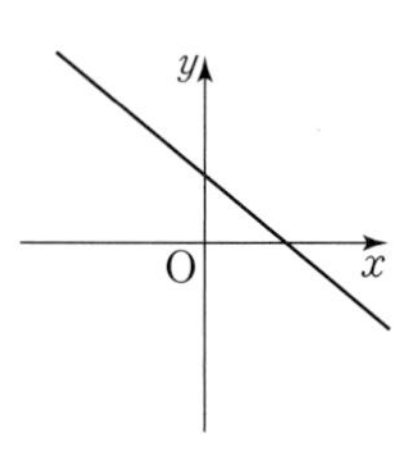

▶ 정답 및 풀이 57쪽

일차함수의 그래프의 평행과 일치

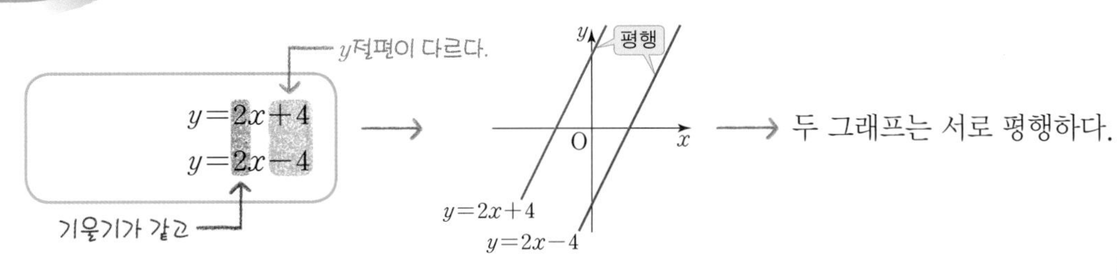

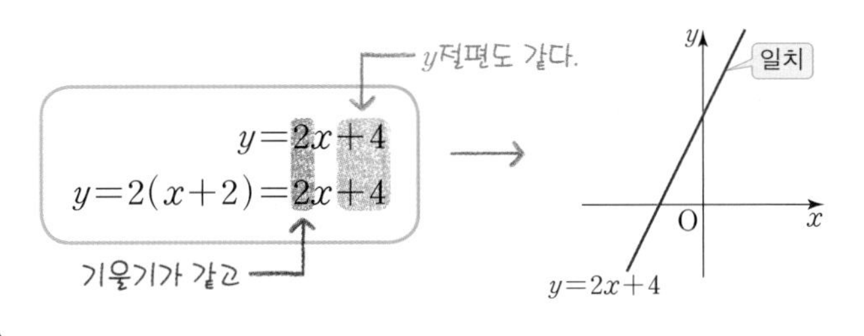

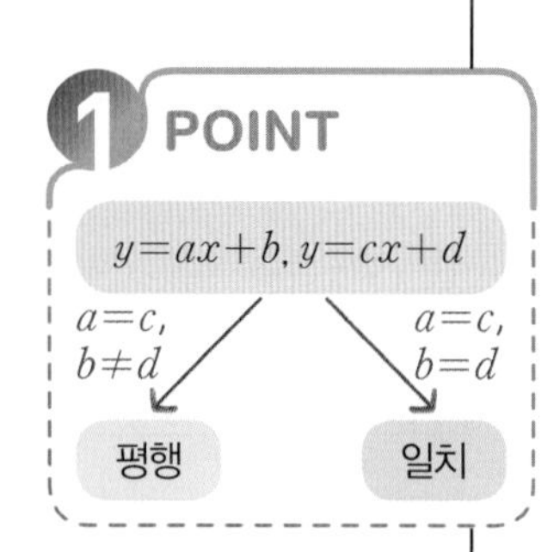

일차함수의 그래프의 평행과 일치

다음 **보기**의 일차함수의 그래프에 대하여 물음에 답하시오.

보기

ㄱ. $y=3x$ ㄴ. $y=-2x-6$

ㄷ. $y=4x+1$ ㄹ. $y=\frac{1}{2}x+2$

ㅁ. $y=4(x-1)$ ㅂ. $y=3x-1$

ㅅ. $y=-2(x+3)$ ㅇ. $y=\frac{1}{4}(2x+8)$

01 ㄱ과 평행한 것을 찾으시오.

02 ㄴ과 일치하는 것을 찾으시오.

03 ㄷ과 평행한 것을 찾으시오.

04 ㄹ과 일치하는 것을 찾으시오.

05 오른쪽 그래프와 평행한 것을 찾으시오.

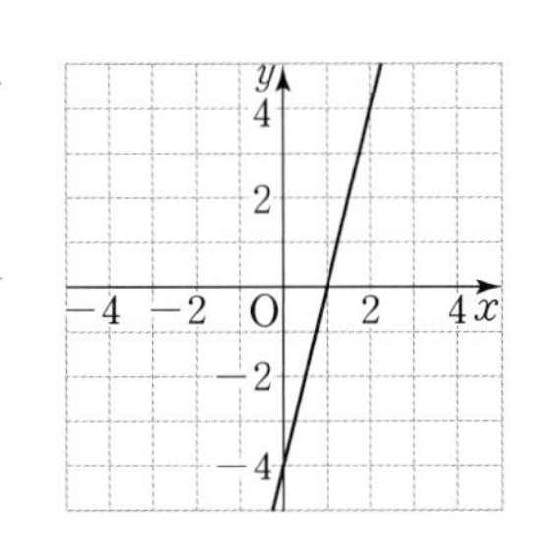

두 일차함수의 그래프가 평행하거나 일치할 조건

다음 두 일차함수의 그래프가 서로 평행할 때, 상수 a의 값을 구하시오. 기울기가 같고 y절편이 다르다.

06 $y=4x-7$, $y=ax+1$

07 $y=ax+2$, $y=-x-3$

08 $y=(2a-5)x+2$, $y=-2x+3$

다음 두 일차함수의 그래프가 일치할 때, 상수 a, b의 값을 각각 구하시오. 기울기와 y절편이 각각 같다.

09 $y=ax+3$, $y=-2x+b$

10 $y=ax+5$, $y=4x+b$

11 $y=2ax-1$, $y=-2x-b$

▶ 정답 및 풀이 57쪽

[01 ~ 04] 다음 조건을 만족시키는 일차함수의 그래프를 보기에서 모두 고르시오.

보기

ㄱ. $y=\frac{1}{2}x+5$ ㄴ. $y=-2x$

ㄷ. $y=-x-1$ ㄹ. $y=-\frac{1}{3}x+2$

ㅁ. $y=\frac{6}{5}x-2$ ㅂ. $y=3x+1$

01 x의 값이 증가할 때, y의 값도 증가하는 직선

02 오른쪽 아래로 향하는 직선

03 y절편이 양수인 직선

04 y축과 음의 부분에서 만나는 직선

[05 ~ 08] 상수 a, b의 부호가 다음과 같을 때, 일차함수 $y=-ax+b$의 그래프를 고르시오.

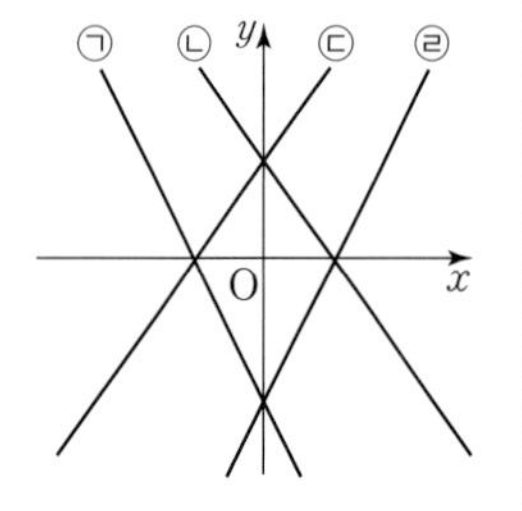

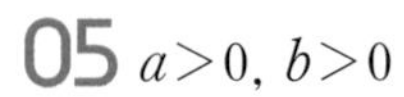

05 $a>0$, $b>0$

06 $a>0$, $b<0$

07 $a<0$, $b>0$

08 $a<0$, $b<0$

[09 ~ 10] 다음 보기의 일차함수의 그래프에 대하여 물음에 답하시오.

보기

ㄱ. $y=3x+1$ ㄴ. $y=\frac{1}{2}x+1$

ㄷ. $y=-2x-8$ ㄹ. $y=3x-8$

ㅁ. $y=\frac{1}{2}(x+2)$ ㅂ. $y=-\frac{1}{2}x+1$

09 서로 평행한 것끼리 짝 지으시오.

10 일치하는 것끼리 짝 지으시오.

[11 ~ 12] 다음 두 일차함수의 그래프가 서로 평행할 때, 상수 a의 값을 구하시오.

11 $y=ax+2$, $y=x-1$

12 $y=-x+3$, $y=\frac{1}{2}ax+5$

[13 ~ 14] 다음 두 일차함수의 그래프가 일치할 때, 상수 a, b의 값을 각각 구하시오.

13 $y=ax-1$, $y=-2x+b$

14 $y=-3x+b$, $y=\left(-\frac{1}{2}a+1\right)x+\frac{1}{2}$

맞힌 개수 개/14개

일차함수의 식 구하기 (1) - 기울기와 y절편을 알 때

기울기가 3이고, y절편이 2인 직선을 그래프로 하는 일차함수의 식을 구해 보자!

일차함수의 식을 $y=ax+b$로 놓기 →

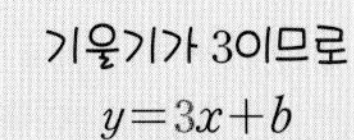

→ y절편이 2이므로 $y=3x+2$

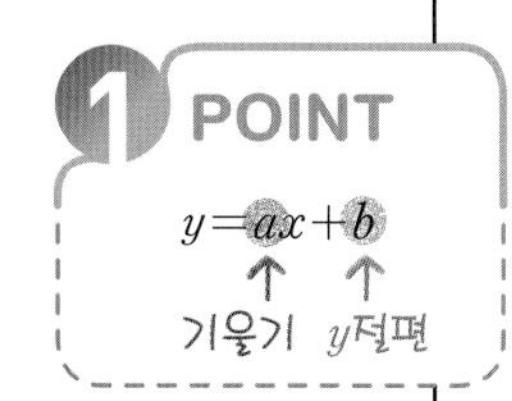

다음 직선을 그래프로 하는 일차함수의 식을 구하시오.

01 기울기가 2이고, y절편이 3인 직선

일차함수의 식을 $y=ax+b$라 하면 $a=$□, $b=$□

따라서 구하는 일차함수의 식은 $y=$□

02 기울기가 -4이고, y절편이 1인 직선

03 기울기가 $\frac{1}{5}$이고, y절편이 -5인 직선

04 기울기가 1이고, 점 $(0, 3)$을 지나는 직선

점 $(0, 3)$을 지난다는 것은 y절편이 3이라는 뜻이야!

05 기울기가 -3이고, 점 $(0, -2)$를 지나는 직선

06 기울기가 $\frac{2}{3}$이고, 점 $\left(0, \frac{1}{2}\right)$을 지나는 직선

07 x의 값이 2만큼 증가할 때 y의 값은 6만큼 증가하고, y절편이 -1인 직선

따라해

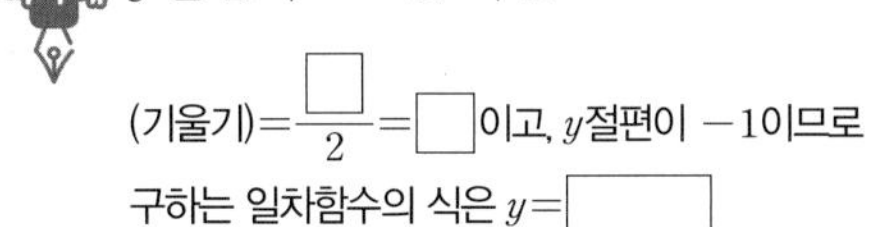
(기울기)$=\frac{\square}{2}=$□이고, y절편이 -1이므로

구하는 일차함수의 식은 $y=$□

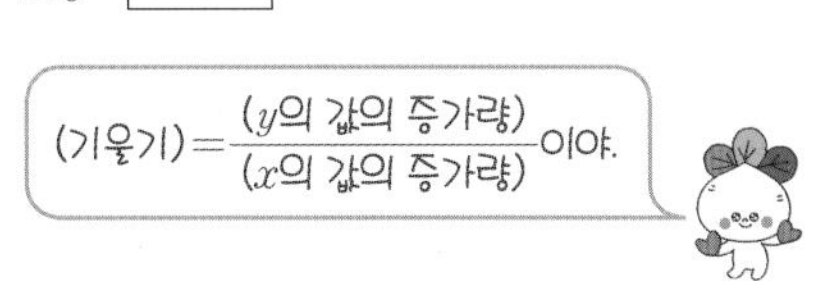

08 x의 값이 4만큼 증가할 때 y의 값은 2만큼 증가하고, y절편이 2인 직선

09 x의 값이 3만큼 증가할 때 y의 값은 12만큼 감소하고, 점 $(0, 1)$을 지나는 직선

10 일차함수 $y=-2x+5$의 그래프와 평행하고, y절편이 -3인 직선

(기울기)$=-2$

일차함수의 그래프와 평행하다는 것은 기울기가 같다는 뜻이야!

11 일차함수 $y=x-3$의 그래프와 평행하고, 점 $(0, 5)$를 지나는 직선

12 일차함수 $y=\frac{1}{3}x+2$의 그래프와 평행하고, 점 $(0, -1)$을 지나는 직선

▶ 정답 및 풀이 58쪽

일차함수의 식 구하기 (2) - 기울기와 한 점의 좌표를 알 때

기울기가 2이고, 점 $(2,\ 3)$을 지나는 직선을 그래프로 하는 일차함수의 식을 구해 보자!

일차함수의 식을 $y=ax+b$로 놓기 → 기울기가 2이므로 $y=2x+b$ → 점 $(2, 3)$을 지나므로 $x=2, y=3$을 대입하면 $3=2\times2+b, b=-1$ → $y=2x-1$

다음 직선을 그래프로 하는 일차함수의 식을 구하시오.

01 기울기가 3이고, 점 $(1,\ 2)$를 지나는 직선

따라해

기울기가 3이므로 일차함수의 식을 $y=\square x+b$라 하고

$x=\square$, $y=\square$를 대입하면 $2=\square+b$ $\quad\therefore b=\square$

따라서 구하는 일차함수의 식은 $y=\square$

02 기울기가 -1이고, 점 $(-3,\ 6)$을 지나는 직선

03 기울기가 $\frac{1}{2}$이고, 점 $(-4,\ -2)$를 지나는 직선

04 기울기가 2이고, x절편이 1인 직선

x절편이 1이라는 것은 점 $(1, 0)$을 지난다는 뜻이야.

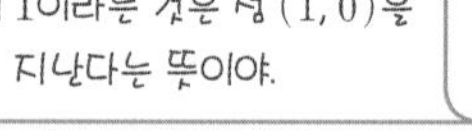

05 기울기가 -4이고, x절편이 $\frac{1}{4}$인 직선

06 기울기가 $-\frac{1}{2}$이고, x절편이 -8인 직선

07 x의 값이 1만큼 증가할 때 y의 값은 4만큼 증가하고, 점 $(-1,\ 4)$를 지나는 직선

$(\text{기울기})=\dfrac{(y\text{의 값의 증가량})}{(x\text{의 값의 증가량})}$이야.

08 x의 값이 3만큼 증가할 때 y의 값은 9만큼 감소하고, 점 $(-1,\ 2)$를 지나는 직선

09 x의 값이 3만큼 증가할 때 y의 값은 1만큼 감소하고, x절편이 6인 직선

10 일차함수 $y=2x+3$의 그래프와 평행하고, 점 $(1,\ 1)$을 지나는 직선

일차함수의 그래프와 평행하다는 것은 기울기가 같다는 뜻이야.

11 일차함수 $y=-2x-4$의 그래프와 평행하고, 점 $(2,\ -1)$을 지나는 직선

12 일차함수 $y=\frac{1}{3}x+3$의 그래프와 평행하고, x절편이 9인 직선

▶ 정답 및 풀이 59쪽

일차함수의 식 구하기 (3) - 두 점의 좌표를 알 때

두 점 $(1, 3)$, $(2, 5)$를 지나는 직선을 그래프로 하는 일차함수의 식을 구해 보자!

일차함수의 식을 $y=ax+b$로 놓기 → 기울기는 $\frac{5-3}{2-1}=2$이므로 $y=2x+b$ → 점 $(1, 3)$을 지나므로 $x=1$, $y=3$을 대입하면 $3=2\times1+b$, $b=1$ → $y=2x+1$

↳ 두 점의 좌표 중 더 간단한 걸 대입하면 편리해!

참고 $y=ax+b$에 두 점의 좌표를 각각 대입하여 a, b에 대한 연립방정식으로 풀어서 구할 수도 있다.

다음 두 점을 지나는 직선을 그래프로 하는 일차함수의 식을 구하시오.

01 $(1, 4)$, $(3, 10)$ ________

(기울기)$=\frac{\square-\square}{3-1}=\frac{\square}{2}=\square$이므로

일차함수의 식을 $y=\square x+b$라 하고

$x=1$, $y=\square$를 대입하면 $4=\square+b$ $\quad\therefore b=\square$

따라서 구하는 일차함수의 식은 $y=\square$

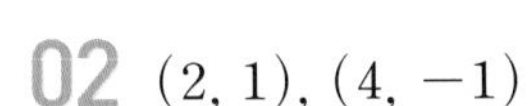

02 $(2, 1)$, $(4, -1)$ ________

03 $(-1, 7)$, $(1, -3)$ ________

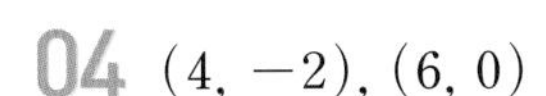

04 $(4, -2)$, $(6, 0)$ ________

05 $(-3, -3)$, $(-1, 5)$ ________

06 $(-2, -4)$, $(-4, -1)$ ________

다음 그림과 같은 직선을 그래프로 하는 일차함수의 식을 구하시오.

07

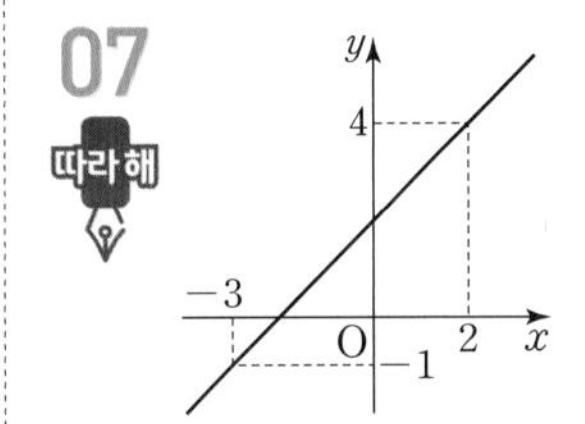

따라해

❶ 두 점의 좌표 : ________

❷ 기울기 : ________

____

08 ________

09 ________

10

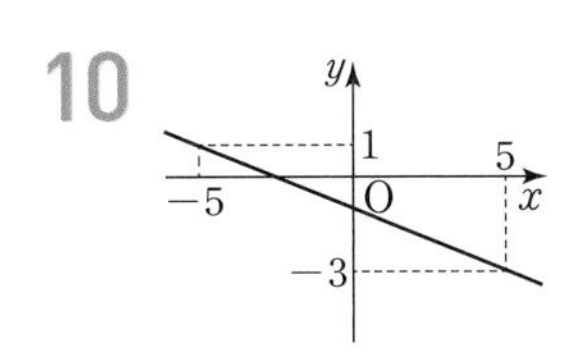

____

▶ 정답 및 풀이 59쪽

일차함수의 식 구하기 (4) - x절편과 y절편을 알 때

x절편이 2, y절편이 1인 직선을 그래프로 하는 일차함수의 식을 구해 보자!

일차함수의 식을 $y=ax+b$로 놓기 → x절편이 2 → $(2, 0)$, y절편이 1 → $(0, 1)$ → 기울기는 $\frac{1-0}{0-2}=-\frac{1}{2}$ 이므로 $y=-\frac{1}{2}x+b$ → y절편이 1이므로 $y=-\frac{1}{2}x+1$

참고 x절편이 m, y절편이 n이면 (기울기)$=\frac{n-0}{0-m}=-\frac{n}{m}$이므로 구하는 일차함수의 식은 $y=-\frac{n}{m}x+n$이다.

다음 직선을 그래프로 하는 일차함수의 식을 구하시오.

01 x절편이 2, y절편이 2인 직선 ______

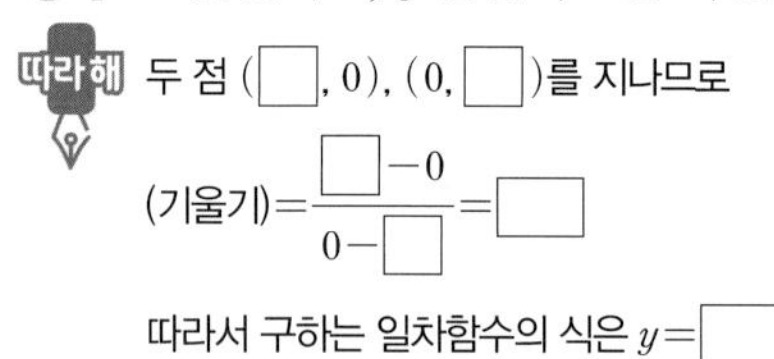

따라해 두 점 (□, 0), (0, □)를 지나므로

(기울기)$=\frac{\square-0}{0-\square}=$□

따라서 구하는 일차함수의 식은 $y=$□

02 x절편이 1, y절편이 -3인 직선 ______

03 x절편이 2, y절편이 6인 직선 ______

04 x절편이 -4, y절편이 3인 직선 ______

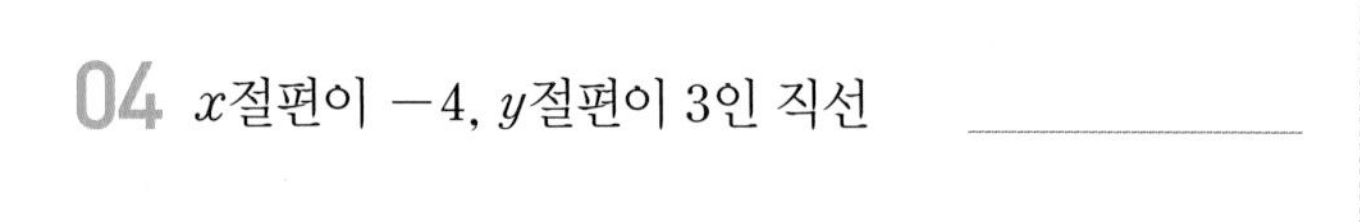

05 x절편이 -2, y절편이 -1인 직선 ______

다음 그림과 같은 직선을 그래프로 하는 일차함수의 식을 구하시오.

06 따라해

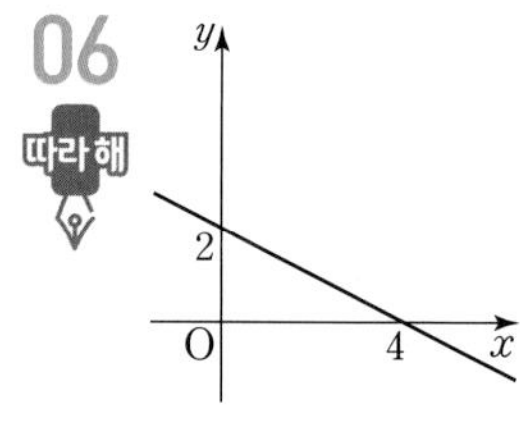

❶ 두 점의 좌표 : ______

❷ 기울기 : ______

______

07

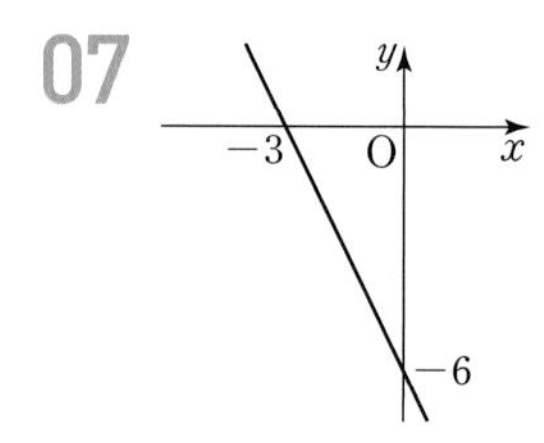

______

08

______

09

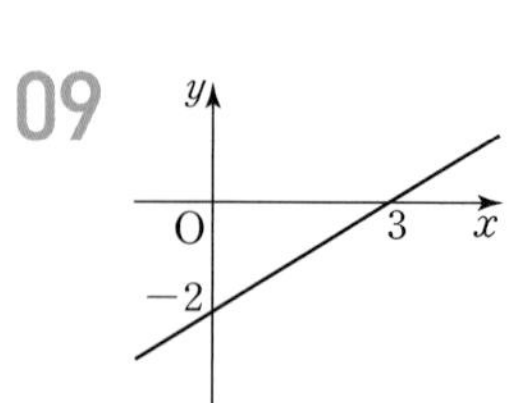

______

▶ 정답 및 풀이 60쪽

[01~10] 다음 직선을 그래프로 하는 일차함수의 식을 구하시오.

01 기울기가 2, y절편이 -1인 직선

02 일차함수 $y=\frac{1}{3}x-4$의 그래프와 평행하고, 점 $(0,\ -2)$를 지나는 직선

03 기울기가 -1이고, 점 $(1,\ -2)$를 지나는 직선

04 기울기가 -2이고, x절편이 3인 직선

05 일차함수 $y=3x-1$의 그래프와 평행하고, 점 $(-1,\ -6)$을 지나는 직선

06 x의 값이 2만큼 증가할 때 y의 값은 4만큼 감소하고, 점 $(-2,\ 1)$을 지나는 직선

07 두 점 $(2,\ 0)$, $(-4,\ 3)$을 지나는 직선

08 두 점 $(-1,\ -2)$, $(2,\ -8)$을 지나는 직선

09 x절편이 1, y절편이 -4인 직선

10 x절편이 -3, y절편이 6인 직선

[11~15] 다음 그림과 같은 직선을 그래프로 하는 일차함수의 식을 구하시오.

11

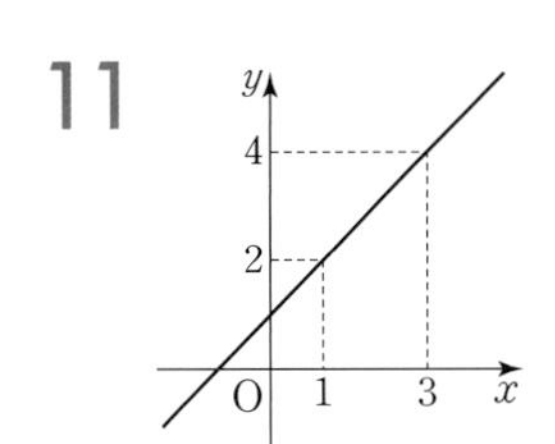

12

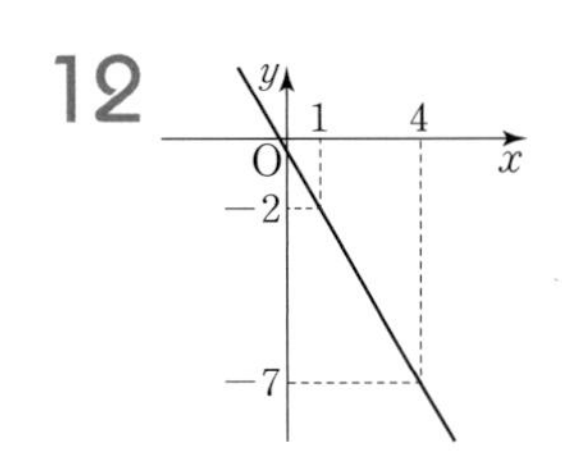

13

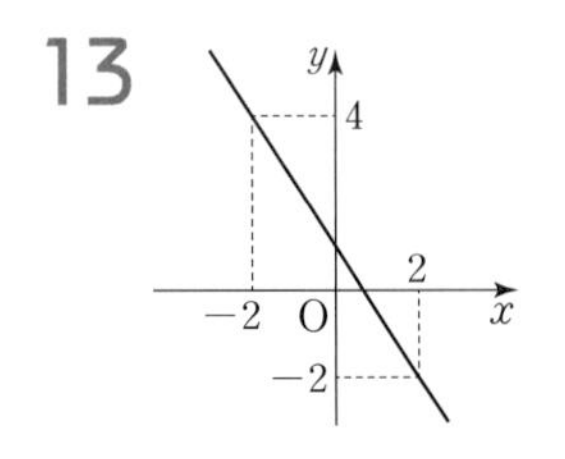

14

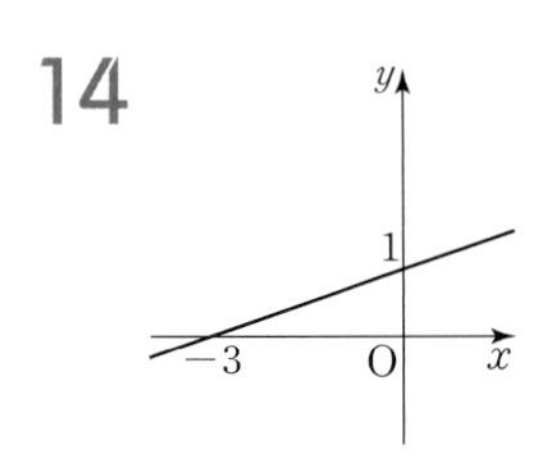

15

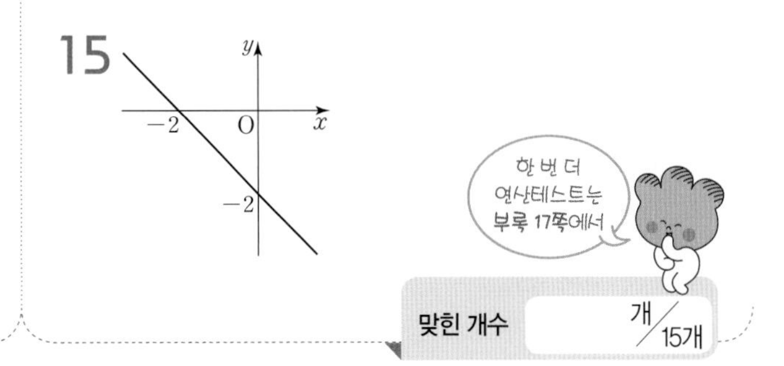

한 번 더 연산테스트는 부록 17쪽에서
맞힌 개수
개/15개

▶ 정답 및 풀이 61쪽

일차함수의 활용

온도가 30 ℃인 물을 가열하면 온도가 1분에 5 ℃씩 올라간다고 한다. 가열한 지 10분 후의 물의 온도를 구해 보자.

❶ 가열한 지 x분 후의 물의 온도를 y ℃라 하자.
❷ 1분마다 물의 온도가 5 ℃씩 올라가므로 $y=5x+30$
❸ $x=10$을 $y=5x+30$에 대입하면 $y=5\times10+30=80$
따라서 가열한 지 10분 후의 물의 온도는 80 ℃이다.
❹ $y=80$을 $y=5x+30$에 대입하면 $80=5x+30$, $x=10$
이므로 구한 값은 문제의 뜻에 맞는다.

❶ 변수 정하기
❷ 일차함수의 식 구하기
❸ 답 구하기
❹ 확인하기

온도, 길이에 대한 문제

01 지면으로부터 10 km까지는 1 km 높아질 때마다 기온이 6 ℃씩 내려간다고 한다. 지면의 기온이 24 ℃일 때, 다음 물음에 답하시오.

(1) 지면으로부터 높이가 x km인 곳의 기온을 y ℃라 할 때, x와 y 사이의 관계식을 구하시오.

1 km 높아질 때마다 기온이 □ ℃씩 내려가므로 $y=24-$□x

(2) 지면으로부터의 높이가 2 km인 곳의 기온은 몇 ℃인지 구하시오. ________

(3) 기온이 -6 ℃인 곳의 지면으로부터의 높이는 몇 km인지 구하시오. ________

02 온도가 60 ℃인 물을 가열하면 온도가 3분에 1 ℃씩 올라간다고 할 때, 다음 물음에 답하시오.

1분에 $\frac{1}{3}$ ℃씩 올라간다.

(1) 가열한 지 x분 후의 물의 온도를 y ℃라 할 때, x와 y 사이의 관계식을 구하시오. ________

(2) 가열한 지 15분 후의 물의 온도는 몇 ℃인지 구하시오. ________

(3) 가열한 지 몇 분 후에 물의 온도가 70 ℃가 되는지 구하시오. ________

03 길이가 15 cm인 용수철 저울에 무게가 1 kg인 물체를 매달 때마다 길이가 4 cm씩 늘어난다고 할 때, 다음 물음에 답하시오.

따라해

(1) x kg인 물체를 매달았을 때 용수철 저울의 길이를 y cm라 할 때, x와 y 사이의 관계식을 구하시오.

1 kg인 물체를 매달 때마다 저울의 길이가 □ cm씩 늘어나므로 $y=$□$x+15$

(2) 3 kg인 물체를 매달았을 때 용수철 저울의 길이는 몇 cm인지 구하시오. ________

(3) 용수철 저울의 길이가 35 cm가 되는 것은 몇 kg인 물체를 매달았을 때인지 구하시오. ________

04 길이가 20 cm인 양초에 불을 붙이면 양초의 길이가 1분에 2 cm씩 줄어든다고 할 때, 다음 물음에 답하시오.

(1) 불을 붙인 지 x분 후의 양초의 길이를 y cm라 할 때, x와 y 사이의 관계식을 구하시오. ________

(2) 불을 붙인 지 5분 후의 양초의 길이는 몇 cm인지 구하시오. ________

(3) 양초가 완전히 타는 데 걸리는 시간은 몇 분인지 구하시오. ________

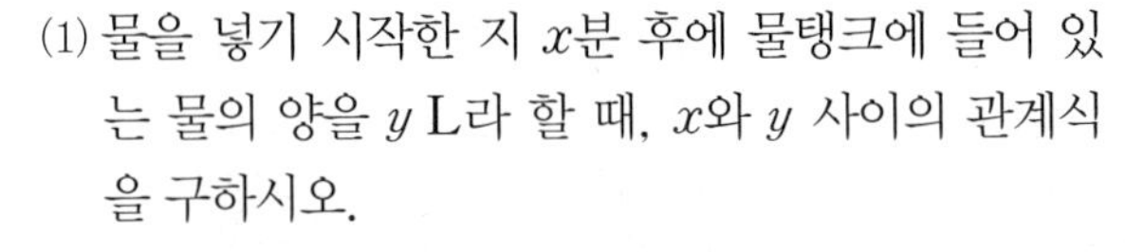

05 30 L의 물이 들어 있는 물탱크에 매분 3 L의 물을 넣을 때, 다음 물음에 답하시오.

(1) 물을 넣기 시작한 지 x분 후에 물탱크에 들어 있는 물의 양을 y L라 할 때, x와 y 사이의 관계식을 구하시오.

> 1분마다 ☐ L의 물을 넣으므로
> $y=$ ☐ $x+30$

(2) 물을 넣기 시작한 지 8분 후의 물탱크에 들어 있는 물의 양은 몇 L인지 구하시오.

(3) 물탱크에 들어 있는 물의 양이 120 L가 되는 것은 물을 넣기 시작한 지 몇 분 후인지 구하시오.

$y=$(처음 양)$-$(1 km마다 감소하는 양)$\times x$

06 1 km를 달리는 데 0.1 L의 휘발유가 소모되는 자동차에 36 L의 휘발유가 있을 때, 다음 물음에 답하시오.

(1) x km를 달린 후에 자동차에 남은 휘발유의 양을 y L라 할 때, x와 y 사이의 관계식을 구하시오.

(2) 자동차가 60 km를 달린 후에 자동차에 남은 휘발유의 양을 구하시오.

(3) 자동차의 휘발유를 모두 사용할 때까지 자동차가 달릴 수 있는 거리는 몇 km인지 구하시오.

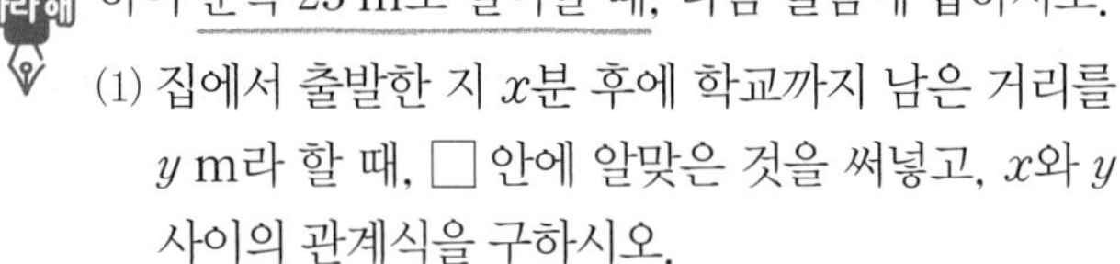

07 집에서 학교까지의 거리는 800 m이고, 집에서 출발하여 분속 25 m로 걸어갈 때, 다음 물음에 답하시오.

(1) 집에서 출발한 지 x분 후에 학교까지 남은 거리를 y m라 할 때, ☐ 안에 알맞은 것을 써넣고, x와 y 사이의 관계식을 구하시오.

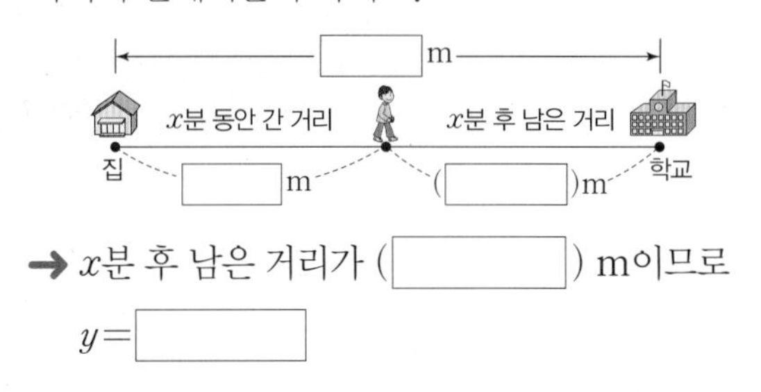

➜ x분 후 남은 거리가 (☐) m이므로
$y=$ ☐

(2) 집에서 출발한 지 10분 후 학교까지 남은 거리를 구하시오.

(3) 집에서 학교까지 가는 데 몇 분이 걸리는지 구하시오.

08 초속 3 m로 내려오는 어떤 엘리베이터가 지상 60 m 높이에서 출발하여 내려올 때, 다음 물음에 답하시오.

(1) 이 엘리베이터의 x초 후의 높이를 y m라 할 때, x와 y 사이의 관계식을 구하시오.

(2) 출발한 지 12초 후의 엘리베이터의 높이는 지상 몇 m인지 구하시오.

(3) 엘리베이터가 지상에 도착하는 것은 출발한 지 몇 초 후인지 구하시오.

도형에 대한 문제

09 따라해

오른쪽 그림과 같은 직사각형 ABCD에서 점 P가 점 B를 출발하여 변 BC를 따라 1초에 0.5 cm씩 움직이고 있을 때, 다음 물음에 답하시오.

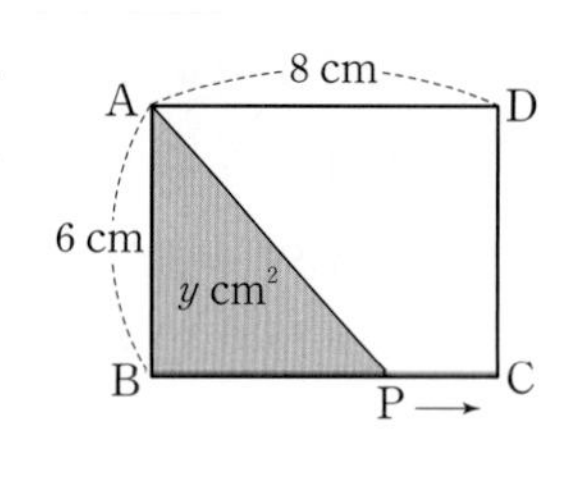

(1) x초 후의 삼각형 ABP의 넓이를 y cm²라 할 때, x와 y 사이의 관계식을 구하시오.

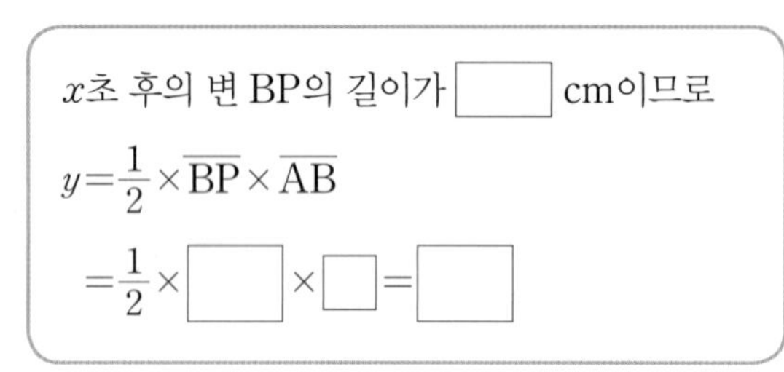
x초 후의 변 BP의 길이가 ☐ cm이므로

$y=\frac{1}{2}\times\overline{BP}\times\overline{AB}$

$=\frac{1}{2}\times$☐$\times$☐$=$☐

(2) 10초 후의 삼각형 ABP의 넓이를 구하시오.

(3) 삼각형 ABP의 넓이가 21 cm²가 되는 것은 몇 초 후인지 구하시오.

10

오른쪽 그림과 같은 직사각형 ABCD에서 점 P가 점 B를 출발하여 변 BC를 따라 1초에 2 cm씩 움직이고 있을 때, 다음 물음에 답하시오.

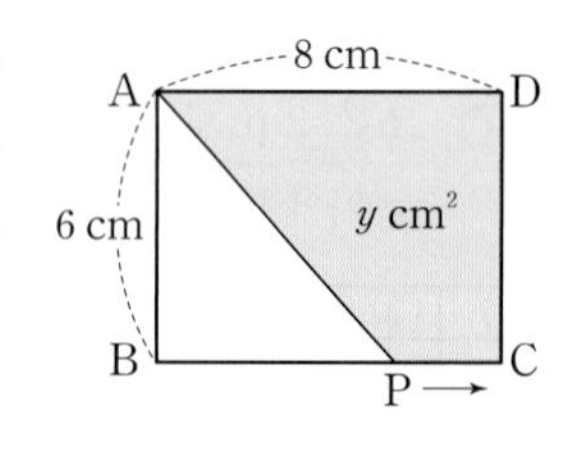

(1) x초 후의 삼각형 ABP의 넓이를 구하시오.

(2) x초 후의 사각형 APCD의 넓이를 y cm²라 할 때, x와 y 사이의 관계식을 구하시오.

(3) 사각형 APCD의 넓이가 30 cm²가 되는 것은 몇 초 후인지 구하시오.

그래프가 주어진 경우

11 따라해

오른쪽 그래프는 200 L의 물이 들어 있는 물통에서 물이 흘러 나온 지 x시간 후에 남아 있는 물의 양을 y L라 할 때, x와 y 사이의 관계를 나타낸 것이다. 다음 물음에 답하시오.

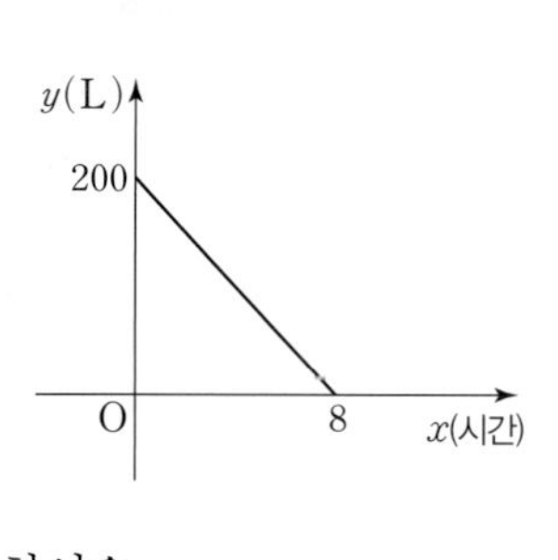

(1) x와 y 사이의 관계식을 구하시오.

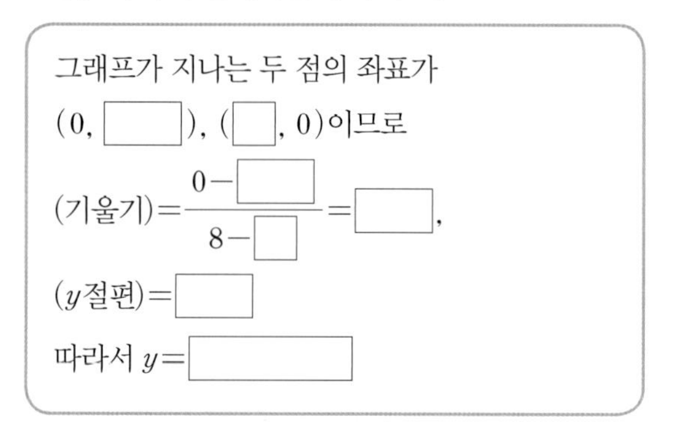
그래프가 지나는 두 점의 좌표가

(0, ☐), (☐, 0)이므로

(기울기)$=\frac{0-☐}{8-☐}=$☐,

(y절편)$=$☐

따라서 $y=$☐

(2) 물이 흘러 나온 지 5시간 후에 물통에 남아 있는 물의 양은 몇 L인지 구하시오.

(3) 물이 흘러 나온 지 몇 시간 후에 물통에 남아 있는 물의 양이 50 L가 되는지 구하시오.

12

오른쪽 그래프는 석유가 18 L 들어 있는 난로에 불을 붙인 지 x시간 후에 남아 있는 석유의 양이 y L일 때, x와 y 사이의 관계를 나타낸 것이다. 다음 물음에 답하시오.

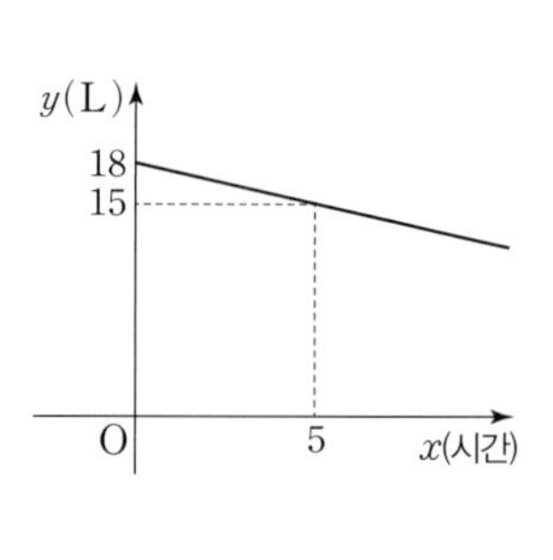

(1) x와 y 사이의 관계식을 구하시오.

(2) 난로에 불을 붙인 지 10시간 후에 남아 있는 석유의 양은 몇 L인지 구하시오.

(3) 18 L의 석유를 모두 사용하기까지 걸린 시간을 구하시오.

10분 연산 TEST

▶ 정답 및 풀이 62쪽

01 온도가 20 ℃인 물을 가열하면 온도가 1분에 0.5 ℃씩 올라간다고 할 때, 다음 물음에 답하시오.

(1) 가열한 지 x분 후의 물의 온도를 y ℃라 할 때, x와 y 사이의 관계식을 구하시오.

(2) 가열한 지 30분 후의 물의 온도는 몇 ℃인지 구하시오.

02 길이가 10 cm인 용수철 저울에 무게가 2 kg인 물체를 매달 때마다 길이가 6 cm씩 늘어난다고 할 때, 다음 물음에 답하시오.

(1) x kg인 물체를 매달았을 때 용수철 저울의 길이를 y cm라 할 때, x와 y 사이의 관계식을 구하시오.

(2) 용수철 저울의 길이가 31 cm가 되는 것은 몇 kg인 물체를 매달았을 때인지 구하시오.

03 500 mL들이 링거 주사를 어떤 환자가 2분에 10 mL씩 들어가게 맞는다고 할 때, 다음 물음에 답하시오.

(1) 링거 주사를 맞기 시작하여 x분 후의 남은 링거액의 양을 y mL라 할 때, x와 y 사이의 관계식을 구하시오.

(2) 40분 후에 남아 있는 링거액의 양은 몇 mL인지 구하시오.

04 학교에서 도서관까지의 거리는 3 km이고, 학교에서 출발하여 분속 200 m로 자전거를 타고 갈 때, 다음 물음에 답하시오.

(1) 학교에서 출발한 지 x분 후에 도서관까지 남은 거리를 y km라 할 때, x와 y 사이의 관계식을 구하시오.

(2) 학교에서 도서관까지 가는 데 몇 분이 걸리는지 구하시오.

05 오른쪽 그림과 같은 직사각형 ABCD에서 점 P가 점 A를 출발하여 변 AB를 따라 1초에 3 cm씩 움직이고 있을 때, 다음 물음에 답하시오.

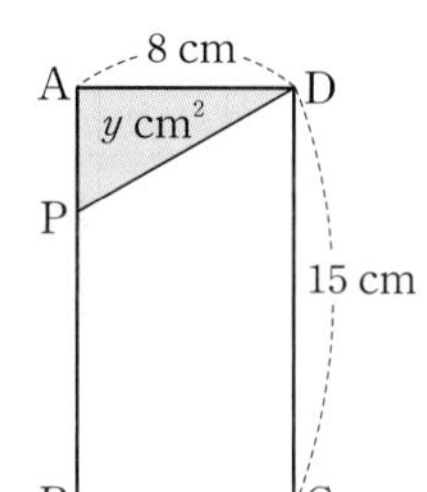

(1) x초 후의 삼각형 APD의 넓이를 y cm^{2}라 할 때, x와 y 사이의 관계식을 구하시오.

(2) 삼각형 APD의 넓이가 48 cm^{2}가 되는 것은 몇 초 후인지 구하시오.

06 오른쪽 그래프는 길이가 30 cm인 양초에 불을 붙인 지 x분 후에 남은 양초의 길이를 y cm라 할 때, x와 y 사이의 관계를 나타낸 것이다. 다음 물음에 답하시오.

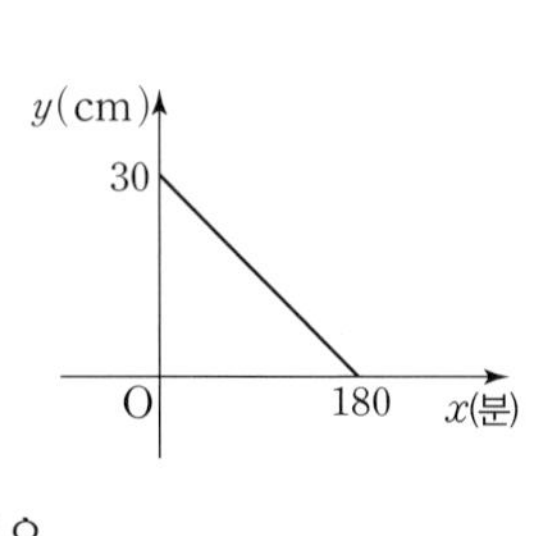

(1) x와 y 사이의 관계식을 구하시오.

(2) 불을 붙인 지 1시간 30분 후의 남은 양초의 길이는 몇 cm인지 구하시오.

맞힌 개수 　　개/6개

학교 시험 미리보기!

학교 시험 PREVIEW

01

다음 중 일차함수 $y=-\frac{2}{3}x+1$의 그래프에 대한 설명으로 옳지 않은 것은?

① 점 $(3,\ -1)$을 지난다.
② 제2, 3, 4사분면을 지난다.
③ 오른쪽 아래로 향하는 직선이다.
④ x절편은 $\frac{3}{2}$이다.
⑤ x의 값이 3만큼 증가할 때 y의 값은 2만큼 감소한다.

02

다음 **보기**의 일차함수 중 그 그래프가 오른쪽 위로 향하는 직선인 것은 모두 몇 개인가?

보기

ㄱ. $y=5x-4$　　ㄴ. $y=-6x+7$
ㄷ. $y=\frac{3}{4}x-6$　　ㄹ. $y=-\frac{4}{5}x+3$
ㅁ. $y=x$　　ㅂ. $y=4x+9$

① 1개　② 2개　③ 3개
④ 4개　⑤ 5개

03

오른쪽 그림은 일차함수 $y=ax+b$의 그래프이다. 상수 a, b의 부호로 옳은 것은?

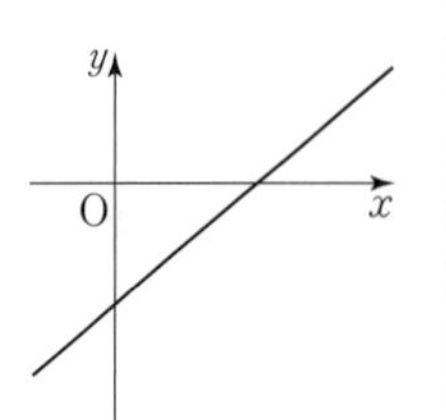

① $a>0,\ b>0$　② $a>0,\ b<0$
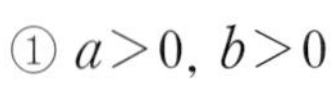
③ $a<0,\ b>0$　④ $a<0,\ b<0$
⑤ $a<0,\ b=0$

04 실수 주의

$a<0,\ b<0$일 때, 다음 중 일차함수 $y=ax-b$의 그래프로 알맞은 것은? (단, a, b는 상수)

① ② 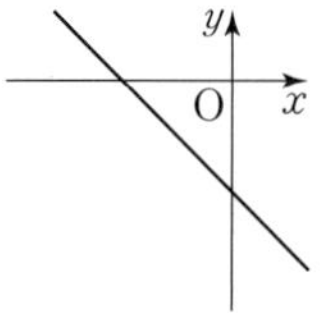 ③ 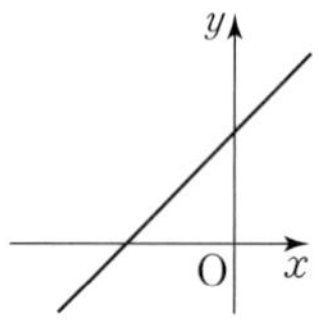 ④ 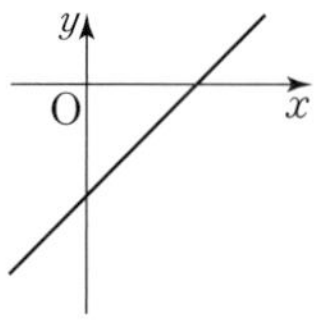 ⑤

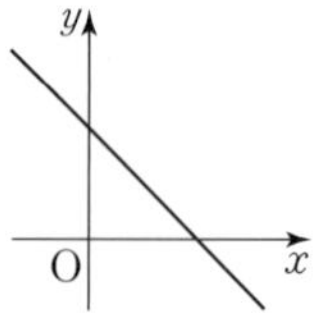

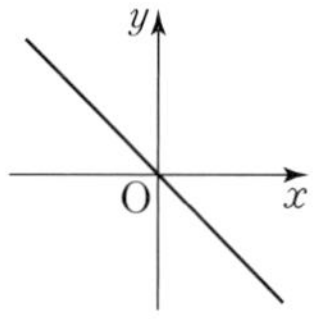

05

다음 일차함수의 그래프 중 $y=4x-8$의 그래프와 평행한 것은?

① $y=x-2$　② $y=-4x+8$
③ $y=4x-3$　④ $y=-4x-8$
⑤ $y=2x-4$

06

두 일차함수 $y=2ax-5$, $y=-4x+b$의 그래프에 대하여 두 그래프가 서로 일치하기 위한 상수 a, b의 조건은?

① $a=-2,\ b=-5$　② $a=-2,\ b\neq-5$
③ $a=1,\ b=-5$　④ $a=2,\ b=-5$
⑤ $a=2,\ b\neq-5$

07

x의 값이 2에서 5까지 증가할 때 y의 값은 6만큼 증가하고, y절편이 3인 직선을 그래프로 하는 일차함수의 식은?

① $y=-2x+1$ ② $y=-2x+3$
③ $y=2x-1$ ④ $y=2x+3$
⑤ $y=2x+6$

08 80% 출제율

일차함수 $y=-3x+5$의 그래프와 평행하고 점 $(0, -2)$를 지나는 직선을 그래프로 하는 일차함수의 식은?

① $y=-3x-3$ ② $y=-3x-2$
③ $y=-3x+3$ ④ $y=3x-2$
⑤ $y=3x+7$

09

x절편이 2, y절편이 3인 직선을 그래프로 하는 일차함수의 식을 $y=ax+b$라 할 때, $\frac{a}{b}$의 값은? (단, a, b는 상수)

① $\frac{3}{2}$ ② $\frac{2}{3}$ ③ $\frac{1}{2}$
④ $-\frac{1}{2}$ ⑤ $-\frac{3}{2}$

10

기온이 0 ℃일 때, 공기 중에서 소리의 속력은 초속 331 m이고, 기온이 1 ℃ 올라갈 때마다 소리의 속력은 초속 0.5 m씩 증가한다고 한다. 소리의 속력이 초속 341 m일 때의 기온은?

① 18 ℃ ② 19 ℃ ③ 20 ℃
④ 21 ℃ ⑤ 22 ℃

11

20 L의 물이 들어 있는 수조에 매분 2 L의 물을 더 넣으려고 한다. x분 후에 수조에 들어 있는 물의 양을 y L라 할 때, 15분 후의 수조에 들어 있는 물의 양은?

① 48 L ② 50 L ③ 52 L
④ 54 L ⑤ 56 L

12 실수 주의

기한이가 집에서 출발하여 10 km 떨어진 학교까지 자전거를 타고 분속 400 m로 가고 있다. 출발한 지 5분 후 학교까지 남은 거리는 몇 km인가?

① 7 km ② 7.5 km ③ 8 km
④ 8.5 km ⑤ 9 km

13 서술형

오른쪽 그림과 같은 직선을 그래프로 하는 일차함수의 식을 $y=ax+b$라 할 때, $a-b$의 값을 구하시오.
(단, a, b는 상수)

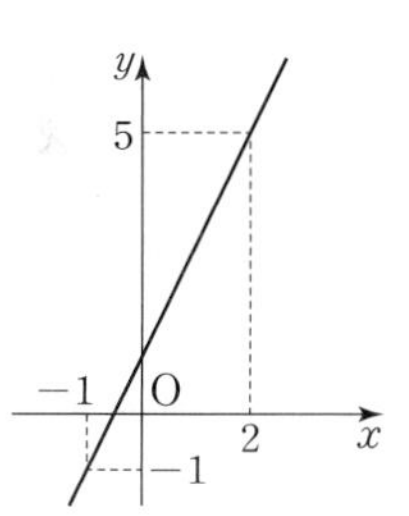

채점 기준 1 그래프를 지나는 두 점을 이용하여 a의 값 구하기

채점 기준 2 b의 값 구하기

채점 기준 3 $a-b$의 값 구하기

일차함수와 일차방정식의 관계

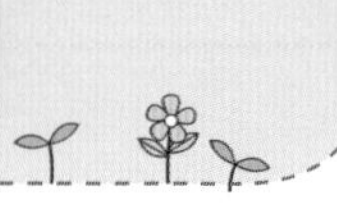

01 일차함수와 일차방정식

(1) **미지수가 2개인 일차방정식의 그래프**

미지수가 2개인 일차방정식의 해의 순서쌍 $(x,\ y)$를 좌표평면 위에 모두 나타낸 것

(2) **직선의 방정식** : x, y의 값의 범위가 수 전체일 때, 일차방정식

$ax+by+c=0$ (a, b, c는 상수, $a\neq0$ 또는 $b\neq0$)

을 직선의 방정식이라 한다.

(3) **일차방정식과 일차함수**

일차방정식 $ax+by+c=0$ (a, b, c는 상수, $a\neq0$, $b\neq0$)의 그래프는 일차함수 $y=-\frac{a}{b}x-\frac{c}{b}$의 그래프와 같다.

↳ $a\neq0$이고 $b\neq0$

02 일차방정식 $x=p$, $y=q$의 그래프

(1) **방정식 $x=p$ (p는 상수, $p\neq0$)의 그래프** : 점 $(p,\ 0)$을 지나고 y축에 평행한 직선 (→ x축에 수직)

(2) **방정식 $y=q$ (q는 상수, $q\neq0$)의 그래프** : 점 $(0,\ q)$를 지나고 x축에 평행한 직선 (→ y축에 수직)

참고 방정식 $x=0$의 그래프는 y축을, 방정식 $y=0$의 그래프는 x축을 나타낸다.

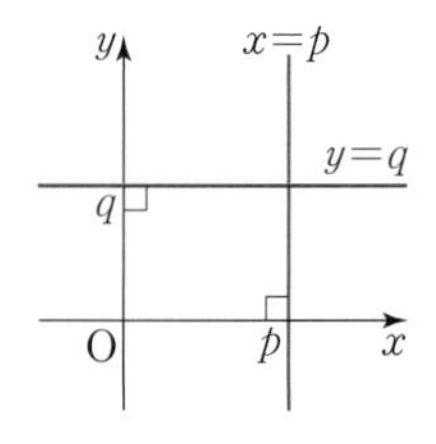

03 연립방정식의 해와 일차함수의 그래프

(1) **연립방정식의 해와 일차함수의 그래프**

연립방정식 $\begin{cases} ax+by+c=0 \\ a'x+b'y+c'=0 \end{cases}$ 의 해는 두 일차방정식 $ax+by+c=0$, $a'x+b'y+c'=0$의 그래프, 즉 두 일차함수의 그래프의 교점의 좌표와 같다.

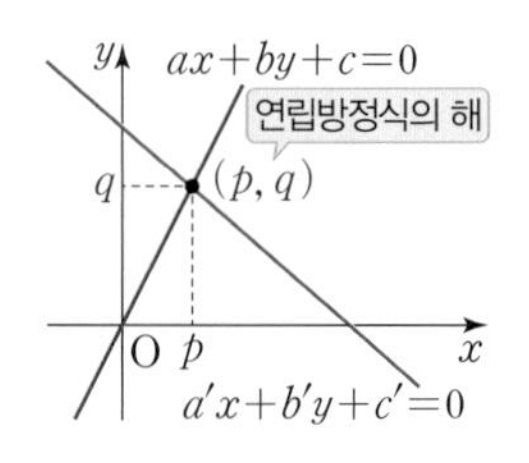

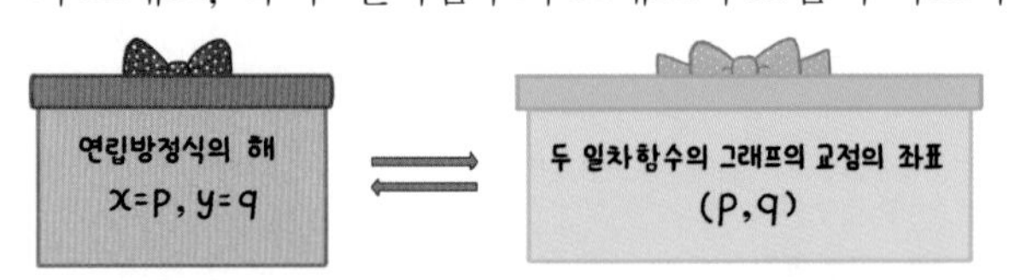

(2) **연립방정식의 해의 개수와 두 그래프의 위치 관계**

연립방정식 $\begin{cases} ax+by+c=0 \\ a'x+b'y+c'=0 \end{cases}$ 의 해의 개수는 두 일차방정식 $ax+by+c=0$, $a'x+b'y+c'=0$의 그래프의 교점의 개수와 같다.

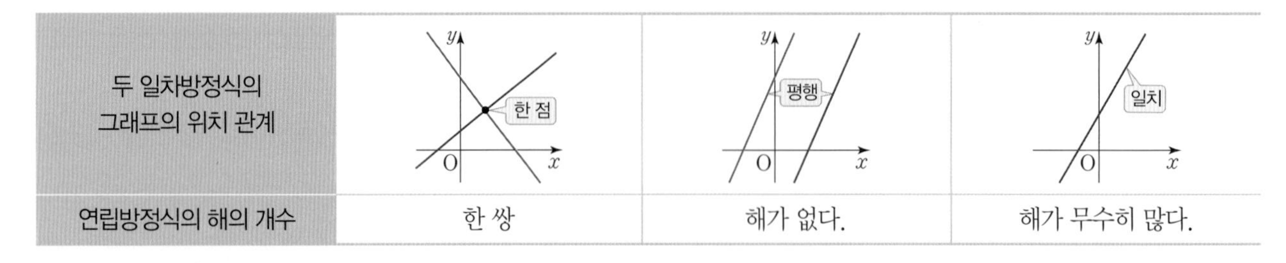

두 일차방정식의 그래프의 위치 관계	한 점	평행	일치
연립방정식의 해의 개수	한 쌍	해가 없다.	해가 무수히 많다.

▶ 정답 및 풀이 64쪽

일차함수와 일차방정식의 관계

일차방정식 $x+y-4=0$의 해 (x, y)를 좌표로 하는 점을 좌표평면 위에 나타내 보자.

x, y의 값이 정수일 때

일차방정식 $x+y-4=0$의 해를 순서쌍으로 나타내면 $\cdots$, $(-2, 6)$, $(-1, 5)$, $(0, 4)$, $(1, 3)$, $(2, 2)$, $\cdots$

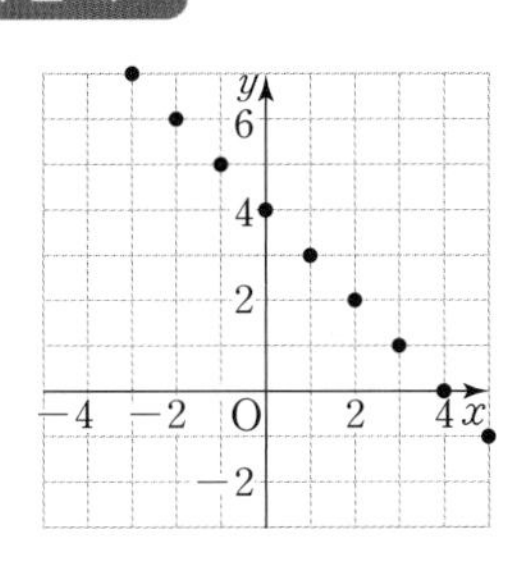

x, y의 값의 범위가 수 전체일 때

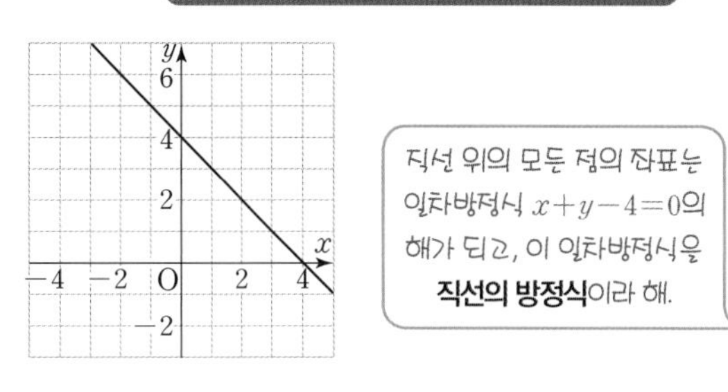

직선 위의 모든 점의 좌표는 일차방정식 $x+y-4=0$의 해가 되고, 이 일차방정식을 **직선의 방정식**이라 해.

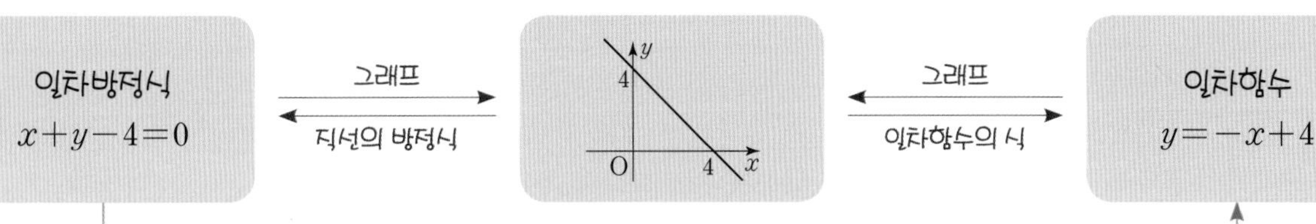

다음 표를 완성하고, 일차방정식의 그래프를 그리시오.

01 $x+2y-4=0$

x	$\cdots$	-4	-2	0	2	4	$\cdots$
y	$\cdots$						$\cdots$

[x, y의 값이 정수]

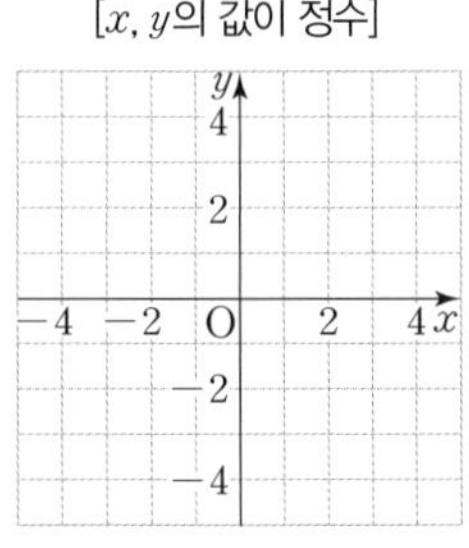

[x, y의 값의 범위가 수 전체]

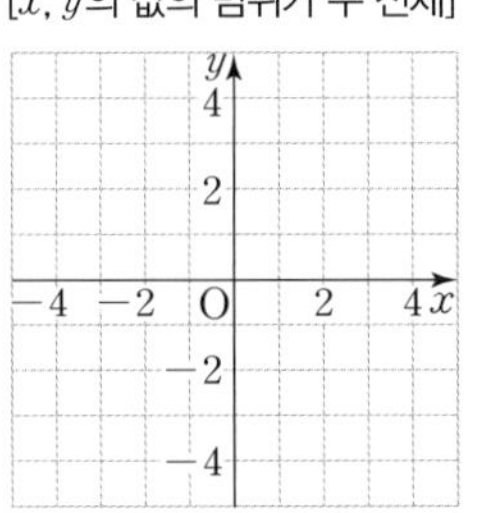

02 $2x-y+3=0$

x	$\cdots$	-4	-3	-2	-1	0	1	$\cdots$
y	$\cdots$							$\cdots$

[x, y의 값이 정수]

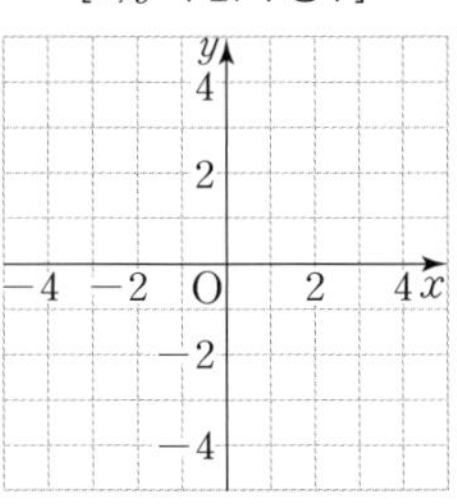

[x, y의 값의 범위가 수 전체]

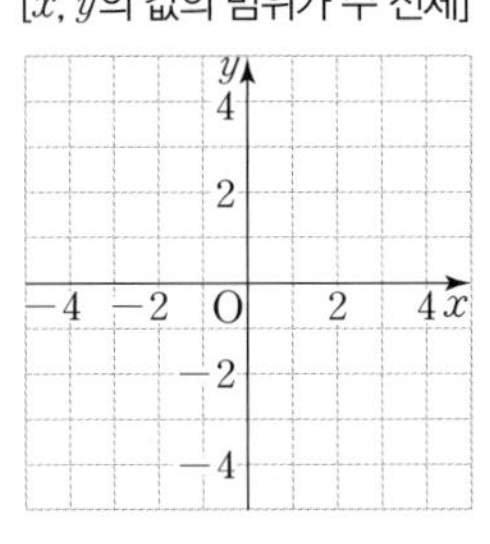

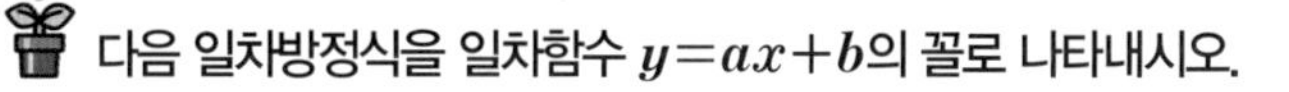

$ax+by+c=0$을 $y=-\frac{a}{b}x-\frac{c}{b}$의 꼴로 나타내기

다음 일차방정식을 일차함수 $y=ax+b$의 꼴로 나타내시오.

03 $x-y+3=0$ ________

04 $-2x+y+7=0$ ________

05 $4x+2y-1=0$ ________

06 $x-3y-2=0$ ________

07 $x+2y+6=0$ ________

08 $5x-3y-2=0$ ________

다음 일차방정식을 일차함수 $y=ax+b$의 꼴로 나타내고, x절편과 y절편을 각각 구하여 그 그래프를 그리시오.

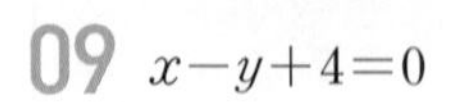

09 $x-y+4=0$

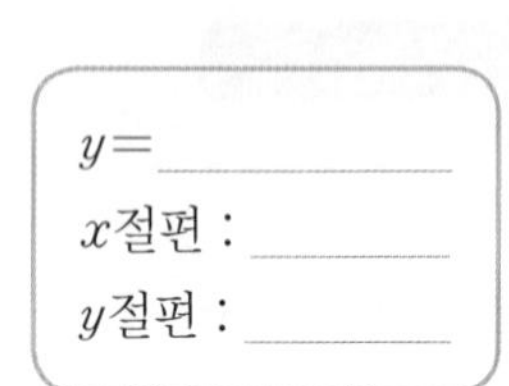

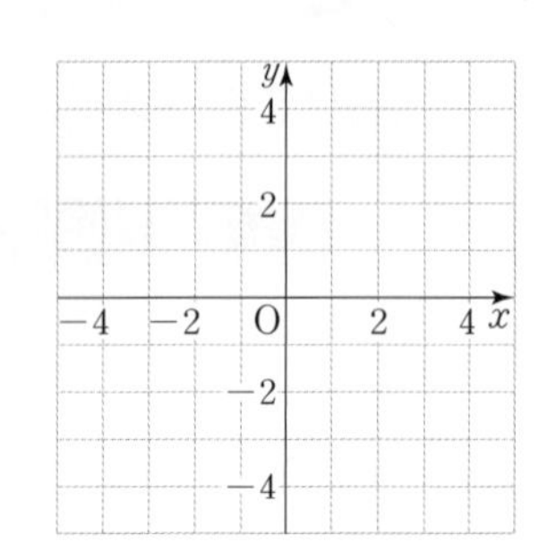

10 $2x-y-2=0$

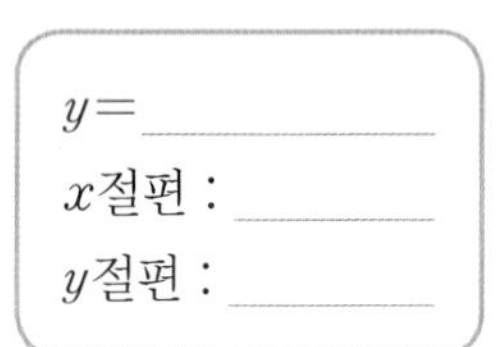

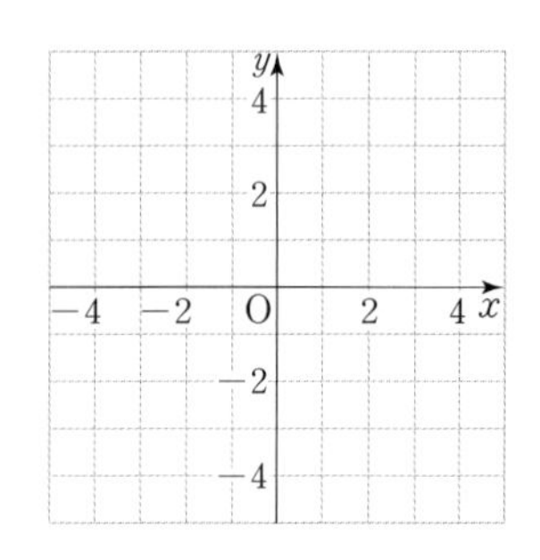

11 $-2x-3y+6=0$

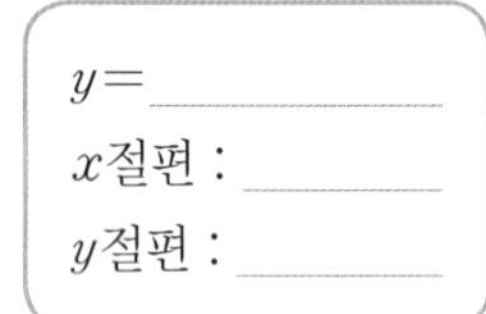

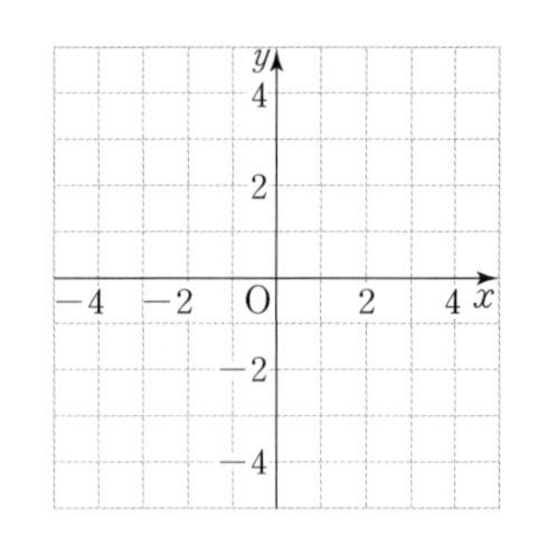

다음 중 일차방정식 $2x+y-4=0$의 그래프에 대한 설명으로 옳은 것에는 ○표, 옳지 않은 것에는 ×표를 하시오.

12 x절편은 -2이다. ( )

13 y절편은 4이다. ( )

14 일차함수 $y=2x-1$의 그래프와 평행하다. ( )

15 제1, 2, 4사분면을 지난다. ( )

일차방정식의 그래프 위의 점

다음 중 일차방정식 $4x-y-2=0$의 그래프 위의 점인 것에는 ○표, 그래프 위의 점이 아닌 것에는 ×표를 하시오.

16 $(1, 3)$ ( )

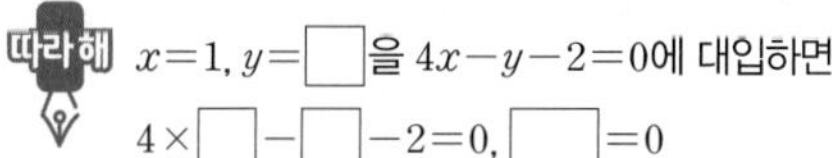

따라해 $x=1$, $y=\square$을 $4x-y-2=0$에 대입하면

$4\times\square-\square-2=0$, $\square=0$

즉, 등식이 성립하지 않으므로 점 $(1, 3)$은 일차방정식 $4x-y-2=0$의 그래프 위의 (점이다, 점이 아니다).

17 $(0, -2)$ ( )

18 $(-2, 6)$ ( )

19 $\left(-\frac{1}{2}, -4\right)$ ( )

다음 일차방정식의 그래프가 주어진 점을 지날 때, 상수 a의 값을 구하시오.

20 $ax-y-12=0$, $(2, -2)$ ______

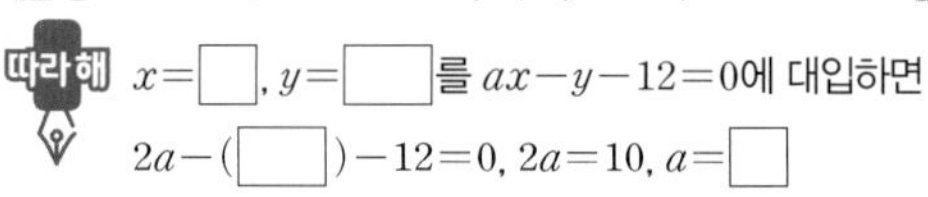

따라해 $x=\square$, $y=\square$를 $ax-y-12=0$에 대입하면

$2a-(\square)-12=0$, $2a=10$, $a=\square$

21 $2x-y+a=0$, $(-1, 1)$ ______

22 $6x+5y-7=0$, $(a, -1)$ ______

23 $-2x-3y+12=0$, $(3, a)$ ______

일차방정식 $x=p$, $y=q$의 그래프

$x=p$ ($p\neq0$)의 그래프

$x=3$의 그래프
→ $x=3$에서 x의 값은 항상 3이다.
→ 점 (3, 0)을 지난다.
→ y축에 평행한 직선
x축에 수직인 직선

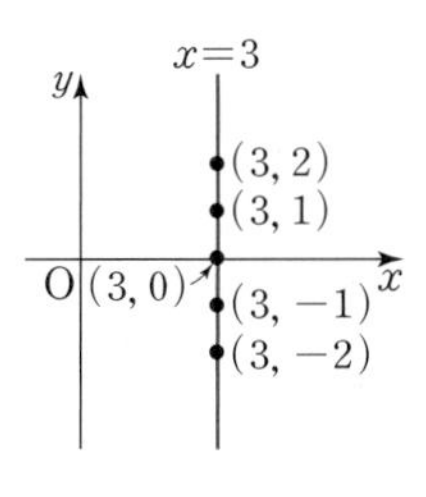

$y=q$ ($q\neq0$)의 그래프

$y=2$의 그래프
→ $y=2$에서 y의 값은 항상 2이다.
→ 점 (0, 2)를 지난다.
→ x축에 평행한 직선
y축에 수직인 직선

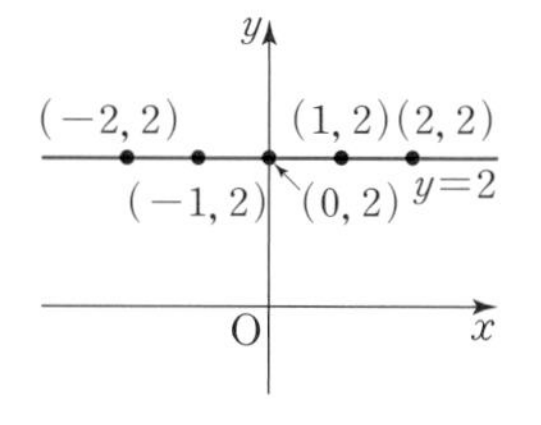

참고 $x=0$의 그래프는 y축, $y=0$의 그래프는 x축을 나타낸다.

일차방정식 $x=p$, $y=q$의 그래프

다음 일차방정식의 그래프를 좌표평면 위에 그리시오.

01 $x=4$ (x의 값이 항상 4)

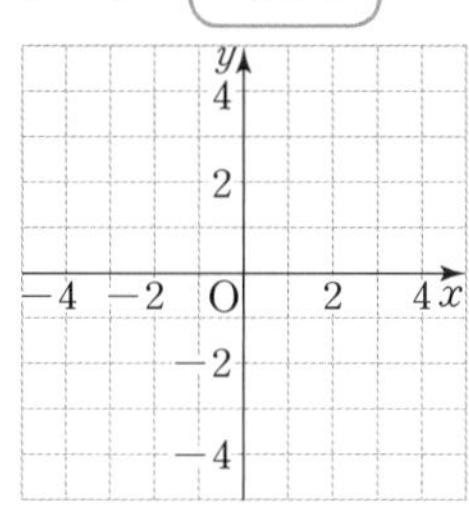

02 $y=-3$ (y의 값이 항상 -3)

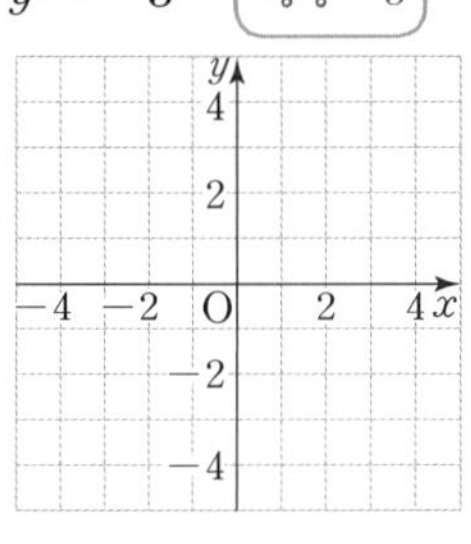

03 $4x=-8$

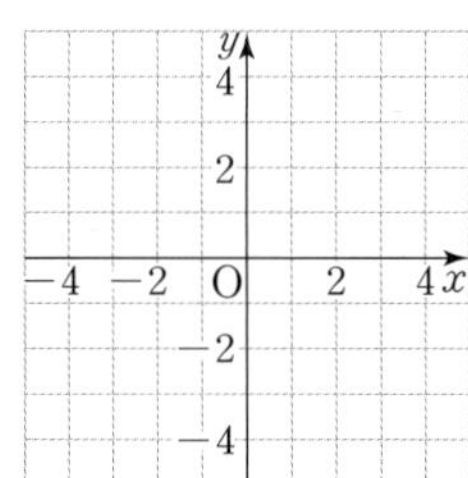

04 $-3y+12=0$

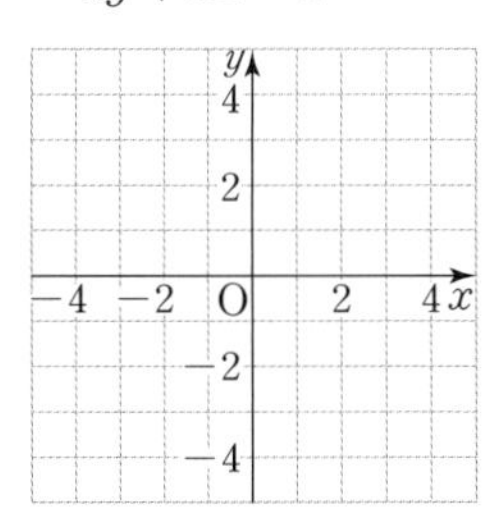

$x=p$, $y=q$의 꼴로 먼저 고쳐 봐.

05 오른쪽 좌표평면 위의 그래프 (1), (2)가 나타내는 직선의 방정식을 각각 구하시오.

(1) ____________

(2) ____________

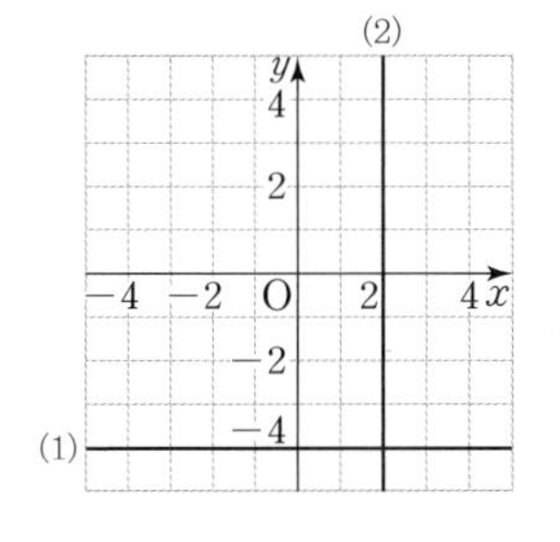

조건을 만족시키는 직선의 방정식 구하기

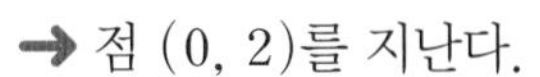

다음 직선의 방정식을 구하시오.

06 점 (3, 1)을 지나고 x축에 평행한 직선

따라해 x축에 평행하므로 y좌표가 항상 ☐이다.
즉, 구하는 직선의 방정식은 ☐이다.

07 점 $(-2, -5)$를 지나고 y축에 평행한 직선

08 점 $(4, -2)$를 지나고 x축에 수직인 직선

09 점 $(-1, 3)$을 지나고 y축에 수직인 직선

다음을 만족시키는 a의 값을 구하시오.

10 두 점 $(3, -5)$, $(1, a-2)$를 지나는 직선이 x축에 평행하다.

따라해 x축에 평행하므로 두 점의 y좌표가 ☐로 같아야 한다.
즉, $a-2=$☐이므로 $a=$☐

11 두 점 $(a+1, 3)$, $(1, 9)$를 지나는 직선이 y축에 평행하다.

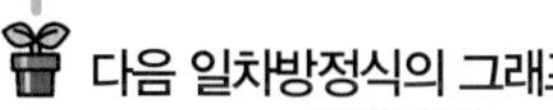

▶ 정답 및 풀이 65쪽

[01 ~ 03] 다음 일차방정식을 일차함수 $y=ax+b$의 꼴로 나타내고, 기울기, x절편과 y절편을 각각 구하여 그 그래프를 그리시오.

01 $2x+y+2=0$

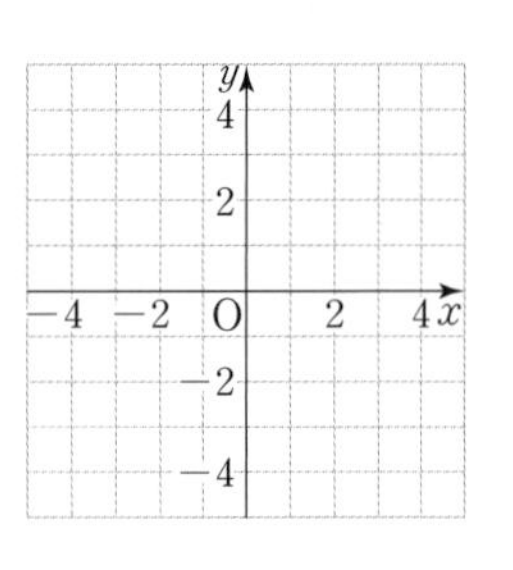

02 $5x-3y-15=0$

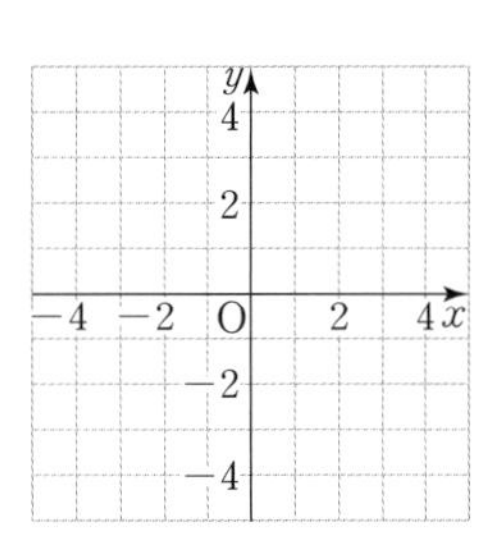

03 $4x+3y-12=0$

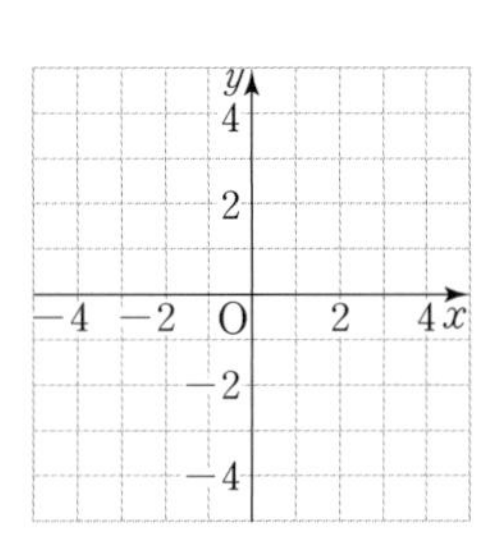

[04 ~ 07] 다음 일차방정식의 그래프가 점 $(2, -1)$을 지나는 것에는 ○표, 지나지 않는 것에는 ×표를 하시오.

04 $-x+5y=-7$ (　　)

05 $2x-y=3$ (　　)

06 $3x+4y=-2$ (　　)

07 $-2x-7y=3$ (　　)

08 다음 일차방정식의 그래프를 오른쪽 좌표평면 위에 그리시오.

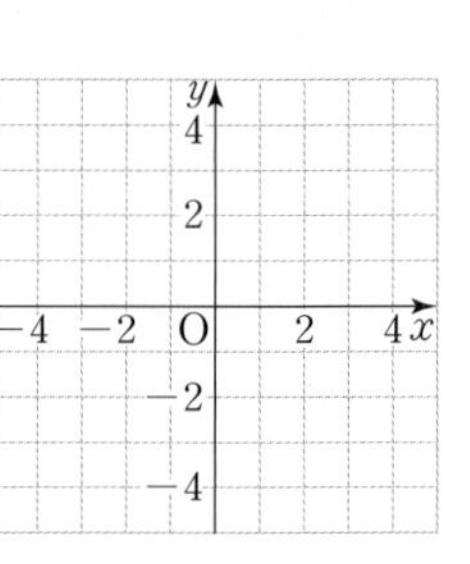

(1) $x=-1$

(2) $4x=12$

(3) $y=0$

(4) $\frac{1}{2}y=-2$

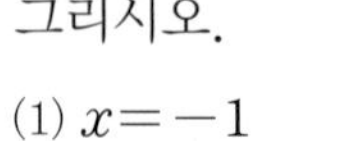

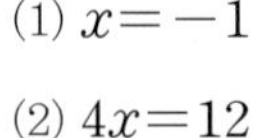

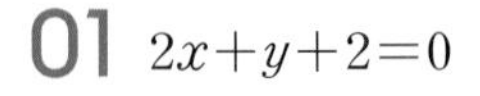

09 오른쪽 좌표평면 위의 그래프 (1)~(4)가 나타내는 직선의 방정식을 각각 구하시오.

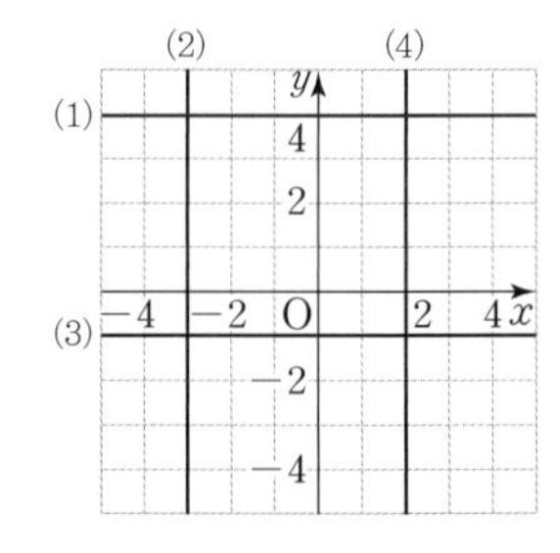

[10 ~ 13] 다음 직선의 방정식을 구하시오.

10 점 $(2, -3)$을 지나고 x축에 평행한 직선

11 점 $(1, -9)$를 지나고 y축에 평행한 직선

12 점 $(-1, 5)$를 지나고 x축에 수직인 직선

13 점 $(-3, -2)$를 지나고 y축에 수직인 직선

맞힌 개수 개/13개

▶ 정답 및 풀이 66쪽

연립방정식의 해와 그래프

연립방정식 $\begin{cases} x+y=3 \\ 2x-y=3 \end{cases}$의 해가 $x=2,\ y=1$이면 점 $(2,\ 1)$은 두 일차함수 $y=-x+3,\ y=2x-3$의 그래프의 교점의 좌표와 같다.

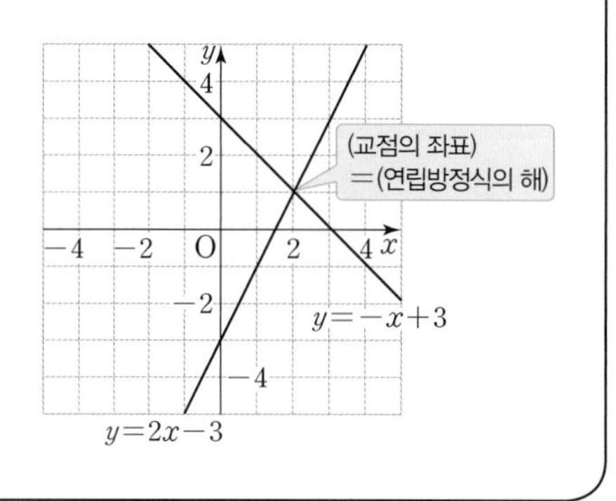

연립방정식 $\begin{cases} x+y=3 \\ 2x-y=3 \end{cases}$의 해 $x=2,\ y=1$	⇄	두 일차함수 $y=-x+3,\ y=2x-3$의 그래프의 교점의 좌표 $(2,\ 1)$

주어진 그래프를 이용하여 연립방정식을 푸시오.

01 $\begin{cases} x-y=0 \\ x+4y=5 \end{cases}$

두 그래프의 교점의 좌표가 (□, □)이므로 연립방정식의 해는 $x=$□, $y=$□

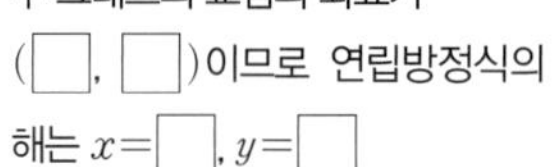

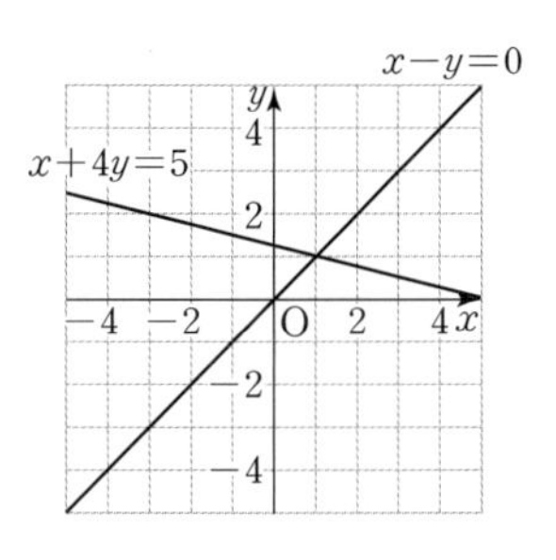

02 $\begin{cases} x-3y=-2 \\ 2x+y=-4 \end{cases}$

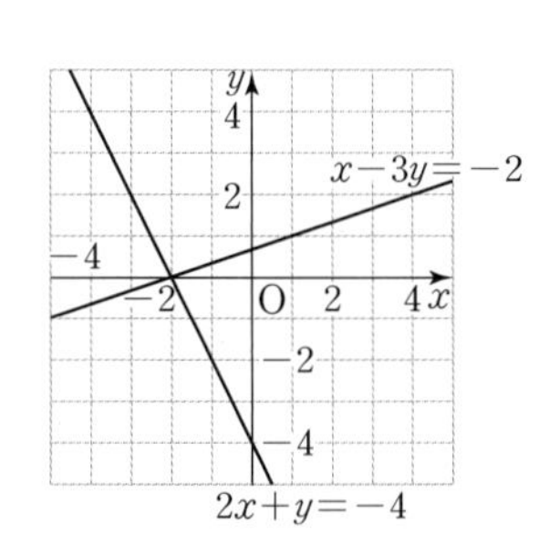

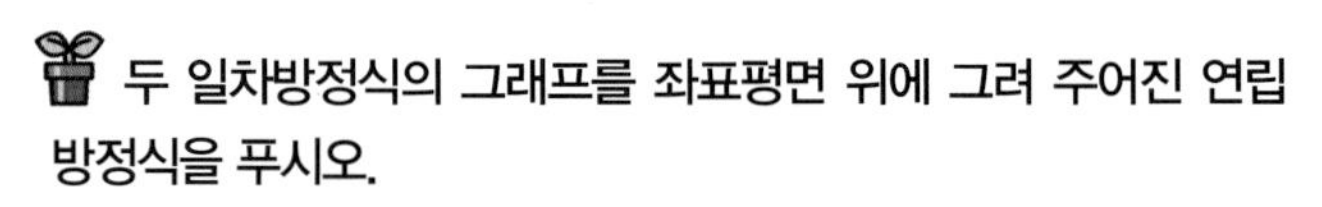

두 일차방정식의 그래프를 좌표평면 위에 그려 주어진 연립방정식을 푸시오.

03 $\begin{cases} 2x-y=-1 \\ 3x+y=6 \end{cases}$

각 일차방정식을 $y=ax+b$의 꼴로 나타내면 $\begin{cases} y=2x+1 \\ y=-3x+6 \end{cases}$

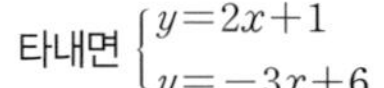

그래프를 그리면 오른쪽 그림과 같이 두 그래프의 교점의 좌표가 (□, □)이므로 연립방정식의 해는 $x=$□, $y=$□

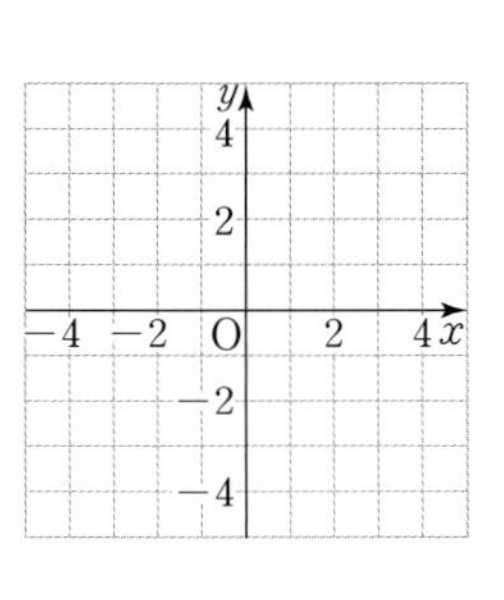

04 $\begin{cases} 2x+5y=8 \\ -x+y=3 \end{cases}$

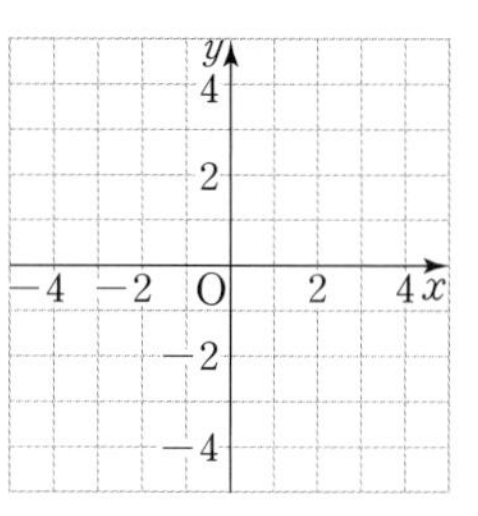

05 $\begin{cases} x-y=5 \\ 3x+y=3 \end{cases}$

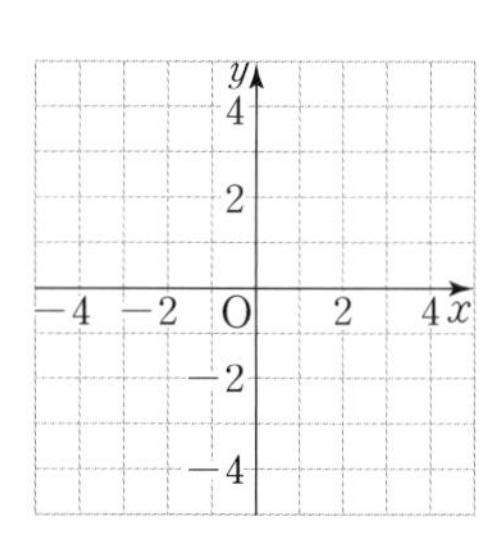

다음 연립방정식에서 두 일차방정식의 그래프가 주어진 그림과 같을 때, 상수 a, b의 값을 각각 구하시오.

06 $\begin{cases} ax-y=3 \\ x+by=4 \end{cases}$

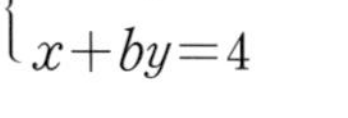

두 그래프의 교점의 좌표가 (2, □)이므로 연립방정식의 해는 $x=$□, $y=$□

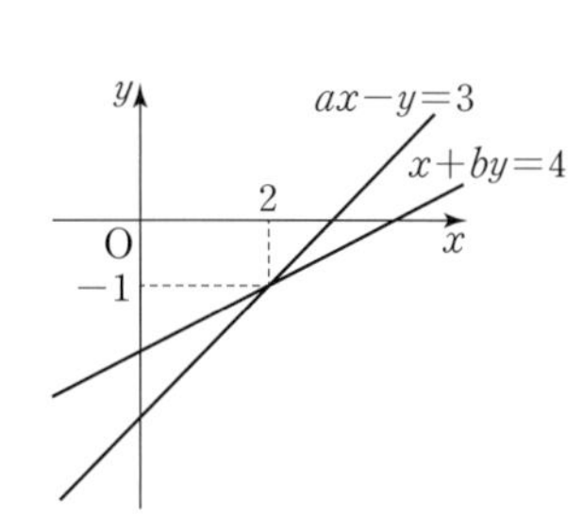

07 $\begin{cases} 2x+3y=b \\ x-ay=-4 \end{cases}$

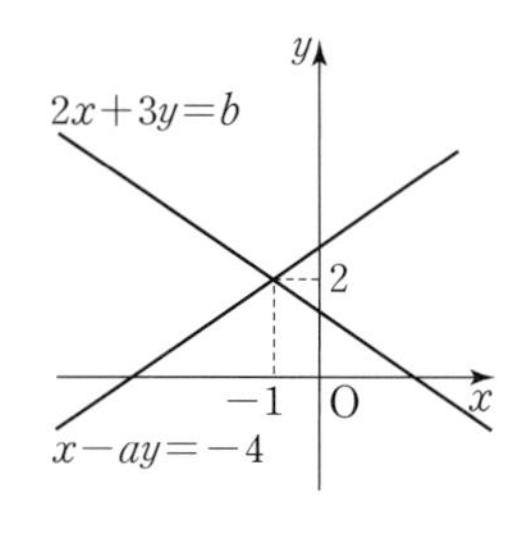

▶ 정답 및 풀이 66쪽

연립방정식의 해의 개수와 그래프

연립방정식	$\begin{cases} x+y=-3 \\ 2x-y=0 \end{cases}$	$\begin{cases} x+y=4 \\ 2x+2y=2 \end{cases}$	$\begin{cases} x+y=2 \\ 2x+2y=4 \end{cases}$
두 일차방정식의 그래프의 위치 관계	한 점에서 만난다.	평행하다.	일치한다.
두 그래프의 교점	한 개	없다.	무수히 많다.
연립방정식의 해	한 쌍	해가 없다.	해가 무수히 많다.
기울기와 y절편	기울기가 다르다.	기울기는 같고, y절편은 다르다.	기울기와 y절편이 각각 같다.

두 일차방정식의 그래프를 좌표평면 위에 그려 주어진 연립방정식을 푸시오.

01 $\begin{cases} 4x+2y=-8 \\ 2x+y=-4 \end{cases}$

각 방정식을 $y=ax+b$ 꼴로 나타내면

$\begin{cases} y=-2x-4 \\ y=\square \end{cases}$

그래프를 그리면 오른쪽 그림과 같으므로 두 그래프는 (일치한다, 평행하다).

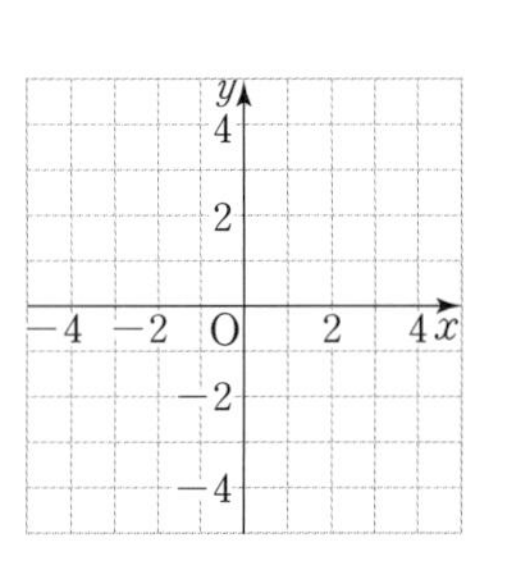

02 $\begin{cases} x+2y=-3 \\ 2x+y=3 \end{cases}$

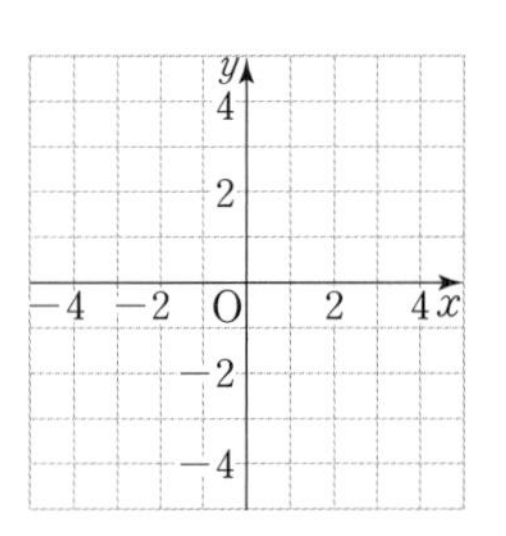

03 $\begin{cases} 3x+y=2 \\ 6x+2y=-4 \end{cases}$

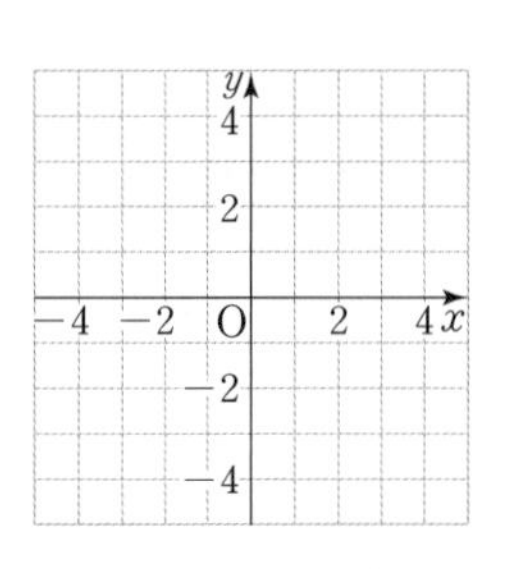

다음 연립방정식의 해가 없을 때, 상수 a의 값을 구하시오.

04

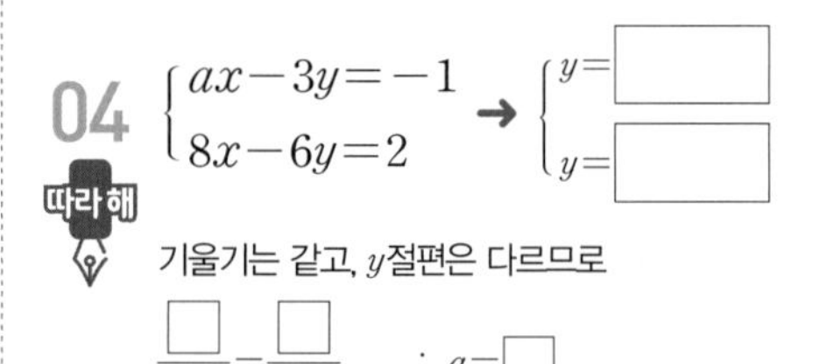

$\begin{cases} ax-3y=-1 \\ 8x-6y=2 \end{cases}$ → $\begin{cases} y=\square \\ y=\square \end{cases}$

따라해

기울기는 같고, y절편은 다르므로

$\frac{\square}{3}=\frac{\square}{3}$ $\therefore a=\square$

05 $\begin{cases} 2x-y=5 \\ ax+2y=2 \end{cases}$

다음 연립방정식의 해가 무수히 많을 때, 상수 a, b의 값을 각각 구하시오.

06

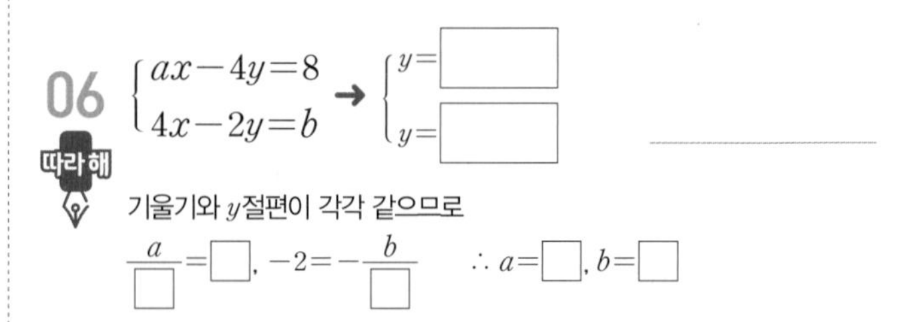

$\begin{cases} ax-4y=8 \\ 4x-2y=b \end{cases}$ → $\begin{cases} y=\square \\ y=\square \end{cases}$

따라해

기울기와 y절편이 각각 같으므로

$\frac{a}{\square}=\square$, $-2=-\frac{b}{\square}$ $\therefore a=\square, b=\square$

07 $\begin{cases} -x+3y=b \\ ax-9y=-18 \end{cases}$

▶ 정답 및 풀이 67쪽

[01 ~ 03] 두 일차방정식의 그래프를 좌표평면 위에 그려 주어진 연립방정식을 푸시오.

01 $\begin{cases} x-y=1 \\ 3x+y=3 \end{cases}$

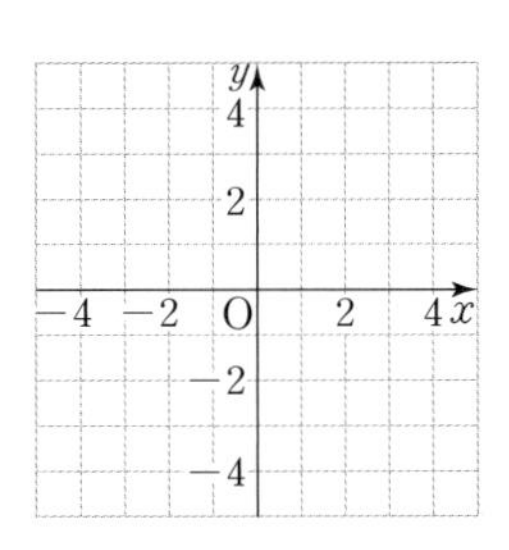

02 $\begin{cases} x+3y=7 \\ x-2y=2 \end{cases}$

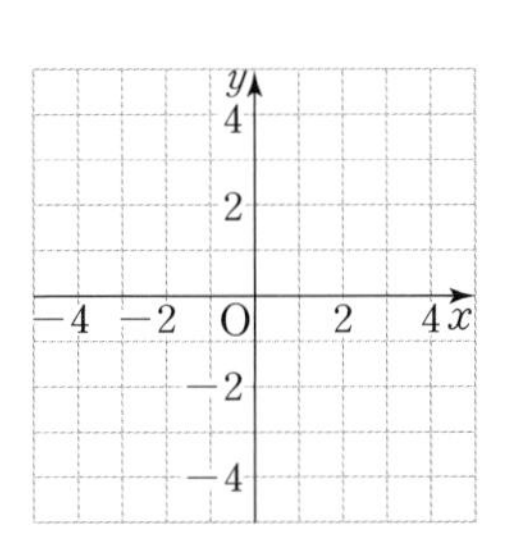

03 $\begin{cases} x-y=-4 \\ x+2y=5 \end{cases}$

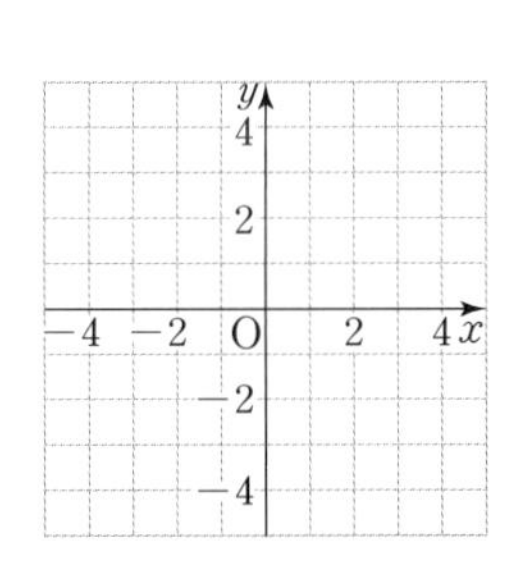

[04 ~ 06] 다음 연립방정식에서 두 일차방정식의 그래프가 주어진 그림과 같을 때, 상수 a, b의 값을 각각 구하시오.

04 $\begin{cases} ax+y=7 \\ 2x-y=b \end{cases}$

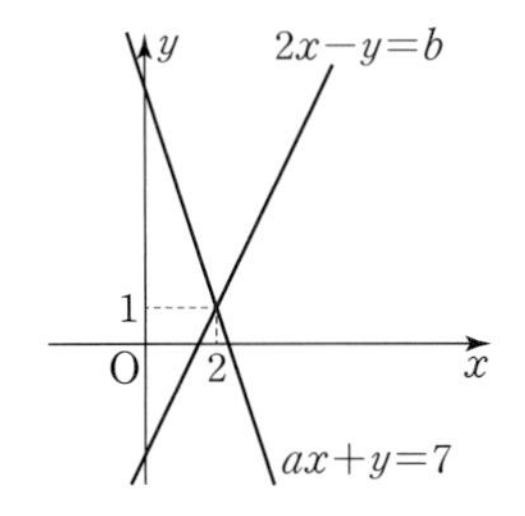

05 $\begin{cases} x+y=a \\ bx-2y=5 \end{cases}$

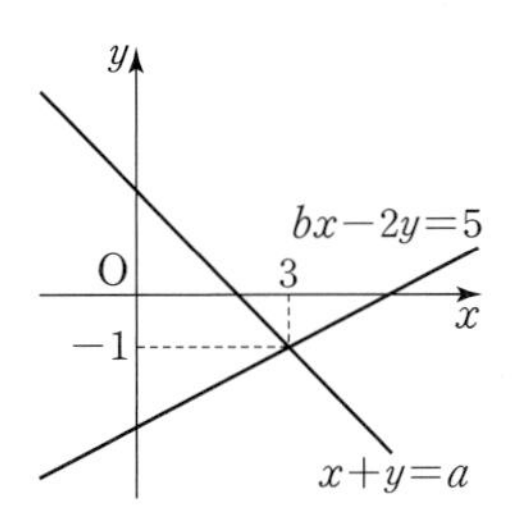

06 $\begin{cases} ax+3y=4 \\ -2x+y=b \end{cases}$

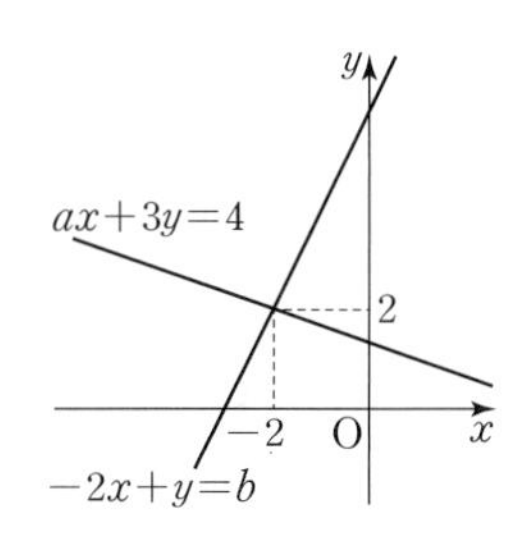

[07 ~ 09] 연립방정식 $\begin{cases} x-ay=-2 \\ 3x-y=b \end{cases}$에서 각 일차방정식의 그래프가 다음과 같은 관계일 때, 상수 a, b의 조건을 구하시오.

07 평행할 때

08 일치할 때

09 한 점에서 만날 때

[10 ~ 12] 연립방정식 $\begin{cases} 2x-3y=b \\ ax+6y=3 \end{cases}$의 해가 다음과 같을 때, 상수 a, b의 조건을 구하시오.

10 해가 한 쌍일 때

11 해가 없을 때

12 해가 무수히 많을 때

한 번 더 연산테스트는 부록 20쪽에서

맞힌 개수 개/12개

학교 시험 PREVIEW

01

다음 중 일차방정식 $5x-2y-20=0$의 그래프에 대한 설명으로 옳지 않은 것은?

① 직선이다.
② x절편은 4이다.
③ y절편은 -20이다.
④ 점 $(2,\ -5)$를 지난다.
⑤ $y=\frac{5}{2}x$의 그래프와 평행하다.

02

일차방정식 $2x+3y=12$를 일차함수 $y=ax+b$의 꼴로 나타낼 때, ab의 값은?

① -5　② -3　③ $-\frac{8}{3}$
④ $\frac{7}{3}$　⑤ $\frac{10}{3}$

03

다음 일차방정식의 그래프 중 기울기가 다른 하나는?

① $-2x+y+3=0$　② $4x=2y-6$
③ $2x-3-y=0$　④ $6x-2y=2$
⑤ $6x-3y=3$

04

일차방정식 $ax+by-24=0$의 그래프가 오른쪽 그림과 같을 때, 상수 a, b에 대하여 $a+b$의 값은?

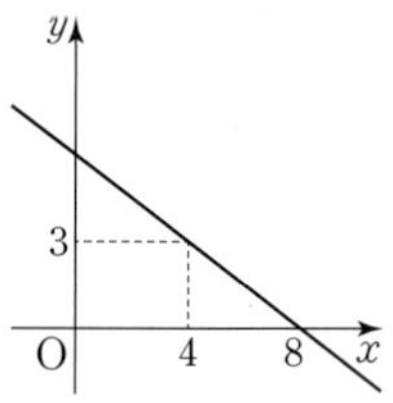

① -5　② -1
③ 0　④ 2
⑤ 7

05

다음 중 일차방정식 $2x-6=0$의 그래프는?

①
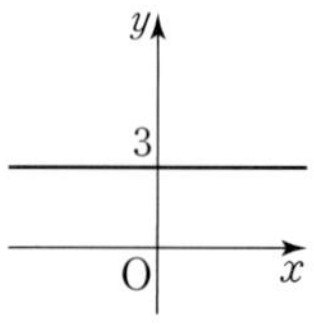

②
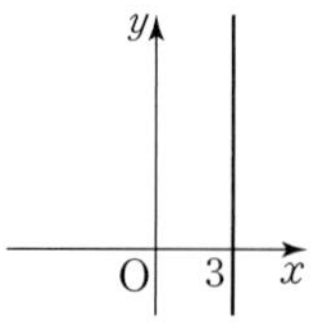

③
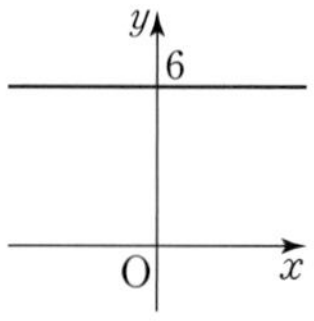

④
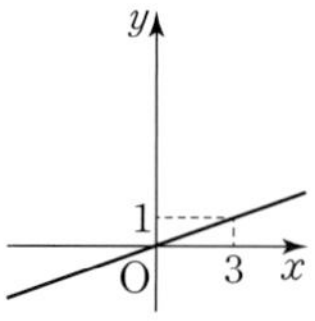

⑤
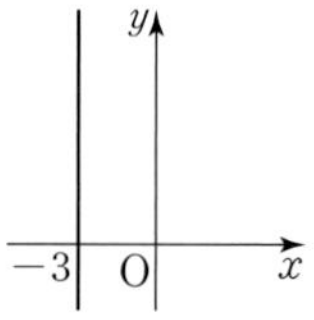

06

점 $(-2,\ 6)$을 지나고 y축에 수직인 직선의 방정식은?

① $y=6$　② $x=-2$　③ $y=-3$
④ $-2x=6$　⑤ $3y=-6$

07

두 점 $(-5,\ -k-6)$, $(1,\ 3k+2)$를 지나는 직선이 x축과 평행할 때, k의 값은?

① -3 ② -2 ③ -1
④ 2 ⑤ 3

08

다음 그림에서 연립방정식 $\begin{cases} x+y=-1 \\ -3x+9y=3 \end{cases}$의 해를 나타내는 점은?

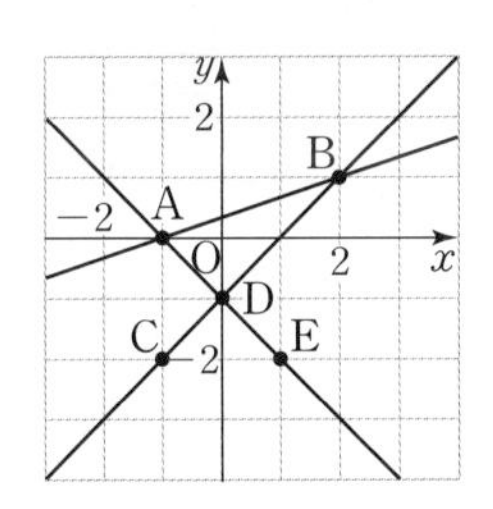

① A ② B ③ C
④ D ⑤ E

09 80% 출제율

연립방정식 $\begin{cases} x-y=2 \\ 2x+3y=k \end{cases}$의 각 일차방정식의 그래프가 오른쪽 그림과 같을 때, 상수 k의 값은?

① 5 ② 6
③ 7 ④ 8
⑤ 9

10

연립방정식 $\begin{cases} ax+4y=4 \\ 3x+by=2 \end{cases}$의 해가 무수히 많을 때, $a-b$의 값은? (단, a, b는 상수)

① 2 ② 3 ③ 4
④ 5 ⑤ 6

11 실수 주의

다음 연립방정식 중에서 해가 없는 것은?

① $\begin{cases} x-2y=3 \\ 2x-y=3 \end{cases}$ ② $\begin{cases} x-y=2 \\ x+y=1 \end{cases}$

③ $\begin{cases} x-y=2 \\ 2x-y=4 \end{cases}$ ④ $\begin{cases} 3x-2y=1 \\ 6x-4y=1 \end{cases}$

⑤ $\begin{cases} -x+y=3 \\ x-y=-3 \end{cases}$

12 서술형

연립방정식 $\begin{cases} 2x+y=-1 \\ -x+y=5 \end{cases}$를 그 그래프를 이용하여 푸시오.

채점 기준 1 $y=ax+b$의 꼴로 변형하기

채점 기준 2 두 일차함수의 그래프 그리기

채점 기준 3 그래프를 이용하여 연립방정식 풀기

모양이 다른 그림 하나를 찾아봐.

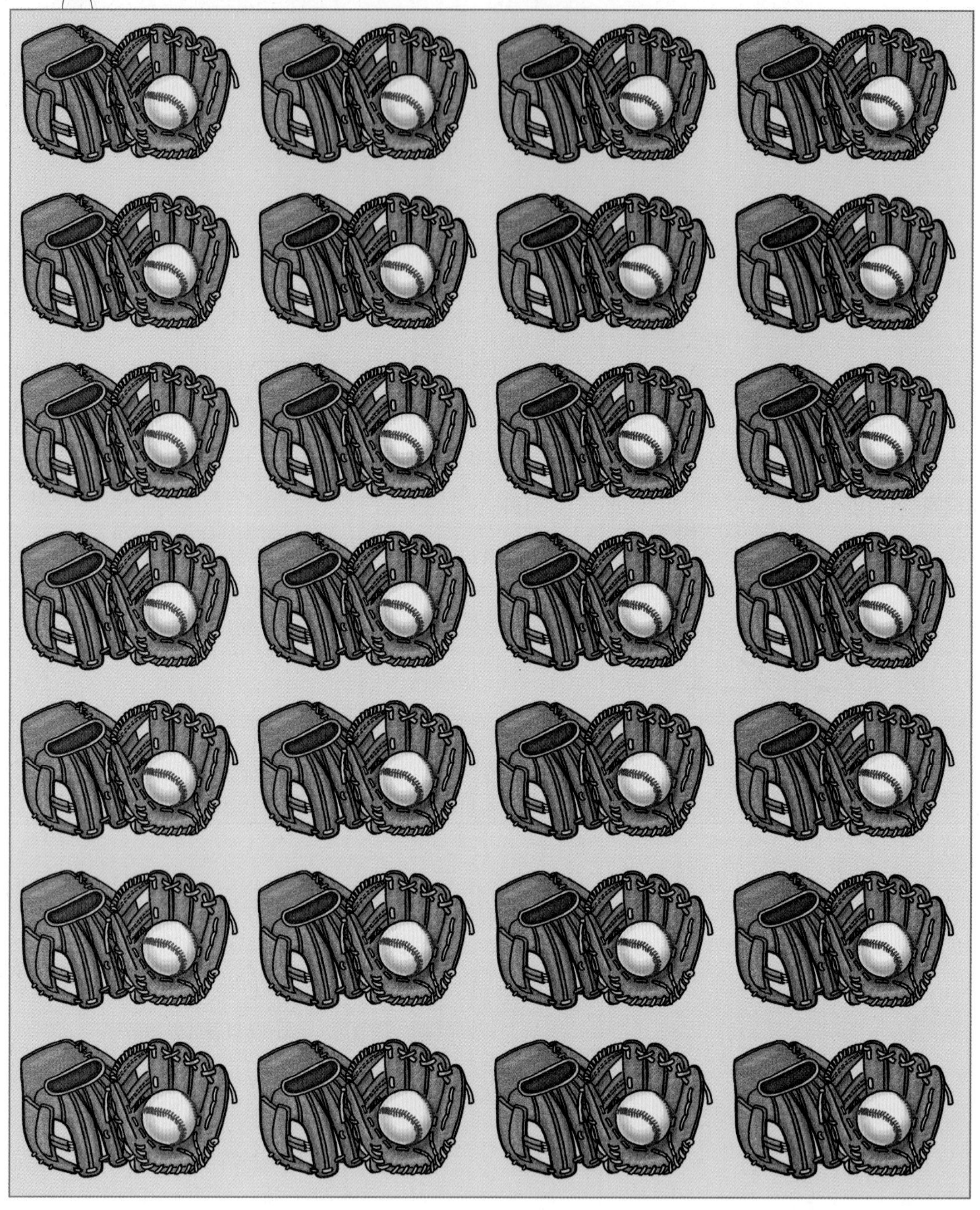

4번째 줄의 2번째 그림이야!

수
매씽
MATHING
개념
연산

내신을 위한 강력한 한 권!

정답 및 풀이

중학 수학 2·1

동아출판

모바일 빠른 정답
QR 코드를 찍으면 정답 및 풀이를
쉽고 빠르게 확인할 수 있습니다.

빠른 정답

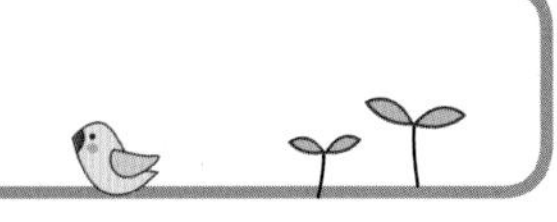

I 수와 식의 계산

1. 유리수와 순환소수

01 유리수 8쪽

01 ㄴ
02 ㄴ, ㄷ, ㅅ
03 ㄱ, ㄹ, ㅁ, ㅂ, ㅇ
04 ㄴ, ㅁ, ㅂ, ㅇ
05 ㄱ, ㄹ, ㅅ
06 ㄱ, ㄴ, ㄷ, ㄹ, ㅁ, ㅂ, ㅅ, ㅇ
07 ㄱ, ㄷ, ㅂ
08 ㄱ, ㄷ, ㅂ, ㅇ
09 ㄴ, ㄹ, ㅁ, ㅅ
10 ㄱ, ㄷ, ㄹ, ㅁ, ㅂ
11 ㄴ, ㅅ, ㅇ
12 ㄱ, ㄴ, ㄷ, ㄹ, ㅁ, ㅂ, ㅅ, ㅇ

02 유한소수와 무한소수 9쪽

01 무 무한, 무한
02 유
03 무
04 유
05 유
06 무
07 무
08 0.75, 유
09 −0.666…, 무
10 0.777…, 무
11 1.875, 유
12 0.272727…, 무
13 −0.857142…, 무
14 0.32, 유

03 유한소수를 분수로 나타내기 10쪽

01 $\frac{3}{10}$
02 $\frac{2}{25}$
03 $\frac{13}{50}$
04 $\frac{5}{4}$
05 $\frac{11}{8}$
06 $\frac{57}{40}$
07 4, 2, 5, $\frac{2}{5}$, 5
08 $\frac{1}{4}$, 2
09 $\frac{9}{50}$, 2, 5
10 $\frac{46}{25}$, 5
11 $\frac{11}{40}$, 2, 5
12 $\frac{13}{8}$, 2

04 10의 거듭제곱을 이용하여 분수를 소수로 나타내기 11쪽

01 5, 25, 2.5
02 2^2, 8, 0.08
03 2, 2, 18, 0.18
04 5^2, 5^2, 175, 0.175
05 5, 5, 55, 0.055
06 0.6
07 0.25
08 0.525
09 0.16
10 0.036

05 유한소수로 나타낼 수 있는 분수 12쪽~13쪽

01 $\frac{2}{5}$, 5, 있다
02 $\frac{7}{2^2\times3}$, 2, 3, 없다
03 $\frac{3}{20}$, $\frac{3}{2^2\times5}$, 2, 5, 있다
04 $\frac{5}{14}$, $\frac{5}{2\times7}$, 2, 7, 없다
05 ○
06 ○
07 ×
08 ○
09 ×
10 ×
11 ○
12 ×
13 ○
14 ×
15 ×
16 ○
17 3 2, 5, 3, 3, 3
18 9
19 7
20 9
21 11
22 21

10분 연산 TEST 14쪽

01 유
02 무
03 무
04 유
05 유
06 1.25, 유
07 0.5333…, 무
08 −0.148148…, 무
09 0.375, 유
10 0.111…, 무
11 5^3, 5^3, 625, 0.625
12 5, 5, 95, 0.95
13 25, 2^2, 2^2, 8, 0.08
14 ×
15 ○
16 ○
17 ×
18 7
19 3

06 순환소수 15쪽~16쪽

01 ○ 첫, 3, 순환
02 ○
03 ×
04 ○
05 ○
06 ×
07 5
08 23
09 7
10 61
11 789
12 28
13 $0.\dot{2}$ 2, $0.\dot{2}$
14 $0.\dot{2}\dot{8}$
15 $1.\dot{3}2\dot{5}$
16 $0.7\dot{1}$
17 $3.0\dot{9}\dot{6}$
18 $2.71\dot{8}0\dot{5}$
19 $1.\dot{3}4\dot{1}$
20 1 2, 2, 1
21 2
22 2 2, 2, 1, 1, 2
23 2
24 0

07 순환소수로 나타낼 수 있는 분수 17쪽

01 18, 0.222…, 2, $0.\dot{2}$
02 0.8333…, $0.8\dot{3}$
03 0.636363…, $0.\dot{6}\dot{3}$
04 0.081081…, $0.\dot{0}8\dot{1}$
05 순 7, 순환소수
06 순
07 유
08 유
09 순
10 순

08 10의 거듭제곱을 이용하여 순환소수를 분수로 나타내기 (1) 18쪽~19쪽

01 10, 9, 7, $\frac{7}{9}$
02 100, 99, 111, 111, $\frac{37}{33}$
03 1000, 810, 999, 810, 810, $\frac{30}{37}$
04 $\frac{4}{9}$
05 $\frac{5}{3}$
06 $\frac{32}{9}$
07 $\frac{3}{11}$
08 $\frac{76}{99}$
09 $\frac{131}{99}$
10 $\frac{17}{11}$
11 $\frac{115}{333}$
12 $\frac{40}{37}$
13 $\frac{137}{111}$
14 ㄱ
15 ㄷ
16 ㄴ
17 ㄴ
18 ㄱ
19 ㄷ

09 10의 거듭제곱을 이용하여 순환소수를 분수로 나타내기 (2) 20쪽~21쪽

01 10, 100, 90, 47, $\frac{47}{90}$
02 10, 1000, 1000, 10, 990, 235, 235, $\frac{47}{198}$
03 100, 1000, 1000, 100, 900, 932, 932, $\frac{233}{225}$
04 $\frac{2}{15}$
05 $\frac{71}{45}$
06 $\frac{329}{90}$
07 $\frac{214}{495}$
08 $\frac{89}{330}$
09 $\frac{129}{55}$
10 $\frac{463}{900}$
11 $\frac{41}{12}$
12 ㄱ
13 ㄴ
14 ㄷ
15 ㄷ
16 ㄱ
17 ㄴ

10 공식을 이용하여 순환소수를 분수로 나타내기 (1) 22쪽

01 9, $\frac{1}{3}$
02 $\frac{5}{9}$
03 $\frac{8}{33}$
04 $\frac{169}{333}$
05 $\frac{127}{333}$
06 15, 1, $\frac{14}{9}$
07 $\frac{31}{9}$
08 $\frac{34}{3}$
09 $\frac{199}{99}$
10 $\frac{475}{333}$

11 공식을 이용하여 순환소수를 분수로 나타내기 (2) 23쪽

01 23, 2, 21, $\frac{7}{30}$
02 $\frac{16}{45}$
03 $\frac{56}{45}$
04 257, 2, 255, $\frac{17}{66}$
05 $\frac{25}{198}$
06 $\frac{611}{495}$
07 $\frac{827}{165}$
08 351, 35, 316, $\frac{79}{225}$
09 $\frac{5}{36}$
10 $\frac{101}{75}$

12 유리수와 소수의 관계 24쪽

01 ○ 순환, 65, $\frac{65}{99}$
02 ○
03 ×
04 ○
05 ○
06 ×
07 × 없다
08 ○
09 ○
10 ×
11 ×
12 ×

10분 연산 TEST 25쪽

01 6, $2.\dot{6}$
02 57, $0.0\dot{5}\dot{7}$
03 41, $3.\dot{4}\dot{1}$
04 213, $0.\dot{2}1\dot{3}$
05 9
06 2
07 $2.\dot{2}$
08 $0.\dot{2}\dot{7}$
09 $0.\dot{4}8\dot{1}$
10 $0.2\dot{4}$
11 순
12 유
13 순
14 유
15 $\frac{73}{99}$
16 $\frac{49}{333}$
17 $\frac{139}{90}$
18 $\frac{29}{198}$
19 ○
20 ×
21 ○

학교 시험 PREVIEW 26쪽~27쪽

01 ④
02 ④
03 ②
04 ⑤
05 ③
06 ⑤
07 ③
08 ③
09 ③
10 ③
11 ④
12 3

2. 단항식의 계산

01 거듭제곱 30쪽

01 3, 5
02 $\frac{1}{4}$, 3
03 x, 8
04 11, a
05 3
06 7^5
07 $\left(\frac{1}{3}\right)^3$
08 x^5
09 3, 2
10 $3^3\times7^4$
11 $\left(\frac{1}{5}\right)^3\times\left(\frac{2}{11}\right)^2$
12 $\frac{1}{2^2\times7^2\times13}$
13 a^3b^4
14 x^3y^2

02 지수법칙 (1) - 지수의 합 31쪽

01 5, 7
02 2^6
03 x^9
04 y^{17}
05 b^9
06 2, 3, 6
07 2^7
08 b^{10}
09 x^{21}
10 a^{11}
11 b^{10}
12 2, 3, 4, 4
13 $2^4\times3^5$
14 a^3b^7
15 4, 2, 7, 2
16 a^8b^6
17 x^7y^{11}

03 지수법칙 (2) - 지수의 곱 32쪽

01 2, 6
02 3^{12}
03 x^8
04 y^{30}
05 2, 2, 6, 4, 10
06 2^{13}
07 a^{10}
08 b^{14}
09 x^{20}
10 2, 2, 4, 6, 9, 6
11 $x^{16}y^8$
12 $a^{12}b^9$
13 2, 3, 4, 6, 8, 12, 14, 12
14 $a^{17}b^{15}$
15 $a^{24}b^{12}$

04 지수법칙 (3) - 지수의 차 33쪽

01 3, 3, 1, 2, 2
02 3^2
03 1
04 $\frac{1}{2^2}$
05 x^5
06 1
07 $\frac{1}{x^5}$
08 2, 4, 4, 2
09 $\frac{1}{a}$
10 x^2
11 1, 2, 5, 2, 3
12 4
13 x^5
14 $\frac{1}{b^6}$

05 지수법칙 (4) - 지수의 분배 34쪽

01 2, 2, 2, 2, 4, 2
02 a^4b^4
03 x^3y^6
04 a^4b^6
05 3, 3, 8, 6
06 $9a^6$
07 $-x^5y^5$
08 $4a^8b^4$
09 2, 2, 4, 2
10 $\frac{b^3}{a^3}$
11 $\frac{x^2}{y^4}$
12 $\frac{a^6}{b^9}$
13 3, 3, 3, 8, 6, 3
14 $\frac{a^8}{9}$
15 $\frac{16y^4}{x^{12}}$
16 $-\frac{a^6}{8b^3}$

06 지수법칙을 이용하여 □ 안에 알맞은 수 구하기 35쪽

01 4
02 5
03 4
04 7
05 3
06 5
07 3
08 4
09 6
10 4
11 8
12 5
13 3
14 4
15 5
16 2

10분 연산 TEST 36쪽

01 2^7
02 x^{10}
03 a^6
04 x^7y^3
05 3^{15}
06 a^{12}
07 x^9
08 $a^{14}b^{12}$
09 $\frac{1}{x^4}$
10 a^3
11 1
12 $\frac{1}{b^{15}}$
13 x^2y^4
14 $81a^{12}b^4$
15 $\frac{x^{15}}{y^{10}}$
16 $-\frac{27a^9}{8b^3}$
17 3
18 5
19 4, 3
20 2, 3

07 단항식의 곱셈 37쪽~38쪽

01 2, 6, 2, 6, $12ab$
02 $20xy$
03 $18ab$
04 $-24ab$
05 $10xy$
06 $-8ab^2$
07 $-2x^2y$
08 2, 4, 2, 4, $8x^4$
09 $-15a^3$
10 $-8b^5$
11 3, 2, 3, 2, $6x^2y^3$
12 $-6x^3y$
13 $\frac{1}{3}x^3y^2$
14 $-10a^2b^3$
15 $-12a^3b^5$
16 $\frac{1}{2}x^3y^4$
17 2, 3, 2, 3, $6x^5y^4$
18 $60a^5b^3$
19 $-8x^3y^4$
20 $-24x^4y^4$
21 2, 2, 4, 2, $4a^5b^2$
22 $2a^7$
23 $48x^4y$
24 $-45x^2y$
25 $-4x^4y$
26 $-27a^4b^4$
27 $6x^8y^5$
28 $-8a^7b^8$
29 $12x^7y^3$
30 $-8a^6b^3$
31 $\frac{3}{2}x^8y^6$
32 $-2x^{10}y^{10}$
33 $64a^{10}b^{10}$

08 단항식의 나눗셈 39쪽~40쪽

01 $6a^2$, 6, a^2, $2a$
02 $-3a^2$
03 $-5x^2$
04 $\frac{y}{2x^2}$
05 $2a^3b$
06 $\frac{1}{2y}$
07 $-4a$
08 $-\frac{1}{3y}$
09 2, $5x$, $\frac{2}{5}$, x, $4x$
10 $8a^2$
11 $-5x$
12 $8a$
13 $6y^2$
14 $-10a$
15 $-\frac{16x}{y}$
16 x^4y
17 $9x^3$, x
18 24
19 $2x^2y$
20 $-2a^3b$
21 $-\frac{3b^2}{a^3}$
22 $\frac{32a^7}{b^4}$
23 $\frac{2}{5}x^2$
24 $-12x^2y^3$
25 $-32ab^3$
26 xy^2, $3x$, 3, xy^2, $3y$
27 -2
28 $-\frac{3}{x}$
29 $-\frac{b^2}{a^2}$
30 $2x^2y^3$
31 -24
32 $-\frac{1}{6}y$
33 $\frac{27b^4}{a}$

09 단항식의 곱셈과 나눗셈의 혼합 계산 41쪽

01 $\frac{1}{8x^2}$, $\frac{1}{8}$, $\frac{1}{x^2}$, x^2y
02 $-10xy$
03 $3y^2$
04 $\frac{1}{3xy}$, $\frac{1}{3}$, $\frac{1}{xy}$, $\frac{4y^2}{3x}$
05 $\frac{5}{2}a$
06 $\frac{6b^3}{a}$
07 $-\frac{12}{xy^4}$
08 $2a^3$
09 $-\frac{8}{7}ab^2$
10 $\frac{20}{xy}$
11 $\frac{27}{2}x^2y^3$
12 $3ab^3$
13 $-10x^5y^8$
14 $-\frac{24a}{b^3}$
15 $12a^3b^2$

10 □ 안에 알맞은 단항식 구하기 42쪽

01 $5b^3$
02 $2x^3y^2$
03 $-3a^6b^5$
04 $2x^2y^2$
05 $-3a^4b$
06 $\frac{1}{3}y^3$
07 $4xy^3$, 4, x, y^3, $24x^3y^5$
08 $3a^4b^3$
09 $2x^2y^3$, $2x^2y^3$, $12x^3y$
10 $2b^5$

10분 연산 TEST 43쪽

01 $15a^2b$
02 $12x^5y$
03 $-6a^5b^4$
04 $12x^3y^5$
05 $-8a^4b^7$
06 $4a^8b^8$
07 a
08 $3x^2$
09 $-4a^3$
10 $-\frac{y^{10}}{18x}$
11 $-3a$
12 $2x^2y^3$
13 $4x^2$
14 $17x^3y$
15 $\frac{1}{3}x^3y^5$
16 $-12y^2$
17 $-54a^5b^8$
18 $3xy^2$
19 $4y^3$
20 $-18a^3b^4$

학교 시험 PREVIEW 44쪽~45쪽

01 ②
02 ④
03 ④
04 ②
05 ①
06 ⑤
07 ②
08 ②
09 ①
10 ④
11 $3b$ cm
12 $a=1$, $b=3$, $c=3$

3. 다항식의 계산

01 다항식의 덧셈과 뺄셈 47쪽~48쪽

01 $4a$, $5b$, 6, 8
02 $2a+b$
03 $5x-4y$
04 $-4a-2b$
05 $4x-2y+2$
06 $10a-4b$
07 $8x-y$
08 $5a$, $2b$, 2, 2
09 $-a+5b$
10 $-3x-4y$
11 $-a+3b$
12 $-3x+5$
13 $a+8b$
14 $-4x-3y$
15 2, 3, 3, 9, 7
16 $\frac{7}{4}a+b$
17 $-\frac{1}{6}x+\frac{1}{3}y$
18 2, 4, 2, 6, 4, $-\frac{1}{4}$, $\frac{7}{4}$
19 $\frac{7}{15}x-\frac{4}{5}y$
20 $\frac{7}{12}a+2b$
21 2, $3y$, 2, 3, 3
22 $a+2$
23 $-9x+8y$
24 $2b$, $4a$, $4a$, $5b$, 4, 5, 11, 5
25 $3x+y$
26 $-3a+b$

02 이차식의 덧셈과 뺄셈 49쪽~50쪽

01 ○ a^2, 2
02 ○
03 ×
04 ○
05 ○
06 ×
07 ○
08 x^2, 1, $4x^2+x+1$
09 $3a^2-3a+4$
10 $4x^2-x-1$
11 a^2-2a+2
12 $4x^2-1$
13 $-a^2+6a+2$
14 3, 3, $-2a^2+3a+2$
15 $3x^2+5x+2$
16 $-a^2+5a+6$
17 $-3a^2+8a-3$
18 $2x^2-2$
19 x^2+x+2
20 $-a^2+7a-6$
21 3, 8, 2, 11, $5x^2-8x+11$
22 $-2a^2+a-6$
23 $-7x+10$
24 $6a^2+3a-1$
25 $-x^2+4x+1$
26 $-6a^2+4a$

03 □ 안에 알맞은 식 구하기 51쪽

01 $5a-4b$
02 $3x-2y$
03 $-3x+y$
04 $-a+3b$
05 $3a-2b-5$
06 $4x-3y+3$
07 $2a^2-3a$
08 $2x^2-6x+4$
09 $5a^2+3a-2$
10 $-3x^2+2x-3$

10분 연산 TEST 52쪽

01 $x-3y$
02 $4a+4b-2$
03 $4x-9y$
04 $\frac{7}{6}x+\frac{7}{6}y$
05 $-a-11b$
06 $6x+4y-6$
07 $17a-19b$
08 $-\frac{7}{4}x-3y$
09 $3a^2-4a+1$
10 x^2-7x-1
11 $-4a^2+2a+3$
12 $-2x^2-x+11$
13 $2x-y$
14 $-2a^2+7a$
15 $3x^2-6x-1$
16 $-2a^2-a+6$
17 $3a+5b$
18 $-3x+4y-1$
19 a^2-5a+6
20 $5x^2-6x+3$

04 단항식과 다항식의 곱셈 53쪽

01 $2a,\ b,\ 6a^2+3ab$
02 $20x+15xy$
03 $6a^2-12ab$
04 $2x^2+4x$
05 $8ab-20b^2$
06 $3x^2-21xy+6x$
07 $2a^2-4ab-10a$
08 $2x,\ 5,\ 2,\ 5$
09 $2a^2-8a$
10 $3xy-12x^2$
11 $-4ab+3b^2$
12 $xy-2y^2+9y$
13 $-10x^2+6xy-2x$
14 $-2a^2-6ab+4a$

05 단항식과 다항식의 나눗셈 54쪽

01 $x,\ x,\ x,\ 3y-5$
02 $2x-\frac{3}{2}$
03 $4a-1$
04 $3a+5b$
05 $-2y+9$
06 $4ab+3b$
07 $\frac{2}{x},\ \frac{2}{x},\ \frac{2}{x},\ 2x-6$
08 $12x-4$
09 $-3b+27a$
10 $-5x-15y$
11 $6x+3xy$
12 $12ab^2-20a$

06 단항식과 다항식의 곱셈과 나눗셈의 응용 55쪽

01 $xy+4x$
02 $15ab-20b^2$
03 $6a^2b+3ab^2$
04 $-12x^3y-8xy^2$
05 $x-2$
06 $2x+3y$ / $2x,\ 2x,\ 2x,\ 2,\ 3$
07 $4a^2b$
08 $2a-ab$
09 $\frac{1}{2}x+3y$

07 다항식의 혼합 계산 56쪽

01 $8ab,\ 3ab,\ 2a^2+5ab$
02 $-x^2-12x$
03 $3a,\ -2a,\ 3,\ 6,\ -6a+9$
04 $10x-11y$
05 $15a+4b$
06 $4x^2,\ 4x^2,\ 15x,\ 2,\ 15x,\ 7x^2-15x+2$
07 $-3a^2+4a-3b$
08 $-13x^2+8x$
09 $-5xy^2+2xy+3$
10 $-ab^2-5b^3$

08 식의 대입 57쪽

01 $1,\ -2,\ 1$
02 -4
03 12
04 42
05 $y+1,\ -2y$
06 $5y+4$
07 $3y+1$
08 $-x+5$
09 $-4x+12$
10 $a-2b,\ 3a-b$
11 $a+3b$
12 $5b$
13 $-5a-5b$
14 $10a+10b$

10분 연산 TEST 58쪽

01 $6x^2+24xy+12x$
02 $-4x^3+6x^2-2x$
03 $2a^2+4$
04 $2xy-3$
05 $-3ab^2+5b$
06 $25x-15$
07 $-18x+12y+6$
08 $12a^2-13ab$
09 $x-y$
10 $5ab-3a+2b$
11 $2a-4b-1$
12 x^2y-xy^2
13 $3a^2-12a$
14 0
15 9
16 4
17 $4x$
18 $-x+2$
19 $-8x+10$
20 $2a-b$
21 $8a-3b$

학교 시험 PREVIEW 59쪽

01 ③
02 ⑤
03 ③
04 ①
05 ②
06 ⑤
07 ②
08 18

Ⅱ 부등식과 연립방정식

1. 일차부등식

01 부등식 63쪽

01 ○
02 ×
03 ×
04 ○
05 ×
06 ×
07 ○
08 ×
09 >
10 <
11 ≥
12 ≤
13 $3x-5<7$
14 $1000x\geq 8000$
15 $x-1\leq 2$
16 $200+500x>3000$

02 부등식의 해 64쪽

01 × / 4, 2
02 ○
03 ×
04 ○
05 ×
06 ○
07 ×
08 $-2,\ -1,\ 0$
09 $0,\ 1,\ 2$
10 $1,\ 2$
11 $1,\ 2$
12 $-2,\ -1,\ 0,\ 1$
13 2

03 부등식의 성질 65쪽~66쪽

01 >
02 >
03 >
04 >
05 >
06 <
07 ≤ / ≤, ≤, ≤
08 ≤
09 ≥
10 ≥
11 ≤
12 ≥
13 > / >, >, >
14 ≤
15 ≥
16 >
17 <
18 ≥
19 ≤
20 <
21 $x+3>4$ / >, >
22 $2x>2$
23 $5-x<4$
24 $-2x+1<-1$
25 $2x+1>5$ / 2, 4, 4, 5
26 $3x-2\leq -5$
27 $5-\frac{x}{2}\leq 3$
28 $-\frac{x}{3}+8>10$

10분 연산 TEST 67쪽

01 ○
02 ×
03 ×
04 ○
05 $x+3\leq 10$
06 $\frac{x}{3}\geq 5$
07 $2(x+8)\leq 25$
08 ○
09 ×
10 ×
11 ○
12 $0,\ 1$
13 $0,\ 1$
14 $-2,\ -1,\ 0,\ 1$
15 <
16 <
17 >
18 >
19 $x+3<5$
20 $-\frac{1}{2}x>-1$
21 $-2x+1>-3$

04 일차부등식 68쪽

01 $x>3-2$ / $-$
02 $3x\leq -2+5$
03 $-\frac{1}{2}x<10-4$
04 $-2x-7x\geq 1$
05 $-6x-8x\leq 3-1$
06 $-x+4x>2-5$
07 ○ / 4, 1
08 ○
09 ×
10 ○
11 ×
12 ○

05 일차부등식의 해와 수직선 69쪽

01 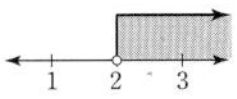
02 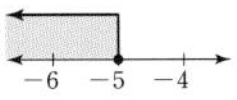
03 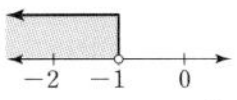
04 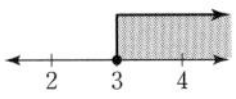
05 $x,\ 1,\ 3,\ 15,\ 5$
06 $x<7$
07 $x\leq -6$
08 $x\leq 3$
09 $x<5$
10 $x<-4$
11 $x\leq 1$, 
12 $x\leq 2$, 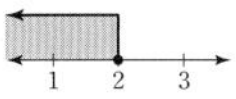
13 $x>2$, 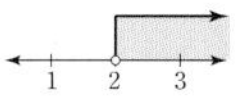

06 괄호가 있는 일차부등식의 풀이 70쪽

01 $10,\ 7x,\ 10,\ 16,\ -8$
02 $x>-5$
03 $x\leq \frac{5}{3}$
04 $x<12$
05 $x\leq -\frac{1}{2}$
06 $x>1$
07 $x>-3$
08 $x\geq 2$
09 $x\leq -9$
10 $x<-5$
11 $x<-2$
12 $x\leq 3$
13 $x<-2$

07 계수가 소수인 일차부등식의 풀이 71쪽

01 $11,\ 11,\ 12,\ 4$
02 $x>1$
03 $x\leq 3$
04 $x>-4$
05 $x\leq 6$
06 $x<10$
07 $x>-5$
08 $x\geq 9$
09 $x>-15$
10 $x\geq 1$
11 $x>2$
12 $x\geq -12$
13 $x<\frac{1}{2}$

08 계수가 분수인 일차부등식의 풀이 72쪽

01 $12,\ 6,\ 3,\ 3,\ 6,\ -,\ 6,\ -1,\ 6$
02 $x>10$
03 $x\leq 2$
04 $x<-6$
05 $x>-10$
06 $x>\frac{8}{3}$
07 $6,\ 2,\ 2,\ 2x,\ 2,\ 5$
08 $x\leq \frac{11}{2}$
09 $x\geq 9$
10 $x\leq 1$
11 $x>6$
12 $x<4$

09 복잡한 일차부등식의 풀이 73쪽

01 $\frac{4}{5},\ 10,\ 20,\ 8,\ 8,\ 20,\ -3,\ 15,\ -3,\ -5$
02 $x<-3$
03 $x\geq -8$
04 $x>14$
05 $x\leq 21$
06 $x>17$
07 $x\leq -\frac{11}{7}$
08 $x\geq \frac{25}{16}$
09 $x<-5$
10 $x\geq 3$

10 문자가 있는 일차부등식 74쪽

01 $x<\frac{3}{a}$ / 3, 양수, 바뀌지 않는다, <
02 $x<1$
03 $x\geq -1$
04 $x\geq -\frac{3}{a}$
05 $x<\frac{2}{a}$ / 2, 음수, 바뀐다, <
06 $x\leq 1$
07 $x\geq 2$
08 $x>\frac{4}{a}$
09 -1 / $3,\ -2,\ -1$
10 7
11 1 / 1, 양수, 1, 1, 1
12 2
13 -1

10분 연산 TEST 75쪽

01 ○
02 ×
03 ×
04 ○
05 ○
06 $x>1$, 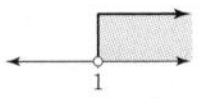
07 $x\leq 1$, 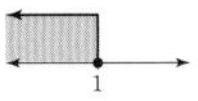
08 $x\geq -5$, 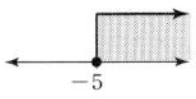
09 $x<3$, 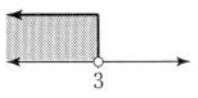
10 $x\leq 6$
11 $x\leq 2$
12 $x>-1$
13 $x<0$
14 $x\geq -\frac{1}{2}$
15 $x\geq 2$
16 $x<2$
17 $x\leq -1$
18 $x<-\frac{1}{a}$
19 $x>3$
20 $x\leq 5$

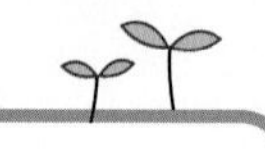

11 일차부등식의 활용 76쪽~79쪽

01 (1) $5x+3$, $5x+3$ (2) $x\le4$ (3) 4
02 (1) $2x-5>x+5$ (2) $x>10$ (3) 11
03 (1) $x-1$, $x+1$, $x-1$, $x+1$
(2) $x<10$ (3) 8, 9, 10
04 (1) $3x+10\le4(x+2)$ (2) $x\ge2$ (3) 3, 5
05 (1) $500x$, $\le$, $500x$, $\le$ (2) $x\le4$ (3) 4개
06 (1) $1500x+3500\le20000$
(2) $x\le11$ (3) 11송이
07 (1) x, $10-x$, $1000x$, $800(10-x)$
(2) $1000x+800(10-x)\le9000$
(3) $x\le5$ (4) 5개
08 (1) $2000x+1800(20-x)<38000$
(2) $x<10$ (3) 9개
09 (1) 50000, 4000, $50000+4000x$
(2) $35000+5000x>50000+4000x$
(3) $x>15$ (4) 16개월
10 (1) $10000+3000x>20000+2000x$
(2) $x>10$ (3) 11개월
11 (1) $5000+1500x$, $7000+600x$, $5000+1500x$, $7000+600x$
(2) $x>30$ (3) 31주
12 (1) $30000+4000x<2(10000+3000x)$
(2) $x>5$ (3) 6개월
13 (1) $500x$, 2100, $500x+2100$
(2) $800x>500x+2100$
(3) $x>7$ (4) 8자루
14 (1) $1200x>900x+3000$ (2) $x>10$
(3) 11송이
15 (1) 10, $\le$ (2) $x\le6$ (3) 6 cm
16 (1) $2(12+x)\ge52$ (2) $x\ge14$ (3) 14 cm

12 거리, 속력, 시간 80쪽

01 (1) x, 3, $\frac{x}{3}$ (2) $\frac{x}{2}+\frac{x}{3}\le3$
(3) $x\le\frac{18}{5}$ (4) $\frac{18}{5}$ km
02 (1) $8-x$, 6, $\frac{8-x}{6}$ (2) $\frac{x}{3}+\frac{8-x}{6}\le2$
(3) $x\le4$ (4) 4 km

10분 연산 TEST 81쪽

01 (1) $(x-1)+x+(x+1)>45$ (2) 15, 16, 17
02 (1) $4000x+2500(10-x)\le32500$ (2) 5명
03 (1) $30000+4000x>2(25000+1500x)$
(2) 21개월
04 (1) $1200x>800x+2000$ (2) 6권
05 (1) $\frac{x}{3}+\frac{x}{5}\le4$ (2) $\frac{15}{2}$ km
06 (1) $\frac{x}{50}+\frac{3000-x}{150}\le40$ (2) 1500 m

학교 시험 PREVIEW 82쪽~83쪽

01 ④	06 ③, ④	11 ②
02 ⑤	07 ④	12 ③
03 ③	08 ③	13 $2x-1\ge-7$
04 ④	09 ①	
05 ③	10 5	

2. 연립방정식

01 일차방정식 85쪽

01 ×	06 ○	11 $x=2$
02 ○	07 ×	12 $x=-1$
03 ○	08 $x=1$	13 $x=6$
04 ○	09 $x=-1$	14 $x=-\frac{1}{3}$
05 ×	10 $x=2$	

02 미지수가 2개인 일차방정식 86쪽

01 ×	08 ○
02 ×	09 $3x+4y=36$
03 ○	10 $x+y=54$
04 ×	11 $500x+700y=4200$
05 ○	12 $2x+4y=28$
06 ×	13 $2(x+y)=40$
07 ×	14 $2x+3y=24$

03 미지수가 2개인 일차방정식의 해 87쪽

01 (1, 4), (2, 3), (3, 2), (4, 1), 3, 2, 1, 0
3, 2, 1
02 (1, 7), (2, 5), (3, 3), (4, 1), 7, 5, 3, 1, -1
03 (2, 3), (4, 2), (6, 1), 6, 4, 2, 0
04 (2, 3), (5, 2), (8, 1), 8, 5, 2, -1
05 (3, 3), (6, 1), 6, $\frac{9}{2}$, 3, $\frac{3}{2}$, 0
06 × 1, 3, 거짓, 해가 아니다

07 ○	09 ○	11 ×
08 ×	10 ×	12 ○

04 미지수가 2개인 연립일차방정식(연립방정식) 88쪽

01 ㉠의 해 : 4, 3, 2, 1 / ㉡의 해 : 4, 1 ➔ 1, 4, 1, 4

02 (4, 2)	06 ×
03 (4, 3)	07 ×
04 × -1, 2, -1, 1	08 ○
05 ○	

05 방정식의 해가 주어진 경우, 미지수 구하기 89쪽

01 2 2, 3, -3, -6, 2	07 $a=-3$, $b=-3$ -2, 1, -3, -2, 1, -2, 6, -3
02 9	08 $a=8$, $b=-1$
03 -1	09 $a=-3$, $b=-5$
04 3	10 $a=2$, $b=-4$
05 -1	11 $a=-1$, $b=6$
06 4	

10분 연산 TEST 90쪽

01 ○	08 (1, 8), (2, 5), (3, 2)
02 ×	09 ○
03 ○	10 ×
04 $2x+3y=23$	11 (2, 3)
05 $3x+4y=35$	12 (5, 2)
06 $4x+2y=48$	13 -1
07 (1, 6), (2, 5), (3, 4), (4, 3), (5, 2), (6, 1)	14 1
	15 $a=-3$, $b=3$
	16 $a=-2$, $b=3$

06 연립방정식의 풀이 - 가감법 91쪽~92쪽

01 + +	12 $x=1$, $y=-1$
02 −	13 $x=1$, $y=1$
03 2	14 $x=3$, $y=0$
04 3	15 $x=-1$, $y=1$
05 3, 2	16 $x=-2$, $y=3$
06 $x=-1$, $y=2$ -6, -1, -1, -1, 6, 2, -1, 2	17 $x=1$, $y=-3$ 3, 9, -21, -39, -3, -3, 1, 1, -3
07 $x=2$, $y=3$	18 $x=1$, $y=-1$
08 $x=-13$, $y=-3$	19 $x=1$, $y=-1$
09 $x=3$, $y=-4$	20 $x=2$, $y=1$
10 $x=2$, $y=-1$	21 $x=4$, $y=3$
11 $x=0$, $y=2$ 2, 2, 8, 6, 2, 2, 0, 0, 2	22 $x=-1$, $y=1$

07 연립방정식의 풀이 - 대입법 93쪽~94쪽

01 $x=-2$, $y=3$ $2y-8$, 10, 24, 3, 3, 3, -2, -2, 3	12 $x=4$, $y=3$ $-x+7$, $-x+7$, 12, 4, 4, 3, 4, 3
02 $x=-5$, $y=-15$	13 $x=-2$, $y=5$
03 $x=10$, $y=2$	14 $x=6$, $y=-1$
04 $x=-1$, $y=2$	15 $x=4$, $y=7$
05 $x=2$, $y=-5$	16 $x=3$, $y=-1$
06 $x=-1$, $y=1$	17 $x=-2$, $y=3$
07 $x=-2$, $y=1$	18 $x=-5$, $y=3$
08 $x=\frac{3}{2}$, $y=\frac{1}{4}$	19 $x=3$, $y=4$
09 $x=4$, $y=1$	20 $x=-2$, $y=2$
10 $x=-17$, $y=-6$	21 $x=-2$, $y=3$
11 $x=-1$, $y=-3$	22 $x=3$, $y=-1$
	23 $x=-2$, $y=-3$
	24 $x=3$, $y=5$

08 괄호가 있는 연립방정식의 풀이 95쪽

01 $x=-3$, $y=2$ $2x+5y$, -6, 2, 2, -3, -3, 2	06 $x=3$, $y=-1$ $x+2y$, $3x-4y$, 15, 3, 3, -1, 3, -1
02 $x=2$, $y=1$	07 $x=1$, $y=-3$
03 $x=-1$, $y=2$	08 $x=1$, $y=-1$
04 $x=-1$, $y=-3$	09 $x=5$, $y=2$
05 $x=2$, $y=-4$	10 $x=2$, $y=-1$

09 계수가 소수인 연립방정식의 풀이 96쪽

01 $x=4$, $y=-2$ 2, 3, 8, -2, -2, 4, 4, -2	05 $x=1$, $y=2$
	06 $x=4$, $y=-6$
	07 $x=16$, $y=3$
02 $x=3$, $y=2$	08 $x=-2$, $y=2$
03 $x=-1$, $y=1$	09 $x=-1$, $y=1$
04 $x=2$, $y=2$	

10 계수가 분수인 연립방정식의 풀이 97쪽

01 $x=3$, $y=2$ 2, 4, 19, 35, 3, 3, 2, 3, 2	05 $x=-2$, $y=1$
	06 $x=\frac{1}{2}$, $y=1$
02 $x=3$, $y=-2$	07 $x=-4$, $y=8$
03 $x=2$, $y=2$	08 $x=3$, $y=-1$
04 $x=-3$, $y=2$	09 $x=2$, $y=1$

11 복잡한 연립방정식의 풀이 98쪽

01 $x=3,\ y=2$
$5, 9, 3, 6, 3, 3, 2, 3, 2$
02 $x=4,\ y=3$
03 $x=-1,\ y=-3$
04 $x=-6,\ y=2$
05 $x=-\frac{3}{2},\ y=-5$
06 $x=-1,\ y=\frac{15}{2}$
07 $x=\frac{1}{4},\ y=-1$
08 $x=-4,\ y=-3$
09 $x=2,\ y=-2$

12 미지수가 있는 연립방정식 99쪽

01 1
$4, -1, 4, -1, 1$
02 -2
03 3
04 $a=-1,\ b=5$
$1, -2, 1, -2, -1, 1, -2, 5$
05 $a=3,\ b=1$
06 $a=3,\ b=-7$

13 $A=B=C$ 꼴의 방정식의 풀이 100쪽

01 $x=3,\ y=-3$
$-3, -3, -3, 3, 3, -3$
02 $x=4,\ y=-2$
03 $x=-1,\ y=1$
04 $x=8,\ y=-1$
05 $x=\frac{1}{2},\ y=1$
06 $x=-2,\ y=1$
07 $x=1,\ y=2$
08 $x=2,\ y=1$
09 $x=-4,\ y=4$

14 해가 특수한 연립방정식의 풀이 101쪽

01 해가 무수히 많다.
6, 15, =
02 해가 무수히 많다.
03 해가 무수히 많다.
04 해가 무수히 많다.
05 해가 없다.
6, 6, 같고, 다르다
06 해가 없다.
07 해가 없다.
08 해가 없다.

10분 연산 TEST 102쪽

01 $x=7,\ y=2$
02 $x=-3,\ y=2$
03 $x=2,\ y=-1$
04 $x=2,\ y=4$
05 $x=-1,\ y=4$
06 $x=1,\ y=-2$
07 $x=-2,\ y=3$
08 $x=1,\ y=-1$
09 $x=2,\ y=-1$
10 $x=1,\ y=-2$
11 $x=3,\ y=-2$
12 해가 무수히 많다.
13 해가 없다.
14 2
15 3
16 $x=2,\ y=-3$
17 $x=7,\ y=7$

15 연립방정식의 활용 103쪽~105쪽

01 (1) $x-y,\ x=2y-9,\ x-y=4,\ x=2y-9$
(2) $x=17,\ y=13$ (3) 17
02 (1) $\begin{cases} x+y=32 \\ x-y=10 \end{cases}$ (2) $x=21,\ y=11$ (3) 11
03 (1) $x+y,\ 10y+x,\ 10y+x,\ x+y=9,\ 10y+x=(10x+y)+9$
(2) $x=4,\ y=5$ (3) 45
04 (1) $\begin{cases} x+y=10 \\ 10y+x=2(10x+y)-1 \end{cases}$
(2) $x=3,\ y=7$ (3) 37
05 (1) $1000y,\ 7500$ (2) $\begin{cases} x+y=9 \\ 700x+1000y=7500 \end{cases}$
(3) $x=5,\ y=4$ (4) 5개
06 (1) $\begin{cases} x+y=20 \\ 1000x+1500y=24000 \end{cases}$
(2) $x=12,\ y=8$ (3) 12송이
07 (1) $25,\ 4y,\ 64$ (2) $\begin{cases} x+y=25 \\ 2x+4y=64 \end{cases}$
(3) $x=18,\ y=7$ (4) 18마리
08 (1) $\begin{cases} x+y=21 \\ 3x+4y=80 \end{cases}$ (2) $x=4,\ y=17$ (3) 17개
09 (1) $y+15$ (2) $\begin{cases} x-y=30 \\ x+15=2(y+15) \end{cases}$
(3) $x=45,\ y=15$ (4) 45살
10 (1) $\begin{cases} x+y=23 \\ x+10=2(y+10)-11 \end{cases}$
(2) $x=15,\ y=8$ (3) 8살
11 (1) $y+8,\ y,\ x=y+8,\ 2(x+y)=100$
(2) $x=29,\ y=21$ (3) 29 cm
12 (1) $\begin{cases} x+y=60 \\ x=y-16 \end{cases}$ (2) $x=22,\ y=38$ (3) 38 cm

16 거리, 속력, 시간 106쪽

01 (1) $y,\ 6,\ \frac{y}{6}$ (2) $\begin{cases} x+y=4.5 \\ \frac{x}{4}+\frac{y}{6}=1 \end{cases}$ (3) $x=3,\ y=1.5$ (4) 3 km
02 (1) $y,\ 5,\ \frac{y}{5}$ (2) $\begin{cases} x=y+1 \\ \frac{x}{3}+\frac{y}{5}=3 \end{cases}$ (3) $x=6,\ y=5$ (4) 5 km

10분 연산 TEST 107쪽

01 (1) $\begin{cases} x+y=9 \\ 10y+x=2(10x+y)+18 \end{cases}$ (2) 27
02 (1) $\begin{cases} x+y=5 \\ 1100x+800y=5200 \end{cases}$ (2) 1명
03 (1) $\begin{cases} 6x+5y=8300 \\ 3x+6y=6600 \end{cases}$ (2) 800원
04 (1) $\begin{cases} x=y+27 \\ x+y=55 \end{cases}$ (2) 41살
05 (1) $\begin{cases} x=y+2 \\ 2(x+y)=36 \end{cases}$ (2) 8 cm
06 (1) $\begin{cases} x+y=7 \\ \frac{x}{4}+\frac{y}{3}=2 \end{cases}$ (2) 4 km

학교 시험 PREVIEW 108쪽~109쪽

01 ② 02 ③ 03 ③ 04 ④ 05 ②
06 ⑤ 07 ③ 08 ⑤ 09 ④ 10 ④
11 ⑤ 12 $\frac{7}{2}$

III 일차함수와 그래프

1. 일차함수와 그래프 (1)

01 정비례 관계, 반비례 관계 114쪽

01 ○,

x	1	2	3	4	…
y	3	6	9	12	…

$3x$, 한다

02 ○,

x	1	2	3	4	…
y	50	100	150	200	…

03 ×,

x	1	2	3	4	…
y	4	2	$\frac{4}{3}$	1	…

04 ○,

x	1	2	3	4	…
y	48	24	16	12	…

$\frac{48}{x}$, 한다

05 ×,

x	1	2	3	4	…
y	5	10	15	20	…

06 ○,

x	1	2	3	4	…
y	24	12	8	6	…

02 함수 115쪽

01 ○,

x	1	2	3	4	…
y	800	1600	2400	3200	…

함수이다

02 ○,

x	1	2	3	4	…
y	3	6	9	12	…

03 ×,

x	1	2	3	4	…
y	없다.	없다.	2	2, 3	…

함수가 아니다

04 ○,

x	1	2	3	4	…
y	1	2	2	3	…

05 ○,

x	1	2	3	4	…
y	120	60	40	30	…

06 ×,

x	1	2	3	4	…
y	$-1, 1$	$-2, 2$	$-3, 3$	$-4, 4$	…

07 ○,

x	1	2	3	4	…
y	99	98	97	96	…

08 ○,

x	1	2	3	4	…
y	45	40	35	30	…

03 함숫값 116쪽

01 1, 3
02 0
03 -9
04 1
05 3
06 -12
07 2
08 -3
09 36
10 2
11 2
12 -2
13 -6
14 $-\frac{1}{2}$
15 4

04 함숫값이 주어질 때 미지수의 값 구하기 117쪽

01 8, 2
02 3
03 -1
04 $\frac{1}{2}$
05 2, 5
06 1
07 -2
08 $\frac{5}{2}$
09 8, 4
10 -3
11 3
12 8
13 1, 3
14 6
15 -5
16 2

10분 연산 TEST 118쪽

01 ○
02 ×
03 ○
04 ○
05 0
06 6
07 -1
08 -1
09 -15
10 3
11 30
12 -40
13 -1
14 4
15 -1
16 7
17 -1
18 5
19 -2
20 4

05 일차함수 119쪽

01 ○
02 ○
03 ×
04 ×
05 ○
06 ×
07 ○
08 ○

09 $y=4x$, 일차함수이다.
10 $y=10000-500x$, 일차함수이다.
11 $y=1000x+5000$, 일차함수이다.
12 $y=x^2+x$, 일차함수가 아니다.
13 $y=\pi x^2$, 일차함수가 아니다.
14 $y=\frac{10}{x}$, 일차함수가 아니다.

06 일차함수 $y=ax$의 그래프 120쪽

01 2, −2,
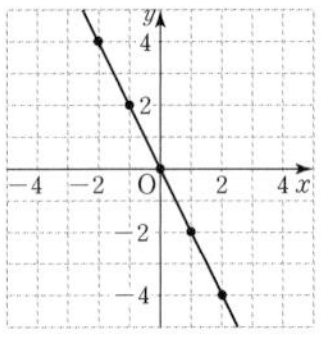

02
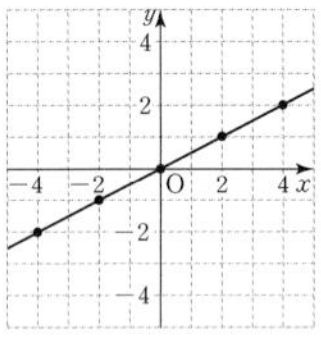

03
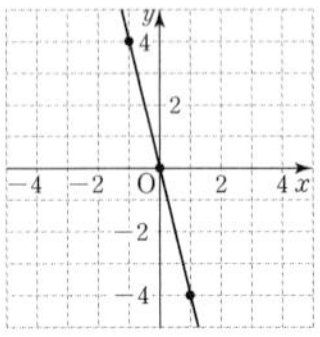

04
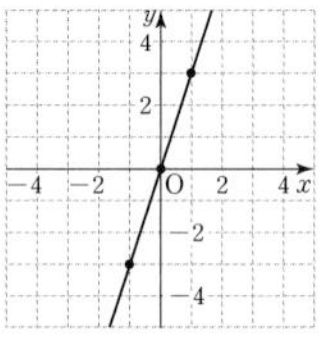

05
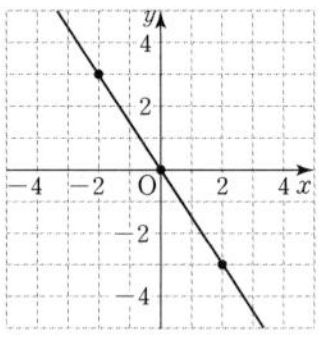

06
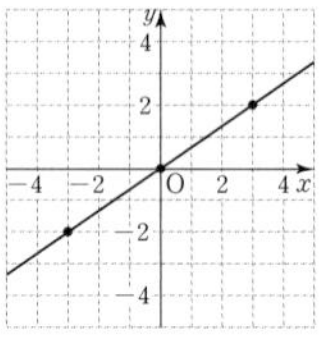

07 일차함수 $y=ax+b$의 그래프 121쪽~122쪽

01 −2, 2, −7, −5, −3, −1, 1,
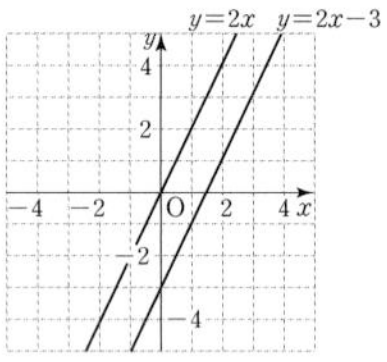

02 2, 1, −1, −2, 4, 3, 2, 1, 0,
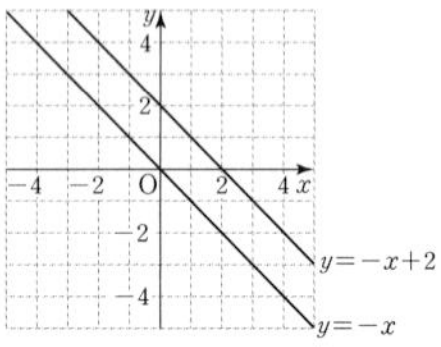

03
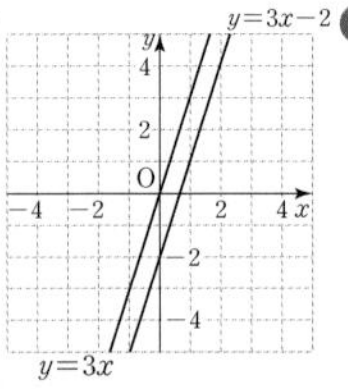

🅗 −2

04
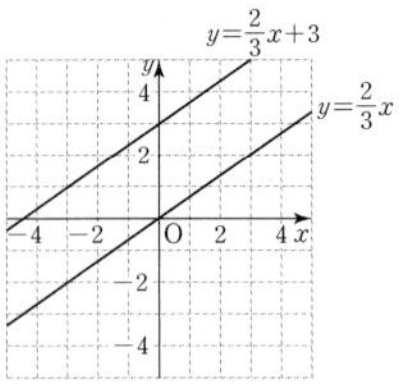

05
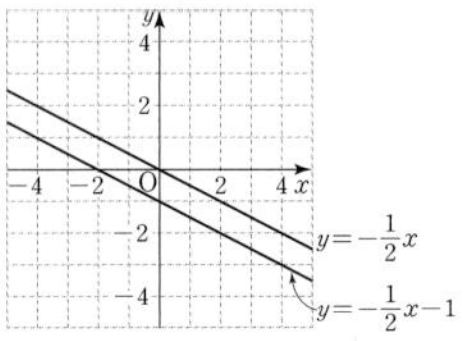

06 2　07 $-\frac{1}{2}$　08 −5

09 3
10 −1
11 $\frac{1}{4}$
12 $-\frac{2}{3}$
13 1
14 −3, 3
15 −2, $y=-2x-2$
16 4, $y=-2x+4$
17 $y=\frac{1}{2}x-2$
18 $y=-4x+3$
19 $y=5x+3$
20 $y=-3x+1$

08 일차함수의 그래프 위의 점 123쪽

01 ○
🅗 −1, −1
02 ×
03 ○
04 −2
🅗 5, 5, −2
05 3
06 5
07 2
08 −3
🅗 $y=2x-5$, 1, a, 2, −3
09 −1
10 0
11 2
12 3
13 5

10분 연산 TEST 124쪽

01 ○　03 ×　05 ○
02 ○　04 ×　06 ○
07 $y=x+15$, 일차함수이다.
08 $y=2x+8$, 일차함수이다.
09 $y=\frac{40}{x}$, 일차함수가 아니다.
10 $y=50-2x$, 일차함수이다.
11 $y=3x$, 일차함수이다.
12~13
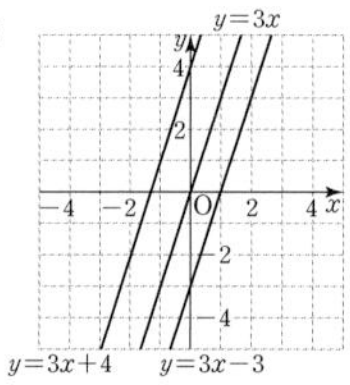

14 $y=2x+1$
15 $y=-x-\frac{1}{2}$
16 $y=\frac{1}{3}x+3$
17 $y=-4x-4$
18 2　19 3　20 4

09 두 점을 이용하여 일차함수의 그래프 그리기 125쪽

01 −1, −1, 0, 0,
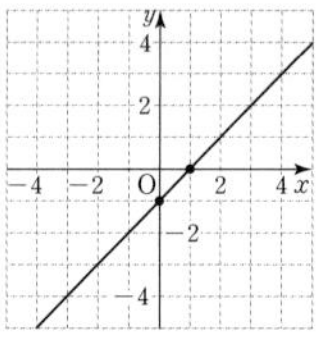

02 0, 1,
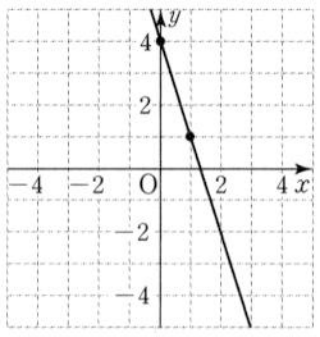

03 −2, 0,
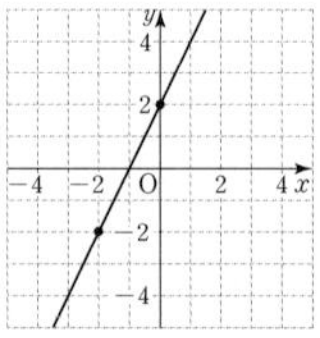

04 −2, 0,
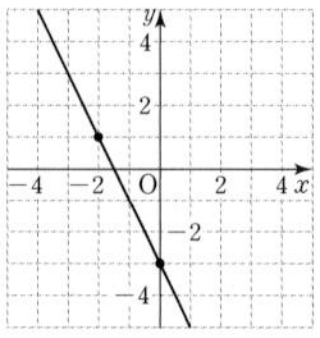

05 −2, −1,
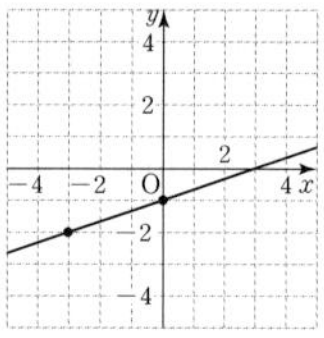

06 0, 2,
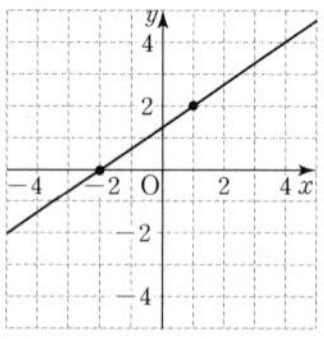

07 −4, 0,
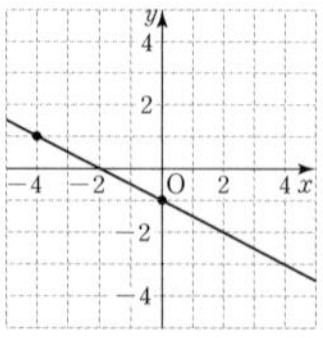

10 일차함수의 그래프의 절편 126쪽

01 1, 1, 3, 3
02 3, −2
03 −4, −3
04 0, 2, 2, 0, −2, −2
05 −2, 6
06 2, 8
07 $-\frac{5}{2}$, −5
08 −6, 4
09 12, −3

11 x절편, y절편을 이용하여 그래프 그리기 127쪽

01
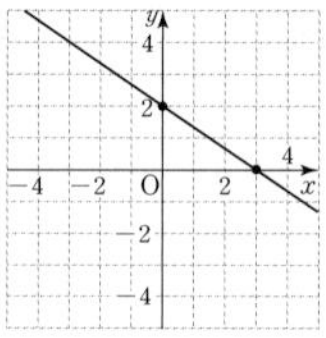

02
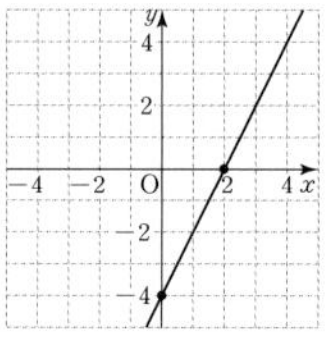

03
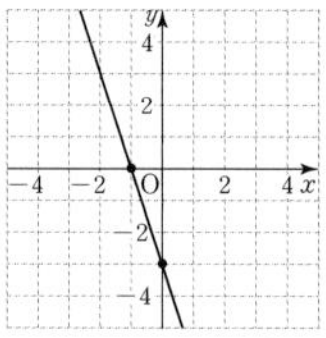

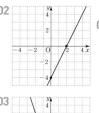

04 3, 3, 3, 3,
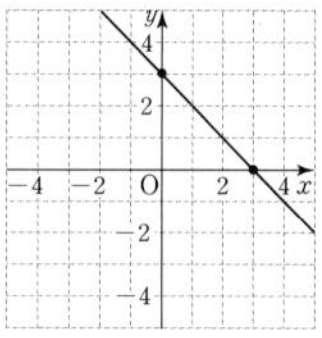

05 1, −3,
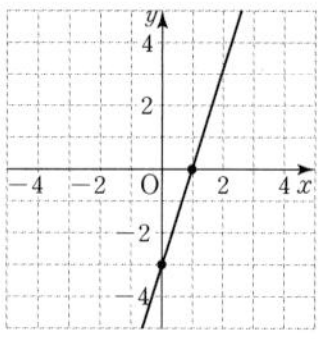

06 −4, −1,
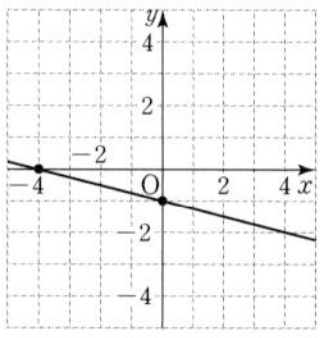

12 일차함수의 그래프의 기울기 128쪽~129쪽

01 1, 4, 3, 3, 3
02 −1, 4, 3, 2, 1
03 $\frac{1}{2}$, $-\frac{3}{2}$, −1, $-\frac{1}{2}$, 0
04 2, 2, 1
05 −2, −2
06 3, $\frac{3}{2}$
07 1
08 −2
09 $\frac{2}{3}$
10 $-\frac{1}{5}$
11 2, 3, −1
12 3
13 −2
14 2
15 2, 2, 4
16 −9
17 8
18 −4
19 ㄱ
20 ㄹ

13 기울기와 y절편을 이용하여 그래프 그리기 130쪽

01
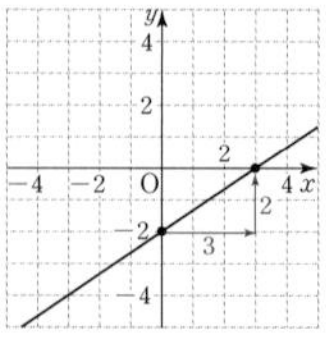
🅗 −2, −2, $\frac{2}{3}$, 2, 3, 0

02
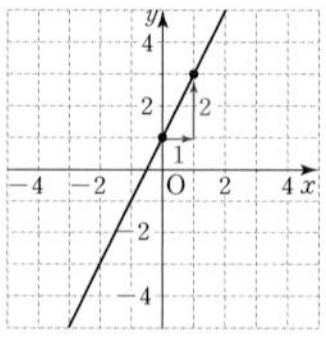

03
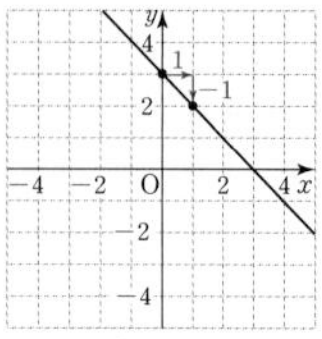

04
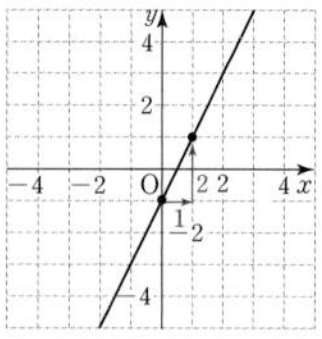
🅗 −1, −1, 2, −1, 2, 1, 1

05 $-3, 5,$

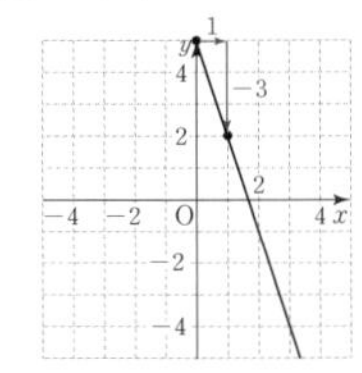

06 $\frac{1}{2}, 3,$

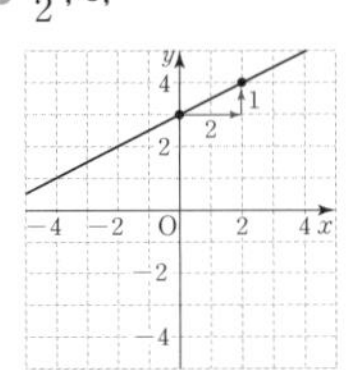

10분 연산 TEST 131쪽

01 x절편 : 3, y절편 : 2, 기울기 : $-\frac{2}{3}$

02 x절편 : 1, y절편 : -4, 기울기 : 4

03 x절편 : -2, y절편 : -4, 기울기 : -2

04 x절편 : 3, y절편 : -3, 기울기 : 1

05 x절편 : 2, y절편 : 6, 기울기 : -3

06 x절편 : -3, y절편 : -1, 기울기 : $-\frac{1}{3}$

07 -2

08 $\frac{2}{3}$

09 3

10 1

11~12

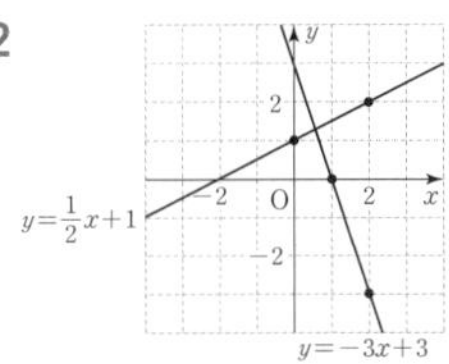

13~14

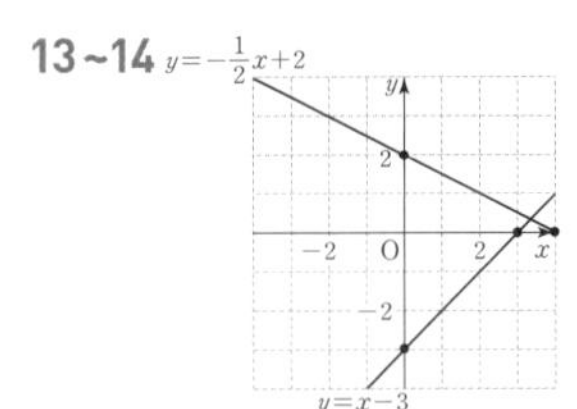

15~16

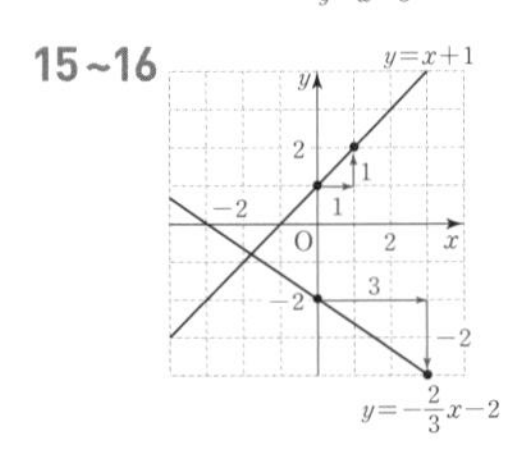

학교 시험 PREVIEW 132쪽~133쪽

01 ②
02 ④
03 ①
04 ①
05 ②
06 ④
07 ④
08 ③
09 ③
10 ①
11 ①
12

2. 일차함수와 그래프 (2)

01 일차함수 $y=ax+b$의 그래프의 성질 135쪽~136쪽

01 양수
02 위
03 증가
04 음수
05 음
06 음수
07 아래
08 감소
09 양수
10 양
11 ㄱ, ㄷ, ㅂ
12 ㄴ, ㄹ, ㅁ
13 ㄱ, ㄷ, ㅂ
14 ㄴ, ㄹ, ㅁ
15 ㄱ, ㄴ
16 ㄷ, ㅂ
17 ㄹ, ㅁ
18
🅗 위, 양
19
20
21
22 $a>0, b>0$
🅗 위, $>$, 음, $<$, $>$
23 $a<0, b<0$
24 $a>0, b<0$
25 $a<0, b>0$
26 $a<0, b>0$
27 $a>0, b<0$

02 일차함수의 그래프의 평행과 일치 137쪽

01 ㅂ
02 ㅅ
03 ㅁ
04 ㅇ
05 ㄷ
06 4
07 -1
08 $\frac{3}{2}$
09 $a=-2, b=3$
10 $a=4, b=5$
11 $a=-1, b=1$

10분 연산 TEST 138쪽

01 ㄱ, ㅁ, ㅂ
02 ㄴ, ㄷ, ㄹ
03 ㄱ, ㄹ, ㅂ
04 ㄷ, ㅁ
05 ㉡
06 ㉠
07 ㉢
08 ㉣
09 ㄱ과 ㄹ
10 ㄴ과 ㅁ
11 1
12 -2
13 $a=-2, b=-1$
14 $a=8, b=\frac{1}{2}$

03 일차함수의 식 구하기 (1) - 기울기와 y절편을 알 때 139쪽

01 $y=2x+3$
🅗 $2, 3, 2x+3$
02 $y=-4x+1$
03 $y=\frac{1}{5}x-5$
04 $y=x+3$
05 $y=-3x-2$
06 $y=\frac{2}{3}x+\frac{1}{2}$
07 $y=3x-1$
🅗 $6, 3, 3x-1$
08 $y=\frac{1}{2}x+2$
09 $y=-4x+1$
10 $y=-2x-3$
11 $y=x+5$
12 $y=\frac{1}{3}x-1$

04 일차함수의 식 구하기 (2) - 기울기와 한 점의 좌표를 알 때 140쪽

01 $y=3x-1$ 🅗 $3, 1, 2, 3, -1, 3x-1$
02 $y=-x+3$
03 $y=\frac{1}{2}x$
04 $y=2x-2$
05 $y=-4x+1$
06 $y=-\frac{1}{2}x-4$
07 $y=4x+8$
08 $y=-3x-1$
09 $y=-\frac{1}{3}x+2$
10 $y=2x-1$
11 $y=-2x+3$
12 $y=\frac{1}{3}x-3$

05 일차함수의 식 구하기 (3) - 두 점의 좌표를 알 때 141쪽

01 $y=3x+1$ 🅗 $10, 4, 6, 3, 3, 4, 3, 1, 3x+1$
02 $y=-x+3$
03 $y=-5x+2$
04 $y=x-6$
05 $y=4x+9$
06 $y=-\frac{3}{2}x-7$
07 $y=x+2$
🅗 $(-3, -1), (2, 4), 1$
08 $y=-2x+1$
09 $y=3x-4$
10 $y=-\frac{2}{5}x-1$

06 일차함수의 식 구하기 (4) - x절편과 y절편을 알 때 142쪽

01 $y=-x+2$
🅗 $2, 2, 2, 2, -1, -x+2$
02 $y=3x-3$
03 $y=-3x+6$
04 $y=\frac{3}{4}x+3$
05 $y=-\frac{1}{2}x-1$
06 $y=-\frac{1}{2}x+2$
🅗 $(4, 0), (0, 2), -\frac{1}{2}$
07 $y=-2x-6$
08 $y=\frac{5}{2}x+5$
09 $y=\frac{2}{3}x-2$

10분 연산 TEST 143쪽

01 $y=2x-1$
02 $y=\frac{1}{3}x-2$
03 $y=-x-1$
04 $y=-2x+6$
05 $y=3x-3$
06 $y=-2x-3$
07 $y=-\frac{1}{2}x+1$
08 $y=-2x-4$
09 $y=4x-4$
10 $y=2x+6$
11 $y=x+1$
12 $y=-\frac{5}{3}x-\frac{1}{3}$
13 $y=-\frac{3}{2}x+1$
14 $y=\frac{1}{3}x+1$
15 $y=-x-2$

07 일차함수의 활용 144쪽~146쪽

01 (1) 6, 6 (2) 12 ℃ (3) 5 km
02 (1) $y=\frac{1}{3}x+60$ (2) 65 ℃ (3) 30분 후
03 (1) 4, 4 (2) 27 cm (3) 5 kg
04 (1) $y=20-2x$ (2) 10 cm (3) 10분
05 (1) 3, 3 (2) 54 L (3) 30분 후
06 (1) $y=36-0.1x$ (2) 30 L (3) 360 km
07 (1) $800, 25x, 800-25x, 800-25x, 800-25x$ (2) 550 m (3) 32분
08 (1) $y=60-3x$ (2) 24 m (3) 20초 후
09 (1) $0.5x, \frac{1}{2}x, 6, \frac{3}{2}x$ (2) 15 cm^2 (3) 14초 후
10 (1) $6x$ cm^2 (2) $y=48-6x$ (3) 3초 후
11 (1) $200, 8, 200, 0, -25, 200, -25x+200$ (2) 75 L (3) 6시간 후
12 (1) $y=-\frac{3}{5}x+18$ (2) 12 L (3) 30시간

10분 연산 TEST 147쪽

01 (1) $y=0.5x+20$ (2) 35 ℃
02 (1) $y=3x+10$ (2) 7 kg
03 (1) $y=500-5x$ (2) 300 mL
04 (1) $y=3-0.2x$ (2) 15분
05 (1) $y=12x$ (2) 4초 후
06 (1) $y=-\frac{1}{6}x+30$ (2) 15 cm

학교 시험 PREVIEW 148쪽~149쪽

01 ②
02 ④
03 ②
04 ①
05 ③
06 ①
07 ④
08 ②
09 ④
10 ③
11 ②
12 ③
13 1

3. 일차함수와 일차방정식의 관계

01 일차함수와 일차방정식의 관계 151쪽~152쪽

01

x	…	-4	-2	0	2	4	…
y	…	4	3	2	1	0	…

[x, y의 값이 정수] [x, y의 값의 범위가 수 전체]

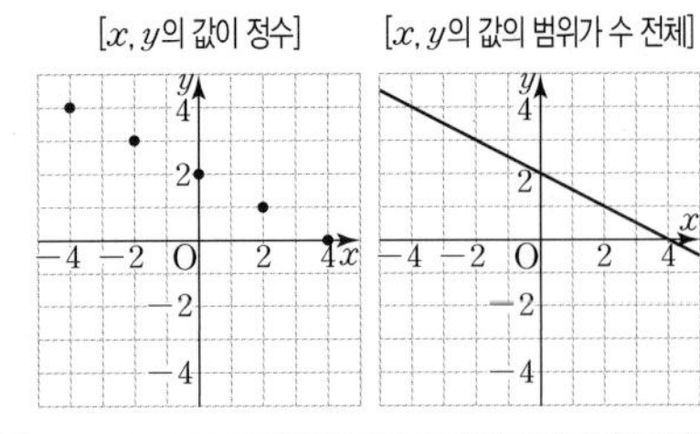

02

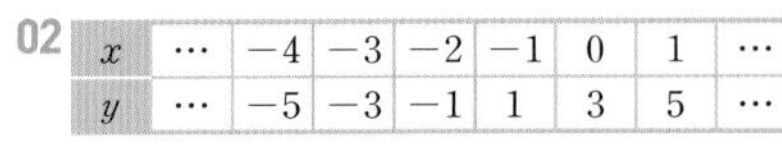

x	$\cdots$	-4	-3	-2	-1	0	1	$\cdots$
y	$\cdots$	-5	-3	-1	1	3	5	$\cdots$

[x, y의 값이 정수] [x, y의 값의 범위가 수 전체]

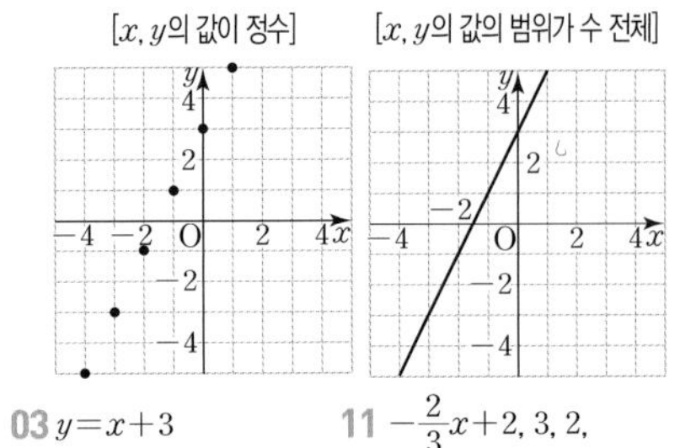

03 $y=x+3$

04 $y=2x-7$

05 $y=-2x+\frac{1}{2}$

06 $y=\frac{1}{3}x-\frac{2}{3}$

07 $y=-\frac{1}{2}x-3$

08 $y=\frac{5}{3}x-\frac{2}{3}$

09 $x+4$, -4, 4,

10 $2x-2$, 1, -2,

11 $-\frac{2}{3}x+2$, 3, 2,

12 ×

13 ○

14 ×

15 ○

16 × ⓗ 3, 1, 3, -1, 점이 아니다

17 ○

18 ×

19 ○

20 5 ⓗ 2, -2, -2, 5

21 3

22 2

23 2

02 일차방정식 $x=p$, $y=q$의 그래프 153쪽

01

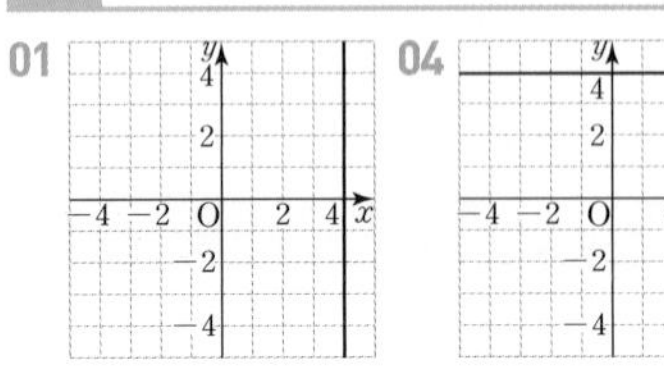

02

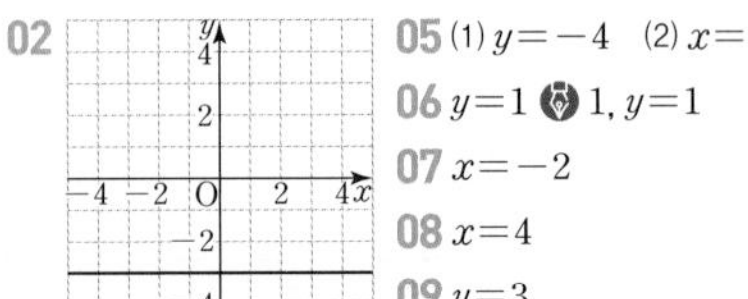

03

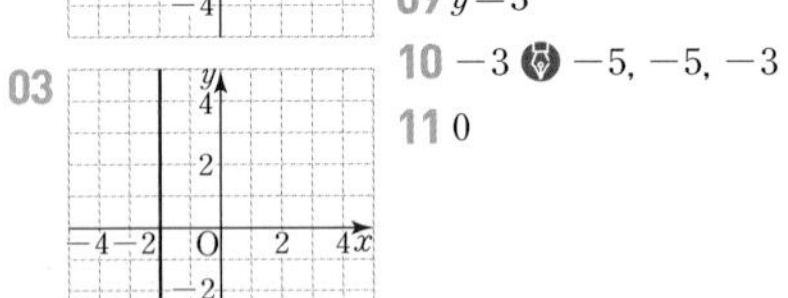

04

05 (1) $y=-4$ (2) $x=2$

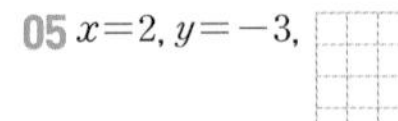

06 $y=1$ ⓗ 1, $y=1$

07 $x=-2$

08 $x=4$

09 $y=3$

10 -3 ⓗ -5, -5, -3

11 0

10분 연산 TEST 154쪽

01 $y=-2x-2$
기울기 : -2
x절편 : -1
y절편 : -2

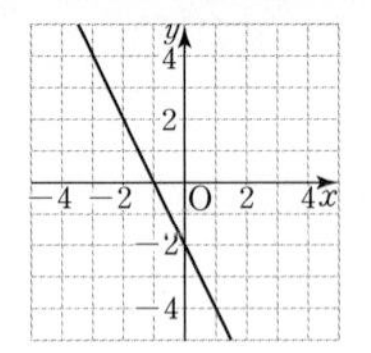

02 $y=\frac{5}{3}x-5$
기울기 : $\frac{5}{3}$
x절편 : 3
y절편 : -5

03 $y=-\frac{4}{3}x+4$
기울기 : $-\frac{4}{3}$
x절편 : 3
y절편 : 4

04 ○

05 ×

06 ×

07 ○

08

09 (1) $y=4$ (2) $x=-3$ (3) $y=-1$ (4) $x=2$

10 $y=-3$

11 $x=1$

12 $x=-1$

13 $y=-2$

03 연립방정식의 해와 그래프 155쪽

01 $x=1$, $y=1$ ⓗ 1, 1, 1, 1

02 $x=-2$, $y=0$

03 $x=1$, $y=3$,

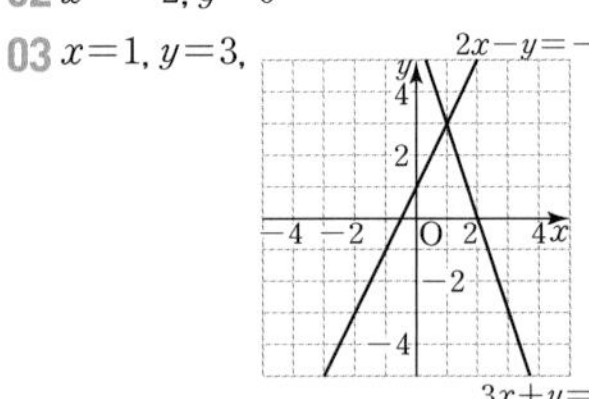

ⓗ 1, 3, 1, 3

04 $x=-1$, $y=2$,

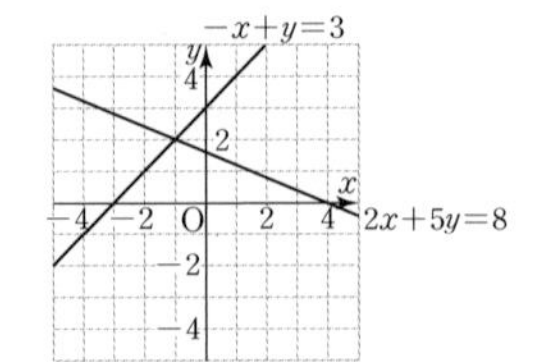

05 $x=2$, $y=-3$,

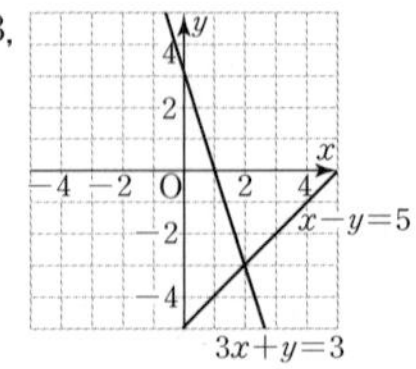

06 $a=1$, $b=-2$ ⓗ -1, 2, -1

07 $a=\frac{3}{2}$, $b=4$

04 연립방정식의 해의 개수와 그래프 156쪽

01

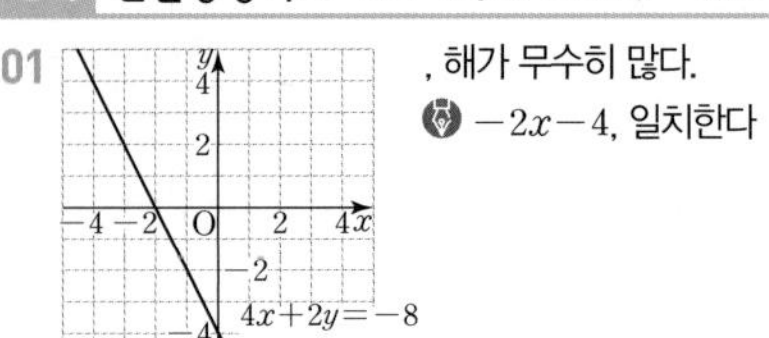

, 해가 무수히 많다.
ⓗ $-2x-4$, 일치한다

02

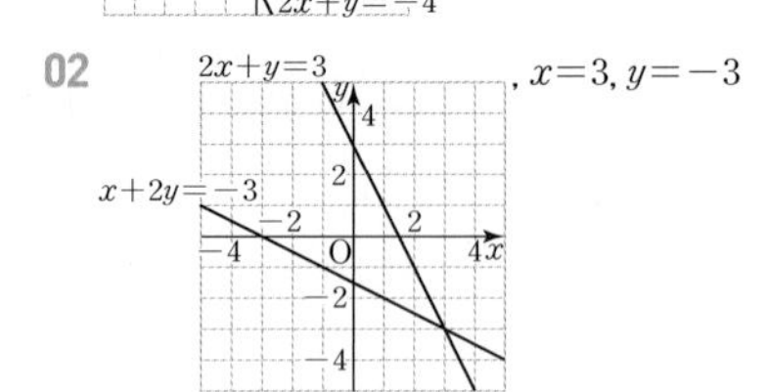

, $x=3$, $y=-3$

03

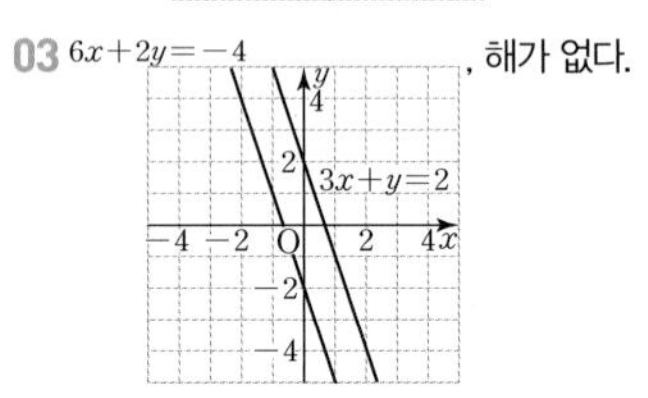

, 해가 없다.

04 4 ⓗ $\frac{a}{3}x+\frac{1}{3}$, $\frac{4}{3}x-\frac{1}{3}$, a, 4, 4

05 -4

06 $a=8$, $b=4$ ⓗ $\frac{a}{4}x-2$, $2x-\frac{b}{2}$, 4, 2, 2, 8, 4

07 $a=3$, $b=6$

10분 연산 TEST 157쪽

01

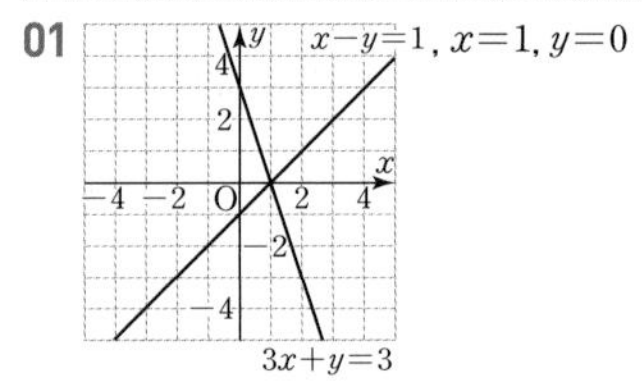

, $x=1$, $y=0$

02

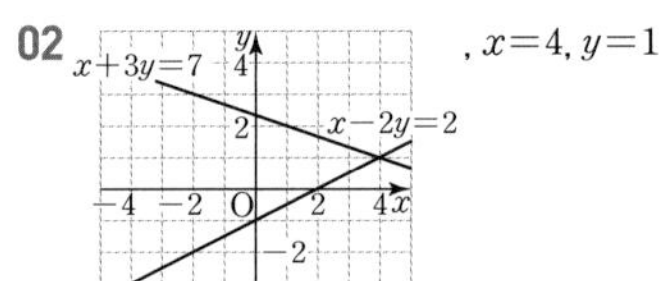

, $x=4$, $y=1$

03

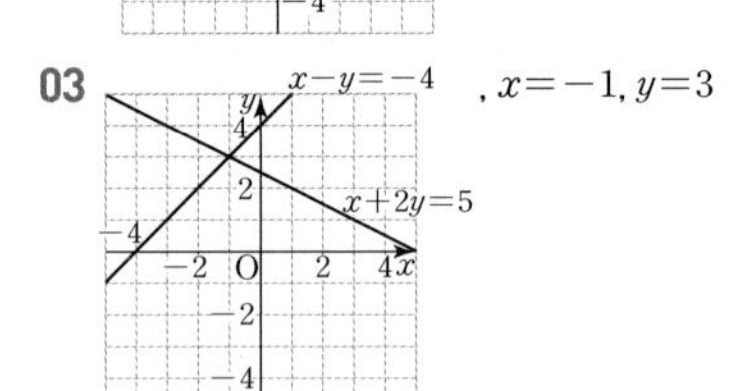

, $x=-1$, $y=3$

04 $a=3$, $b=3$

05 $a=2$, $b=1$

06 $a=1$, $b=6$

07 $a=\frac{1}{3}$, $b\neq-6$

08 $a=\frac{1}{3}$, $b=-6$

09 $a\neq\frac{1}{3}$

10 $a\neq-4$

11 $a=-4$, $b\neq-\frac{3}{2}$

12 $a=-4$, $b=-\frac{3}{2}$

학교 시험 PREVIEW 158쪽~159쪽

01 ③
02 ③
03 ④
04 ⑤
05 ②
06 ①
07 ②
08 ①
09 ⑤
10 ③
11 ④
12 $x=-2$, $y=3$

정답 및 풀이

I 수와 식의 계산

1. 유리수와 순환소수

01 유리수 (VISUAL연산) 8쪽

01 ㄴ　02 ㄴ, ㄷ, ㅅ　03 ㄱ, ㄹ, ㅁ, ㅂ, ㅇ
04 ㄴ, ㅁ, ㅂ, ㅇ　05 ㄱ, ㄹ, ㅅ
06 ㄱ, ㄴ, ㄷ, ㄹ, ㅁ, ㅂ, ㅅ, ㅇ　07 ㄱ, ㄷ, ㅂ
08 ㄱ, ㄷ, ㅂ, ㅇ　09 ㄴ, ㄹ, ㅁ, ㅅ
10 ㄱ, ㄷ, ㄹ, ㅁ, ㅂ　11 ㄴ, ㅅ, ㅇ
12 ㄱ, ㄴ, ㄷ, ㄹ, ㅁ, ㅂ, ㅅ, ㅇ

02 유한소수와 무한소수 (VISUAL연산) 9쪽

01 무 ⓗ 무한, 무한　02 유　03 무　04 유
05 유　06 무　07 무　08 0.75, 유
09 $-0.666\cdots$, 무　10 $0.777\cdots$, 무　11 1.875, 유
12 $0.272727\cdots$, 무　13 $-0.857142\cdots$, 무
14 0.32, 유

03 유한소수를 분수로 나타내기 (VISUAL연산) 10쪽

01 $\frac{3}{10}$　02 $\frac{2}{25}$　03 $\frac{13}{50}$　04 $\frac{5}{4}$　05 $\frac{11}{8}$
06 $\frac{57}{40}$　07 4, 2, 5, $\frac{2}{5}$, 5　08 $\frac{1}{4}$, 2　09 $\frac{9}{50}$, 2, 5
10 $\frac{46}{25}$, 5　11 $\frac{11}{40}$, 2, 5　12 $\frac{13}{8}$, 2

02 $0.08=\frac{8}{100}=\frac{2}{25}$

03 $0.26=\frac{26}{100}=\frac{13}{50}$

04 $1.25=\frac{125}{100}=\frac{5}{4}$

05 $1.375=\frac{1375}{1000}=\frac{11}{8}$

06 $1.425=\frac{1425}{1000}=\frac{57}{40}$

08 $0.25=\frac{25}{100}=\frac{1}{4}=\frac{1}{2^2}$

09 $0.18=\frac{18}{100}=\frac{9}{50}=\frac{9}{2\times5^2}$

10 $1.84=\frac{184}{100}=\frac{46}{25}=\frac{46}{5^2}$

11 $0.275=\frac{275}{1000}=\frac{11}{40}=\frac{11}{2^3\times5}$

12 $1.625=\frac{1625}{1000}=\frac{13}{8}=\frac{13}{2^3}$

04 10의 거듭제곱을 이용하여 분수를 소수로 나타내기 (VISUAL연산) 11쪽

01 5, 25, 2.5　02 2^2, 8, 0.08
03 2, 2, 18, 0.18　04 5^2, 5^2, 175, 0.175
05 5, 5, 55, 0.055　06 0.6　07 0.25　08 0.525
09 0.16　10 0.036

06 $\frac{3}{5}=\frac{3\times2}{5\times2}=\frac{6}{10}=0.6$

07 $\frac{7}{28}=\frac{1}{4}=\frac{1}{2^2}=\frac{1\times5^2}{2^2\times5^2}=\frac{25}{100}=0.25$

08 $\frac{21}{40}=\frac{21}{2^3\times5}=\frac{21\times5^2}{2^3\times5\times5^2}=\frac{525}{1000}=0.525$

09 $\frac{12}{75}=\frac{4}{25}=\frac{4}{5^2}=\frac{4\times2^2}{5^2\times2^2}=\frac{16}{100}=0.16$

10 $\frac{9}{250}=\frac{9}{2\times5^3}=\frac{9\times2^2}{2\times5^3\times2^2}=\frac{36}{1000}=0.036$

05 유한소수로 나타낼 수 있는 분수 (VISUAL연산) 12쪽~13쪽

01 $\frac{2}{5}$, 5, 있다　02 $\frac{7}{2^2\times3}$, 2, 3, 없다
03 $\frac{3}{20}$, $\frac{3}{2^2\times5}$, 2, 5, 있다　04 $\frac{5}{14}$, $\frac{5}{2\times7}$, 2, 7, 없다
05 ○　06 ○　07 ×　08 ○　09 ×
10 ×　11 ○　12 ×　13 ○　14 ×
15 ×　16 ○　17 3 ⓗ 2, 5, 3, 3, 3　18 9
19 7　20 9　21 11　22 21

05 분모의 소인수가 2뿐이므로 유한소수로 나타낼 수 있다.

06 분모의 소인수가 2 또는 5뿐이므로 유한소수로 나타낼 수 있다.

07 $\frac{4}{2^2\times3\times5}=\frac{1}{3\times5}$의 분모에 2나 5 이외의 소인수 3이 있으므로 유한소수로 나타낼 수 없다.

08 $\frac{21}{3\times5^2}=\frac{7}{5^2}$에서 분모의 소인수가 5뿐이므로 유한소수로 나타낼 수 있다.

09 $\frac{9}{3^2\times5\times7^2}=\frac{1}{5\times7^2}$의 분모에 2나 5 이외의 소인수 7이 있으므로 유한소수로 나타낼 수 없다.

10 $\frac{2}{15}=\frac{2}{3\times5}$의 분모에 2나 5 이외의 소인수 3이 있으므로 유한소수로 나타낼 수 없다.

11 $\frac{12}{40}=\frac{3}{10}=\frac{3}{2\times5}$에서 분모의 소인수가 2 또는 5뿐이므로 유한소수로 나타낼 수 있다.

12 $\frac{6}{56}=\frac{3}{28}=\frac{3}{2^2\times7}$의 분모에 2나 5 이외의 소인수 7이 있으므로 유한소수로 나타낼 수 없다.

13 $\frac{9}{75}=\frac{3}{25}=\frac{3}{5^2}$에서 분모의 소인수가 5뿐이므로 유한소수로 나타낼 수 있다.

14 $\frac{15}{90}=\frac{1}{6}=\frac{1}{2\times3}$의 분모에 2나 5 이외의 소인수 3이 있으므로 유한소수로 나타낼 수 없다.

15 $\frac{12}{108}=\frac{1}{9}=\frac{1}{3^2}$의 분모에 2나 5 이외의 소인수 3이 있으므로 유한소수로 나타낼 수 없다.

16 $\frac{21}{120}=\frac{7}{40}=\frac{7}{2^3\times5}$에서 분모의 소인수가 2 또는 5뿐이므로 유한소수로 나타낼 수 있다.

18 유한소수가 되려면 분모의 소인수가 2 또는 5뿐이어야 하므로 $\frac{2}{3^2\times5}$에 9의 배수를 곱해야 한다.
따라서 구하는 가장 작은 자연수는 9이다.

19 유한소수가 되려면 분모의 소인수가 2 또는 5뿐이어야 하므로 $\frac{14}{2\times5^2\times7^2}=\frac{1}{5^2\times7}$에 7의 배수를 곱해야 한다.
따라서 구하는 가장 작은 자연수는 7이다.

20 유한소수가 되려면 분모의 소인수가 2 또는 5뿐이어야 하므로 $\frac{7}{18}=\frac{7}{2\times3^2}$에 9의 배수를 곱해야 한다.
따라서 구하는 가장 작은 자연수는 9이다.

21 유한소수가 되려면 분모의 소인수가 2 또는 5뿐이어야 하므로 $\frac{9}{66}=\frac{3}{22}=\frac{3}{2\times11}$에 11의 배수를 곱해야 한다.
따라서 구하는 가장 작은 자연수는 11이다.

22 유한소수가 되려면 분모의 소인수가 2 또는 5뿐이어야 하므로 $\frac{25}{210}=\frac{5}{42}=\frac{5}{2\times3\times7}$에 21의 배수를 곱해야 한다.
따라서 구하는 가장 작은 자연수는 21이다.

연산 능력 UP! 10분 연산 TEST

14쪽

01 유 **02** 무 **03** 무 **04** 유 **05** 유
06 1.25, 유 **07** 0.5333⋯, 무 **08** −0.148148⋯, 무
09 0.375 , 유 **10** 0.111⋯, 무
11 5^3, 5^3, 625, 0.625 **12** 5, 5, 95, 0.95
13 25, 2^2, 2^2, 8, 0.08 **14** × **15** ○ **16** ○
17 × **18** 7 **19** 3

14 분모에 2나 5 이외의 소인수 7이 있으므로 유한소수로 나타낼 수 없다.

15 $\frac{9}{2\times3\times5}=\frac{3}{2\times5}$에서 분모의 소인수가 2 또는 5뿐이므로 유한소수로 나타낼 수 있다.

16 $\frac{44}{80}=\frac{11}{20}=\frac{11}{2^2\times5}$에서 분모의 소인수가 2 또는 5뿐이므로 유한소수로 나타낼 수 있다.

17 $\frac{5}{48}=\frac{5}{2^4\times3}$의 분모에 2나 5 이외의 소인수 3이 있으므로 유한소수로 나타낼 수 없다.

18 유한소수가 되려면 분모의 소인수가 2 또는 5뿐이어야 하므로 $\frac{13}{2^2\times7}$에 7의 배수를 곱해야 한다.
따라서 구하는 가장 작은 자연수는 7이다.

19 유한소수가 되려면 분모의 소인수가 2 또는 5뿐이어야 하므로 $\frac{21}{45}=\frac{7}{15}=\frac{7}{3\times5}$에 3의 배수를 곱해야 한다.
따라서 구하는 가장 작은 자연수는 3이다.

06 VISUAL연산 순환소수

15쪽~16쪽

01 ○ 첫, 3, 순환　02 ○　03 ×　04 ○
05 ○　06 ×　07 5　08 23　09 7
10 61　11 789　12 28　13 $0.\dot{2}$ 2, $0.\dot{2}$
14 $0.\dot{2}\dot{8}$　15 $1.\dot{3}2\dot{5}$　16 $0.7\dot{1}$　17 $3.0\dot{9}\dot{6}$　18 $2.71\dot{8}0\dot{5}$
19 $1.\dot{3}4\dot{1}$　20 1 2, 2, 1　21 2
22 2 2, 2, 1, 1, 2　23 2　24 0

21 $0.\dot{4}3\dot{2}$의 순환마디의 숫자는 4, 3, 2의 3개이고,
$33=3\times11$이므로 소수점 아래 33번째 자리의 숫자는 순환마디의 3번째 숫자인 2이다.

23 $0.\dot{2}3\dot{1}$의 순환마디의 숫자는 2, 3, 1의 3개이고,
$16=3\times5+1$이므로 소수점 아래 16번째 자리의 숫자는 순환마디의 1번째 숫자인 2이다.

24 $0.\dot{5}02\dot{6}$의 순환마디의 숫자는 5, 0, 2, 6의 4개이고,
$22=4\times5+2$이므로 소수점 아래 22번째 자리의 숫자는 순환마디의 2번째 숫자인 0이다.

07 VISUAL연산 순환소수로 나타낼 수 있는 분수

17쪽

01 18, 0.222…, 2, $0.\dot{2}$　02 0.8333…, $0.8\dot{3}$
03 0.636363…, $0.\dot{6}\dot{3}$　04 0.081081…, $0.\dot{0}8\dot{1}$
05 순 7, 순환소수　06 순　07 유　08 유
09 순　10 순

06 분모에 2나 5 이외의 소인수 3이 있으므로 순환소수로 나타낼 수 있다.

07 $\frac{7}{25}=\frac{7}{5^2}$에서 분모의 소인수가 5뿐이므로 유한소수로 나타낼 수 있다.

08 $\frac{9}{2\times3\times5^2}=\frac{3}{2\times5^2}$에서 분모의 소인수가 2 또는 5뿐이므로 유한소수로 나타낼 수 있다.

09 $\frac{14}{30}=\frac{7}{15}=\frac{7}{3\times5}$의 분모에 2나 5 이외의 소인수 3이 있으므로 순환소수로 나타낼 수 있다.

10 $\frac{20}{135}=\frac{4}{27}=\frac{4}{3^3}$의 분모에 2나 5 이외의 소인수 3이 있으므로 순환소수로 나타낼 수 있다.

08 VISUAL연산 10의 거듭제곱을 이용하여 순환소수를 분수로 나타내기 (1)

18쪽~19쪽

01 10, 9, 7, $\frac{7}{9}$　02 100, 99, 111, 111, $\frac{37}{33}$
03 1000, 810, 999, 810, 810, $\frac{30}{37}$　04 $\frac{4}{9}$　05 $\frac{5}{3}$
06 $\frac{32}{9}$　07 $\frac{3}{11}$　08 $\frac{76}{99}$　09 $\frac{131}{99}$　10 $\frac{17}{11}$
11 $\frac{115}{333}$　12 $\frac{40}{37}$　13 $\frac{137}{111}$　14 ㄱ　15 ㄷ
16 ㄴ　17 ㄴ　18 ㄱ　19 ㄷ

04 $x=0.\dot{4}$라 하면 $x=0.444\cdots$이므로

$$\begin{array}{rl} 10x=4.444\cdots \\ -)\quad x=0.444\cdots \\ \hline 9x=4 \end{array} \qquad \therefore x=\frac{4}{9}$$

05 $x=1.\dot{6}$이라 하면 $x=1.666\cdots$이므로

$$\begin{array}{rl} 10x=16.666\cdots \\ -)\quad x=\ 1.666\cdots \\ \hline 9x=15 \end{array} \qquad \therefore x=\frac{15}{9}=\frac{5}{3}$$

06 $x=3.\dot{5}$라 하면 $x=3.555\cdots$이므로

$$\begin{array}{rl} 10x=35.555\cdots \\ -)\quad x=\ 3.555\cdots \\ \hline 9x=32 \end{array} \qquad \therefore x=\frac{32}{9}$$

07 $x=0.\dot{2}\dot{7}$이라 하면 $x=0.272727\cdots$이므로

$$\begin{array}{rl} 100x=27.272727\cdots \\ -)\quad x=\ 0.272727\cdots \\ \hline 99x=27 \end{array} \qquad \therefore x=\frac{27}{99}=\frac{3}{11}$$

08 $x=0.\dot{7}\dot{6}$이라 하면 $x=0.767676\cdots$이므로

$$\begin{array}{rl} 100x=76.767676\cdots \\ -)\quad x=\ 0.767676\cdots \\ \hline 99x=76 \end{array} \qquad \therefore x=\frac{76}{99}$$

09 $x=1.\dot{3}\dot{2}$라 하면 $x=1.323232\cdots$이므로

$$\begin{array}{rl} 100x=132.323232\cdots \\ -)\quad x=\ \ 1.323232\cdots \\ \hline 99x=131 \end{array} \qquad \therefore x=\frac{131}{99}$$

10 $x=1.\dot{5}\dot{4}$라 하면 $x=1.545454\cdots$이므로

$$\begin{array}{rl} 100x=154.545454\cdots \\ -)\quad x=\ \ 1.545454\cdots \\ \hline 99x=153 \end{array} \qquad \therefore x=\frac{153}{99}=\frac{17}{11}$$

11 $x=0.\dot{3}4\dot{5}$라 하면 $x=0.345345345\cdots$이므로

$$\begin{array}{rl} 1000x=345.345345345\cdots \\ -)\quad x=\ \ 0.345345345\cdots \\ \hline 999x=345 \end{array} \qquad \therefore x=\frac{345}{999}=\frac{115}{333}$$

12 $x=1.\dot{0}8\dot{1}$이라 하면 $x=1.081081081\cdots$이므로

$$\begin{array}{rl} 1000x= & 1081.081081081\cdots \\ -)\quad x= & 1.081081081\cdots \\ \hline 999x= & 1080 \end{array} \qquad \therefore x=\frac{1080}{999}=\frac{40}{37}$$

13 $x=1.\dot{2}3\dot{4}$라 하면 $x=1.234234234\cdots$이므로

$$\begin{array}{rl} 1000x= & 1234.234234234\cdots \\ -)\quad x= & 1.234234234\cdots \\ \hline 999x= & 1233 \end{array} \qquad \therefore x=\frac{1233}{999}=\frac{137}{111}$$

09 VISUAL연산 10의 거듭제곱을 이용하여 순환소수를 분수로 나타내기 (2) 20쪽~21쪽

01 10, 100, 90, 47, $\frac{47}{90}$

02 10, 1000, 1000, 10, 990, 235, 235, $\frac{47}{198}$

03 100, 1000, 1000, 100, 900, 932, 932, $\frac{233}{225}$

04 $\frac{2}{15}$ **05** $\frac{71}{45}$ **06** $\frac{329}{90}$ **07** $\frac{214}{495}$ **08** $\frac{89}{330}$

09 $\frac{129}{55}$ **10** $\frac{463}{900}$ **11** $\frac{41}{12}$ **12** ㄱ **13** ㄴ

14 ㄷ **15** ㄷ **16** ㄱ **17** ㄴ

04 $x=0.1\dot{3}$이라 하면 $x=0.1333\cdots$
$10x=1.333\cdots$, $100x=13.333\cdots$이므로

$$\begin{array}{rl} 100x= & 13.333\cdots \\ -)\quad 10x= & 1.333\cdots \\ \hline 90x= & 12 \end{array} \qquad \therefore x=\frac{12}{90}=\frac{2}{15}$$

05 $x=1.5\dot{7}$이라 하면 $x=1.5777\cdots$
$10x=15.777\cdots$, $100x=157.777\cdots$이므로

$$\begin{array}{rl} 100x= & 157.777\cdots \\ -)\quad 10x= & 15.777\cdots \\ \hline 90x= & 142 \end{array} \qquad \therefore x=\frac{142}{90}=\frac{71}{45}$$

06 $x=3.6\dot{5}$라 하면 $x=3.6555\cdots$
$10x=36.555\cdots$, $100x=365.555\cdots$이므로

$$\begin{array}{rl} 100x= & 365.555\cdots \\ -)\quad 10x= & 36.555\cdots \\ \hline 90x= & 329 \end{array} \qquad \therefore x=\frac{329}{90}$$

07 $x=0.4\dot{3}\dot{2}$라 하면 $x=0.4323232\cdots$
$10x=4.323232\cdots$, $1000x=432.323232\cdots$이므로

$$\begin{array}{rl} 1000x= & 432.323232\cdots \\ -)\quad 10x= & 4.323232\cdots \\ \hline 990x= & 428 \end{array} \qquad \therefore x=\frac{428}{990}=\frac{214}{495}$$

08 $x=0.2\dot{6}\dot{9}$라 하면 $x=0.2696969\cdots$
$10x=2.696969\cdots$, $1000x=269.696969\cdots$이므로

$$\begin{array}{rl} 1000x= & 269.696969\cdots \\ -)\quad 10x= & 2.696969\cdots \\ \hline 990x= & 267 \end{array} \qquad \therefore x=\frac{267}{990}=\frac{89}{330}$$

09 $x=2.3\dot{4}\dot{5}$라 하면 $x=2.3454545\cdots$
$10x=23.454545\cdots$, $1000x=2345.454545\cdots$이므로

$$\begin{array}{rl} 1000x= & 2345.454545\cdots \\ -)\quad 10x= & 23.454545\cdots \\ \hline 990x= & 2322 \end{array} \qquad \therefore x=\frac{2322}{990}=\frac{129}{55}$$

10 $x=0.51\dot{4}$라 하면 $x=0.51444\cdots$
$100x=51.444\cdots$, $1000x=514.444\cdots$이므로

$$\begin{array}{rl} 1000x= & 514.444\cdots \\ -)\quad 100x= & 51.444\cdots \\ \hline 900x= & 463 \end{array} \qquad \therefore x=\frac{463}{900}$$

11 $x=3.41\dot{6}$이라 하면 $x=3.41666\cdots$
$100x=341.666\cdots$, $1000x=3416.666\cdots$이므로

$$\begin{array}{rl} 1000x= & 3416.666\cdots \\ -)\quad 100x= & 341.666\cdots \\ \hline 900x= & 3075 \end{array} \qquad \therefore x=\frac{3075}{900}=\frac{41}{12}$$

10 VISUAL연산 공식을 이용하여 순환소수를 분수로 나타내기 (1) 22쪽

01 9, $\frac{1}{3}$ **02** $\frac{5}{9}$ **03** $\frac{8}{33}$ **04** $\frac{169}{333}$ **05** $\frac{127}{333}$

06 15, 1, $\frac{14}{9}$ **07** $\frac{31}{9}$ **08** $\frac{34}{3}$ **09** $\frac{199}{99}$

10 $\frac{475}{333}$

03 $0.\dot{2}\dot{4}=\frac{24}{99}=\frac{8}{33}$

04 $0.\dot{5}0\dot{7}=\frac{507}{999}=\frac{169}{333}$

05 $0.\dot{3}8\dot{1}=\frac{381}{999}=\frac{127}{333}$

07 $3.\dot{4}=\frac{34-3}{9}=\frac{31}{9}$

08 $11.\dot{3}=\frac{113-11}{9}=\frac{102}{9}=\frac{34}{3}$

09 $2.\dot{0}\dot{1}=\frac{201-2}{99}=\frac{199}{99}$

10 $1.\dot{4}2\dot{6}=\frac{1426-1}{999}=\frac{1425}{999}=\frac{475}{333}$

11 VISUAL 연산 공식을 이용하여 순환소수를 분수로 나타내기 (2)
23쪽

01 23, 2, 21, $\frac{7}{30}$	**02** $\frac{16}{45}$	**03** $\frac{56}{45}$	
04 257, 2, 255, $\frac{17}{66}$	**05** $\frac{25}{198}$	**06** $\frac{611}{495}$	**07** $\frac{827}{165}$
08 351, 35, 316, $\frac{79}{225}$	**09** $\frac{5}{36}$	**10** $\frac{101}{75}$	

02 $0.3\dot{5}=\frac{35-3}{90}=\frac{32}{90}=\frac{16}{45}$

03 $1.2\dot{4}=\frac{124-12}{90}=\frac{112}{90}=\frac{56}{45}$

05 $0.1\dot{2}\dot{6}=\frac{126-1}{990}=\frac{125}{990}=\frac{25}{198}$

06 $1.2\dot{3}\dot{4}=\frac{1234-12}{990}=\frac{1222}{990}=\frac{611}{495}$

07 $5.0\dot{1}\dot{2}=\frac{5012-50}{990}=\frac{4962}{990}=\frac{827}{165}$

09 $0.13\dot{8}=\frac{138-13}{900}=\frac{125}{900}=\frac{5}{36}$

10 $1.34\dot{6}=\frac{1346-134}{900}=\frac{1212}{900}=\frac{101}{75}$

12 VISUAL 연산 유리수와 소수의 관계
24쪽

01 ○ 순환, 65, $\frac{65}{99}$	**02** ○	**03** ×	**04** ○
05 ○	**06** ×	**07** × 없다	**08** ○
09 ○	**10** ×	**11** ×	**12** ×

10 $\frac{1}{3}=0.333\cdots$에서 $\frac{1}{3}$은 유리수이지만 무한소수이다.

11 $\pi=3.141592\cdots$는 무한소수이지만 순환소수가 아니다.

12 순환소수가 아닌 무한소수는 유리수가 아니다.

연산 능력 UP! 10분 연산 TEST
25쪽

01 6, $2.\dot{6}$	**02** 57, $0.\dot{0}5\dot{7}$		**03** 41, $3.\dot{4}\dot{1}$	
04 213, $0.\dot{2}1\dot{3}$		**05** 9	**06** 2	**07** $2.\dot{2}$
08 $0.\dot{2}\dot{7}$	**09** $0.\dot{4}8\dot{1}$	**10** $0.2\dot{4}$	**11** 순	**12** 유
13 순	**14** 유	**15** $\frac{73}{99}$	**16** $\frac{49}{333}$	**17** $\frac{139}{90}$
18 $\frac{29}{198}$	**19** ○	**20** ×	**21** ○	

05 $0.\dot{4}\dot{9}$의 순환마디의 숫자는 4, 9의 2개이고, $20=2\times10$이므로 소수점 아래 20번째 자리의 숫자는 순환마디의 2번째 숫자인 9이다.

06 $0.\dot{3}2\dot{1}$의 순환마디의 숫자는 3, 2, 1의 3개이고, $20=3\times6+2$이므로 소수점 아래 20번째 자리의 숫자는 순환마디의 2번째 숫자인 2이다.

11 분모에 2나 5 이외의 소인수 3이 있으므로 순환소수로 나타낼 수 있다.

12 $\frac{42}{7\times5^2}=\frac{6}{5^2}$에서 분모의 소인수가 5뿐이므로 유한소수로 나타낼 수 있다.

13 $\frac{29}{30}=\frac{29}{2\times3\times5}$의 분모에 2나 5 이외의 소인수 3이 있으므로 순환소수로 나타낼 수 있다.

14 $\frac{21}{105}=\frac{21}{3\times7\times5}=\frac{1}{5}$에서 분모의 소인수가 5뿐이므로 유한소수로 나타낼 수 있다.

16 $0.\dot{1}4\dot{7}=\frac{147}{999}=\frac{49}{333}$

17 $1.5\dot{4}=\frac{154-15}{90}=\frac{139}{90}$

18 $0.1\dot{4}\dot{6}=\frac{146-1}{990}=\frac{145}{990}=\frac{29}{198}$

20 순환소수는 모두 유리수이다.

학교 시험 미리보기! 학교 시험 PREVIEW
26쪽~27쪽

01 ④	**02** ④	**03** ②	**04** ⑤	**05** ③
06 ⑤	**07** ③	**08** ③	**09** ③	**10** ③
11 ④	**12** 3			

01 유리수는 0, 0.48, $-\frac{1}{3}$, 1, $\frac{32}{8}$의 5개이다.

02 ④ $2^3\times5\times5^2=2^3\times5^3=(2\times5)^3=10^3$

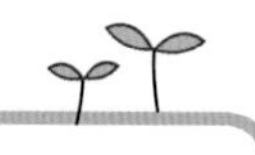

03 ① $\frac{1}{30}=\frac{1}{2\times3\times5}$　② $\frac{7}{56}=\frac{1}{8}=\frac{1}{2^3}$

③ $\frac{12}{2\times3\times7}=\frac{2}{7}$　④ $\frac{5}{120}=\frac{1}{24}=\frac{1}{2^3\times3}$

⑤ $\frac{35}{2^2\times3\times5^2}=\frac{7}{2^2\times3\times5}$

따라서 분모의 소인수가 2 또는 5뿐인 분수는 ②이다.

04 $\frac{35}{3\times5\times7^2}=\frac{1}{3\times7}$이므로 어떤 자연수는 3과 7의 공배수, 즉 21의 배수이어야 한다.

따라서 어떤 자연수 중 가장 작은 자연수는 21이다.

05 $\frac{1}{72}=\frac{1}{2^3\times3^2}$이고, $\frac{1}{2^3\times3^2}\times A$가 유한소수가 되려면 분모의 소인수가 2 또는 5뿐이어야 하므로 A는 $3^2=9$의 배수이어야 한다.

06 ① $0.\dot{3}$　② $1.\dot{3}2\dot{1}$　③ $0.\dot{9}6\dot{3}$　④ $0.\dot{5}\dot{2}$

07 $2.\dot{3}45\dot{1}$의 순환마디의 숫자는 3, 4, 5, 1의 4개이고, $81=4\times20+1$이므로 소수점 아래 81번째 자리의 숫자는 순환마디의 1번째 숫자인 3이다.

08 ③ $x=1.\dot{3}0\dot{4}$ → $1000x-x$

09 ① $1.\dot{2}=\frac{12-1}{9}=\frac{11}{9}$

② $1.\dot{4}\dot{5}=\frac{145-1}{99}=\frac{144}{99}=\frac{16}{11}$

④ $2.5\dot{1}=\frac{251-25}{90}=\frac{226}{90}=\frac{113}{45}$

⑤ $0.\dot{1}2\dot{3}=\frac{123-1}{990}=\frac{122}{990}=\frac{61}{495}$

10 ③ 순환마디는 03이다.

11 ④ 정수가 아닌 유리수를 소수로 나타내면 유한소수 또는 순환소수이다.

12 서술형

$4\div11=0.363636\cdots=0.\dot{3}\dot{6}$ ……❶

순환마디가 36이므로 순환마디의 숫자는 3, 6의 2개이다. ……❷

$99=2\times49+1$이므로 소수점 아래 99번째 자리의 숫자는 순환마디의 1번째 숫자인 3이다. ……❸

채점 기준	배점
❶ 분수를 소수로 나타내기	20 %
❷ 순환마디의 숫자의 개수 구하기	20 %
❸ 소수점 아래 99번째 자리의 숫자 구하기	60 %

2. 단항식의 계산

01 VISUAL연산 거듭제곱

30쪽

01 3, 5　02 $\frac{1}{4}$, 3　03 x, 8　04 11, a　05 3

06 7^5　07 $\left(\frac{1}{3}\right)^3$　08 x^5　09 3, 2

10 $3^3\times7^4$　11 $\left(\frac{1}{5}\right)^3\times\left(\frac{2}{11}\right)^2$　12 $\frac{1}{2^2\times7^2\times13}$

13 a^3b^4　14 x^3y^2

02 VISUAL연산 지수법칙 (1) - 지수의 합

31쪽

01 5, 7　02 2^6　03 x^9　04 y^{17}　05 b^9

06 2, 3, 6　07 2^7　08 b^{10}　09 x^{21}　10 a^{11}

11 b^{10}　12 2, 3, 4, 4　13 $2^4\times3^5$　14 a^3b^7　15 4, 2, 7, 2

16 a^8b^6　17 x^7y^{11}

13 $2^3\times2\times3^3\times3^2=2^{3+1}\times3^{3+2}=2^4\times3^5$

14 $a\times a^2\times b^2\times b^5=a^{1+2}\times b^{2+5}=a^3b^7$

16 $a^3\times b^4\times a^5\times b^2=a^3\times a^5\times b^4\times b^2=a^{3+5}\times b^{4+2}=a^8b^6$

17 $x^5\times y^5\times x^2\times y^6=x^5\times x^2\times y^5\times y^6=x^{5+2}\times y^{5+6}=x^7y^{11}$

03 VISUAL연산 지수법칙 (2) - 지수의 곱

32쪽

01 2, 6　02 3^{12}　03 x^8　04 y^{30}

05 2, 2, 6, 4, 10　06 2^{13}　07 a^{10}　08 b^{14}

09 x^{20}　10 2, 2, 4, 6, 9, 6　11 $x^{16}y^8$　12 $a^{12}b^9$

13 2, 3, 4, 6, 8, 12, 14, 12　14 $a^{17}b^{15}$　15 $a^{24}b^{12}$

06 $(2^5)^2\times2^3=2^{5\times2}\times2^3=2^{10}\times2^3=2^{13}$

07 $a\times(a^3)^3=a\times a^{3\times3}=a\times a^9=a^{10}$

08 $(b^4)^3\times b^2=b^{4\times3}\times b^2=b^{12}\times b^2=b^{14}$

09 $(x^2)^6\times(x^4)^2=x^{2\times6}\times x^{4\times2}=x^{12}\times x^8=x^{20}$

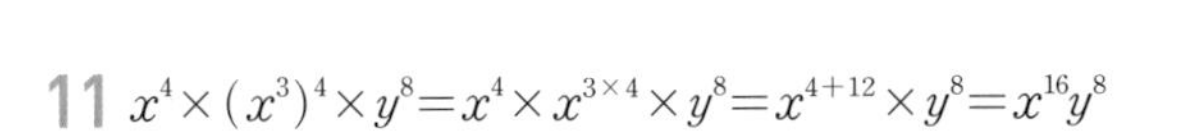

11 $x^4\times(x^3)^4\times y^8=x^4\times x^{3\times4}\times y^8=x^{4+12}\times y^8=x^{16}y^8$

12 $(a^6)^2\times b^3\times(b^2)^3=a^{6\times2}\times b^3\times b^{2\times3}=a^{12}\times b^{3+6}=a^{12}b^9$

14 $(a^2)^5\times(b^3)^5\times a^7=a^{2\times5}\times b^{3\times5}\times a^7=a^{10}\times a^7\times b^{15}=a^{17}b^{15}$

15 $(b^2)^2\times(a^8)^3\times(b^4)^2=b^{2\times2}\times a^{8\times3}\times b^{4\times2}$
$=a^{24}\times b^4\times b^8=a^{24}b^{12}$

04 VISUAL 연산 지수법칙 (3) - 지수의 차

33쪽

01 3, 3, 1, 2, 2　02 3^2　03 1　04 $\frac{1}{2^2}$
05 x^5　06 1　07 $\frac{1}{x^5}$　08 2, 4, 4, 2
09 $\frac{1}{a}$　10 x^2　11 1, 2, 5, 2, 3　12 4
13 x^5　14 $\frac{1}{b^6}$

09 $(a^3)^3\div a^{10}=a^{3\times3}\div a^{10}=a^9\div a^{10}=\frac{1}{a^{10-9}}=\frac{1}{a}$

10 $(x^5)^2\div(x^2)^4=x^{5\times2}\div x^{2\times4}=x^{10}\div x^8=x^{10-8}=x^2$

12 $4^5\div4\div4^3=4^{5-1}\div4^3=4^4\div4^3=4^{4-3}=4$

13 $x^{10}\div x^3\div x^2=x^{10-3}\div x^2=x^7\div x^2=x^{7-2}=x^5$

14 $b^4\div b^2\div b^8=b^{4-2}\div b^8=b^2\div b^8=\frac{1}{b^{8-2}}=\frac{1}{b^6}$

05 VISUAL 연산 지수법칙 (4) - 지수의 분배

34쪽

01 2, 2, 2, 2, 4, 2　02 a^4b^4　03 x^3y^6　04 a^4b^6
05 3, 3, 8, 6　06 $9a^6$　07 $-x^5y^5$　08 $4a^8b^4$
09 2, 2, 4, 2　10 $\frac{b^3}{a^3}$　11 $\frac{x^2}{y^4}$　12 $\frac{a^6}{b^9}$
13 3, 3, 3, 8, 6, 3　14 $\frac{a^8}{9}$　15 $\frac{16y^4}{x^{12}}$　16 $-\frac{a^6}{8b^3}$

06 $(3a^3)^2=3^2a^{3\times2}=9a^6$

07 $(-xy)^5=(-1)^5x^5y^5=-x^5y^5$

08 $(-2a^4b^2)^2=(-2)^2a^{4\times2}b^{2\times2}=4a^8b^4$

14 $\left(\frac{a^4}{3}\right)^2=\frac{a^{4\times2}}{3^2}=\frac{a^8}{9}$

15 $\left(\frac{2y}{x^3}\right)^4=\frac{2^4y^4}{x^{3\times4}}=\frac{16y^4}{x^{12}}$

16 $\left(-\frac{a^2}{2b}\right)^3=(-1)^3\frac{a^{2\times3}}{2^3b^3}=-\frac{a^6}{8b^3}$

06 VISUAL 연산 지수법칙을 이용하여 □ 안에 알맞은 수 구하기

35쪽

01 4　02 5　03 4　04 7　05 3
06 5　07 3　08 4　09 6　10 4
11 8　12 5　13 3　14 4　15 5
16 2

02 $2^{\square+5}=2^{10}$에서 $\square+5=10$　$\therefore \square=5$

03 $a^{4+\square}=a^8$에서 $4+\square=8$　$\therefore \square=4$

04 $b^{1+\square+2}=b^{10}$에서 $1+\square+2=10$　$\therefore \square=7$

06 $3^{\square\times3}=3^{15}$에서 $\square\times3=15$　$\therefore \square=5$

07 $x^{4\times\square}=x^{12}$에서 $4\times\square=12$　$\therefore \square=3$

08 $b^{2+\square\times2}=b^{10}$에서 $2+\square\times2=10$　$\therefore \square=4$

11 $a^{\square-5}=a^3$에서 $\square-5=3$　$\therefore \square=8$

12 $\frac{1}{b^{\square-3}}=\frac{1}{b^2}$에서 $\square-3=2$　$\therefore \square=5$

14 $2^{\square}a^{3\times\square}=16a^{12}$에서 $3\times\square=12$　$\therefore \square=4$

16 $\frac{b^{\square\times5}}{a^{3\times5}}=\frac{b^{10}}{a^{15}}$에서 $\square\times5=10$　$\therefore \square=2$

10분 연산 TEST

36쪽

01 2^7　02 x^{10}　03 a^6　04 x^7y^3　05 3^{15}
06 a^{12}　07 x^9　08 $a^{14}b^{12}$　09 $\frac{1}{x^4}$　10 a^3
11 1　12 $\frac{1}{b^{15}}$　13 x^2y^4　14 $81a^{12}b^4$　15 $\frac{x^{15}}{y^{10}}$
16 $-\frac{27a^9}{8b^3}$　17 3　18 5　19 4, 3　20 2, 3

04 $x^3\times y^2\times x^4\times y=x^3\times x^4\times y^2\times y$
$=x^{3+4}\times y^{2+1}=x^7y^3$

07 $(x^2)^3\times x^3=x^{2\times3}\times x^3=x^6\times x^3=x^9$

08 $(a^3)^2\times(b^4)^3\times(a^2)^4=a^{3\times2}\times b^{4\times3}\times a^{2\times4}$
$=a^6\times a^8\times b^{12}=a^{14}b^{12}$

10 $(a^3)^3\div a^6=a^{3\times3}\div a^6=a^9\div a^6=a^{9-6}=a^3$

11 $x^8\div x\div x^7=x^{8-1}\div x^7=x^7\div x^7=1$

12 $(b^2)^4\div b^3\div(b^5)^4=b^{2\times4}\div b^3\div b^{5\times4}$
$=b^8\div b^3\div b^{20}$
$=b^{8-3}\div b^{20}=b^5\div b^{20}$
$=\frac{1}{b^{20-5}}=\frac{1}{b^{15}}$

14 $(-3a^3b)^4=(-3)^4a^{3\times4}b^4=81a^{12}b^4$

16 $\left(-\frac{3a^3}{2b}\right)^3=(-1)^3\frac{3^3a^{3\times3}}{2^3b^3}=-\frac{27a^9}{8b^3}$

17 $x^{\square+4}=x^7$에서 $\square+4=7$　$\therefore \square=3$

18 $b^{8-\square-1}=b^2$에서 $8-\square-1=2$　$\therefore \square=5$

19 $x^{\square\times3}y^3=x^{12}y^{\square}$에서
$x^{\square\times3}=x^{12}$, $\square\times3=12$　$\therefore \square=4$
$y^3=y^{\square}$　$\therefore \square=3$

20 $-\frac{\square^3a^{2\times3}}{b^3}=-\frac{8a^6}{b^{\square}}$에서
$\square^3=8=2^3$　$\therefore \square=2$
$b^3=b^{\square}$　$\therefore \square=3$

07 VISUAL 연산 단항식의 곱셈

37쪽~38쪽

01 2, 6, 2, 6, $12ab$　02 $20xy$　03 $18ab$　04 $-24ab$
05 $10xy$　06 $-8ab^2$　07 $-2x^2y$　08 2, 4, 2, 4, $8x^4$
09 $-15a^3$　10 $-8b^5$　11 3, 2, 3, 2, $6x^2y^3$　12 $-6x^3y$
13 $\frac{1}{3}x^3y^2$　14 $-10a^2b^3$　15 $-12a^3b^5$
16 $\frac{1}{2}x^3y^4$　17 2, 3, 2, 3, $6x^5y^4$　18 $60a^5b^3$　19 $-8x^3y^4$
20 $-24x^4y^4$　21 2, 2, 4, 2, $4a^5b^2$　22 $2a^7$
23 $48x^4y$　24 $-45x^2y$　25 $-4x^4y$　26 $-27a^4b^4$
27 $6x^8y^5$　28 $-8a^7b^8$　29 $12x^7y^3$　30 $-8a^6b^3$
31 $\frac{3}{2}x^8y^6$　32 $-2x^{10}y^{10}$　33 $64a^{10}b^{10}$

22 $(-a)^3\times(-2a^4)=(-a^3)\times(-2a^4)=2a^7$

23 $(-2x)^4\times3y=16x^4\times3y=48x^4y$

24 $(-3x)^2\times(-5y)=9x^2\times(-5y)=-45x^2y$

25 $(-x)^3\times4xy=(-x^3)\times4xy=-4x^4y$

26 $(3ab)^3\times(-ab)=27a^3b^3\times(-ab)=-27a^4b^4$

27 $(3x^3y^2)^2\times\frac{2}{3}x^2y=9x^6y^4\times\frac{2}{3}x^2y=6x^8y^5$

28 $(-2ab^2)^3\times(-a^2b)^2=-8a^3b^6\times a^4b^2=-8a^7b^8$

29 $(-x)^2\times3xy\times(2x^2y)^2=x^2\times3xy\times4x^4y^2$
$=12x^7y^3$

30 $2a^3b\times(-a)^3\times(-2b)^2=2a^3b\times(-a^3)\times4b^2$
$=-8a^6b^3$

31 $(-x^2y)^3\times2x^2y\times\left(-\frac{3}{4}y^2\right)=(-x^6y^3)\times2x^2y\times\left(-\frac{3}{4}y^2\right)$
$=\frac{3}{2}x^8y^6$

32 $(xy^2)^3\times2xy\times(-x^2y)^3=x^3y^6\times2xy\times(-x^6y^3)$
$=-2x^{10}y^{10}$

33 $(-2ab)^4\times\left(-\frac{1}{3}a^2b\right)^2\times(6ab^2)^2$
$=16a^4b^4\times\frac{1}{9}a^4b^2\times36a^2b^4=64a^{10}b^{10}$

08 단항식의 나눗셈

39쪽~40쪽

01 $6a^2$, 6, a^2, $2a$　02 $-3a^2$　03 $-5x^2$　04 $\frac{y}{2x^2}$
05 $2a^3b$　06 $\frac{1}{2y}$　07 $-4a$　08 $-\frac{1}{3y}$
09 2, $5x$, $\frac{2}{5}$, x, $4x$　10 $8a^2$　11 $-5x$　12 $8a$
13 $6y^2$　14 $-10a$　15 $-\frac{16x}{y}$　16 x^4y　17 $9x^3$, x
18 24　19 $2x^2y$　20 $-2a^3b$　21 $-\frac{3b^2}{a^3}$　22 $\frac{32a^7}{b^4}$
23 $\frac{2}{5}x^2$　24 $-12x^2y^3$　25 $-32ab^3$　26 xy^2, $3x$, 3, xy^2, $3y$
27 -2　28 $-\frac{3}{x}$　29 $-\frac{b^2}{a^2}$　30 $2x^2y^3$　31 -24
32 $-\frac{1}{6}y$　33 $\frac{27b^4}{a}$

02 $12a^3\div(-4a)=\frac{12a^3}{-4a}=-3a^2$

03 $(-15x^4)\div3x^2=\frac{-15x^4}{3x^2}=-5x^2$

04 $2xy\div4x^3=\frac{2xy}{4x^3}=\frac{y}{2x^2}$

05 $6a^8b^4\div3a^5b^3=\frac{6a^8b^4}{3a^5b^3}=2a^3b$

06 $2x^2y\div4x^2y^2=\frac{2x^2y}{4x^2y^2}=\frac{1}{2y}$

07 $20a^2b\div(-5ab)=\frac{20a^2b}{-5ab}=-4a$

08 $(-3xy^2)\div9xy^3=\frac{-3xy^2}{9xy^3}=-\frac{1}{3y}$

10 $6a^4\div\frac{3}{4}a^2=6a^4\times\frac{4}{3a^2}=8a^2$

11 $x^2\div\left(-\frac{1}{5}x\right)=x^2\times\left(-\frac{5}{x}\right)=-5x$

12 $4ab\div\frac{1}{2}b=4ab\times\frac{2}{b}=8a$

13 $2xy\div\frac{x}{3y}=2xy\times\frac{3y}{x}=6y^2$

14 $12a^2b\div\left(-\frac{6}{5}ab\right)=12a^2b\times\left(-\frac{5}{6ab}\right)=-10a$

15 $(-8x^2y)\div\frac{1}{2}xy^2=(-8x^2y)\times\frac{2}{xy^2}=-\frac{16x}{y}$

16 $\left(-\frac{1}{2}x^3y^2\right)\div\left(-\frac{y}{2x}\right)=\left(-\frac{1}{2}x^3y^2\right)\times\left(-\frac{2x}{y}\right)=x^4y$

18 $(-6a)^2\div\frac{3}{2}a^2=36a^2\div\frac{3}{2}a^2=36a^2\times\frac{2}{3a^2}=24$

19 $8x^2y^3\div(2y)^2=8x^2y^3\div4y^2=\frac{8x^2y^3}{4y^2}=2x^2y$

20 $(-2a^2b)^3\div4a^3b^2=(-8a^6b^3)\div4a^3b^2$
$=\frac{-8a^6b^3}{4a^3b^2}=-2a^3b$

21 $(ab^2)^2\div\left(-\frac{1}{3}a^5b^2\right)=a^2b^4\div\left(-\frac{1}{3}a^5b^2\right)$
$=a^2b^4\times\left(-\frac{3}{a^5b^2}\right)$
$=-\frac{3b^2}{a^3}$

22 $(2a^2b)^5\div(ab^3)^3=32a^{10}b^5\div a^3b^9=\frac{32a^{10}b^5}{a^3b^9}=\frac{32a^7}{b^4}$

23 $\left(-\frac{1}{5}x^2y\right)^2\div\frac{1}{10}x^2y^2=\frac{1}{25}x^4y^2\div\frac{1}{10}x^2y^2$
$=\frac{1}{25}x^4y^2\times\frac{10}{x^2y^2}$
$=\frac{2}{5}x^2$

24 $\left(\frac{2x^3}{y}\right)^2\div\left(-\frac{x^4}{3y^5}\right)=\frac{4x^6}{y^2}\div\left(-\frac{x^4}{3y^5}\right)$
$=\frac{4x^6}{y^2}\times\left(-\frac{3y^5}{x^4}\right)$
$=-12x^2y^3$

25 $(-2a^2b^3)^2\div\left(-\frac{1}{2}ab\right)^3=4a^4b^6\div\left(-\frac{1}{8}a^3b^3\right)$
$=4a^4b^6\times\left(-\frac{8}{a^3b^3}\right)$
$=-32ab^3$

27 $(-8a^2)\div4a\div a=(-8a^2)\times\frac{1}{4a}\times\frac{1}{a}=-2$

28 $12x^2\div\frac{1}{2}x\div(-8x^2)=12x^2\times\frac{2}{x}\times\left(-\frac{1}{8x^2}\right)=-\frac{3}{x}$

29 $6ab^3\div(-2a^2b)\div3a=6ab^3\times\left(-\frac{1}{2a^2b}\right)\times\frac{1}{3a}=-\frac{b^2}{a^2}$

30 $(-20x^4y^6)\div 5xy^2\div(-2xy)$
$=(-20x^4y^6)\times\dfrac{1}{5xy^2}\times\left(-\dfrac{1}{2xy}\right)=2x^2y^3$

31 $4x^2y\div\dfrac{1}{3}xy^2\div\left(-\dfrac{x}{2y}\right)=4x^2y\times\dfrac{3}{xy^2}\times\left(-\dfrac{2y}{x}\right)=-24$

32 $(-xy^2)^3\div 2x^2y\div 3xy^4=(-x^3y^6)\times\dfrac{1}{2x^2y}\times\dfrac{1}{3xy^4}$
$=-\dfrac{1}{6}y$

33 $(3ab^3)^2\div\dfrac{3}{4}a\div\left(-\dfrac{2}{3}ab\right)^2=9a^2b^6\div\dfrac{3}{4}a\div\dfrac{4}{9}a^2b^2$
$=9a^2b^6\times\dfrac{4}{3a}\times\dfrac{9}{4a^2b^2}$
$=\dfrac{27b^4}{a}$

09 VISUAL연산 단항식의 곱셈과 나눗셈의 혼합 계산 41쪽

01 $\dfrac{1}{8x^2}$, $\dfrac{1}{8}$, $\dfrac{1}{x^2}$, x^2y 02 $-10xy$ 03 $3y^2$
04 $\dfrac{1}{3xy}$, $\dfrac{1}{3}$, $\dfrac{1}{xy}$, $\dfrac{4y^2}{3x}$ 05 $\dfrac{5}{2}a$ 06 $\dfrac{6b^3}{a}$ 07 $-\dfrac{12}{xy^4}$
08 $2a^3$ 09 $-\dfrac{8}{7}ab^2$ 10 $\dfrac{20}{xy}$ 11 $\dfrac{27}{2}x^5y^3$ 12 $3ab^3$
13 $-10x^5y^8$ 14 $-\dfrac{24a}{b^3}$ 15 $12a^3b^2$

02 $2x^2\times 5y\div(-x)=2x^2\times 5y\times\left(-\dfrac{1}{x}\right)=-10xy$

03 $x^2y\times 6y\div 2x^2=x^2y\times 6y\times\dfrac{1}{2x^2}=3y^2$

05 $5a\div 4ab\times 2ab=5a\times\dfrac{1}{4ab}\times 2ab=\dfrac{5}{2}a$

06 $9ab^3\div 3a^3b^2\times 2ab^2=9ab^3\times\dfrac{1}{3a^3b^2}\times 2ab^2=\dfrac{6b^3}{a}$

07 $6x^2y\div(-2x^5y^6)\times 4x^2y=6x^2y\times\left(-\dfrac{1}{2x^5y^6}\right)\times 4x^2y$
$=-\dfrac{12}{xy^4}$

08 $10a^3\times(-a^2)^2\div 5a^4=10a^3\times a^4\div 5a^4$
$=10a^3\times a^4\times\dfrac{1}{5a^4}$
$=2a^3$

09 $28a^2b\times(-2ab^3)\div(-7ab)^2$
$=28a^2b\times(-2ab^3)\div 49a^2b^2$
$=28a^2b\times(-2ab^3)\times\dfrac{1}{49a^2b^2}$
$=-\dfrac{8}{7}ab^2$

10 $15xy^2\times\left(-\dfrac{2}{y}\right)^2\div 3x^2y=15xy^2\times\dfrac{4}{y^2}\div 3x^2y$
$=15xy^2\times\dfrac{4}{y^2}\times\dfrac{1}{3x^2y}$
$=\dfrac{20}{xy}$

11 $(3x^2y)^2\times\dfrac{4}{7}x^2y^3\div\dfrac{8}{21}xy^2=9x^4y^2\times\dfrac{4}{7}x^2y^3\div\dfrac{8}{21}xy^2$
$=9x^4y^2\times\dfrac{4}{7}x^2y^3\times\dfrac{21}{8xy^2}$
$=\dfrac{27}{2}x^5y^3$

12 $9a^4b\div 3a^3\times(-b)^2=9a^4b\div 3a^3\times b^2$
$=9a^4b\times\dfrac{1}{3a^3}\times b^2$
$=3ab^3$

13 $(2x^2y^3)^3\div\dfrac{4}{5}xy^2\times(-y)=8x^6y^9\div\dfrac{4}{5}xy^2\times(-y)$
$=8x^6y^9\times\dfrac{5}{4xy^2}\times(-y)$
$=-10x^5y^8$

14 $12a^2b\div(-ab^3)^2\times(-2ab^2)$
$=12a^2b\div a^2b^6\times(-2ab^2)$
$=12a^2b\times\dfrac{1}{a^2b^6}\times(-2ab^2)=-\dfrac{24a}{b^3}$

15 $3ab^2\div\left(-\dfrac{1}{2}ab^3\right)^2\times(-a^2b^3)^2$
$=3ab^2\div\dfrac{1}{4}a^2b^6\times a^4b^6$
$=3ab^2\times\dfrac{4}{a^2b^6}\times a^4b^6=12a^3b^2$

10 VISUAL연산 □ 안에 알맞은 단항식 구하기 42쪽

01 $5b^3$ 02 $2x^3y^2$ 03 $-3a^6b^5$ 04 $2x^2y^2$ 05 $-3a^4b$
06 $\dfrac{1}{3}y^3$ 07 $4xy^3$, 4, x, y^3, $24x^3y^5$ 08 $3a^4b^3$
09 $2x^2y^3$, $2x^2y^3$, $12x^3y$ 10 $2b^5$

02 $\square=8x^5y^3\div 4x^2y=\dfrac{8x^5y^3}{4x^2y}=2x^3y^2$

03 $\square = 9a^7b^7 \div (-3ab^2) = \dfrac{9a^7b^7}{-3ab^2} = -3a^6b^5$

05 $\square = 6a^4b^8 \div (-2b^7) = \dfrac{6a^4b^8}{-2b^7} = -3a^4b$

06 $\square = 8x^2y^5 \div 24x^2y^2 = \dfrac{8x^2y^5}{24x^2y^2} = \dfrac{1}{3}y^3$

08 (삼각형의 넓이)$= \dfrac{1}{2} \times 3ab \times 2a^3b^2 = 3a^4b^3$

10 $\{\pi \times (5a^2)^2\} \times$ (높이)$= 50\pi a^4b^5$이므로
$25\pi a^4 \times$ (높이)$= 50\pi a^4b^5$
$\therefore$ (높이)$= 50\pi a^4b^5 \div 25\pi a^4 = \dfrac{50\pi a^4b^5}{25\pi a^4} = 2b^5$

10분 연산 TEST

43쪽

01 $15a^2b$	**02** $12x^5y$	**03** $-6a^5b^4$	**04** $12x^3y^5$	**05** $-8a^4b^7$
06 $4a^8b^8$	**07** a	**08** $3x^2$	**09** $-4a^3$	**10** $-\dfrac{y^{10}}{18x}$
11 $-3a$	**12** $2x^2y^3$	**13** $4x^2$	**14** $17x^3y$	**15** $\dfrac{1}{3}x^3y^5$
16 $-12y^2$	**17** $-54a^3b^8$	**18** $3xy^2$	**19** $4y^3$	**20** $-18a^3b^4$

06 $\left(-\dfrac{1}{2}a^2b\right)^2 \times (-4a^2b^3)^2 = \dfrac{1}{4}a^4b^2 \times 16a^4b^6 = 4a^8b^8$

10 $\left(\dfrac{2}{3}xy^2\right)^2 \div \left(-\dfrac{2x}{y^2}\right)^3 = \dfrac{4}{9}x^2y^4 \div \left(-\dfrac{8x^3}{y^6}\right)$
$= \dfrac{4}{9}x^2y^4 \times \left(-\dfrac{y^6}{8x^3}\right)$
$= -\dfrac{y^{10}}{18x}$

13 $8x^4y^2 \div 2x^2y^5 \times y^3 = 8x^4y^2 \times \dfrac{1}{2x^2y^5} \times y^3 = 4x^2$

14 $(-17x^3y^3) \times 2xy \div (-2xy^3)$
$= (-17x^3y^3) \times 2xy \times \left(-\dfrac{1}{2xy^3}\right)$
$= 17x^3y$

15 $(x^2)^3 \times (-y^2)^4 \div 3x^3y^3 = x^6 \times y^8 \div 3x^3y^3$
$= x^6 \times y^8 \times \dfrac{1}{3x^3y^3}$
$= \dfrac{1}{3}x^3y^5$

16 $12x^2y^2 \div 8x^2y^3 \times (-2y)^3 = 12x^2y^2 \div 8x^2y^3 \times (-8y^3)$
$= 12x^2y^2 \times \dfrac{1}{8x^2y^3} \times (-8y^3)$
$= -12y^2$

17 $2ab^2 \times (-3a^2b^3)^2 \div \left(-\dfrac{1}{3}a^2\right)$
$= 2ab^2 \times 9a^4b^6 \div \left(-\dfrac{1}{3}a^2\right)$
$= 2ab^2 \times 9a^4b^6 \times \left(-\dfrac{3}{a^2}\right) = -54a^3b^8$

18 $\square = 12x^2y^3 \div 4xy = \dfrac{12x^2y^3}{4xy} = 3xy^2$

19 $\square = 28xy^5 \div 7xy^2 = \dfrac{28xy^5}{7xy^2} = 4y^3$

20 $\square = 9a^4b^6 \div \left(-\dfrac{1}{2}ab^2\right) = 9a^4b^6 \times \left(-\dfrac{2}{ab^2}\right) = -18a^3b^4$

학교 시험 미리보기!

학교 시험 PREVIEW

44쪽~45쪽

01 ②	**02** ④	**03** ④	**04** ②	**05** ①
06 ⑤	**07** ②	**08** ②	**09** ①	**10** ④
11 $3b$ cm	**12** $a=1$, $b=3$, $c=3$			

01 $(x^2)^3 \times y^4 \times x \times (y^5)^2 = x^6 \times y^4 \times x \times y^{10}$
$= x^6 \times x \times y^4 \times y^{10} = x^7y^{14}$

02 ① $x^6 \div x^3 = x^{6-3} = x^3$
② $a^8 \div a^4 \div a^2 = a^{8-4-2} = a^2$
③ $(2^3)^2 \div 2^6 = 2^6 \div 2^6 = 1$
⑤ $(b^2)^3 \div (b^5)^2 = b^6 \div b^{10} = \dfrac{1}{b^4}$

03 ④ $(4a^2b^3)^2 = 16a^4b^6$

04 $\left(\dfrac{3x^a}{y}\right)^b = \dfrac{3^bx^{ab}}{y^b} = \dfrac{27x^{12}}{y^c}$이므로
$3^b = 27 = 3^3$에서 $b=3$
$ab=12$에서 $3a=12$ $\quad \therefore a=4$
$b=c$에서 $c=3$
$\therefore a-b+c = 4-3+3 = 4$

05 ① $a^{\square-1}=a^7$에서 $\square-1=7$ $\therefore \square=8$

② $\dfrac{1}{x^{9-\square}}=\dfrac{1}{x^3}$에서 $9-\square=3$ $\therefore \square=6$

③ $\dfrac{y^{5\times2}}{x^{\square\times2}}=\dfrac{y^{10}}{x^{12}}$에서 $\square\times2=12$ $\therefore \square=6$

④ $a^{2\times3}b^{\square\times3}=a^6b^{18}$에서 $\square\times3=18$ $\therefore \square=6$

⑤ $x^{\square+2-3}=x^5$에서 $\square+2-3=5$ $\therefore \square=6$

06 $3x^2y\times(-xy)^3\times(-2x)=3x^2y\times(-x^3y^3)\times(-2x)$
$=6x^6y^4$

07 ② $(-2xy)^5\times(-xy^2)^3=(-32x^5y^5)\times(-x^3y^6)$
$=32x^8y^{11}$

08 $(2x^2y^3)^3\div4xy^2=8x^6y^9\times\dfrac{1}{4xy^2}=2x^5y^7=ax^by^c$이므로
$a=2,\ b=5,\ c=7$
$\therefore a+b+c=2+5+7=14$

09 $\dfrac{3}{4}xy\div\left(-\dfrac{3}{8}xy^2\right)\times2x^2y=\dfrac{3}{4}xy\times\left(-\dfrac{8}{3xy^2}\right)\times2x^2y$
$=-4x^2$

10 $12x^4y^3\times\square\div(-2x^2y)^2=6x^2y^2$에서
$12x^4y^3\times\square\div4x^4y^2=6x^2y^2$
$12x^4y^3\times\square\times\dfrac{1}{4x^4y^2}=6x^2y^2$
$\therefore \square=\dfrac{6x^2y^2\times4x^4y^2}{12x^4y^3}=2x^2y$

11 (직육면체의 부피)=(밑넓이)×(높이)이므로
높이를 h cm라 하면
$3a\times2b\times h=18ab^2,\ 6abh=18ab^2$
$\therefore h=\dfrac{18ab^2}{6ab}=3b$
따라서 직육면체의 높이는 $3b$ cm이다.

12 서술형
$90=2\times3^2\times5$ ……❶
$75=3\times5^2$ ……❷
$\therefore 90\times75=(2\times3^2\times5)\times(3\times5^2)=2\times3^2\times3\times5\times5^2$
$=2\times3^3\times5^3=2^a\times3^b\times5^c$
따라서 $a=1,\ b=3,\ c=3$ ……❸

채점 기준	배점
❶ 90을 소인수분해하기	20 %
❷ 75를 소인수분해하기	20 %
❸ 지수법칙을 이용하여 a, b, c의 값을 각각 구하기	60 %

3. 다항식의 계산

01 다항식의 덧셈과 뺄셈 (VISUAL 답안)
47쪽~48쪽

01 $4a,\ 5b,\ 6,\ 8$
02 $2a+b$
03 $5x-4y$
04 $-4a-2b$
05 $4x-2y+2$
06 $10a-4b$
07 $8x-y$
08 $5a,\ 2b,\ 2,\ 2$
09 $-a+5b$
10 $-3x-4y$
11 $-a+3b$
12 $-3x+5$
13 $a+8b$
14 $-4x-3y$
15 $2,\ 3,\ 3,\ 9,\ 7$
16 $\dfrac{7}{4}a+b$
17 $-\dfrac{1}{6}x+\dfrac{1}{3}y$
18 $2,\ 4,\ 2,\ 6,\ 4,\ -\dfrac{1}{4},\ \dfrac{7}{4}$
19 $\dfrac{7}{15}x-\dfrac{4}{5}y$
20 $\dfrac{7}{12}a+2b$
21 $2,\ 3y,\ 2,\ 3,\ 3$
22 $a+2$
23 $-9x+8y$
24 $2b,\ 4a,\ 4a,\ 5b,\ 4,\ 5,\ 11,\ 5$
25 $3x+y$
26 $-3a+b$

06 $3(2a+b)+(4a-7b)=6a+3b+4a-7b=10a-4b$

07 $(2x-5y)+2(3x+2y)=2x-5y+6x+4y=8x-y$

09 $(a+4b)-(2a-b)=a+4b-2a+b=-a+5b$

10 $(2x-7y)-(5x-3y)=2x-7y-5x+3y=-3x-4y$

11 $(-3a+4b)-(-2a+b)=-3a+4b+2a-b$
$=-a+3b$

12 $(-x+2y+4)-(2x+2y-1)$
$=-x+2y+4-2x-2y+1=-3x+5$

13 $(3a+2b)-2(a-3b)=3a+2b-2a+6b=a+8b$

14 $2(x-3y)-3(2x-y)=2x-6y-6x+3y=-4x-3y$

16 $\dfrac{a+2b}{4}+\dfrac{3a+b}{2}=\dfrac{(a+2b)+2(3a+b)}{4}$
$=\dfrac{a+2b+6a+2b}{4}=\dfrac{7}{4}a+b$

17 $\dfrac{x-2y}{2}+\dfrac{-2x+4y}{3}=\dfrac{3(x-2y)+2(-2x+4y)}{6}$
$=\dfrac{3x-6y-4x+8y}{6}$
$=-\dfrac{1}{6}x+\dfrac{1}{3}y$

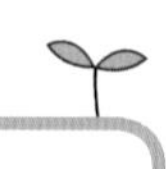

19 $\frac{2x-3y}{3}-\frac{x-y}{5}=\frac{5(2x-3y)-3(x-y)}{15}$
$=\frac{10x-15y-3x+3y}{15}$
$=\frac{7}{15}x-\frac{4}{5}y$

20 $\frac{3a+2b}{4}-\frac{a-9b}{6}=\frac{3(3a+2b)-2(a-9b)}{12}$
$=\frac{9a+6b-2a+18b}{12}$
$=\frac{7}{12}a+2b$

22 $3a-b-\{2a+b-2(b+1)\}$
$=3a-b-(2a+b-2b-2)$
$=3a-b-(2a-b-2)$
$=3a-b-2a+b+2=a+2$

23 $5y-\{6x+(3x-y)-2y\}$
$=5y-(6x+3x-y-2y)$
$=5y-(9x-3y)$
$=5y-9x+3y=-9x+8y$

25 $2x-[y-\{2x-(x-2y)\}]$
$=2x-\{y-(2x-x+2y)\}$
$=2x-\{y-(x+2y)\}$
$=2x-(y-x-2y)$
$=2x-(-x-y)$
$=2x+x+y=3x+y$

26 $5a-[a+4b-\{-2a+3b-(5a-2b)\}]$
$=5a-\{a+4b-(-2a+3b-5a+2b)\}$
$=5a-\{a+4b-(-7a+5b)\}$
$=5a-(a+4b+7a-5b)$
$=5a-(8a-b)$
$=5a-8a+b=-3a+b$

02 이차식의 덧셈과 뺄셈

49쪽~50쪽

01 ○ a^2, 2　02 ○　03 ×　04 ○
05 ○　06 ×　07 ○　08 x^2, 1, $4x^2+x+1$
09 $3a^2-3a+4$　10 $4x^2-x-1$
11 a^2-2a+2　12 $4x^2-1$　13 $-a^2+6a+2$
14 3, 3, $-2a^2+3a+2$　15 $3x^2+5x+2$
16 $-a^2+5a+6$　17 $-3a^2+8a-3$　18 $2x^2-2$
19 x^2+x+2　20 $-a^2+7a-6$
21 3, 8, 2, 11, $5x^2-8x+11$　22 $-2a^2+a-6$
23 $-7x+10$　24 $6a^2+3a-1$
25 $-x^2+4x+1$　26 $-6a^2+4a$

07 $x^3-2x^2-x^3+3=-2x^2+3$이므로 이차식이다.

12 $(2x^2-4x+5)+2(x^2+2x-3)$
$=2x^2-4x+5+2x^2+4x-6=4x^2-1$

13 $3(-a^2+2a+1)+(2a^2-1)$
$=-3a^2+6a+3+2a^2-1=-a^2+6a+2$

15 $(5x^2+1)-(2x^2-5x-1)$
$=5x^2+1-2x^2+5x+1=3x^2+5x+2$

16 $(3a^2+4a+1)-(4a^2-a-5)$
$=3a^2+4a+1-4a^2+a+5=-a^2+5a+6$

17 $(-a^2+3a-4)-(2a^2-5a-1)$
$=-a^2+3a-4-2a^2+5a+1=-3a^2+8a-3$

18 $(x^2+2x+5)-(-x^2+2x+7)$
$=x^2+2x+5+x^2-2x-7=2x^2-2$

19 $2(3x^2-x+2)-(5x^2-3x+2)$
$=6x^2-2x+4-5x^2+3x-2=x^2+x+2$

20 $(2a^2+a-3)-3(a^2-2a+1)$
$=2a^2+a-3-3a^2+6a-3=-a^2+7a-6$

22 $3a-2\{a-(a^2-3)+2a^2\}$
$=3a-2(a-a^2+3+2a^2)$
$=3a-2(a^2+a+3)$
$=3a-2a^2-2a-6$
$=-2a^2+a-6$

23 $x^2-\{-(4-x^2)-2(3-x)\}-5x$
$=x^2-(-4+x^2-6+2x)-5x$
$=x^2-(x^2+2x-10)-5x$
$=x^2-x^2-2x+10-5x$
$=-7x+10$

24 $7a^2+[2a-\{5a^2+1-(4a^2+a)\}]$
$=7a^2+\{2a-(5a^2+1-4a^2-a)\}$
$=7a^2+\{2a-(a^2-a+1)\}$
$=7a^2+(2a-a^2+a-1)$
$=7a^2+(-a^2+3a-1)=6a^2+3a-1$

25 $4x^2-[\{5x^2+3x-(8x+1)\}+x]$
$=4x^2-\{(5x^2+3x-8x-1)+x\}$
$=4x^2-\{(5x^2-5x-1)+x\}$
$=4x^2-(5x^2-4x-1)$
$=4x^2-5x^2+4x+1=-x^2+4x+1$

26 $-a^2-[a-2a^2-\{2a-3a^2+(3a-4a^2)\}]$
$=-a^2-\{a-2a^2-(-7a^2+5a)\}$
$=-a^2-(a-2a^2+7a^2-5a)$
$=-a^2-(5a^2-4a)$
$=-a^2-5a^2+4a$
$=-6a^2+4a$

03 VISUAL연산 □ 안에 알맞은 식 구하기

51쪽

01 $5a-4b$ **02** $3x-2y$ **03** $-3x+y$
04 $-a+3b$ **05** $3a-2b-5$
06 $4x-3y+3$ **07** $2a^2-3a$
08 $2x^2-6x+4$ **09** $5a^2+3a-2$
10 $-3x^2+2x-3$

02 $\square=(x-y)-(-2x+y)$
$=x-y+2x-y=3x-2y$

03 $\square=(-2x-y)+(-x+2y)$
$=-2x-y-x+2y=-3x+y$

04 $\square=(6a-4b)-(7a-7b)$
$=6a-4b-7a+7b=-a+3b$

05 $\square=(-2a-b-12)-(-5a+b-7)$
$=-2a-b-12+5a-b+7$
$=3a-2b-5$

06 $\square=(8x+2y-5)-(4x+5y-8)$
$=8x+2y-5-4x-5y+8$
$=4x-3y+3$

07 $\square=(7a^2-2a)-(5a^2+a)$
$=7a^2-2a-5a^2-a=2a^2-3a$

08 $\square=(3x^2-8x+5)+(-x^2+2x-1)$
$=3x^2-8x+5-x^2+2x-1$
$=2x^2-6x+4$

09 $\square=(3a^2-2a-1)-(-2a^2-5a+1)$
$=3a^2-2a-1+2a^2+5a-1$
$=5a^2+3a-2$

10 $\square=(x^2+4x-9)-2(2x^2+x-3)$
$=x^2+4x-9-4x^2-2x+6$
$=-3x^2+2x-3$

연산 능력 UP! 10분 연산 TEST

52쪽

01 $x-3y$ **02** $4a+4b-2$ **03** $4x-9y$
04 $\frac{7}{6}x+\frac{7}{6}y$ **05** $-a-11b$
06 $6x+4y-6$ **07** $17a-19b$
08 $-\frac{7}{4}x-3y$ **09** $3a^2-4a+1$
10 x^2-7x-1 **11** $-4a^2+2a+3$
12 $-2x^2-x+11$ **13** $2x-y$ **14** $-2a^2+7a$
15 $3x^2-6x-1$ **16** $-2a^2-a+6$ **17** $3a+5b$
18 $-3x+4y-1$ **19** a^2-5a+6
20 $5x^2-6x+3$

03 $2(-x+3y)+3(2x-5y)=-2x+6y+6x-15y$
$=4x-9y$

04 $\frac{x+3y}{2}+\frac{2x-y}{3}=\frac{3(x+3y)+2(2x-y)}{6}$
$=\frac{3x+9y+4x-2y}{6}$
$=\frac{7}{6}x+\frac{7}{6}y$

07 $3(5a-4b)-(-2a+7b)=15a-12b+2a-7b$
$=17a-19b$

08 $\frac{x-6y}{4}-\frac{4x+3y}{2}=\frac{(x-6y)-2(4x+3y)}{4}$
$=\frac{x-6y-8x-6y}{4}$
$=-\frac{7}{4}x-3y$

10 $-(x^2+x+5)+2(x^2-3x+2)$
$=-x^2-x-5+2x^2-6x+4=x^2-7x-1$

11 $(3a^2+4a-2)-(7a^2+2a-5)$
$=3a^2+4a-2-7a^2-2a+5=-4a^2+2a+3$

12 $(-5x^2+8)-(-3x^2+x-3)=-5x^2+8+3x^2-x+3$
$=-2x^2-x+11$

13 $3x+\{y-(x+2y)\}=3x+(y-x-2y)$
$=3x+(-x-y)$
$=3x-x-y=2x-y$

14 $4a-\{2a^2-a+1-(2a-1)\}+2$
$=4a-(2a^2-a+1-2a+1)+2$
$=4a-(2a^2-3a+2)+2$
$=4a-2a^2+3a-2+2=-2a^2+7a$

15 $x^2-4+\{3x^2-5x+1-(x^2+x-2)\}$
$=x^2-4+(3x^2-5x+1-x^2-x+2)$
$=x^2-4+(2x^2-6x+3)$
$=x^2-4+2x^2-6x+3=3x^2-6x-1$

16 $1-[a^2-\{a+2-(a^2-3)\}]-2a$
$=1-\{a^2-(a+2-a^2+3)\}-2a$
$=1-\{a^2-(-a^2+a+5)\}-2a$
$=1-(a^2+a^2-a-5)-2a$
$=1-(2a^2-a-5)-2a$
$=1-2a^2+a+5-2a=-2a^2-a+6$

17 $\square=(7a+4b)-(4a-b)$
$=7a+4b-4a+b=3a+5b$

18 $\square=(-5x+7y-8)+(2x-3y+7)$
$=-5x+7y-8+2x-3y+7=-3x+4y-1$

19 $\square=(5a^2-4a-3)-(4a^2+a-9)$
$=5a^2-4a-3-4a^2-a+9=a^2-5a+6$

20 $\square=(2x^2+x-4)-(-3x^2+7x-7)$
$=2x^2+x-4+3x^2-7x+7=5x^2-6x+3$

04 VISUAL연산 단항식과 다항식의 곱셈

53쪽

01 $2a$, b, $6a^2+3ab$	02 $20x+15xy$	
03 $6a^2-12ab$	04 $2x^2+4x$	
05 $8ab-20b^2$	06 $3x^2-21xy+6x$	
07 $2a^2-4ab-10a$	08 $2x$, 5, 2, 5	09 $2a^2-8a$
10 $3xy-12x^2$	11 $-4ab+3b^2$	
12 $xy-2y^2+9y$	13 $-10x^2+6xy-2x$	
14 $-2a^2-6ab+4a$		

04 $\frac{1}{2}x(4x+8)=\frac{1}{2}x\times4x+\frac{1}{2}x\times8=2x^2+4x$

05 $-4b(-2a+5b)=(-4b)\times(-2a)+(-4b)\times5b$
$=8ab-20b^2$

06 $3x(x-7y+2)=3x\times x+3x\times(-7y)+3x\times2$
$=3x^2-21xy+6x$

07 $-2a(-a+2b+5)$
$=(-2a)\times(-a)+(-2a)\times2b+(-2a)\times5$
$=2a^2-4ab-10a$

10 $(-y+4x)\times(-3x)=(-y)\times(-3x)+4x\times(-3x)$
$=3xy-12x^2$

11 $(-8a+6b)\times\frac{1}{2}b=(-8a)\times\frac{1}{2}b+6b\times\frac{1}{2}b$
$=-4ab+3b^2$

12 $(x-2y+9)\times y=x\times y+(-2y)\times y+9\times y$
$=xy-2y^2+9y$

13 $(5x-3y+1)\times(-2x)$
$=5x\times(-2x)+(-3y)\times(-2x)+1\times(-2x)$
$=-10x^2+6xy-2x$

14 $(3a+9b-6)\times\left(-\frac{2}{3}a\right)$
$=3a\times\left(-\frac{2}{3}a\right)+9b\times\left(-\frac{2}{3}a\right)+(-6)\times\left(-\frac{2}{3}a\right)$
$=-2a^2-6ab+4a$

05 VISUAL연산 단항식과 다항식의 나눗셈

54쪽

01 x, x, x, $3y-5$	02 $2x-\frac{3}{2}$	03 $4a-1$
04 $3a+5b$	05 $-2y+9$	06 $4ab+3b$
07 $\frac{2}{x}$, $\frac{2}{x}$, $\frac{2}{x}$, $2x-6$	08 $12x-4$	
09 $-3b+27a$	10 $-5x-15y$	
11 $6x+3xy$	12 $12ab^2-20a$	

03 $(-12a^2+3a)\div(-3a)=\frac{-12a^2+3a}{-3a}=4a-1$

04 $(6a^2+10ab)\div2a=\frac{6a^2+10ab}{2a}=3a+5b$

05 $(2xy^2-9xy)\div(-xy)=\frac{2xy^2-9xy}{-xy}=-2y+9$

06 $(-20a^2b^2-15ab^2)\div(-5ab)=\frac{-20a^2b^2-15ab^2}{-5ab}$
$=4ab+3b$

09 $(ab-9a^2)\div\left(-\frac{1}{3}a\right)=(ab-9a^2)\times\left(-\frac{3}{a}\right)$
$=-3b+27a$

10 $(2x^2+6xy)\div\left(-\frac{2}{5}x\right)$

$=(2x^2+6xy)\times\left(-\frac{5}{2x}\right)$

$=-5x-15y$

11 $(-8x^2y-4x^2y^2)\div\left(-\frac{4}{3}xy\right)$

$=(-8x^2y-4x^2y^2)\times\left(-\frac{3}{4xy}\right)$

$=6x+3xy$

12 $(6a^2b^4-10a^2b^2)\div\frac{1}{2}ab^2$

$=(6a^2b^4-10a^2b^2)\times\frac{2}{ab^2}$

$=12ab^2-20a$

06 단항식과 다항식의 곱셈과 나눗셈의 응용

VISUAL연산 55쪽

01 $xy+4x$ **02** $15ab-20b^2$

03 $6a^2b+3ab^2$ **04** $-12x^3y-8xy^2$ **05** $x-2$

06 $2x+3y$ 풀 $2x, 2x, 2x, 2, 3$ **07** $4a^2b$ **08** $2a-ab$

09 $\frac{1}{2}x+3y$

02 $\square=(-3a^2b+4ab^2)\div\left(-\frac{1}{5}a\right)$

$=(-3a^2b+4ab^2)\times\left(-\frac{5}{a}\right)=15ab-20b^2$

03 $\square=(2a+b)\times 3ab=6a^2b+3ab^2$

04 $\square=(9x^2+6y)\times\left(-\frac{4}{3}xy\right)=-12x^3y-8xy^2$

05 $\square=(5x^2y-10xy)\div 5xy=\frac{5x^2y-10xy}{5xy}=x-2$

07 $\frac{1}{2}\times\{2b^2+(\text{아랫변의 길이})\}\times 5ab=5ab^3+10a^3b^2$에서

$2b^2+(\text{아랫변의 길이})=(5ab^3+10a^3b^2)\div\frac{1}{2}\div 5ab$

$=(5ab^3+10a^3b^2)\times 2\times\frac{1}{5ab}$

$=2b^2+4a^2b$

$\therefore$ (아랫변의 길이)$=(2b^2+4a^2b)-2b^2=4a^2b$

08 $3a\times 2b\times(\text{높이})=12a^2b-6a^2b^2$

$\therefore$ (높이)$=(12a^2b-6a^2b^2)\div 6ab$

$=\frac{12a^2b-6a^2b^2}{6ab}=2a-ab$

09 $\frac{1}{3}\times 4x^2\times(\text{높이})=\frac{2}{3}x^3+4x^2y$

$\therefore$ (높이)$=\left(\frac{2}{3}x^3+4x^2y\right)\div\frac{4}{3}x^2$

$=\left(\frac{2}{3}x^3+4x^2y\right)\times\frac{3}{4x^2}=\frac{1}{2}x+3y$

07 다항식의 혼합 계산

VISUAL연산 56쪽

01 $8ab, 3ab, 2a^2+5ab$ **02** $-x^2-12x$

03 $3a, -2a, 3, 6, -6a+9$ **04** $10x-11y$

05 $15a+4b$

06 $4x^2, 4x^2, 15x, 2, 15x, 7x^2-15x+2$

07 $-3a^2+4a-3b$ **08** $-13x^2+8x$

09 $-5xy^2+2xy+3$ **10** $-ab^2-5b^3$

02 $3x(x-2)-x(4x+6)=3x^2-6x-4x^2-6x$

$=-x^2-12x$

04 $(6x^2-8xy)\div\frac{1}{2}x-(25y^2-10xy)\div(-5y)$

$=(6x^2-8xy)\times\frac{2}{x}-\frac{25y^2-10xy}{-5y}$

$=12x-16y+5y-2x=10x-11y$

05 $(12ab^2-4a^2b)\div(-4ab)+(6ab+3b^2)\div\frac{3}{7}b$

$=\frac{12ab^2-4a^2b}{-4ab}+(6ab+3b^2)\times\frac{7}{3b}$

$=-3b+a+14a+7b=15a+4b$

07 $-a(3a+1)+(10a^2-6ab)\div 2a$

$=-3a^2-a+\frac{10a^2-6ab}{2a}$

$=-3a^2-a+5a-3b$

$=-3a^2+4a-3b$

08 $\frac{6xy-12x^2y}{3y}-(6x-4)\times\frac{3}{2}x$

$=2x-4x^2-9x^2+6x=-13x^2+8x$

09 $(-5y+7)\times xy+(12x^2-20x^3y)\div(-2x)^2$

$=-5xy^2+7xy+\frac{12x^2-20x^3y}{4x^2}$

$=-5xy^2+7xy+3-5xy$

$=-5xy^2+2xy+3$

10 $(9a^3b^4-18a^2b^5)\div(-3ab)^2-\frac{1}{5}b(10ab+15b^2)$

$=\frac{9a^3b^4-18a^2b^5}{9a^2b^2}-2ab^2-3b^3$

$=ab^2-2b^3-2ab^2-3b^3=-ab^2-5b^3$

12 $A-2B=(2a+b)-2(a-2b)=2a+b-2a+4b=5b$

13 $-3A+B=-3(2a+b)+(a-2b)$

$=-6a-3b+a-2b=-5a-5b$

14 $4A-2(B-A)$

$=4A-2B+2A=6A-2B$

$=6(2a+b)-2(a-2b)$

$=12a+6b-2a+4b=10a+10b$

08 식의 대입 (VISUAL연산)

57쪽

01 $1, -2, 1$	02 -4	03 12	04 42
05 $y+1, -2y$	06 $5y+4$	07 $3y+1$	08 $-x+5$
09 $-4x+12$	10 $a-2b, 3a-b$		11 $a+3b$
12 $5b$	13 $-5a-5b$	14 $10a+10b$	

02 $-5x-\frac{1}{2}y$에 $x=1$, $y=-2$를 대입하면

$-5\times1-\frac{1}{2}\times(-2)=-5+1=-4$

03 $(6x-4y)-(4x+y)=2x-5y$

이 식에 $x=1$, $y=-2$를 대입하면

$2\times1-5\times(-2)=12$

04 $(12x^2y-8xy^2)\div\frac{2}{3}xy=18x-12y$

이 식에 $x=1$, $y=-2$를 대입하면

$18\times1-12\times(-2)=42$

06 $4x+y=4(y+1)+y=4y+4+y=5y+4$

07 $-2x+5y+3=-2(y+1)+5y+3$

$=-2y-2+5y+3=3y+1$

08 $x-y+2=x-(2x-3)+2$

$=x-2x+3+2=-x+5$

09 $2x-3(y-1)=2x-3(2x-3-1)$

$=2x-6x+12=-4x+12$

11 $A-B=(2a+b)-(a-2b)=2a+b-a+2b=a+3b$

10분 연산 TEST (연산 능력 UP!)

58쪽

01 $6x^2+24xy+12x$	02 $-4x^3+6x^2-2x$	03 $2a^2+4$
04 $2xy-3$ 05 $-3ab^2+5b$	06 $25x-15$	
07 $-18x+12y+6$	08 $12a^2-13ab$	09 $x-y$
10 $5ab-3a+2b$	11 $2a-4b-1$	
12 x^2y-xy^2	13 $3a^2-12a$	14 0
15 9 16 4	17 $4x$ 18 $-x+2$	
19 $-8x+10$	20 $2a-b$ 21 $8a-3b$	

03 $(6a^3+12a)\div3a=\frac{6a^3+12a}{3a}=2a^2+4$

05 $(12a^2b^3-20ab^2)\div(-4ab)$

$=\frac{12a^2b^3-20ab^2}{-4ab}=-3ab^2+5b$

06 $(10x^2-6x)\div\frac{2}{5}x=(10x^2-6x)\times\frac{5}{2x}=25x-15$

08 $2a(a-4b)+5a(2a-b)=2a^2-8ab+10a^2-5ab$

$=12a^2-13ab$

09 $(4x^2y-6xy^2)\div2xy+(6xy-3x^2)\div3x$

$=\frac{4x^2y-6xy^2}{2xy}+\frac{6xy-3x^2}{3x}$

$=2x-3y+2y-x=x-y$

10 $3a(2b-1)+(2a^2b-4ab)\div(-2a)$

$=6ab-3a-ab+2b=5ab-3a+2b$

11 $(8ab^2-4ab+2b)\div(-2b)+(a^2b-ab)\div\frac{1}{4}a$

$=\frac{8ab^2-4ab+2b}{-2b}+(a^2b-ab)\times\frac{4}{a}$

$=-4ab+2a-1+4ab-4b=2a-4b-1$

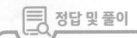

12 $\square=(-x^3y^2+x^2y^3)\div(-xy)$
$=\dfrac{-x^3y^2+x^2y^3}{-xy}=x^2y-xy^2$

13 $\square=(a-4)\times 3a=3a^2-12a$

14 $2x-4y$에 $x=2$, $y=1$을 대입하면
$2\times 2-4\times 1=0$

15 $(24xy-12y^2)\div 4y=6x-3y$
$6x-3y$에 $x=2$, $y=1$을 대입하면
$6\times 2-3\times 1=9$

16 $(x^2y+2xy^2)\div(-xy)+x(3y+1)$
$=-x-2y+3xy+x=3xy-2y$
$3xy-2y$에 $x=2$, $y=1$을 대입하면
$3\times 2\times 1-2\times 1=4$

17 $x+y+2=x+(3x-2)+2=4x$

18 $2x-y=2x-(3x-2)=-x+2$

19 $x-3y+4=x-3(3x-2)+4$
$=x-9x+6+4=-8x+10$

20 $A+B=(5a-2b)+(-3a+b)=2a-b$

21 $A-B=(5a-2b)-(-3a+b)=8a-3b$

학교 시험 미리보기! 학교 시험 PREVIEW

59쪽

01 ③	**02** ⑤	**03** ③	**04** ①	**05** ②
06 ⑤	**07** ②	**08** 18		

01 $\dfrac{3x-1}{2}-\dfrac{4x+2}{3}=\dfrac{3(3x-1)-2(4x+2)}{6}$
$=\dfrac{9x-3-8x-4}{6}$
$=\dfrac{1}{6}x-\dfrac{7}{6}$

02 $2x+[6x-\{x-2y+(3x-5y)\}]$
$=2x+\{6x-(x-2y+3x-5y)\}$
$=2x+\{6x-(4x-7y)\}=2x+(6x-4x+7y)$
$=2x+2x+7y=4x+7y$
따라서 $a=4$, $b=7$이므로 $a+b=4+7=11$

03 ③ $x-x^2+(x^2-4x)=x-x^2+x^2-4x=-3x$
이므로 x에 대한 이차식이 아니다.

04 $2(x^2-2x+1)-3(x^2+x-3)$
$=2x^2-4x+2-3x^2-3x+9=-x^2-7x+11$
따라서 x의 계수는 -7이다.

05 $3(\square)=(8x-5y+11)+2(-x+y-1)$
$=8x-5y+11-2x+2y-2$
$=6x-3y+9$
$\therefore \square=\dfrac{1}{3}(6x-3y+9)=2x-y+3$

06 ⑤ $(-6x^2y+12xy-18y^2)\div\dfrac{3}{4}y$
$=(-6x^2y+12xy-18y^2)\times\dfrac{4}{3y}$
$=-8x^2+16x-24y$

07 $\pi\times(x^2y)^2\times(\text{높이})=4\pi x^5y^2-6\pi x^4y^4$에서
$(\text{높이})=(4\pi x^5y^2-6\pi x^4y^4)\div\pi x^4y^2$
$=\dfrac{4\pi x^5y^2-6\pi x^4y^4}{\pi x^4y^2}=4x-6y^2$

08 서술형
$-2x(2x^2-3x+4)+(8x^2-24xy+10x)\div(-2x)$
$=-4x^3+6x^2-8x+\dfrac{8x^2-24xy+10x}{-2x}$
$=-4x^3+6x^2-8x-4x+12y-5$
$=-4x^3+6x^2-12x+12y-5$ ……❶
x^2의 계수는 6, x의 계수는 -12이므로
$a=6$, $b=-12$ ……❷
$\therefore a-b=6-(-12)=18$ ……❸

채점 기준	배점
❶ 주어진 식을 계산하기	50 %
❷ a, b의 값을 각각 구하기	30 %
❸ $a-b$의 값 구하기	20 %

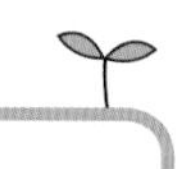

Ⅱ 부등식과 연립방정식

1. 일차부등식

01 VISUAL연산 부등식

63쪽

01 ○	02 ×	03 ×	04 ○	05 ×
06 ×	07 ○	08 ×	09 $>$	10 $<$
11 $\geq$	12 $\leq$	13 $3x-5<7$		
14 $1000x\geq 8000$		15 $x-1\leq 2$		
16 $200+500x>3000$				

02 VISUAL연산 부등식의 해

64쪽

01 × 4, 2		02 ○	03 ×	04 ○
05 ×	06 ○	07 ×	08 -2, -1, 0	
09 0, 1, 2	10 1, 2	11 1, 2	12 -2, -1, 0, 1	
13 2				

02 $x=1$을 $3x-2\geq -5$에 대입하면
$3\times 1-2=1\geq -5$ (참)

03 $x=\frac{1}{2}$을 $5x+1<3$에 대입하면
$5\times \frac{1}{2}+1=\frac{7}{2}<3$ (거짓)

04 $x=3$을 $7-2x>-2$에 대입하면
$7-2\times 3=1>-2$ (참)

05 $x=-2$를 $3x>x-1$에 대입하면
$3\times(-2)>-2-1$ (거짓)

06 $x=1$을 $-2x+1\leq 3x-4$에 대입하면
$-2\times 1+1\leq 3\times 1-4$ (참)

07 $x=6$을 $\frac{1}{3}x-5>1+2x$에 대입하면
$\frac{1}{3}\times 6-5>1+2\times 6$ (거짓)

09 $x=-2$일 때, $2\times(-2)>-2$ (거짓)
$x=-1$일 때, $2\times(-1)>-2$ (거짓)
$x=0$일 때, $2\times 0>-2$ (참)
$x=1$일 때, $2\times 1>-2$ (참)
$x=2$일 때, $2\times 2>-2$ (참)
따라서 부등식 $2x>-2$의 해는 0, 1, 2이다.

10 $x=-2$일 때, $3\times(-2)-2\geq 1$ (거짓)
$x=-1$일 때, $3\times(-1)-2\geq 1$ (거짓)
$x=0$일 때, $3\times 0-2\geq 1$ (거짓)
$x=1$일 때, $3\times 1-2\geq 1$ (참)
$x=2$일 때, $3\times 2-2\geq 1$ (참)
따라서 부등식 $3x-2\geq 1$의 해는 1, 2이다.

11 $x=-2$일 때, $4-2\times(-2)\leq 3$ (거짓)
$x=-1$일 때, $4-2\times(-1)\leq 3$ (거짓)
$x=0$일 때, $4-2\times 0\leq 3$ (거짓)
$x=1$일 때, $4-2\times 1\leq 3$ (참)
$x=2$일 때, $4-2\times 2\leq 3$ (참)
따라서 부등식 $4-2x\leq 3$의 해는 1, 2이다.

12 $x=-2$일 때, $5\times(-2)-3<3\times(-2)$ (참)
$x=-1$일 때, $5\times(-1)-3<3\times(-1)$ (참)
$x=0$일 때, $5\times 0-3<3\times 0$ (참)
$x=1$일 때, $5\times 1-3<3\times 1$ (참)
$x=2$일 때, $5\times 2-3<3\times 2$ (거짓)
따라서 부등식 $5x-3<3x$의 해는 -2, -1, 0, 1이다.

13 $x=-2$일 때, $8-3\times(-2)\leq -2+2$ (거짓)
$x=-1$일 때, $8-3\times(-1)\leq -1+2$ (거짓)
$x=0$일 때, $8-3\times 0\leq 0+2$ (거짓)
$x=1$일 때, $8-3\times 1\leq 1+2$ (거짓)
$x=2$일 때, $8-3\times 2\leq 2+2$ (참)
따라서 부등식 $8-3x\leq x+2$의 해는 2이다.

03 VISUAL연산 부등식의 성질

65쪽~66쪽

01 $>$	02 $>$	03 $>$	04 $>$	05 $>$
06 $<$	07 $\leq$ $\leq$, $\leq$, $\leq$		08 $\leq$	09 $\geq$
10 $\geq$	11 $\leq$	12 $\geq$	13 $>$ $>$, $>$, $>$	
14 $\leq$	15 $\geq$	16 $>$	17 $<$	18 $\geq$
19 $\leq$	20 $<$	21 $x+3>4$ $>$, $>$		22 $2x>2$
23 $5-x<4$		24 $-2x+1<-1$		
25 $2x+1>5$ 2, 4, 4, 5			26 $3x-2\leq -5$	
27 $5-\frac{x}{2}\leq 3$		28 $-\frac{x}{3}+8>10$		

08 $a\leq b$의 양변을 2로 나누면 $\frac{a}{2}\leq\frac{b}{2}$
$\frac{a}{2}\leq\frac{b}{2}$의 양변에서 3을 빼면 $\frac{a}{2}-3\leq\frac{b}{2}-3$

09 $a\leq b$의 양변에 -1을 곱하면 $-a\geq -b$
$-a\geq -b$의 양변에 8을 더하면 $-a+8\geq -b+8$

10 $a\leq b$의 양변에 -5를 곱하면 $-5a\geq -5b$
$-5a\geq -5b$의 양변에 4를 더하면 $4-5a\geq 4-5b$

11 $a\leq b$의 양변에 7을 곱하면 $7a\leq 7b$
$7a\leq 7b$의 양변에 $\frac{2}{5}$를 더하면 $7a+\frac{2}{5}\leq 7b+\frac{2}{5}$

12 $a\leq b$의 양변에 -1을 곱하면 $-a\geq -b$
$-a\geq -b$의 양변에 3을 더하면 $3-a\geq 3-b$
$3-a\geq 3-b$의 양변을 2로 나누면 $\frac{3-a}{2}\geq\frac{3-b}{2}$

17 $-7a+1>-7b+1$의 양변에서 1을 빼면 $-7a>-7b$
$-7a>-7b$의 양변을 -7로 나누면 $a<b$

18 $-\frac{a}{9}-4\leq -\frac{b}{9}-4$의 양변에 4를 더하면 $-\frac{a}{9}\leq -\frac{b}{9}$
$-\frac{a}{9}\leq -\frac{b}{9}$의 양변에 -9를 곱하면 $a\geq b$

19 $2-\frac{2}{3}a\geq 2-\frac{2}{3}b$의 양변에서 2를 빼면 $-\frac{2}{3}a\geq -\frac{2}{3}b$
$-\frac{2}{3}a\geq -\frac{2}{3}b$의 양변을 $-\frac{2}{3}$로 나누면 $a\leq b$

20 $\frac{a+5}{6}<\frac{b+5}{6}$의 양변에 6을 곱하면 $a+5<b+5$
$a+5<b+5$의 양변에서 5를 빼면 $a<b$

23 $x>1$의 양변에 -1을 곱하면 $-x<-1$
$-x<-1$의 양변에 5를 더하면
$5-x<5-1$, $5-x<4$

24 $x>1$의 양변에 -2를 곱하면 $-2x<-2$
$-2x<-2$의 양변에 1을 더하면
$-2x+1<-2+1$, $-2x+1<-1$

26 $x\leq -1$의 양변에 3을 곱하면 $3x\leq -3$
$3x\leq -3$의 양변에서 2를 빼면
$3x-2\leq -3-2$, $3x-2\leq -5$

27 $x\geq 4$의 양변을 -2로 나누면 $-\frac{x}{2}\leq -2$
$-\frac{x}{2}\leq -2$의 양변에 5를 더하면
$5-\frac{x}{2}\leq 5-2$, $5-\frac{x}{2}\leq 3$

28 $x<-6$의 양변을 -3으로 나누면 $-\frac{x}{3}>2$
$-\frac{x}{3}>2$의 양변에 8을 더하면
$-\frac{x}{3}+8>2+8$, $-\frac{x}{3}+8>10$

연산 플러스 UP! 10분 연산 TEST

67쪽

01 ○ **02** × **03** × **04** ○
05 $x+3\leq 10$ **06** $\frac{x}{3}\geq 5$ **07** $2(x+8)\leq 25$
08 ○ **09** × **10** × **11** ○ **12** 0, 1
13 0, 1 **14** -2, -1, 0, 1 **15** < **16** <
17 > **18** > **19** $x+3<5$
20 $-\frac{1}{2}x>-1$ **21** $-2x+1>-3$

11 $x=2$를 $6-2x\leq 8$에 대입하면
$6-2\times 2\leq 8$ (참)

12 $x=-2$일 때, $3\times(-2)+1>-2$ (거짓)
$x=-1$일 때, $3\times(-1)+1>-2$ (거짓)
$x=0$일 때, $3\times 0+1>-2$ (참)
$x=1$일 때, $3\times 1+1>-2$ (참)
따라서 부등식 $3x+1>-2$의 해는 0, 1이다.

13 $x=-2$일 때, $3\geq 1-5\times(-2)$ (거짓)
$x=-1$일 때, $3\geq 1-5\times(-1)$ (거짓)
$x=0$일 때, $3\geq 1-5\times 0$ (참)
$x=1$일 때, $3\geq 1-5\times 1$ (참)
따라서 부등식 $3\geq 1-5x$의 해는 0, 1이다.

14 $x=-2$일 때, $2\times(-2)-3\leq -2-2$ (참)
$x=-1$일 때, $2\times(-1)-3\leq -1-2$ (참)
$x=0$일 때, $2\times 0-3\leq 0-2$ (참)
$x=1$일 때, $2\times 1-3\leq 1-2$ (참)
따라서 부등식 $2x-3\leq x-2$의 해는 -2, -1, 0, 1이다.

16 $a<b$의 양변에 2를 곱하면 $2a<2b$
$2a<2b$의 양변에서 1을 빼면 $2a-1<2b-1$

17 $a<b$의 양변에 -1을 곱하면 $-a>-b$
$-a>-b$의 양변에 5를 더하면 $5-a>5-b$
$5-a>5-b$의 양변을 2로 나누면 $\frac{5-a}{2}>\frac{5-b}{2}$

18 $a<b$의 양변에 -3을 곱하면 $-3a>-3b$
$-3a>-3b$에 7을 더하면 $7-3a>7-3b$

21 $x<2$의 양변에 -2를 곱하면 $-2x>-4$
$-2x>-4$의 양변에 1을 더하면 $-2x+1>-3$

04 VISUAL 연산 일차부등식 68쪽

01 $x>3-2$ $-$ **02** $3x\le-2+5$
03 $-\frac{1}{2}x<10-4$ **04** $-2x-7x\ge1$
05 $-6x-8x\le3-1$ **06** $-x+4x>2-5$
07 ○ 4, 1 **08** ○ **09** × **10** ○
11 × **12** ○

09 $2x+5>2x$에서 $2x+5-2x>0$
$\therefore 5>0$ (일차부등식이 아니다.)

10 $5-6x<10+6x$에서 $5-6x-10-6x<0$
$\therefore -12x-5<0$ (일차부등식이다.)

11 $2x-4>2(x-1)$에서 $2x-4>2x-2$,
$2x-4-2x+2>0$ $\therefore -2>0$ (일차부등식이 아니다.)

12 $x^2+2\ge x^2+3x-2$에서 $x^2+2-x^2-3x+2\ge0$
$\therefore -3x+4\ge0$ (일차부등식이다.)

05 VISUAL 연산 일차부등식의 해와 수직선 69쪽

01
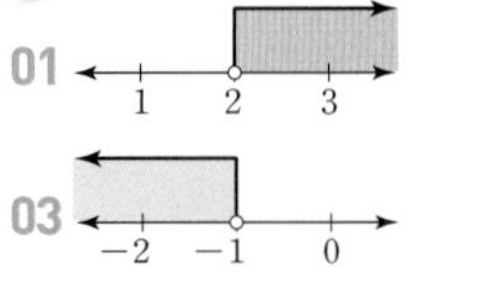
02
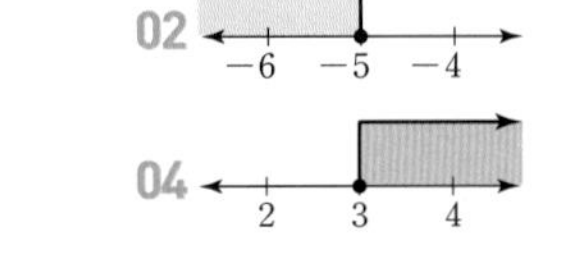
03
04
05 x, 1, 3, 15, 5 **06** $x<7$ **07** $x\le-6$
08 $x\le3$ **09** $x<5$ **10** $x<-4$
11 $x\le1$, **12** $x\le2$,
13 $x>2$,

08 $3x-2\le7$에서 $3x\le7+2$, $3x\le9$ $\therefore x\le3$

09 $x+5>2x$에서 $x-2x>-5$, $-x>-5$ $\therefore x<5$

10 $6x-3<4x-11$에서 $6x-4x<-11+3$
$2x<-8$ $\therefore x<-4$

12 $-3x+8\ge x$에서 $-3x-x\ge-8$
$-4x\ge-8$ $\therefore x\le2$

13 $8x-3>3x+7$에서 $8x-3x>7+3$
$5x>10$ $\therefore x>2$

06 VISUAL 연산 괄호가 있는 일차부등식의 풀이 70쪽

01 10, $7x$, 10, 16, -8 **02** $x>-5$ **03** $x\le\frac{5}{3}$ **04** $x<12$
05 $x\le-\frac{1}{2}$ **06** $x>1$ **07** $x>-3$ **08** $x\ge2$
09 $x\le-9$ **10** $x<-5$ **11** $x<-2$ **12** $x\le3$ **13** $x<-2$

02 $3(x+4)>-3$에서 $3x+12>-3$
$3x>-3-12$, $3x>-15$ $\therefore x>-5$

03 $-2(2x-5)\ge2x$에서 $-4x+10\ge2x$
$-4x-2x\ge-10$, $-6x\ge-10$ $\therefore x\le\frac{5}{3}$

04 $2(x-2)<x+8$에서 $2x-4<x+8$
$2x-x<8+4$ $\therefore x<12$

05 $4x+5\le-2(x-1)$에서 $4x+5\le-2x+2$
$4x+2x\le2-5$, $6x\le-3$ $\therefore x\le-\frac{1}{2}$

06 $5x-2(x-3)>9$에서 $5x-2x+6>9$
$3x>9-6$, $3x>3$ $\therefore x>1$

07 $2(x+5)>-(x-1)$에서 $2x+10>-x+1$
$2x+x>1-10$, $3x>-9$ $\therefore x>-3$

08 $-(x+2)\le4(x-3)$에서 $-x-2\le4x-12$
$-x-4x\le-12+2$, $-5x\le-10$ $\therefore x\ge2$

09 $2(x-6)\ge3(x-1)$에서 $2x-12\ge3x-3$
$2x-3x\ge-3+12$, $-x\ge9$ $\therefore x\le-9$

10 $-(5-2x)>5(x+2)$에서 $-5+2x>5x+10$
$2x-5x>10+5$, $-3x>15$ $\therefore x<-5$

11 $3(2x+3)<-2(x+4)+1$에서 $6x+9<-2x-8+1$
$6x+2x<-7-9$, $8x<-16$ $\therefore x<-2$

12 $5-2(2x+1)\ge3(x-6)$에서 $5-4x-2\ge3x-18$
$-4x-3x\ge-18-3$, $-7x\ge-21$ $\therefore x\le3$

13 $2(x-3)+1<-2(x+5)-3$에서
$2x-6+1<-2x-10-3$, $2x+2x<-13+5$
$4x<-8$ $\therefore x<-2$

07 계수가 소수인 일차부등식의 풀이 71쪽

VISUAL 연산

01 11, 11, 12, 4　02 $x>1$　03 $x\le3$　04 $x>-4$
05 $x\le6$　06 $x<10$　07 $x>-5$　08 $x\ge9$　09 $x>-15$
10 $x\ge1$　11 $x>2$　12 $x>-12$　13 $x<\frac{1}{2}$

02 $0.5x+0.2>0.7$의 양변에 10을 곱하면
$5x+2>7$, $5x>7-2$
$5x>5$　$\therefore x>1$

03 $0.8x-0.3\le0.3x+1.2$의 양변에 10을 곱하면
$8x-3\le3x+12$, $8x-3x\le12+3$
$5x\le15$　$\therefore x\le3$

04 $0.3+0.3x>-0.1x-1.3$의 양변에 10을 곱하면
$3+3x>-x-13$, $3x+x>-13-3$
$4x>-16$　$\therefore x>-4$

05 $1.2x-2\le0.8x+0.4$의 양변에 10을 곱하면
$12x-20\le8x+4$, $12x-8x\le4+20$
$4x\le24$　$\therefore x\le6$

06 $0.03x+1.2<1.5$의 양변에 100을 곱하면
$3x+120<150$, $3x<150-120$
$3x<30$　$\therefore x<10$

07 $0.05x<0.1x+0.25$의 양변에 100을 곱하면
$5x<10x+25$, $5x-10x<25$
$-5x<25$　$\therefore x>-5$

08 $0.36x-0.38\ge0.18x+1.24$의 양변에 100을 곱하면
$36x-38\ge18x+124$, $36x-18x\ge124+38$
$18x\ge162$　$\therefore x\ge9$

09 $-0.21x-0.2<1-0.13x$의 양변에 100을 곱하면
$-21x-20<100-13x$, $-21x+13x<100+20$
$-8x<120$　$\therefore x>-15$

10 $-0.3(x+3)\le-1.2$의 양변에 10을 곱하면
$-3(x+3)\le-12$, $-3x-9\le-12$
$-3x\le-12+9$, $-3x\le-3$　$\therefore x\ge1$

11 $1.4<0.2(x+5)$의 양변에 10을 곱하면
$14<2(x+5)$, $14<2x+10$
$-2x<10-14$, $-2x<-4$　$\therefore x>2$

12 $0.4x-0.9\ge0.3(x-7)$의 양변에 10을 곱하면
$4x-9\ge3(x-7)$, $4x-9\ge3x-21$
$4x-3x\ge-21+9$　$\therefore x\ge-12$

13 $0.08-0.2x>0.3x-0.17$의 양변에 100을 곱하면
$8-20x>30x-17$, $-20x-30x>-17-8$
$-50x>-25$　$\therefore x<\frac{1}{2}$

08 계수가 분수인 일차부등식의 풀이 72쪽

VISUAL 연산

01 12, 6, 3, 3, 6, −, 6, −1, 6　02 $x>10$　03 $x\le2$
04 $x<-6$　05 $x>-10$　06 $x>\frac{8}{3}$
07 6, 2, 2, $2x$, 2, 5　08 $x\le\frac{11}{2}$　09 $x\ge9$　10 $x\le1$
11 $x>6$　12 $x<4$

02 $\frac{5}{2}+\frac{1}{4}x<\frac{1}{2}x$의 양변에 4를 곱하면
$10+x<2x$, $x-2x<-10$
$-x<-10$　$\therefore x>10$

03 $\frac{x}{4}-\frac{3}{2}\le-\frac{x}{2}$의 양변에 4를 곱하면
$x-6\le-2x$, $x+2x\le6$
$3x\le6$　$\therefore x\le2$

04 $\frac{2}{3}x>\frac{3}{4}x+\frac{1}{2}$의 양변에 12를 곱하면
$8x>9x+6$, $8x-9x>6$
$-x>6$　$\therefore x<-6$

05 $\frac{1}{5}x+\frac{2}{3}<\frac{1}{3}x+2$의 양변에 15를 곱하면
$3x+10<5x+30$, $3x-5x<30-10$
$-2x<20$　$\therefore x>-10$

06 $-\frac{3}{4}x+2<\frac{1}{2}x-\frac{4}{3}$의 양변에 12를 곱하면
$-9x+24<6x-16$, $-9x-6x<-16-24$
$-15x<-40$　$\therefore x>\frac{8}{3}$

08 $\frac{2x-1}{4}\le\frac{x+2}{3}$의 양변에 12를 곱하면
$3(2x-1)\le4(x+2)$, $6x-3\le4x+8$
$6x-4x\le8+3$, $2x\le11$　$\therefore x\le\frac{11}{2}$

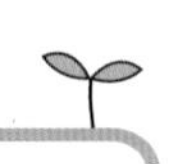

09 $\frac{x}{3}-2\geq\frac{x-4}{5}$의 양변에 15를 곱하면

$5x-30\geq3(x-4)$, $5x-30\geq3x-12$

$5x-3x\geq-12+30$, $2x\geq18$ $\therefore x\geq9$

10 $\frac{x-2}{2}\leq\frac{4-x}{6}-1$의 양변에 6을 곱하면

$3(x-2)\leq4-x-6$, $3x-6\leq-2-x$

$3x+x\leq-2+6$, $4x\leq4$ $\therefore x\leq1$

11 $\frac{3}{4}x+1<\frac{1}{2}(2x-1)$의 양변에 4를 곱하면

$3x+4<2(2x-1)$, $3x+4<4x-2$

$3x-4x<-2-4$, $-x<-6$ $\therefore x>6$

12 $4(5-x)>\frac{1}{2}x+2$의 양변에 2를 곱하면

$8(5-x)>x+4$, $40-8x>x+4$

$-8x-x>4-40$, $-9x>-36$ $\therefore x<4$

09 VISUAL 연산 복잡한 일차부등식의 풀이

73쪽

01 $\frac{4}{5}$, 10, 20, 8, 8, 20, -3, 15, -3, -5 **02** $x<-3$

03 $x\geq-8$ **04** $x>14$ **05** $x\leq21$ **06** $x>17$

07 $x\leq-\frac{11}{7}$ **08** $x\geq\frac{25}{16}$ **09** $x<-5$ **10** $x\geq3$

02 $\frac{1}{3}x>0.6x+\frac{4}{5}$에서 $\frac{1}{3}x>\frac{3}{5}x+\frac{4}{5}$

양변에 15를 곱하면

$5x>9x+12$, $5x-9x>12$

$-4x>12$ $\therefore x<-3$

03 $\frac{3}{2}x+5\geq0.5x-3$에서 $\frac{3}{2}x+5\geq\frac{1}{2}x-3$

양변에 2를 곱하면

$3x+10\geq x-6$, $3x-x\geq-6-10$

$2x\geq-16$ $\therefore x\geq-8$

04 $0.4x-0.1>\frac{1}{4}x+2$에서 $\frac{2}{5}x-\frac{1}{10}>\frac{1}{4}x+2$

양변에 20을 곱하면

$8x-2>5x+40$, $8x-5x>40+2$

$3x>42$ $\therefore x>14$

05 $0.3x-\frac{5}{2}\leq\frac{1}{5}x-0.4$에서 $\frac{3}{10}x-\frac{5}{2}\leq\frac{1}{5}x-\frac{2}{5}$

양변에 10을 곱하면

$3x-25\leq2x-4$, $3x-2x\leq-4+25$ $\therefore x\leq21$

06 $0.4x+0.7<\frac{1}{2}(x-2)$에서 $\frac{2}{5}x+\frac{7}{10}<\frac{1}{2}(x-2)$

양변에 10을 곱하면

$4x+7<5(x-2)$, $4x+7<5x-10$

$4x-5x<-10-7$, $-x<-17$ $\therefore x>17$

07 $\frac{6}{5}x+0.2(x+5)\leq-1.2$에서 $\frac{6}{5}x+\frac{1}{5}(x+5)\leq-\frac{6}{5}$

양변에 5를 곱하면

$6x+x+5\leq-6$, $7x\leq-6-5$

$7x\leq-11$ $\therefore x\leq-\frac{11}{7}$

08 $0.7(2x-1)\geq2-\frac{x+1}{5}$에서 $\frac{7}{10}(2x-1)\geq2-\frac{x+1}{5}$

양변에 10을 곱하면

$7(2x-1)\geq20-2(x+1)$, $14x-7\geq20-2x-2$

$14x+2x\geq18+7$, $16x\geq25$ $\therefore x\geq\frac{25}{16}$

09 $\frac{x-3}{4}>0.2(3x+5)$에서 $\frac{x-3}{4}>\frac{1}{5}(3x+5)$

양변에 20을 곱하면

$5(x-3)>4(3x+5)$, $5x-15>12x+20$

$5x-12x>20+15$, $-7x>35$ $\therefore x<-5$

10 $1.6(5-x)\leq\frac{10+2x}{5}$에서 $\frac{8}{5}(5-x)\leq\frac{10+2x}{5}$

양변에 5를 곱하면

$8(5-x)\leq10+2x$, $40-8x\leq10+2x$

$-8x-2x\leq10-40$, $-10x\leq-30$ $\therefore x\geq3$

10 VISUAL 연산 문자가 있는 일차부등식

74쪽

01 $x<\frac{3}{a}$ 3, 양수, 바뀌지 않는다, $<$ **02** $x<1$ **03** $x\geq-1$

04 $x\geq-\frac{3}{a}$ **05** $x<\frac{2}{a}$ 2, 음수, 바뀐다, $<$

06 $x\leq1$ **07** $x\geq2$ **08** $x>\frac{4}{a}$ **09** -1 3, -2, -1

10 7 **11** 1 1, 양수, 1, 1, 1 **12** 2 **13** -1

03 $ax+a\geq0$에서 $ax\geq-a$

이때 $a>0$이므로 $x\geq-1$

04 $2-ax\leq5$에서 $-ax\leq3$, $ax\geq-3$

이때 $a>0$이므로 $x\geq-\frac{3}{a}$

07 $ax-2a\leq0$에서 $ax\leq2a$

이때 $a<0$이므로 $x\geq2$

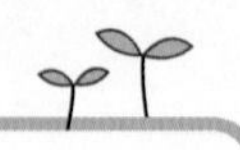

08 $ax-1<3$에서 $ax<4$

이때 $a<0$이므로 $x>\frac{4}{a}$

10 $-3x+a\geq 4$에서 $x\leq -\frac{4-a}{3}$

이 부등식의 해가 $x\leq 1$이므로

$-\frac{4-a}{3}=1$, $4-a=-3$ $\quad\therefore a=7$

12 $ax\geq 2$의 해가 $x\geq 1$이므로 $a>0$이고, 해는 $x\geq\frac{2}{a}$

$\frac{2}{a}=1$ $\quad\therefore a=2$

13 $2+ax<1$에서 $ax<-1$

이 부등식의 해가 $x>1$이므로 $a<0$이고, 해는 $x>-\frac{1}{a}$

$-\frac{1}{a}=1$ $\quad\therefore a=-1$

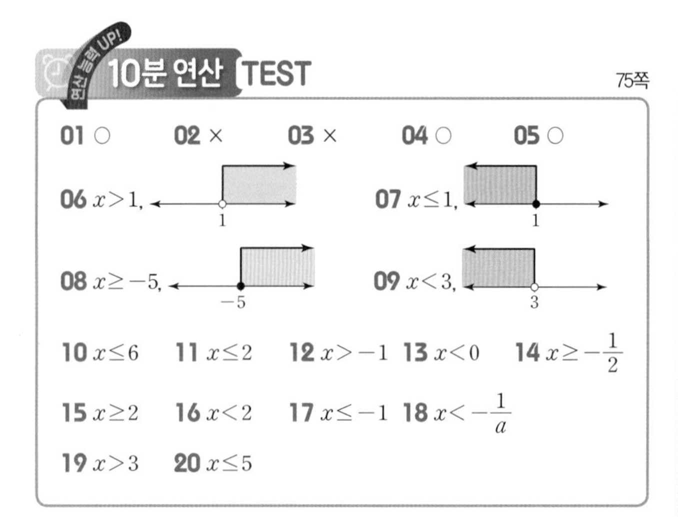
연산 능력 UP! 10분 연산 TEST 75쪽

01 ○ 02 × 03 × 04 ○ 05 ○

06 $x>1$, 07 $x\leq 1$,

08 $x\geq -5$, 09 $x<3$,

10 $x\leq 6$ 11 $x\leq 2$ 12 $x>-1$ 13 $x<0$ 14 $x\geq -\frac{1}{2}$

15 $x\geq 2$ 16 $x<2$ 17 $x\leq -1$ 18 $x<-\frac{1}{a}$

19 $x>3$ 20 $x\leq 5$

01 $4-2x\leq 5-3x$에서 $4-2x-5+3x\leq 0$

$\therefore x-1\leq 0$ (일차부등식이다.)

03 $x(x-1)\geq 3x+2$에서 $x^2-x\geq 3x+2$,

$x^2-x-3x-2\geq 0$, $x^2-4x-2\geq 0$ (일차부등식이 아니다.)

04 $\frac{x}{2}+3<\frac{x}{3}-1$에서 $3x+18<2x-6$,

$3x+18-2x+6<0$, $x+24<0$ (일차부등식이다.)

05 $x^2+x>x^2-x$에서 $x^2+x-x^2+x>0$

$\therefore 2x>0$ (일차부등식이다.)

07 $-2x+3\geq 1$에서 $-2x\geq 1-3$

$-2x\geq -2$ $\quad\therefore x\leq 1$

08 $2x-8\leq 4x+2$에서 $2x-4x\leq 2+8$

$-2x\leq 10$ $\quad\therefore x\geq -5$

09 $-7x-2>-5x-8$에서 $-7x+5x>-8+2$

$-2x>-6$ $\quad\therefore x<3$

10 $x+6\geq 2x$에서 $x-2x\geq -6$

$-x\geq -6$ $\quad\therefore x\leq 6$

11 $2x+4\leq -5x+18$에서 $2x+5x\leq 18-4$

$7x\leq 14$ $\quad\therefore x\leq 2$

12 $2(x+2)-3<5x+4$에서 $2x+4-3<5x+4$

$2x-5x<4-1$, $-3x<3$ $\quad\therefore x>-1$

13 $\frac{3}{5}x-2<\frac{x-4}{2}$의 양변에 10을 곱하면

$6x-20<5(x-4)$, $6x-20<5x-20$

$6x-5x<-20+20$ $\quad\therefore x<0$

14 $1.1x-0.7\geq 0.5x-1$의 양변에 10을 곱하면

$11x-7\geq 5x-10$, $11x-5x\geq -10+7$

$6x\geq -3$ $\quad\therefore x\geq -\frac{1}{2}$

15 $0.1+0.24x\leq 0.36x-0.14$의 양변에 100을 곱하면

$10+24x\leq 36x-14$, $24x-36x\leq -14-10$

$-12x\leq -24$ $\quad\therefore x\geq 2$

16 $0.5x-\frac{4}{3}<-\frac{1}{6}x$에서 $\frac{1}{2}x-\frac{4}{3}<-\frac{1}{6}x$

양변에 6을 곱하면

$3x-8<-x$, $3x+x<8$

$4x<8$ $\quad\therefore x<2$

17 $\frac{x+3}{2}\leq 0.2(x+6)$에서 $\frac{x+3}{2}\leq\frac{1}{5}(x+6)$

양변에 10을 곱하면

$5(x+3)\leq 2(x+6)$, $5x+15\leq 2x+12$

$5x-2x\leq 12-15$, $3x\leq -3$ $\quad\therefore x\leq -1$

18 $ax+1>0$에서 $ax>-1$

이때 $a<0$이므로 $x<-\frac{1}{a}$

19 $ax<3a$에서 $a<0$이므로 $x>3$

20 $-ax+5a\leq 0$에서 $-ax\leq -5a$, $ax\geq 5a$

이때 $a<0$이므로 $x\leq 5$

11 일차부등식의 활용

76쪽~79쪽

01 (1) $5x+3$, $5x+3$ (2) $x\le4$ (3) 4

02 (1) $2x-5>x+5$ (2) $x>10$ (3) 11

03 (1) $x-1$, $x+1$, $x-1$, $x+1$ (2) $x<10$ (3) 8, 9, 10

04 (1) $3x+10\le4(x+2)$ (2) $x\ge2$ (3) 3, 5

05 (1) $500x$, $\le$, $500x$, $\le$ (2) $x\le4$ (3) 4개

06 (1) $1500x+3500\le20000$ (2) $x\le11$ (3) 11송이

07 (1) x, $10-x$, $1000x$, $800(10-x)$
(2) $1000x+800(10-x)\le9000$
(3) $x\le5$ (4) 5개

08 (1) $2000x+1800(20-x)<38000$ (2) $x<10$ (3) 9개

09 (1) 50000, 4000, $50000+4000x$
(2) $35000+5000x>50000+4000x$
(3) $x>15$ (4) 16개월

10 (1) $10000+3000x>20000+2000x$ (2) $x>10$ (3) 11개월

11 (1) $5000+1500x$, $7000+600x$, $5000+1500x$, $7000+600x$
(2) $x>30$ (3) 31주

12 (1) $30000+4000x<2(10000+3000x)$ (2) $x>5$ (3) 6개월

13 (1) $500x$, 2100, $500x+2100$ (2) $800x>500x+2100$
(3) $x>7$ (4) 8자루

14 (1) $1200x>900x+3000$ (2) $x>10$ (3) 11송이

15 (1) 10, $\le$ (2) $x\le6$ (3) 6 cm

16 (1) $2(12+x)\ge52$ (2) $x\ge14$ (3) 14 cm

01 (2) $5x+3\le23$에서 $5x\le20$, $x\le4$

02 (1) 어떤 자연수를 2배하여 5를 뺀 수는 $2x-5$
또, 어떤 자연수에 5를 더한 수는 $x+5$
따라서 부등식을 세우면 $2x-5>x+5$
(2) $2x-5>x+5$에서 $2x-x>5+5$, $x>10$

03 (2) $(x-1)+x+(x+1)<30$, $3x<30$, $x<10$

04 (1) 연속하는 두 홀수는 x, $x+2$
작은 수의 3배에 10을 더한 수는 $3x+10$
이 수가 큰 수의 4배 이하이므로 부등식을 세우면
$3x+10\le4(x+2)$
(2) $3x+10\le4(x+2)$에서 $3x+10\le4x+8$, $x\ge2$

05 (2) $500x+2000\le4000$에서 $500x\le2000$, $x\le4$

06 (1) 장미 x송이의 가격은 $1500x$원이므로 부등식을 세우면
(장미꽃 x송이의 가격)+(안개꽃 한 다발의 가격) ≤20000
에서 $1500x+3500\le20000$
(2) $1500x+3500\le20000$에서 $1500x\le16500$, $x\le11$

07 (1)

	빵	우유
개수(개)	x	$10-x$
금액(원)	$1000x$	$800(10-x)$

(3) $1000x+800(10-x)\le9000$에서
$1000x+8000-800x\le9000$
$200x\le1000$, $x\le5$

08 (1)

	참외	사과
개수(개)	x	$20-x$
금액(원)	$2000x$	$1800(20-x)$

따라서 부등식을 세우면
$2000x+1800(20-x)<38000$
(2) $2000x+1800(20-x)<38000$에서
$2000x+36000-1800x<38000$
$200x<2000$, $x<10$

09 (1)

	동생	누나
현재 예금액(원)	35000	50000
매월 예금액(원)	5000	4000
x개월 후의 예금액(원)	$35000+5000x$	$50000+4000x$

(3) $35000+5000x>50000+4000x$에서
$1000x>15000$, $x>15$

10 (1)

	준우	서현
현재 예금액(원)	10000	20000
매월 예금액(원)	3000	2000
x개월 후의 예금액(원)	$10000+3000x$	$20000+2000x$

따라서 부등식을 세우면
$10000+3000x>20000+2000x$
(2) $10000+3000x>20000+2000x$에서
$1000x>10000$, $x>10$

11 (2) $5000+1500x>2(7000+600x)$에서
$5000+1500x>14000+1200x$
$300x>9000$, $x>30$

12 (1) x개월 후의 형의 예금액은 $30000+4000x$
x개월 후의 동생의 예금액은 $10000+3000x$
따라서 부등식을 세우면
$30000+4000x<2(10000+3000x)$
(2) $30000+4000x<2(10000+3000x)$에서
$30000+4000x<20000+6000x$
$2000x>10000$, $x>5$

13 (1)

	동네 문구점	할인점
볼펜 x자루의 가격(원)	$800x$	$500x$
교통비(원)	0	2100
총 금액(원)	$800x$	$500x+2100$

(3) $800x>500x+2100$에서 $300x>2100$, $x>7$

14 (1)

	동네 꽃가게	도매 시장
튤립 x송이의 가격(원)	$1200x$	$900x$
교통비(원)	0	3000
총 금액(원)	$1200x$	$900x+3000$

따라서 부등식을 세우면
$1200x>900x+3000$
(2) $1200x>900x+3000$에서 $300x>3000$, $x>10$

15 (2) $\frac{1}{2}\times 10\times x\le 30$에서 $5x\le 30$, $x\le 6$

16 (1) 직사각형의 둘레의 길이가 52 cm 이상이므로
$2(12+x)\ge 52$
(2) $2(12+x)\ge 52$에서 $24+2x\ge 52$
$2x\ge 28$, $x\ge 14$

12 VISUAL 연산 거리, 속력, 시간

80쪽

01 (1) x, 3, $\frac{x}{3}$ (2) $\frac{x}{2}+\frac{x}{3}\le 3$ (3) $x\le\frac{18}{5}$ (4) $\frac{18}{5}$ km

02 (1) $8-x$, 6, $\frac{8-x}{6}$ (2) $\frac{x}{3}+\frac{8-x}{6}\le 2$ (3) $x\le 4$ (4) 4 km

01 (1)

	올라갈 때	내려올 때
거리(km)	x	x
속력(km/h)	2	3
시간(시간)	$\frac{x}{2}$	$\frac{x}{3}$

(3) $\frac{x}{2}+\frac{x}{3}\le 3$에서 $3x+2x\le 18$
$5x\le 18$, $x\le\frac{18}{5}$

02 (1)

	걸어갈 때	뛰어갈 때
거리(km)	x	$8-x$
속력(km/h)	3	6
시간(시간)	$\frac{x}{3}$	$\frac{8-x}{6}$

(3) $\frac{x}{3}+\frac{8-x}{6}\le 2$에서 $2x+(8-x)\le 12$, $x\le 4$

연산 능력 UP! 10분 연산 TEST

81쪽

01 (1) $(x-1)+x+(x+1)>45$ (2) 15, 16, 17

02 (1) $4000x+2500(10-x)\le 32500$ (2) 5명

03 (1) $30000+4000x>2(25000+1500x)$ (2) 21개월

04 (1) $1200x>800x+2000$ (2) 6권

05 (1) $\frac{x}{3}+\frac{x}{5}\le 4$ (2) $\frac{15}{2}$ km

06 (1) $\frac{x}{50}+\frac{3000-x}{150}\le 40$ (2) 1500 m

01 (1) 연속하는 세 자연수는 $x-1$, x, $x+1$
세 자연수의 합이 45보다 크므로 부등식을 세우면
$(x-1)+x+x+1>45$
(2) $(x-1)+x+(x+1)>45$에서 $3x>45$, $x>15$
따라서 연속하는 세 자연수 중 가장 작은 세 수는 15, 16, 17이다.

02 (1) 어른 x명의 입장료는 $4000x$원
어린이 $(10-x)$명의 입장료는 $2500(10-x)$원
따라서 부등식을 세우면
$4000x+2500(10-x)\le 32500$
(2) $4000x+2500(10-x)\le 32500$에서
$4000x+25000-2500x\le 32500$
$1500x\le 7500$, $x\le 5$
따라서 어른은 최대 5명 입장할 수 있다.

03 (1) x개월 후의 승주의 예금액은 $30000+4000x$
x개월 후의 민아의 예금액은 $25000+1500x$
따라서 부등식을 세우면
$30000+4000x>2(25000+1500x)$
(2) $30000+4000x>2(25000+1500x)$에서
$30000+4000x>50000+3000x$
$1000x>20000$, $x>20$
따라서 승주의 예금액이 민아의 예금액의 2배보다 많아지는 것은 21개월 후부터이다.

04 (1)

	학교 앞 문구점	할인점
공책 x권의 가격(원)	$1200x$	$800x$
교통비(원)	0	2000
총 금액(원)	$1200x$	$800x+2000$

따라서 부등식을 세우면
$1200x>800x+2000$
(2) $1200x>800x+2000$에서 $400x>2000$, $x>5$
따라서 공책을 6권 이상 살 경우에 할인점에서 사는 것이 유리하다.

05 ② $\frac{x}{3}+\frac{x}{5}\le 4$에서 $5x+3x\le 60$, $8x\le 60$, $x\le\frac{15}{2}$

06 ② $\frac{x}{50}+\frac{3000-x}{150}\le 40$에서 $3x+3000-x\le 6000$

$2x\le 3000$, $x\le 1500$

학교 시험 PREVIEW

82쪽~83쪽

01 ④	02 ⑤	03 ③	04 ④	05 ③
06 ③, ④	07 ④	08 ③	09 ①	10 5
11 ②	12 ③	13 $2x-1\ge -7$		

01 ④ $x+5>2x$

02 주어진 부등식에 $x=2$를 대입하면

① $2\times 2+3=7\ge 8$ (거짓)

② $-2+1=-1>1$ (거짓)

③ $2\times 2-1=3>3\times 2=6$ (거짓)

④ $4-2\times 2=0\ge 3\times 2=6$ (거짓)

⑤ $2+1=3\ge 3$ (참)

03 ① $a>b$이므로 $-2a<-2b$

② $a>b$이므로 $2a>2b$ $\therefore 2a-3>2b-3$

③ $a>b$이므로 $-a<-b$ $\therefore 2-a<2-b$

④ $a>b$이므로 $\frac{a}{5}>\frac{b}{5}$

⑤ $a>b$이므로 $-\frac{a}{4}<-\frac{b}{4}$ $\therefore -\frac{a}{4}+1<-\frac{b}{4}+1$

04 ① $2a>2b$의 양변을 2로 나누면 $a>b$

② $-4a>-4b$의 양변을 -4로 나누면 $a<b$

③ $\frac{a}{3}<\frac{b}{3}$의 양변에 3을 곱하면 $a<b$

④ $-3a+2>-3b+2$의 양변에서 2를 빼면 $-3a>-3b$

$-3a>-3b$의 양변을 -3으로 나누면 $a<b$

⑤ $\frac{a}{4}-2<\frac{b}{4}-2$의 양변에 2를 더하면 $\frac{a}{4}<\frac{b}{4}$

$\frac{a}{4}<\frac{b}{4}$의 양변에 4를 곱하면 $a<b$

05 ② $5-x>x+2$에서 $5-x-x-2>0$

$-2x+3>0$ (일차부등식이다.)

③ $2x-1<5+2x$에서 $2x-1-5-2x<0$

$-6<0$ (일차부등식이 아니다.)

④ $3(x-1)>0$에서 $3x-3>0$ (일차부등식이다.)

⑤ $2x^2+3<2x^2+2x+1$에서

$2x^2+3-2x^2-2x-1<0$

$-2x+2<0$ (일차부등식이다.)

06 ③ $7x-6\le 4x$에서 $7x-4x\le 6$

$3x\le 6$ $\therefore x\le 2$

④ $4-2x\ge 2-x$에서 $-2x+x\ge 2-4$

$-x\ge -2$ $\therefore x\le 2$

⑤ $-3x+5\le x-3$에서 $-3x-x\le -3-5$

$-4x\le -8$ $\therefore x\ge 2$

07 $\frac{x-3}{4}\ge\frac{1-x}{2}+1$의 양변에 4를 곱하면

$x-3\ge 2(1-x)+4$, $x-3\ge 2-2x+4$

$3x\ge 9$ $\therefore x\ge 3$

08 $0.2(x+4)<0.3(-2x+1)-3.5$의 양변에 10을 곱하면

$2(x+4)<3(-2x+1)-35$

$2x+8<-6x+3-35$, $8x<-40$ $\therefore x<-5$

따라서 x의 값 중 가장 큰 정수는 -6이다.

09 $1-ax<2$에서 $-ax<1$, $ax>-1$

이때 $a<0$이므로 $x<-\frac{1}{a}$

10 $2x-5<3a$에서 $2x<3a+5$ $\therefore x<\frac{3a+5}{2}$

즉, $\frac{3a+5}{2}=10$이므로 $3a+5=20$, $3a=15$ $\therefore a=5$

11 아랫변의 길이를 x cm라 하면

$\frac{1}{2}\times(8+x)\times 6\ge 60$, $24+3x\ge 60$, $3x\ge 36$, $x\ge 12$

따라서 아랫변의 길이가 12 cm 이상이어야 한다.

12 집에서 자전거가 고장난 곳까지의 거리를 x km라 하면

$\frac{x}{9}+\frac{10-x}{3}\le 2$ $\therefore x\ge 6$

따라서 자전거가 고장난 곳은 집에서 6 km 이상 떨어진 곳이다.

13 서술형

$x\ge -3$의 양변에 2를 곱하면 $2x\ge -6$ ……❶

$2x\ge -6$의 양변에서 1을 빼면 $2x-1\ge -7$ ……❷

채점 기준	배점
❶ $2x$의 값의 범위 구하기	50 %
❷ $2x-1$의 값의 범위 구하기	50 %

2. 연립방정식

01 VISUAL연산 일차방정식 85쪽

01 ×	02 ○	03 ○	04 ○	05 ×
06 ○	07 ×	08 $x=1$	09 $x=-1$	10 $x=2$
11 $x=2$	12 $x=-1$	13 $x=6$	14 $x=-\frac{1}{3}$	

05 $-x-3=3-x$에서 $-x+x-3-3=0$
$\therefore -6=0$ (일차방정식이 아니다.)

06 $x^2+3x-1=x^2+x+4$에서
$x^2-x^2+3x-x-1-4=0$
$\therefore 2x-5=0$ (일차방정식이다.)

07 $2(x-3)=2x^2-6$에서 $2x-6=2x^2-6$,
$-2x^2+2x-6+6=0$
$\therefore -2x^2+2x=0$ (일차방정식이 아니다.)

08 $4x+1=5$, $4x=4$ $\quad\therefore x=1$

09 $10=-4x+6$, $4x=-4$ $\quad\therefore x=-1$

10 $-3x+12=3x$, $-6x=-12$ $\quad\therefore x=2$

11 $2x+1=-x+7$, $3x=6$ $\quad\therefore x=2$

12 $-5x+8=x+14$, $-6x=6$ $\quad\therefore x=-1$

13 $6(x-2)=3x+6$, $6x-12=3x+6$,
$3x=18$ $\quad\therefore x=6$

14 $2(2x-3)=-2(x+4)$, $4x-6=-2x-8$,
$6x=-2$ $\quad\therefore x=-\frac{1}{3}$

02 VISUAL연산 미지수가 2개인 일차방정식 86쪽

01 ×	02 ×	03 ○	04 ×	05 ○
06 ×	07 ×	08 ○	09 $3x+4y=36$	
10 $x+y=54$		11 $500x+700y=4200$		
12 $2x+4y=28$		13 $2(x+y)=40$		
14 $2x+3y=24$				

06 $x+2y+3=x-9$에서 $x-x+2y+3+9=0$
$\therefore 2y+12=0$ (미지수가 2개인 일차방정식이 아니다.)

07 $x^2-2y=x-5$에서 $x^2-2y-x+5=0$
(미지수가 2개인 일차방정식이 아니다.)

08 $x(y-3)=xy-2y$에서 $xy-3x=xy-2y$,
$xy-xy-3x+2y=0$
$\therefore -3x+2y=0$ (미지수가 2개인 일차방정식이다.)

03 VISUAL연산 미지수가 2개인 일차방정식의 해 87쪽

01 (1, 4), (2, 3), (3, 2), (4, 1), 3, 2, 1, 0 답 3, 2, 1
02 (1, 7), (2, 5), (3, 3), (4, 1), 7, 5, 3, 1, −1
03 (2, 3), (4, 2), (6, 1), 6, 4, 2, 0
04 (2, 3), (5, 2), (8, 1), 8, 5, 2, −1
05 (3, 3), (6, 1), 6, $\frac{9}{2}$, 3, $\frac{3}{2}$, 0
06 × 답 1, 3, 거짓, 해가 아니다 07 ○ 08 ×
09 ○ 10 × 11 × 12 ○

02

x	1	2	3	4	5	…
y	7	5	3	1	−1	…

03

x	6	4	2	0	…
y	1	2	3	4	…

04

x	8	5	2	−1	…
y	1	2	3	4	…

05

x	6	$\frac{9}{2}$	3	$\frac{3}{2}$	0	…
y	1	2	3	4	5	…

07 $x=2$, $y=-1$을 $2x-y=5$에 대입하면
$2\times2-(-1)=5$
따라서 순서쌍 $(2, -1)$은 주어진 방정식의 해이다.

08 $x=-4$, $y=3$을 $2x-y=5$에 대입하면
$2\times(-4)-3\neq5$
따라서 순서쌍 $(-4, 3)$은 주어진 방정식의 해가 아니다.

09 $x=-1$, $y=-7$을 $2x-y=5$에 대입하면
$2\times(-1)-(-7)=5$
따라서 순서쌍 $(-1, -7)$은 주어진 방정식의 해이다.

10 $x=1$, $y=2$를 $x-2y+6=0$에 대입하면
$1-2\times2+6\neq0$
따라서 순서쌍 $(1, 2)$는 주어진 방정식의 해가 아니다.

11 $x=-2$, $y=1$을 $3x-y=7$에 대입하면
$3\times(-2)-1\neq7$
따라서 순서쌍 $(-2, 1)$은 주어진 방정식의 해가 아니다.

12 $x=3$, $y=-5$를 $2x+3y=-9$에 대입하면
$2\times3+3\times(-5)=-9$
따라서 순서쌍 $(3, -5)$는 주어진 방정식의 해이다.

04 VISUAL연산 미지수가 2개인 연립일차방정식(연립방정식) 88쪽

01 ㉠의 해 : 4, 3, 2, 1 ㉡의 해 : 4, 1 → 1, 4, 1, 4
02 (4, 2) 03 (4, 3) 04 × 풀이 −1, 2, −1, 1 05 ○
06 × 07 × 08 ○

02 ㉠의 해 :

x	1	2	3	4	5
y	5	4	3	2	1

㉡의 해 :

x	4	5	6	⋯
y	2	4	6	⋯

따라서 주어진 연립방정식의 해는 $(4, 2)$이다.

03 ㉠의 해 :

x	1	2	3	4	5	6
y	6	5	4	3	2	1

㉡의 해 :

x	2	4	6	8
y	4	3	2	1

따라서 주어진 연립방정식의 해는 $(4, 3)$이다.

05 $x=-1$, $y=3$을 $x-y=-4$에 대입하면
$-1-3=-4$
$x=-1$, $y=3$을 $x+y=2$에 대입하면
$-1+3=2$
따라서 순서쌍 $(-1, 3)$은 주어진 연립방정식의 해이다.

06 $x=-1$, $y=3$을 $2x+y=1$에 대입하면
$2\times(-1)+3=1$
$x=-1$, $y=3$을 $x-y=4$에 대입하면
$-1-3\neq4$
따라서 순서쌍 $(-1, 3)$은 주어진 연립방정식의 해가 아니다.

07 $x=-1$, $y=3$을 $x+2y=2$에 대입하면
$-1+2\times3\neq2$
$x=-1$, $y=3$을 $2x+3y=7$에 대입하면
$2\times(-1)+3\times3=7$
따라서 순서쌍 $(-1, 3)$은 주어진 연립방정식의 해가 아니다.

08 $x=-1$, $y=3$을 $3x-y=-6$에 대입하면
$3\times(-1)-3=-6$
$x=-1$, $y=3$을 $x+2y=5$에 대입하면
$-1+2\times3=5$
따라서 순서쌍 $(-1, 3)$은 주어진 연립방정식의 해이다.

05 VISUAL연산 방정식의 해가 주어진 경우, 미지수 구하기 89쪽

01 2 풀이 2, 3, −3, −6, 2 02 9 03 −1
04 3 05 −1 06 4
07 $a=-3$, $b=-3$ 풀이 −2, 1, −3, −2, 1, −2, 6, −3
08 $a=8$, $b=-1$ 09 $a=-3$, $b=-5$
10 $a=2$, $b=-4$ 11 $a=-1$, $b=6$

02 $x=2$, $y=3$을 $3x+y=a$에 대입하면
$3\times2+3=a$ $\therefore a=9$

03 $x=2$, $y=3$을 $x-ay=5$에 대입하면
$2-a\times3=5$, $-3a=3$ $\therefore a=-1$

04 $x=2$, $y=3$을 $3x-ay=-3$에 대입하면
$3\times2-a\times3=-3$, $-3a=-9$ $\therefore a=3$

05 $x=2$, $y=3$을 $ax+2y=4$에 대입하면
$a\times2+2\times3=4$, $2a=-2$ $\therefore a=-1$

06 $x=2$, $y=3$을 $ax-5y=-7$에 대입하면
$a\times2-5\times3=-7$, $2a=8$ $\therefore a=4$

08 $x=-2$, $y=1$을 $3x+ay=2$에 대입하면
$3\times(-2)+a\times1=2$ $\therefore a=8$
$x=-2$, $y=1$을 $bx-y=1$에 대입하면
$b\times(-2)-1=1$, $-2b=2$ $\therefore b=-1$

09 $x=-2$, $y=1$을 $ax-2y=4$에 대입하면
$a\times(-2)-2\times1=4$, $-2a=6$　　$\therefore a=-3$
$x=-2$, $y=1$을 $2x-y=b$에 대입하면
$2\times(-2)-1=b$　　$\therefore b=-5$

10 $x=-2$, $y=1$을 $ax+y=-3$에 대입하면
$a\times(-2)+1=-3$, $-2a=-4$　　$\therefore a=2$
$x=-2$, $y=1$을 $x-by=2$에 대입하면
$-2-b\times1=2$, $-b=4$　　$\therefore b=-4$

11 $x=-2$, $y=1$을 $3x-ay=-5$에 대입하면
$3\times(-2)-a\times1=-5$, $-a=1$　　$\therefore a=-1$
$x=-2$, $y=1$을 $2x+by=2$에 대입하면
$2\times(-2)+b\times1=2$　　$\therefore b=6$

10분 연산 TEST

90쪽

01 ○　**02** ×　**03** ○　**04** $2x+3y=23$
05 $3x+4y=35$　**06** $4x+2y=48$
07 (1, 6), (2, 5), (3, 4), (4, 3), (5, 2), (6, 1)
08 (1, 8), (2, 5), (3, 2)　**09** ○　**10** ×　**11** (2, 3)
12 (5, 2)　**13** -1　**14** 1　**15** $a=-3$, $b=3$
16 $a=-2$, $b=3$

03 $x(x-1)=x^2+y+4$에서 $x^2-x=x^2+y+4$
$x^2-x^2-x-y-4=0$
$\therefore -x-y-4=0$ (미지수가 2개인 일차방정식이다.)

09 $x=2$, $y=-1$을 $x+y=1$에 대입하면
$2+(-1)=1$
따라서 순서쌍 $(2, -1)$은 주어진 방정식의 해이다.

10 $x=2$, $y=-1$을 $3x-2y=4$에 대입하면
$3\times2-2\times(-1)\neq4$
따라서 순서쌍 $(2, -1)$은 주어진 방정식의 해가 아니다.

11 $\begin{cases} x+y=5 & \cdots\cdots ㉠ \\ 2x+y=7 & \cdots\cdots ㉡ \end{cases}$

㉠의 해 :

x	1	2	3	4
y	4	3	2	1

㉡의 해 :

x	1	2	3
y	5	3	1

따라서 주어진 연립방정식의 해는 $(2, 3)$이다.

12 $\begin{cases} x-y=3 & \cdots\cdots ㉠ \\ x+3y=11 & \cdots\cdots ㉡ \end{cases}$

㉠의 해 :

x	4	5	6	7	8	…
y	1	2	3	4	5	…

㉡의 해 :

x	8	5	2
y	1	2	3

따라서 주어진 연립방정식의 해는 $(5, 2)$이다.

13 $x=1$, $y=-1$을 $3x-ay=2$에 대입하면
$3\times1-a\times(-1)=2$　　$\therefore a=-1$

14 $x=2$, $y=3$을 $ax-y=-1$에 대입하면
$a\times2-3=-1$, $2a=2$　　$\therefore a=1$

15 $x=-2$, $y=1$을 $2x+y=a$에 대입하면
$2\times(-2)+1=a$　　$\therefore a=-3$
$x=-2$, $y=1$을 $bx-2y=-8$에 대입하면
$b\times(-2)-2\times1=-8$, $-2b=-6$　　$\therefore b=3$

16 $x=3$, $y=5$를 $x+ay=-7$에 대입하면
$3+a\times5=-7$, $5a=-10$　　$\therefore a=-2$
$x=3$, $y=5$를 $bx+y=14$에 대입하면
$b\times3+5=14$, $3b=9$　　$\therefore b=3$

06 연립방정식의 풀이 - 가감법

VISUAL연산　91쪽~92쪽

01 + 🅥 +　**02** −　**03** 2　**04** 3
05 3, 2
06 $x=-1$, $y=2$ 🅥 -6, -1, -1, -1, 6, 2, -1, 2
07 $x=2$, $y=3$　**08** $x=-13$, $y=-3$
09 $x=3$, $y=-4$　**10** $x=2$, $y=-1$
11 $x=0$, $y=2$ 🅥 2, 2, 8, 6, 2, 2, 0, 0, 2
12 $x=1$, $y=-1$　**13** $x=1$, $y=1$
14 $x=3$, $y=0$　**15** $x=-1$, $y=1$
16 $x=-2$, $y=3$
17 $x=1$, $y=-3$ 🅥 3, 9, -21, -39, -3, -3, 1, 1, -3
18 $x=1$, $y=-1$　**19** $x=1$, $y=-1$
20 $x=2$, $y=1$　**21** $x=4$, $y=3$
22 $x=-1$, $y=1$

07 ㉠−㉡을 하면 $3y=9$ $\therefore y=3$

$y=3$을 ㉡에 대입하면 $x-3=-1$ $\therefore x=2$

따라서 연립방정식의 해는 $x=2$, $y=3$

08 ㉠+㉡을 하면 $-2y=6$ $\therefore y=-3$

$y=-3$을 ㉠에 대입하면 $x-5\times(-3)=2$

$\therefore x=-13$

따라서 연립방정식의 해는 $x=-13$, $y=-3$

09 ㉠+㉡을 하면 $2x=6$ $\therefore x=3$

$x=3$을 ㉠에 대입하면 $3+y=-1$ $\therefore y=-4$

따라서 연립방정식의 해는 $x=3$, $y=-4$

10 ㉠+㉡을 하면 $4x=8$ $\therefore x=2$

$x=2$를 ㉠에 대입하면 $2\times2+y=3$ $\therefore y=-1$

따라서 연립방정식의 해는 $x=2$, $y=-1$

12 ㉠×2−㉡을 하면

$$\begin{array}{rl} & 2x-4y=\ \ 6 \\ -) & \underline{2x+3y=-1} \\ & -7y=\ \ 7 \end{array} \qquad \therefore y=-1$$

$y=-1$을 ㉠에 대입하면 $x-2\times(-1)=3$ $\therefore x=1$

따라서 연립방정식의 해는 $x=1$, $y=-1$

13 ㉠×2−㉡을 하면

$$\begin{array}{rl} & 4x+2y=6 \\ -) & \underline{3x+2y=5} \\ & x\qquad=1 \end{array}$$

$x=1$을 ㉠에 대입하면 $2\times1+y=3$ $\therefore y=1$

따라서 연립방정식의 해는 $x=1$, $y=1$

14 ㉠×3+㉡을 하면

$$\begin{array}{rl} & 9x+3y=27 \\ +) & \underline{2x-3y=\ 6} \\ & 11x\qquad=33 \end{array} \qquad \therefore x=3$$

$x=3$을 ㉠에 대입하면 $3\times3+y=9$ $\therefore y=0$

따라서 연립방정식의 해는 $x=3$, $y=0$

15 ㉠×2+㉡을 하면

$$\begin{array}{rl} & 10x-4y=-14 \\ +) & \underline{3x+4y=\ \ 1} \\ & 13x\qquad=-13 \end{array} \qquad \therefore x=-1$$

$x=-1$을 ㉠에 대입하면

$5\times(-1)-2y=-7$ $\therefore y=1$

따라서 연립방정식의 해는 $x=-1$, $y=1$

16 ㉠+㉡×3을 하면

$$\begin{array}{rl} & -3x+\ y=\quad 9 \\ +) & \underline{3x-6y=-24} \\ & -5y=-15 \end{array} \qquad \therefore y=3$$

$y=3$을 ㉠에 대입하면 $-3x+3=9$ $\therefore x=-2$

따라서 연립방정식의 해는 $x=-2$, $y=3$

18 ㉠×3+㉡×2를 하면

$$\begin{array}{rl} & 9x+6y=\ 3 \\ +) & \underline{10x-6y=16} \\ & 19x\qquad=19 \end{array} \qquad \therefore x=1$$

$x=1$을 ㉠에 대입하면 $3\times1+2y=1$ $\therefore y=-1$

따라서 연립방정식의 해는 $x=1$, $y=-1$

참고 연립방정식을 가감법을 이용하여 풀 때, 소거할 미지수의 계수의 절댓값이 다른 경우

❶ 각 방정식에 적당한 수를 곱하여 소거하려는 미지수의 계수의 절댓값을 같게 한다.

❷ 그 미지수의 계수의 부호가 같으면 두 식을 변끼리 빼고, 부호가 다르면 두 식을 변끼리 더한다.

19 ㉠×9−㉡×2를 하면

$$\begin{array}{rl} & 18x-63y=81 \\ -) & \underline{18x-10y=28} \\ & -53y=53 \end{array} \qquad \therefore y=-1$$

$y=-1$을 ㉠에 대입하면 $2x-7\times(-1)=9$ $\therefore x=1$

따라서 연립방정식의 해는 $x=1$, $y=-1$

20 ㉠×3+㉡×2를 하면

$$\begin{array}{rl} & 6x+9y=\ 21 \\ +) & \underline{-6x+8y=-4} \\ & 17y=\ 17 \end{array} \qquad \therefore y=1$$

$y=1$을 ㉠에 대입하면 $2x+3\times1=7$ $\therefore x=2$

따라서 연립방정식의 해는 $x=2$, $y=1$

21 ㉠×2+㉡×5를 하면

$$\begin{array}{rl} & -8x+10y=-2 \\ +) & \underline{35x-10y=110} \\ & 27x\qquad=108 \end{array} \qquad \therefore x=4$$

$x=4$를 ㉠에 대입하면 $-4\times4+5y=-1$ $\therefore y=3$

따라서 연립방정식의 해는 $x=4$, $y=3$

22 ㉠×2+㉡×3을 하면

$$\begin{array}{rl} & 6x+10y=\ 4 \\ +) & \underline{-6x+\ 9y=15} \\ & 19y=19 \end{array} \qquad \therefore y=1$$

$y=1$을 ㉠에 대입하면 $3x+5\times1=2$ $\therefore x=-1$

따라서 연립방정식의 해는 $x=-1$, $y=1$

07 VISUAL연산 연립방정식의 풀이 - 대입법

93쪽~94쪽

01 $x=-2$, $y=3$ 풀이 $2y-8$, 10, 24, 3, 3, 3, -2, -2, 3
02 $x=-5$, $y=-15$ 03 $x=10$, $y=2$
04 $x=-1$, $y=2$ 05 $x=2$, $y=-5$
06 $x=-1$, $y=1$ 07 $x=-2$, $y=1$
08 $x=\frac{3}{2}$, $y=\frac{1}{4}$ 09 $x=4$, $y=1$
10 $x=-17$, $y=-6$ 11 $x=-1$, $y=-3$
12 $x=4$, $y=3$ 풀이 $-x+7$, $-x+7$, 12, 4, 4, 3, 4, 3
13 $x=-2$, $y=5$ 14 $x=6$, $y=-1$
15 $x=4$, $y=7$ 16 $x=3$, $y=-1$
17 $x=-2$, $y=3$ 18 $x=-5$, $y=3$
19 $x=3$, $y=4$ 20 $x=-2$, $y=2$
21 $x=-2$, $y=3$ 22 $x=3$, $y=-1$
23 $x=-2$, $y=-3$ 24 $x=3$, $y=5$

02 ㉠을 ㉡에 대입하면
$2x-3x=5$ $\therefore x=-5$
$x=-5$를 ㉠에 대입하면 $y=3\times(-5)=-15$
따라서 연립방정식의 해는 $x=-5$, $y=-15$

03 ㉠을 ㉡에 대입하면
$5y+4y=18$, $9y=18$ $\therefore y=2$
$y=2$를 ㉠에 대입하면 $x=5\times2=10$
따라서 연립방정식의 해는 $x=10$, $y=2$

04 ㉡을 ㉠에 대입하면
$(y-3)+3y=5$, $4y=8$ $\therefore y=2$
$y=2$를 ㉡에 대입하면 $x=2-3=-1$
따라서 연립방정식의 해는 $x=-1$, $y=2$

05 ㉡을 ㉠에 대입하면
$3x-(x-7)=11$, $2x=4$ $\therefore x=2$
$x=2$를 ㉡에 대입하면 $y=2-7=-5$
따라서 연립방정식의 해는 $x=2$, $y=-5$

06 ㉠을 ㉡에 대입하면
$2(2y-3)+y=-1$, $5y=5$ $\therefore y=1$
$y=1$을 ㉠에 대입하면 $x=2\times1-3=-1$
따라서 연립방정식의 해는 $x=-1$, $y=1$

07 ㉠을 ㉡에 대입하면
$2x+3(3x+7)=-1$, $11x=-22$ $\therefore x=-2$
$x=-2$를 ㉠에 대입하면 $y=3\times(-2)+7=1$
따라서 연립방정식의 해는 $x=-2$, $y=1$

08 ㉡을 ㉠에 대입하면
$3(3-6y)+2y=5$, $-16y=-4$ $\therefore y=\frac{1}{4}$
$y=\frac{1}{4}$을 ㉡에 대입하면 $x=3-6\times\frac{1}{4}=\frac{3}{2}$
따라서 연립방정식의 해는 $x=\frac{3}{2}$, $y=\frac{1}{4}$

09 ㉡을 ㉠에 대입하면
$-x+2(7-x)=2$, $-3x=-12$ $\therefore x=4$
$x=4$를 ㉡에 대입하면 $3y=7-4=3$ $\therefore y=1$
따라서 연립방정식의 해는 $x=4$, $y=1$

10 ㉠을 ㉡에 대입하면
$3y+1=2y-5$ $\therefore y=-6$
$y=-6$을 ㉠에 대입하면 $x=3\times(-6)+1=-17$
따라서 연립방정식의 해는 $x=-17$, $y=-6$

11 ㉠을 ㉡에 대입하면
$5x+2=-4x-7$, $9x=-9$ $\therefore x=-1$
$x=-1$을 ㉠에 대입하면 $y=5\times(-1)+2=-3$
따라서 연립방정식의 해는 $x=-1$, $y=-3$

13 ㉠에서 y를 x에 대한 식으로 나타내면
$y=-x+3$ …… ㉢
㉢을 ㉡에 대입하면
$3x+(-x+3)=-1$, $2x=-4$ $\therefore x=-2$
$x=-2$를 ㉢에 대입하면 $y=-(-2)+3=5$
따라서 연립방정식의 해는 $x=-2$, $y=5$

14 ㉠에서 x를 y에 대한 식으로 나타내면
$x=2y+8$ …… ㉢
㉢을 ㉡에 대입하면
$(2y+8)+3y=3$, $5y=-5$ $\therefore y=-1$
$y=-1$을 ㉢에 대입하면 $x=2\times(-1)+8=6$
따라서 연립방정식의 해는 $x=6$, $y=-1$

15 ㉠에서 y를 x에 대한 식으로 나타내면
$y=x+3$ …… ㉢
㉢을 ㉡에 대입하면
$3x-(x+3)=5$, $2x=8$ $\therefore x=4$
$x=4$를 ㉢에 대입하면 $y=4+3=7$
따라서 연립방정식의 해는 $x=4$, $y=7$

16 ㉠에서 y를 x에 대한 식으로 나타내면
$y=-2x+5$ …… ㉢
㉢을 ㉡에 대입하면
$3x+(-2x+5)=8$ $\therefore x=3$

$x=3$을 ㉢에 대입하면 $y=-2\times3+5=-1$
따라서 연립방정식의 해는 $x=3$, $y=-1$

17 ㉠에서 x를 y에 대한 식으로 나타내면
$x=-2y+4$ ······ ㉢
㉢을 ㉡에 대입하면
$2(-2y+4)-3y=-13$, $-7y=-21$ $\therefore y=3$
$y=3$을 ㉢에 대입하면 $x=-2\times3+4=-2$
따라서 연립방정식의 해는 $x=-2$, $y=3$

18 ㉠에서 x를 y에 대한 식으로 나타내면
$x=-5y+10$ ······ ㉢
㉢을 ㉡에 대입하면
$4(-5y+10)+3y=-11$, $-17y=-51$ $\therefore y=3$
$y=3$을 ㉢에 대입하면 $x=-5\times3+10=-5$
따라서 연립방정식의 해는 $x=-5$, $y=3$

19 ㉠에서 y를 x에 대한 식으로 나타내면
$y=3x-5$ ······ ㉢
㉢을 ㉡에 대입하면
$7x-2(3x-5)=13$ $\therefore x=3$
$x=3$을 ㉢에 대입하면 $y=3\times3-5=4$
따라서 연립방정식의 해는 $x=3$, $y=4$

20 ㉠에서 x를 y에 대한 식으로 나타내면
$x=\frac{3}{2}y-5$ ······ ㉢
㉢을 ㉡에 대입하면
$6\left(\frac{3}{2}y-5\right)-2y=-16$, $7y=14$ $\therefore y=2$
$y=2$를 ㉢에 대입하면 $x=\frac{3}{2}\times2-5=-2$
따라서 연립방정식의 해는 $x=-2$, $y=2$

21 ㉠에서 y를 x에 대한 식으로 나타내면
$y=-2x-1$ ······ ㉢
㉢을 ㉡에 대입하면 $5x+4(-2x-1)=2$
$-3x=6$ $\therefore x=-2$
$x=-2$를 ㉢에 대입하면 $y=-2\times(-2)-1=3$
따라서 연립방정식의 해는 $x=-2$, $y=3$

22 ㉡에서 y를 x에 대한 식으로 나타내면
$y=-3x+8$ ······ ㉢
㉢을 ㉠에 대입하면
$2x-3(-3x+8)=9$, $11x=33$ $\therefore x=3$
$x=3$을 ㉢에 대입하면 $y=-3\times3+8=-1$
따라서 연립방정식의 해는 $x=3$, $y=-1$이다.

23 ㉠에서 y를 x에 대한 식으로 나타내면
$y=4x+5$ ······ ㉢
㉢을 ㉡에 대입하면 $-x+2(4x+5)=-4$
$7x=-14$ $\therefore x=-2$
$x=-2$를 ㉢에 대입하면 $y=4\times(-2)+5=-3$
따라서 연립방정식의 해는 $x=-2$, $y=-3$

24 ㉠에서 y를 x에 대한 식으로 나타내면
$y=2x-1$ ······ ㉢
㉢을 ㉡에 대입하면 $-3x+2(2x-1)=1$ $\therefore x=3$
$x=3$을 ㉢에 대입하면 $y=2\times3-1=5$
따라서 연립방정식의 해는 $x=3$, $y=5$

08 VISUAL 연산 괄호가 있는 연립방정식의 풀이

95쪽

01 $x=-3$, $y=2$ ❶ $2x+5y$, -6, 2, 2, -3, -3, 2
02 $x=2$, $y=1$ **03** $x=-1$, $y=2$
04 $x=-1$, $y=-3$ **05** $x=2$, $y=-4$
06 $x=3$, $y=-1$ ❶ $x+2y$, $3x-4y$, 15, 3, 3, -1, 3, -1
07 $x=1$, $y=-3$ **08** $x=1$, $y=-1$
09 $x=5$, $y=2$ **10** $x=2$, $y=-1$

02 ㉡의 괄호를 풀어 정리하면
$2x-3y=1$ ······ ㉢
㉢$-$㉠$\times2$를 하면 $-11y=-11$ $\therefore y=1$
$y=1$을 ㉠에 대입하여 풀면 $x=2$
따라서 연립방정식의 해는 $x=2$, $y=1$
Tip 괄호를 풀 때는 괄호 앞에 곱해진 수를 괄호 안의 모든 항에 곱해야 한다. 이때 부호에 주의한다.

03 ㉠의 괄호를 풀어 정리하면
$6x+2y=-2$ ······ ㉢
㉢$+$㉡을 하면 $11x=-11$ $\therefore x=-1$
$x=-1$을 ㉡에 대입하여 풀면 $y=2$
따라서 연립방정식의 해는 $x=-1$, $y=2$

04 ㉡의 괄호를 풀어 정리하면
$x-2y=5$ ······ ㉢
㉢$+$㉠$\times2$를 하면 $9x=-9$ $\therefore x=-1$
$x=-1$을 ㉠에 대입하여 풀면 $y=-3$
따라서 연립방정식의 해는 $x=-1$, $y=-3$

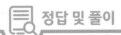

05 ㉠의 괄호를 풀어 정리하면
$-x-3y=10$ …… ㉢
㉢+㉡을 하면 $-8y=32$ $\therefore y=-4$
$y=-4$를 ㉡에 대입하여 풀면 $x=2$
따라서 연립방정식의 해는 $x=2$, $y=-4$

07 ㉠의 괄호를 풀어 정리하면
$10x+y=7$ …… ㉢
㉡의 괄호를 풀어 정리하면
$2x-2y=8$ …… ㉣
㉢×2+㉣을 하면 $22x=22$ $\therefore x=1$
$x=1$을 ㉢에 대입하여 풀면 $y=-3$
따라서 연립방정식의 해는 $x=1$, $y=-3$

08 ㉠의 괄호를 풀어 정리하면
$2x+y=1$ …… ㉢
㉡의 괄호를 풀어 정리하면
$x-2y=3$ …… ㉣
㉢×2+㉣을 하면 $5x=5$ $\therefore x=1$
$x=1$을 ㉢에 대입하여 풀면 $y=-1$
따라서 연립방정식의 해는 $x=1$, $y=-1$

09 ㉠의 괄호를 풀어 정리하면
$x-4y=-3$ …… ㉢
㉡의 괄호를 풀어 정리하면
$-3x+8y=1$ …… ㉣
㉢×3+㉣을 하면 $-4y=-8$ $\therefore y=2$
$y=2$를 ㉢에 대입하여 풀면 $x=5$
따라서 연립방정식의 해는 $x=5$, $y=2$

10 ㉠의 괄호를 풀어 정리하면
$4x-2y=10$ …… ㉢
㉡의 괄호를 풀어 정리하면
$3x-y=7$ …… ㉣
㉢−㉣×2를 하면 $-2x=-4$ $\therefore x=2$
$x=2$를 ㉣에 대입하여 풀면 $y=-1$
따라서 연립방정식의 해는 $x=2$, $y=-1$

09 VISUAL 명신 계수가 소수인 연립방정식의 풀이

96쪽

01 $x=4$, $y=-2$ ❶ 2, 3, 8, −2, −2, 4, 4, −2
02 $x=3$, $y=2$ **03** $x=-1$, $y=1$
04 $x=2$, $y=2$ **05** $x=1$, $y=2$
06 $x=4$, $y=-6$ **07** $x=16$, $y=3$
08 $x=-2$, $y=2$ **09** $x=-1$, $y=1$

02 ㉡×10을 하면 $x-3y=-3$ …… ㉢
㉠−㉢을 하면 $y=2$
$y=2$를 ㉠에 대입하여 풀면 $x=3$
따라서 연립방정식의 해는 $x=3$, $y=2$

03 ㉠×10을 하면 $3x+5y=2$ …… ㉢
㉡×10을 하면 $2x-y=-3$ …… ㉣
㉢+㉣×5를 하면 $13x=-13$ $\therefore x=-1$
$x=-1$을 ㉣에 대입하여 풀면 $y=1$
따라서 연립방정식의 해는 $x=-1$, $y=1$

04 ㉠×10을 하면 $12x+7y=38$ …… ㉢
㉡×10을 하면 $4x+2y=12$ …… ㉣
㉢−㉣×3을 하면 $y=2$
$y=2$를 ㉣에 대입하여 풀면 $x=2$
따라서 연립방정식의 해는 $x=2$, $y=2$

05 ㉠×10을 하면 $3x-y=1$ …… ㉢
㉡×100을 하면 $x+2y=5$ …… ㉣
㉢×2+㉣을 하면 $7x=7$ $\therefore x=1$
$x=1$을 ㉢에 대입하여 풀면 $y=2$
따라서 연립방정식의 해는 $x=1$, $y=2$

06 ㉠×10을 하면 $2x-3y=26$ …… ㉢
㉡×100을 하면 $x+5y=-26$ …… ㉣
㉢−㉣×2를 하면 $-13y=78$ $\therefore y=-6$
$y=-6$을 ㉢에 대입하여 풀면 $x=4$
따라서 연립방정식의 해는 $x=4$, $y=-6$

07 ㉠×10을 하면 $x-2y=10$ …… ㉢
㉡×100을 하면 $3x+4y=60$ …… ㉣
㉢×2+㉣을 하면 $5x=80$ $\therefore x=16$
$x=16$을 ㉢에 대입하여 풀면 $y=3$
따라서 연립방정식의 해는 $x=16$, $y=3$

08 ㉠×100을 하면 $12x-8y=-40$ …… ㉢
㉡×100을 하면 $60x+11y=-98$ …… ㉣
㉢×5−㉣을 하면 $-51y=-102$ $\therefore y=2$
$y=2$를 ㉢에 대입하여 풀면 $x=-2$
따라서 연립방정식의 해는 $x=-2$, $y=2$

09 ㉠×100을 하면 $115x+30y=-85$ …… ㉢
㉡×100을 하면 $15x+40y=25$ …… ㉣
㉢×4−㉣×3을 하면 $415x=-415$ $\therefore x=-1$
$x=-1$을 ㉣에 대입하여 풀면 $y=1$
따라서 연립방정식의 해는 $x=-1$, $y=1$

10 VISUAL연산 계수가 분수인 연립방정식의 풀이

97쪽

01 $x=3, y=2$ 🅥 2, 4, 19, 35, 3, 3, 2, 3, 2
02 $x=3, y=-2$
03 $x=2, y=2$
04 $x=-3, y=2$
05 $x=-2, y=1$
06 $x=\frac{1}{2}, y=1$
07 $x=-4, y=8$
08 $x=3, y=-1$
09 $x=2, y=1$

02 ㉡×6을 하면 $2x-3y=12$ …… ㉢
㉠×3+㉢×2를 하면 $13x=39$ $\therefore x=3$
$x=3$을 ㉠에 대입하여 풀면 $y=-2$
따라서 연립방정식의 해는 $x=3$, $y=-2$

03 ㉠×6을 하면 $2x+y=6$ …… ㉢
㉡+㉢을 하면 $2y=4$ $\therefore y=2$
$y=2$를 ㉡에 대입하여 풀면 $x=2$
따라서 연립방정식의 해는 $x=2$, $y=2$

04 ㉠×12를 하면 $8x-3y=-30$ …… ㉢
㉡×6을 하면 $3x+4y=-1$ …… ㉣
㉢×4+㉣×3을 하면 $41x=-123$ $\therefore x=-3$
$x=-3$을 ㉣에 대입하여 풀면 $y=2$
따라서 연립방정식의 해는 $x=-3$, $y=2$

05 ㉠×4를 하면 $3x+2y=-4$ …… ㉢
㉡×6을 하면 $4x+5y=-3$ …… ㉣
㉢×5−㉣×2를 하면 $7x=-14$ $\therefore x=-2$
$x=-2$를 ㉢에 대입하여 풀면 $y=1$
따라서 연립방정식의 해는 $x=-2$, $y=1$

06 ㉠×4를 하면 $2x+3y=4$ …… ㉢
㉡×6을 하면 $-4x+y=-1$ …… ㉣
㉢×2+㉣을 하면 $7y=7$ $\therefore y=1$
$y=1$을 ㉢에 대입하여 풀면 $x=\frac{1}{2}$
따라서 연립방정식의 해는 $x=\frac{1}{2}$, $y=1$

07 ㉠×8을 하면 $12x+y=-40$ …… ㉢
㉡×4를 하면 $x+4y=28$ …… ㉣
㉢×4−㉣을 하면 $47x=-188$ $\therefore x=-4$
$x=-4$를 ㉣에 대입하여 풀면 $y=8$
따라서 연립방정식의 해는 $x=-4$, $y=8$

08 ㉠×6을 하면 $2x-3y=9$ …… ㉢
㉡×12를 하면 $5x+3y=12$ …… ㉣
㉢+㉣을 하면 $7x=21$ $\therefore x=3$
$x=3$을 ㉢에 대입하여 풀면 $y=-1$
따라서 연립방정식의 해는 $x=3$, $y=-1$

09 ㉠×6을 하면 $2x+3y=7$ …… ㉢
㉡×6을 하면 $6x-y=11$ …… ㉣
㉢+㉣×3을 하면 $20x=40$ $\therefore x=2$
$x=2$를 ㉣에 대입하여 풀면 $y=1$
따라서 연립방정식의 해는 $x=2$, $y=1$

11 VISUAL연산 복잡한 연립방정식의 풀이

98쪽

01 $x=3, y=2$ 🅥 5, 9, 3, 6, 3, 3, 2, 3, 2
02 $x=4, y=3$
03 $x=-1, y=-3$
04 $x=-6, y=2$
05 $x=-\frac{3}{2}, y=-5$
06 $x=-1, y=\frac{15}{2}$
07 $x=\frac{1}{4}, y=-1$
08 $x=-4, y=-3$
09 $x=2, y=-2$

02 ㉠×10을 하면 $2x-7y=-13$ …… ㉢
㉡×2를 하면 $x-2y=-2$ …… ㉣
㉢−㉣×2를 하면 $-3y=-9$ $\therefore y=3$
$y=3$을 ㉣에 대입하여 풀면 $x=4$
따라서 연립방정식의 해는 $x=4$, $y=3$

03 ㉠×5를 하면 $x+3y=-10$ …… ㉢
㉡×10을 하면 $3x-4y=9$ …… ㉣
㉢×3−㉣을 하면 $13y=-39$ $\therefore y=-3$
$y=-3$을 ㉣에 대입하여 풀면 $x=-1$
따라서 연립방정식의 해는 $x=-1$, $y=-3$

04 ㉠×10을 하면 $2x+10y=8$ …… ㉢
㉡×6을 하면 $-2x+3y=18$ …… ㉣
㉢+㉣을 하면 $13y=26$ $\therefore y=2$
$y=2$를 ㉢에 대입하여 풀면 $x=-6$
따라서 연립방정식의 해는 $x=-6$, $y=2$

05 ㉠×6을 하면 $6x-4y=11$ …… ㉢
㉡×10을 하면 $6x-2y=1$ …… ㉣
㉢−㉣을 하면 $-2y=10$ $\therefore y=-5$
$y=-5$를 ㉣에 대입하여 풀면 $x=-\frac{3}{2}$
따라서 연립방정식의 해는 $x=-\frac{3}{2}$, $y=-5$

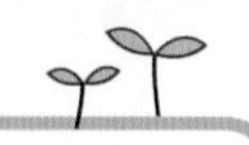

06 ㉠×6을 하면 $3x+2y=12$ …… ㉢
㉡×100을 하면 $x+2y=14$ …… ㉣
㉢−㉣을 하면 $2x=-2$ ∴ $x=-1$
$x=-1$을 ㉣에 대입하여 풀면 $y=\frac{15}{2}$
따라서 연립방정식의 해는 $x=-1$, $y=\frac{15}{2}$

07 ㉠×12를 하면 $4x+3y=-2$ …… ㉢
㉡×10을 하면 $4x-y=2$ …… ㉣
㉢−㉣을 하면 $4y=-4$ ∴ $y=-1$
$y=-1$을 ㉣에 대입하여 풀면 $x=\frac{1}{4}$
따라서 연립방정식의 해는 $x=\frac{1}{4}$, $y=-1$

08 ㉠×10을 하면 $x-2y=2$ …… ㉢
㉡×3을 하면 $2x-3y=1$ …… ㉣
㉢×2−㉣을 하면 $-y=3$ ∴ $y=-3$
$y=-3$을 ㉢에 대입하여 풀면 $x=-4$
따라서 연립방정식의 해는 $x=-4$, $y=-3$

09 ㉠×10을 하면 $6x+y=10$ …… ㉢
㉡×4를 하면 $3x-3y=12$ …… ㉣
㉢×3+㉣을 하면 $21x=42$ ∴ $x=2$
$x=2$를 ㉢에 대입하여 풀면 $y=-2$
따라서 연립방정식의 해는 $x=2$, $y=-2$

12 VISUAL연산 미지수가 있는 연립방정식

99쪽

01 1 풀이 4, −1, 4, −1, 1
02 −2
03 3
04 $a=-1$, $b=5$ 풀이 1, −2, 1, −2, −1, 1, −2, 5
05 $a=3$, $b=1$
06 $a=3$, $b=-7$

02 주어진 연립방정식의 해는 세 방정식을 모두 만족시키므로
연립방정식 $\begin{cases} x+2y=5 \\ x-y=-1 \end{cases}$의 해와 같다.
연립방정식 $\begin{cases} x+2y=5 \\ x-y=-1 \end{cases}$을 풀면 $x=1$, $y=2$
따라서 $x=1$, $y=2$를 $x+ay=-3$에 대입하여 풀면
$a=-2$

03 주어진 연립방정식의 해는 세 방정식을 모두 만족시키므로
연립방정식 $\begin{cases} 2x-y=-8 \\ y=x+5 \end{cases}$의 해와 같다.
연립방정식 $\begin{cases} 2x-y=-8 \\ y=x+5 \end{cases}$를 풀면 $x=-3$, $y=2$
따라서 $x=-3$, $y=2$를 $ax+2y=-5$에 대입하여 풀면
$a=3$

05 두 연립방정식의 해가 서로 같으므로 그 해는
연립방정식 $\begin{cases} x+y=5 \\ 3x+2y=12 \end{cases}$의 해와 같다.
연립방정식 $\begin{cases} x+y=5 \\ 3x+2y=12 \end{cases}$를 풀면 $x=2$, $y=3$
따라서 $x=2$, $y=3$을 $x+ay=11$에 대입하여 풀면
$a=3$
$x=2$, $y=3$을 $2x-y=b$에 대입하여 풀면 $b=1$

06 두 연립방정식의 해가 서로 같으므로 그 해는
연립방정식 $\begin{cases} 5x+y=6 \\ 3x-4y=-1 \end{cases}$의 해와 같다.
연립방정식 $\begin{cases} 5x+y=6 \\ 3x-4y=-1 \end{cases}$을 풀면 $x=1$, $y=1$
따라서 $x=1$, $y=1$을 $4x-y=a$에 대입하여 풀면
$a=3$
$x=1$, $y=1$을 $bx+5y=-2$에 대입하여 풀면 $b=-7$

13 VISUAL연산 $A=B=C$ 꼴의 방정식의 풀이

100쪽

01 $x=3$, $y=-3$ 풀이 −3, −3, −3, 3, 3, −3
02 $x=4$, $y=-2$
03 $x=-1$, $y=1$
04 $x=8$, $y=-1$
05 $x=\frac{1}{2}$, $y=1$
06 $x=-2$, $y=1$
07 $x=1$, $y=2$
08 $x=2$, $y=1$
09 $x=-4$, $y=4$

02 $\begin{cases} 2x+y=6 & \cdots\cdots ㉠ \\ x-y=6 & \cdots\cdots ㉡ \end{cases}$
㉠+㉡을 하면 $3x=12$ ∴ $x=4$
$x=4$를 ㉡에 대입하여 풀면 $y=-2$
따라서 방정식의 해는 $x=4$, $y=-2$

03 $\begin{cases} 2x+3y=1 & \cdots\cdots ㉠ \\ 3x+4y=1 & \cdots\cdots ㉡ \end{cases}$
㉠×3−㉡×2를 하면 $y=1$
$y=1$을 ㉠에 대입하여 풀면 $x=-1$
따라서 방정식의 해는 $x=-1$, $y=1$

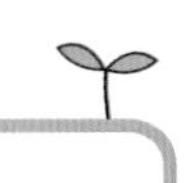

04 $\begin{cases} x+3y=5 \\ x+y-2=5 \end{cases}$, 즉 $\begin{cases} x+3y=5 & \cdots\cdots ㉠ \\ x+y=7 & \cdots\cdots ㉡ \end{cases}$

㉠$-$㉡을 하면 $2y=-2$ $\quad\therefore y=-1$

$y=-1$을 ㉠에 대입하여 풀면 $x=8$

따라서 방정식의 해는 $x=8$, $y=-1$

05 $\begin{cases} 4x+2y-1=3 \\ 2x-3y+5=3 \end{cases}$, 즉 $\begin{cases} 4x+2y=4 & \cdots\cdots ㉠ \\ 2x-3y=-2 & \cdots\cdots ㉡ \end{cases}$

㉠$-$㉡$\times 2$를 하면 $8y=8$ $\quad\therefore y=1$

$y=1$을 ㉠에 대입하여 풀면 $x=\frac{1}{2}$

따라서 방정식의 해는 $x=\frac{1}{2}$, $y=1$

06 $\begin{cases} 3x-y=y-8 \\ y-8=5x+3 \end{cases}$, 즉 $\begin{cases} 3x-2y=-8 & \cdots\cdots ㉠ \\ 5x-y=-11 & \cdots\cdots ㉡ \end{cases}$

㉠$-$㉡$\times 2$를 하면 $-7x=14$ $\quad\therefore x=-2$

$x=-2$를 ㉠에 대입하여 풀면 $y=1$

따라서 방정식의 해는 $x=-2$, $y=1$

07 $\begin{cases} y-5=-1-2x \\ -1-2x=2x-3y+1 \end{cases}$, 즉 $\begin{cases} 2x+y=4 & \cdots\cdots ㉠ \\ 4x-3y=-2 & \cdots\cdots ㉡ \end{cases}$

㉠$\times 3+$㉡을 하면 $10x=10$ $\quad\therefore x=1$

$x=1$을 ㉠에 대입하여 풀면 $y=2$

따라서 방정식의 해는 $x=1$, $y=2$

08 $\begin{cases} x+3y=y+4 \\ y+4=2x-y+2 \end{cases}$, 즉 $\begin{cases} x+2y=4 & \cdots\cdots ㉠ \\ 2x-2y=2 & \cdots\cdots ㉡ \end{cases}$

㉠$+$㉡을 하면 $3x=6$ $\quad\therefore x=2$

$x=2$를 ㉠에 대입하여 풀면 $y=1$

따라서 방정식의 해는 $x=2$, $y=1$

09 $\begin{cases} 3x-2y+1=x-5y+5 \\ x-5y+5=-4y-3 \end{cases}$, 즉 $\begin{cases} 2x+3y=4 & \cdots\cdots ㉠ \\ x-y=-8 & \cdots\cdots ㉡ \end{cases}$

㉠$-$㉡$\times 2$를 하면 $5y=20$ $\quad\therefore y=4$

$y=4$를 ㉡에 대입하여 풀면 $x=-4$

따라서 방정식의 해는 $x=-4$, $y=4$

14 VISUAL연산 해가 특수한 연립방정식의 풀이

101쪽

01 해가 무수히 많다. 6, 15, $=$ **02** 해가 무수히 많다.
03 해가 무수히 많다. **04** 해가 무수히 많다.
05 해가 없다. 6, 6, 같고, 다르다 **06** 해가 없다.
07 해가 없다. **08** 해가 없다.

02 $\begin{cases} 2x-y=1 & \cdots\cdots ㉠ \\ 4x-2y=2 & \cdots\cdots ㉡ \end{cases}$

㉠$\times 2$를 하면 $4x-2y=2$ $\quad\cdots\cdots ㉢$

따라서 ㉢$=$㉡이므로 연립방정식의 해가 무수히 많다.

03 $\begin{cases} 5x-2y=3 & \cdots\cdots ㉠ \\ -15x+6y=-9 & \cdots\cdots ㉡ \end{cases}$

㉠$\times(-3)$을 하면 $-15x+6y=-9$ $\quad\cdots\cdots ㉢$

따라서 ㉢$=$㉡이므로 연립방정식의 해가 무수히 많다.

04 $\begin{cases} \frac{x}{2}+\frac{y}{3}=1 & \cdots\cdots ㉠ \\ 3x+2y=6 & \cdots\cdots ㉡ \end{cases}$

㉠$\times 6$을 하면 $3x+2y=6$ $\quad\cdots\cdots ㉢$

따라서 ㉢$=$㉡이므로 연립방정식의 해가 무수히 많다.

06 $\begin{cases} x+y=4 & \cdots\cdots ㉠ \\ 2x+2y=4 & \cdots\cdots ㉡ \end{cases}$

㉠$\times 2$를 하면 $2x+2y=8$ $\quad\cdots\cdots ㉢$

㉢과 ㉡을 비교하면 x의 계수와 y의 계수는 각각 같고, 상수항은 다르므로 연립방정식의 해가 없다.

07 $\begin{cases} 2x+3y=1 & \cdots\cdots ㉠ \\ -4x-6y=2 & \cdots\cdots ㉡ \end{cases}$

㉠$\times(-2)$를 하면 $-4x-6y=-2$ $\quad\cdots\cdots ㉢$

㉢과 ㉡을 비교하면 x의 계수와 y의 계수는 각각 같고, 상수항은 다르므로 연립방정식의 해가 없다.

08 $\begin{cases} 3x-2y=5 & \cdots\cdots ㉠ \\ \frac{x}{4}-\frac{y}{6}=\frac{5}{6} & \cdots\cdots ㉡ \end{cases}$

㉡$\times 12$를 하면 $3x-2y=10$ $\quad\cdots\cdots ㉢$

㉢과 ㉠을 비교하면 x의 계수와 y의 계수는 각각 같고, 상수항은 다르므로 연립방정식의 해가 없다.

연산능력 UP! 10분 연산 TEST

102쪽

01 $x=7$, $y=2$ **02** $x=-3$, $y=2$
03 $x=2$, $y=-1$ **04** $x=2$, $y=4$
05 $x=-1$, $y=4$ **06** $x=1$, $y=-2$
07 $x=-2$, $y=3$ **08** $x=1$, $y=-1$
09 $x=2$, $y=-1$ **10** $x=1$, $y=-2$
11 $x=3$, $y=-2$ **12** 해가 무수히 많다.
13 해가 없다. **14** 2 **15** 3
16 $x=2$, $y=-3$ **17** $x=7$, $y=7$

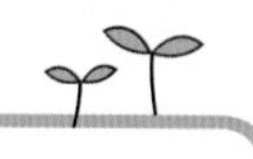

01 $\begin{cases} x+y=9 & \cdots\cdots ㉠ \\ x-y=5 & \cdots\cdots ㉡ \end{cases}$

㉠+㉡을 하면 $2x=14$ $\therefore x=7$

$x=7$을 ㉠에 대입하여 풀면 $y=2$

따라서 연립방정식의 해는 $x=7$, $y=2$

02 $\begin{cases} x+2y=1 & \cdots\cdots ㉠ \\ x+4y=5 & \cdots\cdots ㉡ \end{cases}$

㉠−㉡을 하면 $-2y=-4$ $\therefore y=2$

$y=2$를 ㉠에 대입하여 풀면 $x=-3$

따라서 연립방정식의 해는 $x=-3$, $y=2$

03 $\begin{cases} 5x+3y=7 & \cdots\cdots ㉠ \\ 2x+y=3 & \cdots\cdots ㉡ \end{cases}$

㉠−㉡×3을 하면 $-x=-2$ $\therefore x=2$

$x=2$를 ㉡에 대입하여 풀면 $y=-1$

따라서 연립방정식의 해는 $x=2$, $y=-1$

04 $\begin{cases} y=3x-2 & \cdots\cdots ㉠ \\ 2x+y=8 & \cdots\cdots ㉡ \end{cases}$

㉠을 ㉡에 대입하면 $2x+(3x-2)=8$

$5x=10$ $\therefore x=2$

$x=2$를 ㉠에 대입하면 $y=3\times2-2=4$

따라서 연립방정식의 해는 $x=2$, $y=4$

05 $\begin{cases} -6x-y=2 & \cdots\cdots ㉠ \\ x=y-5 & \cdots\cdots ㉡ \end{cases}$

㉡을 ㉠에 대입하면 $-6(y-5)-y=2$

$-7y=-28$ $\therefore y=4$

$y=4$를 ㉡에 대입하면 $x=4-5=-1$

따라서 연립방정식의 해는 $x=-1$, $y=4$

06 $\begin{cases} 3y=2x-8 & \cdots\cdots ㉠ \\ 3y=-9x+3 & \cdots\cdots ㉡ \end{cases}$

㉠을 ㉡에 대입하면 $2x-8=-9x+3$

$11x=11$ $\therefore x=1$

$x=1$을 ㉠에 대입하면 $3y=-6$ $\therefore y=-2$

따라서 연립방정식의 해는 $x=1$, $y=-2$

07 $\begin{cases} x-2y=-8 & \cdots\cdots ㉠ \\ 3x+5y=9 & \cdots\cdots ㉡ \end{cases}$

㉠에서 x를 y에 대한 식으로 나타내면

$x=2y-8$ $\cdots\cdots$ ㉢

㉢을 ㉡에 대입하면

$3(2y-8)+5y=9$, $11y=33$ $\therefore y=3$

$y=3$을 ㉢에 대입하여 풀면 $x=2\times3-8=-2$

따라서 연립방정식의 해는 $x=-2$, $y=3$

08 $\begin{cases} 2(x-y)+3y=1 & \cdots\cdots ㉠ \\ x+3(x-2y)=10 & \cdots\cdots ㉡ \end{cases}$

㉠의 괄호를 풀어 정리하면 $2x+y=1$ $\cdots\cdots$ ㉢

㉡의 괄호를 풀어 정리하면 $4x-6y=10$ $\cdots\cdots$ ㉣

㉢×2−㉣을 하면

$8y=-8$ $\therefore y=-1$

$y=-1$을 ㉢에 대입하여 풀면 $x=1$

따라서 연립방정식의 해는 $x=1$, $y=-1$

09 $\begin{cases} 0.3x-0.2y=0.8 & \cdots\cdots ㉠ \\ 0.4x+y=-0.2 & \cdots\cdots ㉡ \end{cases}$

㉠×10을 하면 $3x-2y=8$ $\cdots\cdots$ ㉢

㉡×10을 하면 $4x+10y=-2$ $\cdots\cdots$ ㉣

㉢×5+㉣을 하면

$19x=38$ $\therefore x=2$

$x=2$를 ㉢에 대입하여 풀면 $y=-1$

따라서 연립방정식의 해는 $x=2$, $y=-1$

10 $\begin{cases} \frac{1}{3}x-\frac{1}{2}y=\frac{4}{3} & \cdots\cdots ㉠ \\ \frac{1}{2}x+\frac{1}{6}y=\frac{1}{6} & \cdots\cdots ㉡ \end{cases}$

㉠×6을 하면 $2x-3y=8$ $\cdots\cdots$ ㉢

㉡×6을 하면 $3x+y=1$ $\cdots\cdots$ ㉣

㉢+㉣×3을 하면 $11x=11$ $\therefore x=1$

$x=1$을 ㉣에 대입하여 풀면 $y=-2$

따라서 연립방정식의 해는 $x=1$, $y=-2$

11 $\begin{cases} 0.3x-0.5y=1.9 & \cdots\cdots ㉠ \\ \frac{x}{2}+\frac{y}{3}=\frac{5}{6} & \cdots\cdots ㉡ \end{cases}$

㉠×10을 하면 $3x-5y=19$ $\cdots\cdots$ ㉢

㉡×6을 하면 $3x+2y=5$ $\cdots\cdots$ ㉣

㉢−㉣을 하면 $-7y=14$ $\therefore y=-2$

$y=-2$를 ㉣에 대입하여 풀면 $x=3$

따라서 연립방정식의 해는 $x=3$, $y=-2$

12 $\begin{cases} x+3y=-4 & \cdots\cdots ㉠ \\ 3x+9y=-12 & \cdots\cdots ㉡ \end{cases}$

㉠×3을 하면 $3x+9y=-12$ $\cdots\cdots$ ㉢

따라서 ㉢=㉡이므로 연립방정식의 해가 무수히 많다.

13 $\begin{cases} -x+2y=7 & \cdots\cdots ㉠ \\ x-2y=-3 & \cdots\cdots ㉡ \end{cases}$

㉠×(−1)을 하면 $x-2y=-7$ $\cdots\cdots$ ㉢

㉢과 ㉡을 비교하면 x의 계수와 y의 계수는 각각 같고, 상수항은 다르므로 연립방정식의 해가 없다.

14 주어진 연립방정식의 해는 세 방정식을 모두 만족시키므로

연립방정식 $\begin{cases} x+5y=4 \\ x+2y=1 \end{cases}$의 해와 같다.

연립방정식 $\begin{cases} x+5y=4 \\ x+2y=1 \end{cases}$을 풀면 $x=-1$, $y=1$

따라서 $x=-1$, $y=1$을 $ax-y=-3$에 대입하여 풀면

$a=2$

15 주어진 연립방정식의 해는 세 방정식을 모두 만족시키므로

연립방정식 $\begin{cases} 3x+y=-2 \\ x+2y=1 \end{cases}$의 해와 같다.

연립방정식 $\begin{cases} 3x+y=-2 \\ x+2y=1 \end{cases}$을 풀면 $x=-1$, $y=1$

따라서 $x=-1$, $y=1$을 $4x-ay=-7$에 대입하여 풀면

$a=3$

16 $\begin{cases} 2x-3y=13 & \cdots\cdots ㉠ \\ 5x-y=13 & \cdots\cdots ㉡ \end{cases}$

㉠$-$㉡$\times 3$을 하면 $-13x=-26$ $\quad\therefore x=2$

$x=2$를 ㉡에 대입하여 풀면 $y=-3$

따라서 방정식의 해는 $x=2$, $y=-3$

17 $\begin{cases} x+2y+7=6x-2y \\ 6x-2y=3x+y \end{cases}$, 즉 $\begin{cases} 5x-4y=7 & \cdots\cdots ㉠ \\ 3x-3y=0 & \cdots\cdots ㉡ \end{cases}$

㉠$\times 3-$㉡$\times 5$를 하면 $3y=21$ $\quad\therefore y=7$

$y=7$을 ㉠에 대입하여 풀면 $x=7$

따라서 방정식의 해는 $x=7$, $y=7$

15 VISUAL연산 연립방정식의 활용

103쪽~105쪽

01 (1) $x-y$, $x=2y-9$, $x-y=4$, $x=2y-9$
(2) $x=17$, $y=13$ (3) 17

02 (1) $\begin{cases} x+y=32 \\ x-y=10 \end{cases}$ (2) $x=21$, $y=11$ (3) 11

03 (1) $x+y$, $10y+x$, $10y+x$, $x+y=9$,
$10y+x=(10x+y)+9$ (2) $x=4$, $y=5$ (3) 45

04 (1) $\begin{cases} x+y=10 \\ 10y+x=2(10x+y)-1 \end{cases}$ (2) $x=3$, $y=7$ (3) 37

05 (1) $1000y$, 7500 (2) $\begin{cases} x+y=9 \\ 700x+1000y=7500 \end{cases}$
(3) $x=5$, $y=4$ (4) 5개

06 (1) $\begin{cases} x+y=20 \\ 1000x+1500y=24000 \end{cases}$ (2) $x=12$, $y=8$ (3) 12송이

07 (1) 25, $4y$, 64 (2) $\begin{cases} x+y=25 \\ 2x+4y=64 \end{cases}$ (3) $x=18$, $y=7$
(4) 18마리

08 (1) $\begin{cases} x+y=21 \\ 3x+4y=80 \end{cases}$ (2) $x=4$, $y=17$ (3) 17개

09 (1) $y+15$ (2) $\begin{cases} x-y=30 \\ x+15=2(y+15) \end{cases}$
(3) $x=45$, $y=15$ (4) 45살

10 (1) $\begin{cases} x+y=23 \\ x+10=2(y+10)-11 \end{cases}$ (2) $x=15$, $y=8$ (3) 8살

11 (1) $y+8$, y, $x=y+8$, $2(x+y)=100$
(2) $x=29$, $y=21$ (3) 29 cm

12 (1) $\begin{cases} x+y=60 \\ x=y-16 \end{cases}$ (2) $x=22$, $y=38$ (3) 38 cm

03 (2) $\begin{cases} x+y=9 \\ 10y+x=(10x+y)+9 \end{cases}$에서 $\begin{cases} x+y=9 \\ x-y=-1 \end{cases}$

$\therefore x=4$, $y=5$

Tip 십의 자리의 숫자가 x, 일의 자리의 숫자가 y인 두 자리의 자연수에 대하여

① 처음 수 : $10x+y$

② 바꾼 수 : $10y+x$

04 (2) $\begin{cases} x+y=10 \\ 10y+x=2(10x+y)-1 \end{cases}$에서 $\begin{cases} x+y=10 \\ 19x-8y=1 \end{cases}$

$\therefore x=3$, $y=7$

05 (3) $\begin{cases} x+y=9 \\ 700x+1000y=7500 \end{cases}$에서 $\begin{cases} x+y=9 \\ 7x+10y=75 \end{cases}$

$\therefore x=5$, $y=4$

06 (2) $\begin{cases} x+y=20 \\ 1000x+1500y=24000 \end{cases}$에서 $\begin{cases} x+y=20 \\ 2x+3y=48 \end{cases}$

$\therefore x=12$, $y=8$

07 (3) $\begin{cases} x+y=25 \\ 2x+4y=64 \end{cases}$에서 $\begin{cases} x+y=25 \\ x+2y=32 \end{cases}$

$\therefore x=18$, $y=7$

09 (3) $\begin{cases} x-y=30 \\ x+15=2(y+15) \end{cases}$에서 $\begin{cases} x-y=30 \\ x-2y=15 \end{cases}$

$\therefore x=45$, $y=15$

10 (2) $\begin{cases} x+y=23 \\ x+10=2(y+10)-11 \end{cases}$에서 $\begin{cases} x+y=23 \\ x-2y=-1 \end{cases}$

$\therefore x=15$, $y=8$

11 (2) $\begin{cases} x=y+8 \\ 2(x+y)=100 \end{cases}$에서 $\begin{cases} x=y+8 \\ x+y=50 \end{cases}$

$\therefore x=29$, $y=21$

16 거리, 속력, 시간

VISUAL 연산 106쪽

01 (1) y, 6, $\frac{y}{6}$ (2) $\begin{cases} x+y=4.5 \\ \frac{x}{4}+\frac{y}{6}=1 \end{cases}$ (3) $x=3$, $y=1.5$

(4) 3 km

02 (1) y, 5, $\frac{y}{5}$ (2) $\begin{cases} x=y+1 \\ \frac{x}{3}+\frac{y}{5}=3 \end{cases}$ (3) $x=6$, $y=5$ (4) 5 km

01 (3) $\begin{cases} x+y=4.5 \\ \frac{x}{4}+\frac{y}{6}=1 \end{cases}$에서 $\begin{cases} x+y=4.5 \\ 3x+2y=12 \end{cases}$

$\therefore x=3,\ y=1.5$

02 (3) $\begin{cases} x=y+1 \\ \frac{x}{3}+\frac{y}{5}=3 \end{cases}$에서 $\begin{cases} x=y+1 \\ 5x+3y=45 \end{cases}$

$\therefore x=6,\ y=5$

10분 연산 TEST

연산 능력 UP! 107쪽

01 (1) $\begin{cases} x+y=9 \\ 10y+x=2(10x+y)+18 \end{cases}$ (2) 27

02 (1) $\begin{cases} x+y=5 \\ 1100x+800y=5200 \end{cases}$ (2) 1명

03 (1) $\begin{cases} 6x+5y=8300 \\ 3x+6y=6600 \end{cases}$ (2) 800원

04 (1) $\begin{cases} x=y+27 \\ x+y=55 \end{cases}$ (2) 41살

05 (1) $\begin{cases} x=y+2 \\ 2(x+y)=36 \end{cases}$ (2) 8 cm

06 (1) $\begin{cases} x+y=7 \\ \frac{x}{4}+\frac{y}{3}=2 \end{cases}$ (2) 4 km

01 (2) $\begin{cases} x+y=9 \\ 10y+x=2(10x+y)+18 \end{cases}$에서 $\begin{cases} x+y=9 \\ 19x-8y=-18 \end{cases}$

$\therefore x=2,\ y=7$

따라서 처음 수는 27이다.

02 (2) $\begin{cases} x+y=5 \\ 1100x+800y=5200 \end{cases}$에서 $\begin{cases} x+y=5 \\ 11x+8y=52 \end{cases}$

$\therefore x=4,\ y=1$

따라서 정하네 가족 중 청소년은 1명이다.

03 (2) $\begin{cases} 6x+5y=8300 \\ 3x+6y=6600 \end{cases}$에서 $\begin{cases} 6x+5y=8300 \\ x+2y=2200 \end{cases}$

$\therefore x=800,\ y=700$

따라서 과자 1봉지의 가격은 800원이다.

05 (2) $\begin{cases} x=y+2 \\ 2(x+y)=36 \end{cases}$에서 $\begin{cases} x=y+2 \\ x+y=18 \end{cases}$

$\therefore x=10,\ y=8$

따라서 세로의 길이는 8 cm이다.

06 (2) $\begin{cases} x+y=7 \\ \frac{x}{4}+\frac{y}{3}=2 \end{cases}$에서 $\begin{cases} x+y=7 \\ 3x+4y=24 \end{cases}$

$\therefore x=4,\ y=3$

따라서 시속 4 km로 걸은 거리는 4 km이다.

학교 시험 PREVIEW

학교 시험 미리보기! 108쪽~109쪽

01 ②	02 ③	03 ③	04 ④	05 ②
06 ⑤	07 ③	08 ⑤	09 ④	10 ④
11 ⑤	12 $\frac{7}{2}$			

01 ① 등식이 아니므로 방정식이 아니다.
② $-3x+3y-2=0$이므로 미지수가 2개인 일차방정식이다.
③ xy는 x, y에 대한 이차식이므로 일차방정식이 아니다.
④ 차수가 1이 아니므로 일차방정식이 아니다.
⑤ $y-1=0$이므로 미지수가 1개인 일차방정식이다.

02 ① $3\times(-2)-(-8)=2$
② $3\times(-1)-(-5)=2$
③ $3\times0-3=-3\neq2$
④ $3\times1-1=2$
⑤ $3\times2-4=2$

04 $x+2y=7$의 해 :

x	5	3	1
y	1	2	3

$2x+y=8$의 해 :

x	1	2	3
y	6	4	2

따라서 주어진 연립방정식의 해는 $(3,\ 2)$이다.

05 x를 소거하려면 x의 계수의 절댓값이 같아야 하므로 ㉠×4, ㉡×3을 한다.
이때 x의 계수의 부호가 같으므로 두 일차방정식을 뺀다.

06 $\begin{cases} 0.3x+0.4y=1.7 & \cdots\cdots ㉠ \\ \frac{2}{3}x+\frac{1}{2}y=3 & \cdots\cdots ㉡ \end{cases}$

㉠×10을 하면 $3x+4y=17$ ⋯⋯ ㉢
㉡×6을 하면 $4x+3y=18$ ⋯⋯ ㉣
㉢, ㉣을 연립하여 풀면 $x=3,\ y=2$

07 $x=1$, $y=2$를 $x+by=3$에 대입하면

$1+2b=3$, $2b=2$ $\quad\therefore b=1$

$x=1$, $y=2$를 $3x-2y=a$에 대입하면

$3-4=a$ $\quad\therefore a=-1$

$\therefore a+b=-1+1=0$

08 $\begin{cases} x-4y=3 & \cdots\cdots ㉠ \\ 2y-x=-1 & \cdots\cdots ㉡ \end{cases}$

㉠, ㉡을 연립하여 풀면 $x=-1$, $y=-1$

$x=-1$, $y=-1$을 $ax-4y=-13$에 대입하면

$-a+4=-13$ $\quad\therefore a=17$

09 ④ $\begin{cases} 2x-3y=5 & \cdots\cdots ㉠ \\ 4x-6y=10 & \cdots\cdots ㉡ \end{cases}$

㉠×2를 하면

$\begin{cases} 4x-6y=10 & \cdots\cdots ㉢ \\ 4x-6y=10 & \cdots\cdots ㉡ \end{cases}$

즉, ㉢=㉡이므로 연립방정식의 해가 무수히 많다.

10 닭을 x마리, 토끼를 y마리라 하면

$\begin{cases} x+y=180 \\ 2x+4y=600 \end{cases}$ $\quad\therefore x=60$, $y=120$

따라서 농장에서 기르는 닭은 60마리이다.

11 걸어간 거리를 x km, 뛰어간 거리를 y km라 하면

$\begin{cases} x+y=5 \\ \frac{x}{4}+\frac{y}{6}=1 \end{cases}$에서 $\begin{cases} x+y=5 \\ 3x+2y=12 \end{cases}$

$\therefore x=2$, $y=3$

따라서 명진이가 뛰어간 거리는 3 km이다.

12 서술형

주어진 방정식에서 $\begin{cases} \frac{2+x}{3}=x-y \\ \frac{4y-1}{2}=x-y \end{cases}$ ……❶

$\begin{cases} \frac{2+x}{3}=x-y \\ \frac{4y-1}{2}=x-y \end{cases}$에서 $\begin{cases} -2x+3y=-2 & \cdots\cdots ㉠ \\ -2x+6y=1 & \cdots\cdots ㉡ \end{cases}$

㉠, ㉡을 연립하여 풀면 $x=\frac{5}{2}$, $y=1$

따라서 $a=\frac{5}{2}$, $b=1$이므로 ……❷

$a+b=\frac{5}{2}+1=\frac{7}{2}$ ……❸

채점 기준	배점
❶ 연립방정식으로 나타내기	30 %
❷ a, b의 값을 각각 구하기	50 %
❸ $a+b$의 값 구하기	20 %

III 일차함수와 그래프

1. 일차함수와 그래프 (1)

01 VISUAL 연산 정비례 관계, 반비례 관계

114쪽

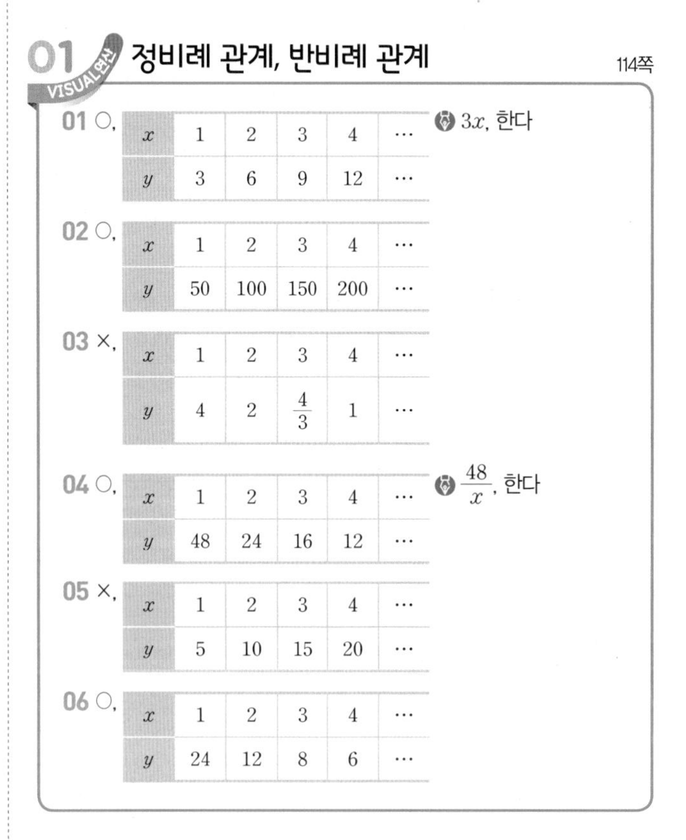

01 ○,

x	1	2	3	4	…
y	3	6	9	12	…

$3x$, 한다

02 ○,

x	1	2	3	4	…
y	50	100	150	200	…

03 ×,

x	1	2	3	4	…
y	4	2	$\frac{4}{3}$	1	…

04 ○,

x	1	2	3	4	…
y	48	24	16	12	…

$\frac{48}{x}$, 한다

05 ×,

x	1	2	3	4	…
y	5	10	15	20	…

06 ○,

x	1	2	3	4	…
y	24	12	8	6	…

02 $y=50x$

03 $y=\frac{4}{x}$

05 $y=5x$

06 $y=\frac{24}{x}$

02 VISUAL 연산 함수

115쪽

01 ○,

x	1	2	3	4	…
y	800	1600	2400	3200	…

함수이다

02 ○,

x	1	2	3	4	…
y	3	6	9	12	…

03 ×,

x	1	2	3	4	…
y	없다.	없다.	2	2, 3	…

함수가 아니다

04 ○,

x	1	2	3	4	…
y	1	2	2	3	…

05 ○,

x	1	2	3	4	…
y	120	60	40	30	…

06 ×,

x	1	2	3	4	$\cdots$
y	-1, 1	-2, 2	-3, 3	-4, 4	$\cdots$

07 ○,

x	1	2	3	4	$\cdots$
y	99	98	97	96	$\cdots$

08 ○,

x	1	2	3	4	$\cdots$
y	45	40	35	30	$\cdots$

03 VISUAL 연산 함숫값

116쪽

01 1, 3　02 0　03 -9　04 1　05 3
06 -12　07 2　08 -3　09 36　10 2
11 2　12 -2　13 -6　14 $-\frac{1}{2}$　15 4

02 $f(0)=3\times 0=0$

03 $f(-3)=3\times(-3)=-9$

04 $f\left(\frac{1}{3}\right)=3\times\frac{1}{3}=1$

05 $f(-1)=3\times(-1)=-3$, $f(2)=3\times 2=6$
$\therefore f(-1)+f(2)=-3+6=3$

06 $f(-1)=\frac{12}{-1}=-12$

07 $f(6)=\frac{12}{6}=2$

08 $f(-4)=\frac{12}{-4}=-3$

09 $f\left(\frac{1}{3}\right)=12\div\frac{1}{3}=12\times 3=36$

10 $f(2)=\frac{12}{2}=6$, $f(-3)=\frac{12}{-3}=-4$
$\therefore f(2)+f(-3)=6+(-4)=2$

11 $f(3)=3-1=2$

12 $f(-1)=-1-1=-2$

13 $f(-5)=-5-1=-6$

14 $f\left(\frac{1}{2}\right)=\frac{1}{2}-1=-\frac{1}{2}$

15 $f(4)=4-1=3$, $f(0)=0-1=-1$
$\therefore f(4)-f(0)=3-(-1)=4$

04 VISUAL 연산 함숫값이 주어질 때 미지수의 값 구하기

117쪽

01 8, 2　02 3　03 -1　04 $\frac{1}{2}$　05 2, 5
06 1　07 -2　08 $\frac{5}{2}$　09 8, 4　10 -3
11 3　12 8　13 1, 3　14 6　15 -5
16 2

02 $f(a)=4a=12$이므로 $a=3$

03 $f(a)=4a=-4$이므로 $a=-1$

04 $f(a)=4a=2$이므로 $a=\frac{1}{2}$

06 $f(a)=\frac{10}{a}=10$이므로 $a=1$

07 $f(a)=\frac{10}{a}=-5$이므로 $a=-2$

08 $f(a)=\frac{10}{a}=4$이므로 $a=\frac{10}{4}=\frac{5}{2}$

10 $f(-1)=-a=3$이므로 $a=-3$

11 $f(-2)=-2a=-6$이므로 $a=3$

12 $f\left(\frac{1}{2}\right)=\frac{1}{2}a=4$이므로 $a=8$

14 $f(2)=\frac{a}{2}=3$이므로 $a=6$

15 $f(-1)=-a=5$이므로 $a=-5$

16 $f\left(\frac{1}{3}\right)=a\div\frac{1}{3}=a\times 3=6$이므로 $a=2$

연산 능력 UP! 10분 연산 TEST

118쪽

01 ○　02 ×　03 ○　04 ○　05 0
06 6　07 -1　08 -1　09 -15　10 3
11 30　12 -40　13 -1　14 4　15 -1
16 7　17 -1　18 5　19 -2　20 4

05 $f(0)=-3\times 0=0$

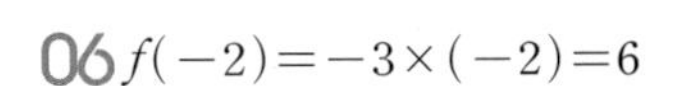

06 $f(-2)=-3\times(-2)=6$

07 $f\left(\frac{1}{3}\right)=-3\times\frac{1}{3}=-1$

08 $f(1)+f\left(-\frac{2}{3}\right)=-3+2=-1$

09 $f(-1)=\frac{15}{-1}=-15$

10 $f(5)=\frac{15}{5}=3$

11 $f\left(\frac{1}{2}\right)=15\div\frac{1}{2}=15\times2=30$

12 $f(3)=\frac{15}{3}=5$

$f\left(-\frac{1}{3}\right)=15\div\left(-\frac{1}{3}\right)=15\times(-3)=-45$

$\therefore f(3)+f\left(-\frac{1}{3}\right)=5-45=-40$

13 $f(-2)=\frac{1}{2}\times(-2)=-1$

14 $f(-2)=-\frac{8}{-2}=4$

15 $f(-2)=-2+1=-1$

16 $f(-2)=-2\times(-2)+3=7$

17 $f(a)=-2a=2$이므로 $a=-1$

18 $f(a)=-\frac{20}{a}=-4$이므로 $a=5$

19 $f(-3)=-3a=6$이므로 $a=-2$

20 $f(8)=\frac{a}{8}=\frac{1}{2}$이므로 $a=4$

05 VISUAL연산 일차함수 119쪽

01 ○ 02 ○ 03 × 04 × 05 ○

06 × 07 ○ 08 ○ 09 $y=4x$, 일차함수이다.

10 $y=10000-500x$, 일차함수이다.

11 $y=1000x+5000$, 일차함수이다.

12 $y=x^2+x$, 일차함수가 아니다.

13 $y=\pi x^2$, 일차함수가 아니다.

14 $y=\frac{10}{x}$, 일차함수가 아니다.

06 VISUAL연산 일차함수 $y=ax$의 그래프 120쪽

01 2, −2,

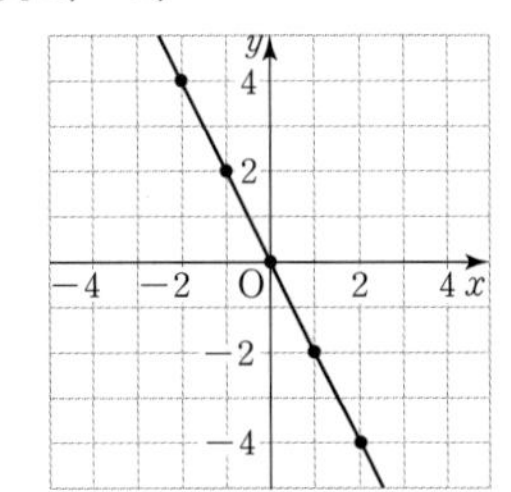

02

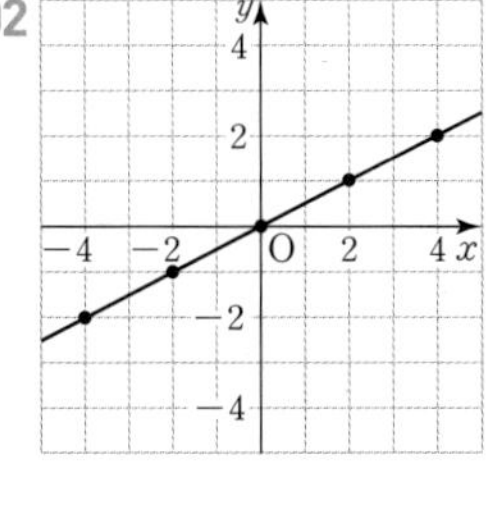

03

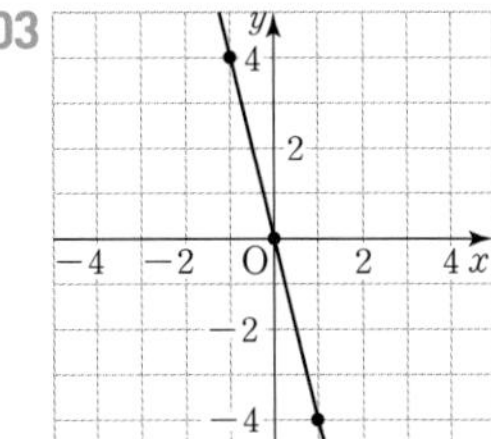

04

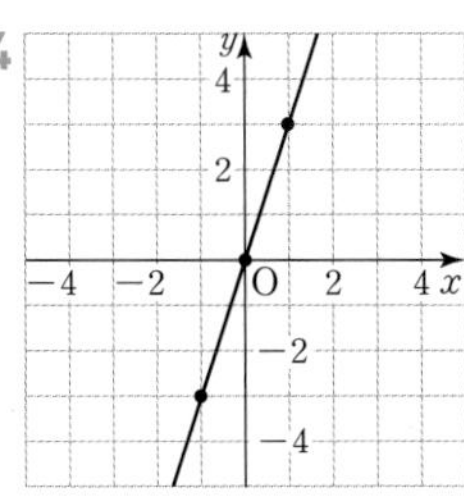

05

06

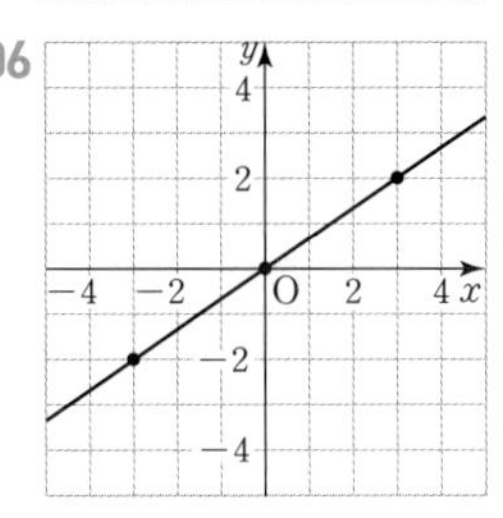

01

x	⋯	-1	0	1	⋯
y	⋯	2	0	-2	⋯

07 VISUAL연산 일차함수 $y=ax+b$의 그래프 121쪽~122쪽

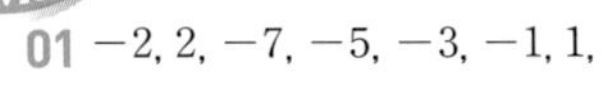

01 $-2, 2, -7, -5, -3, -1, 1,$

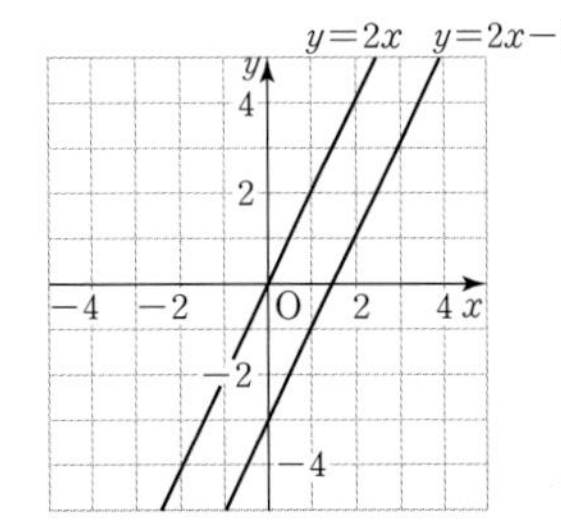

02 $2, 1, -1, -2, 4, 3, 2, 1, 0,$

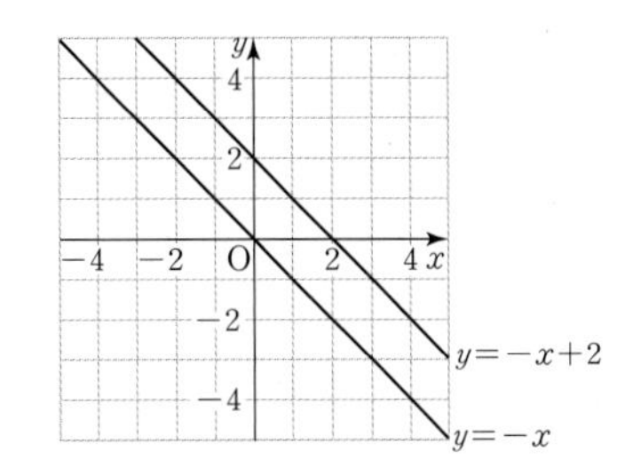

03 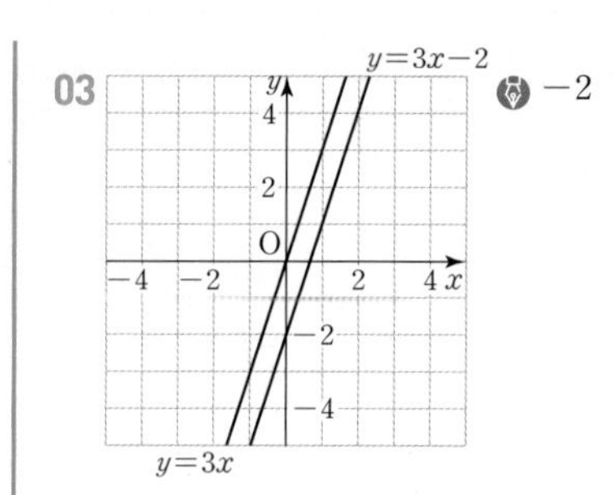

−2

04 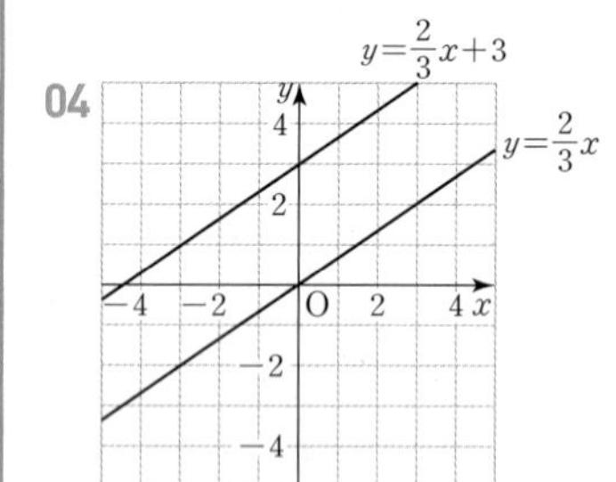

05 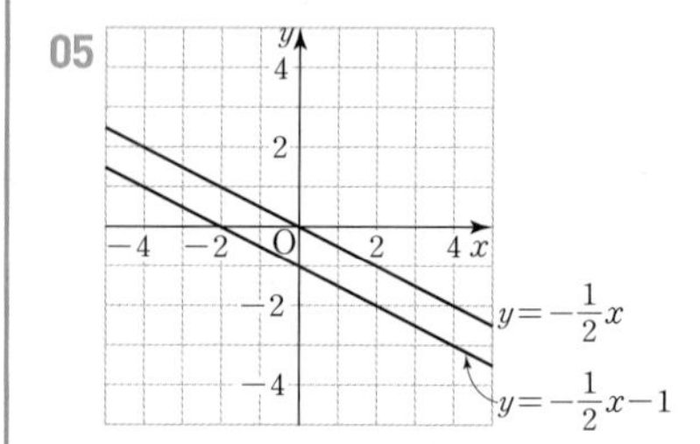

06 2　07 $-\frac{1}{2}$　08 -5　09 3　10 -1

11 $\frac{1}{4}$　12 $-\frac{2}{3}$　13 1　14 -3, 3

15 -2, $y=-2x-2$　16 4, $y=-2x+4$

17 $y=\frac{1}{2}x-2$　18 $y=-4x+3$

19 $y=5x+3$　20 $y=-3x+1$

01

x	⋯	-2	-1	0	1	2	⋯
$y=2x$	⋯	-4	-2	0	2	4	⋯
$y=2x-3$	⋯	-7	-5	-3	-1	1	⋯

02

x	⋯	-2	-1	0	1	2	⋯
$y=-x$	⋯	2	1	0	-1	-2	⋯
$y=-x+2$	⋯	4	3	2	1	0	⋯

08 VISUAL 연산 일차함수의 그래프 위의 점

123쪽

01 ○ -1, -1　02 ×　03 ○

04 -2 5, 5, -2　05 3　06 5　07 2

08 -3 $y=2x-5$, 1, a, 2, -3　09 -1　10 0

11 2　12 3　13 5

02 $y=-2x+1$에 $x=2$, $y=3$을 대입하면

$3\neq-2\times2+1$

따라서 점 $(2, 3)$은 $y=-2x+1$의 그래프 위의 점이 아니다.

03 $y=-2x+1$에 $x=-1$, $y=3$을 대입하면

$3=-2\times(-1)+1$

따라서 점 $(-1, 3)$은 $y=-2x+1$의 그래프 위의 점이다.

05 $y=4x-5$에 $x=2$, $y=a$를 대입하면

$a=4\times2-5=3$

06 $y=-\frac{1}{3}x+a$에 $x=6$, $y=3$을 대입하면

$3=-\frac{1}{3}\times6+a$　$\therefore a=5$

07 $y=ax-8$에 $x=2$, $y=-4$를 대입하면

$-4=a\times2-8$　$\therefore a=2$

09 $y=3x+1$에 $x=a$, $y=-2$를 대입하면

$-2=3\times a+1$　$\therefore a=-1$

10 $y=\frac{1}{3}x-2$에 $x=6$, $y=a$를 대입하면

$a=\frac{1}{3}\times6-2=0$

11 $y=-\frac{3}{4}x+\frac{1}{2}$에 $x=a$, $y=-1$을 대입하면

$-1=-\frac{3}{4}\times a+\frac{1}{2}$　$\therefore a=2$

12 $y=4x+1+a$에 $x=-1$, $y=0$을 대입하면

$0=4\times(-1)+1+a$　$\therefore a=3$

13 $y=-5x-2+a$에 $x=2$, $y=-7$을 대입하면

$-7=-5\times2-2+a$　$\therefore a=5$

10분 연산 TEST
124쪽

01 ○ **02** ○ **03** × **04** × **05** ○

06 ○ **07** $y=x+15$, 일차함수이다.

08 $y=2x+8$, 일차함수이다.

09 $y=\frac{40}{x}$, 일차함수가 아니다.

10 $y=50-2x$, 일차함수이다. **11** $y=3x$, 일차함수이다.

12~13

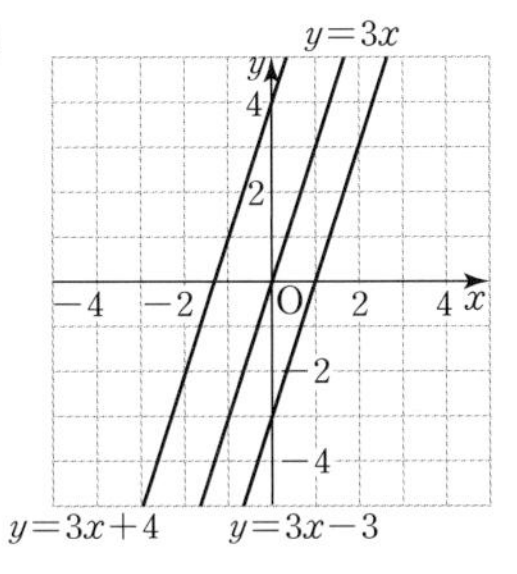

14 $y=2x+1$ **15** $y=-x-\frac{1}{2}$

16 $y=\frac{1}{3}x+3$ **17** $y=-4x-4$ **18** 2

19 3 **20** 4

18 $y=-2x+4$에 $x=1$, $y=a$를 대입하면
$a=-2\times1+4=2$

19 $y=-2x+4$에 $x=\frac{1}{2}$, $y=b$를 대입하면
$b=-2\times\frac{1}{2}+4=3$

20 $y=-2x+4$에 $x=c$, $y=-4$를 대입하면
$-4=-2\times c+4$ $\therefore c=4$

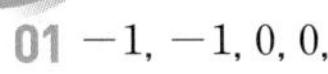

09 두 점을 이용하여 일차함수의 그래프 그리기
125쪽

01 -1, -1, 0, 0,

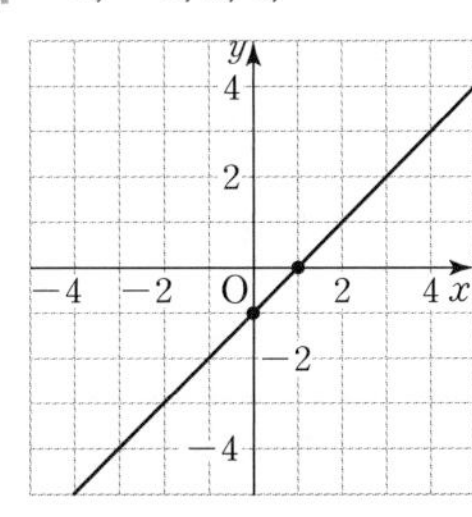

02 0, 1,

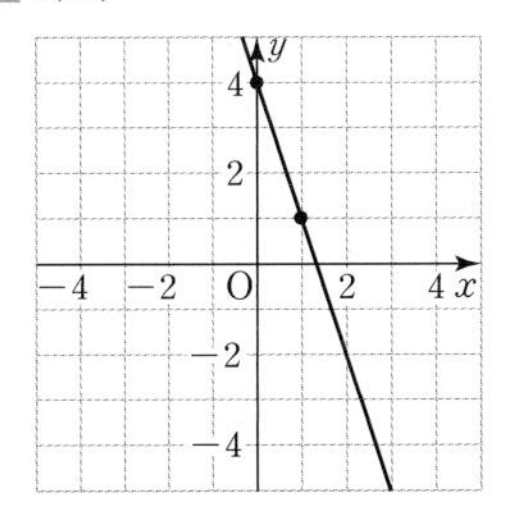

03 -2, 0,

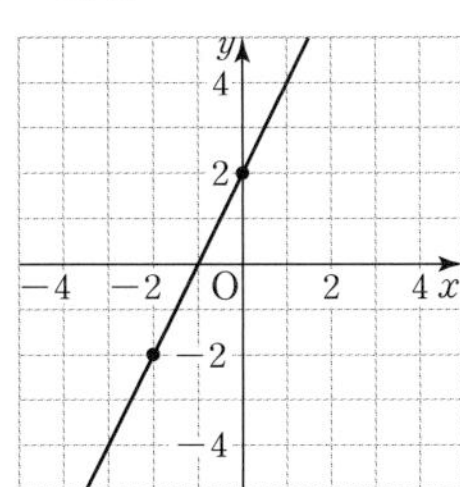

04 -2, 0,

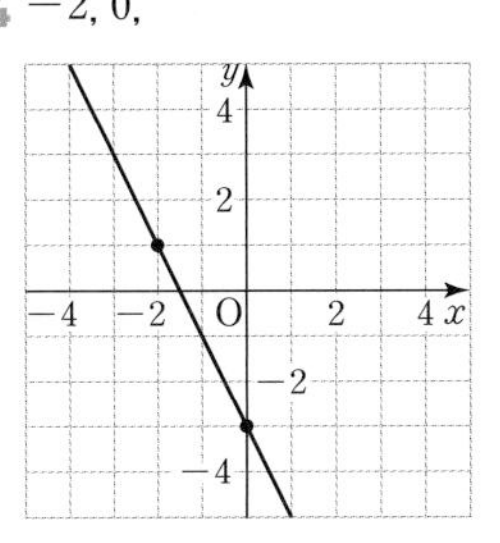

05 -2, -1,

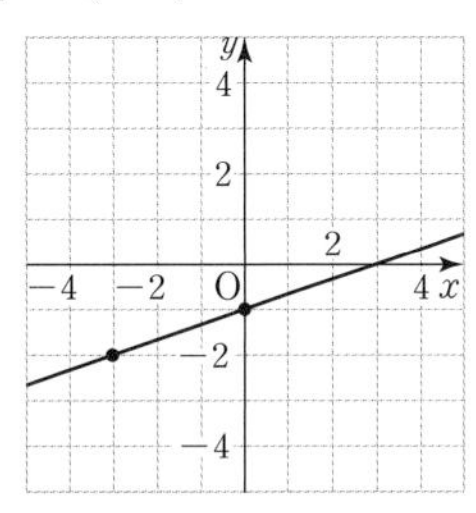

06 0, 2,

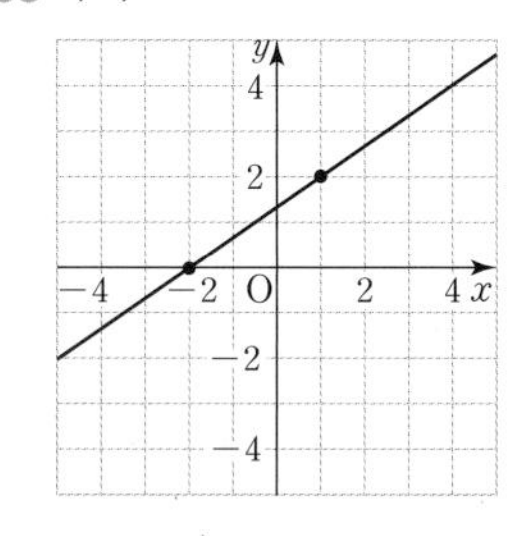

07 -4, 0,

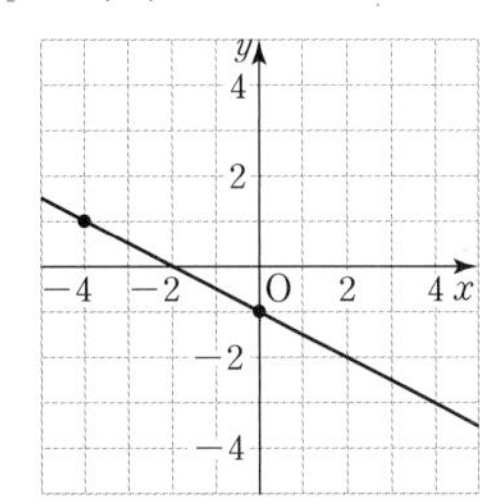

10 일차함수의 그래프의 절편
126쪽

01 1, 1, 3, 3 **02** 3, -2 **03** -4, -3

04 0, 2, 2, 0, -2, -2 **05** -2, 6 **06** 2, 8

07 $-\frac{5}{2}$, -5 **08** -6, 4 **09** 12, -3

05 $y=0$일 때, $0=3x+6$ $\therefore x=-2$
$x=0$일 때, $y=6$
따라서 x절편은 -2, y절편은 6이다.

06 $y=0$일 때, $0=-4x+8$ $\therefore x=2$
$x=0$일 때, $y=8$
따라서 x절편은 2, y절편은 8이다.

07 $y=0$일 때, $0=-2x-5$ $\therefore x=-\frac{5}{2}$
$x=0$일 때, $y=-5$
따라서 x절편은 $-\frac{5}{2}$, y절편은 -5이다.

08 $y=0$일 때, $0=\frac{2}{3}x+4$ $\therefore x=-6$
$x=0$일 때, $y=4$
따라서 x절편은 -6, y절편은 4이다.

09 $y=0$일 때, $0=\frac{1}{4}x-3$ $\therefore x=12$
$x=0$일 때, $y=-3$
따라서 x절편은 12, y절편은 -3이다.

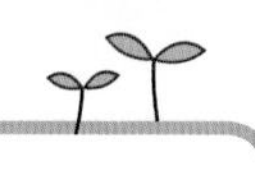

11 VISUAL 연산 x절편, y절편을 이용하여 그래프 그리기 127쪽

01

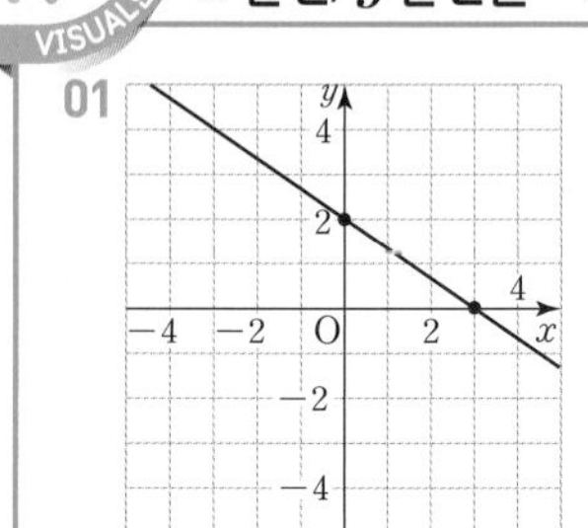

02

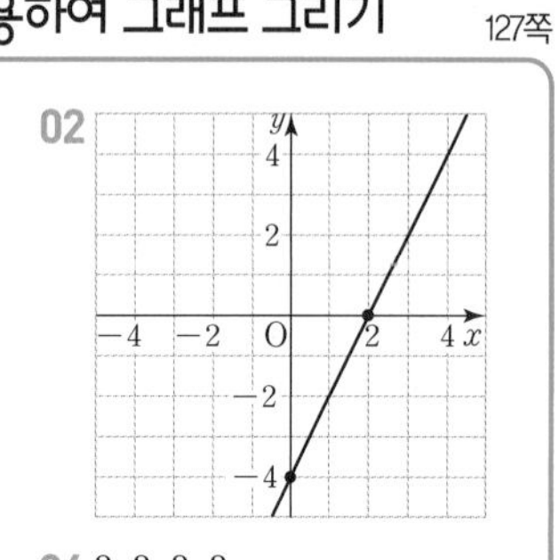

03

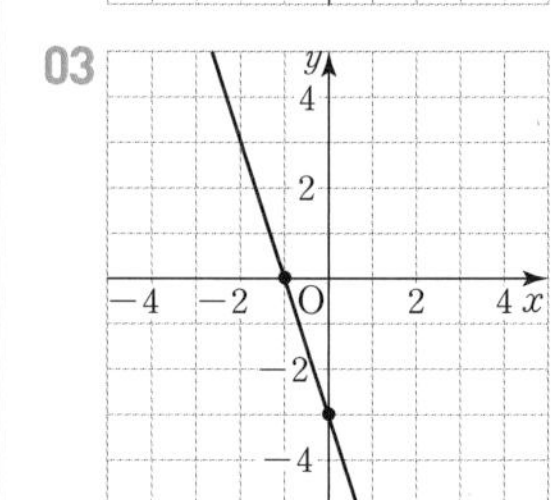

04 3, 3, 3, 3,

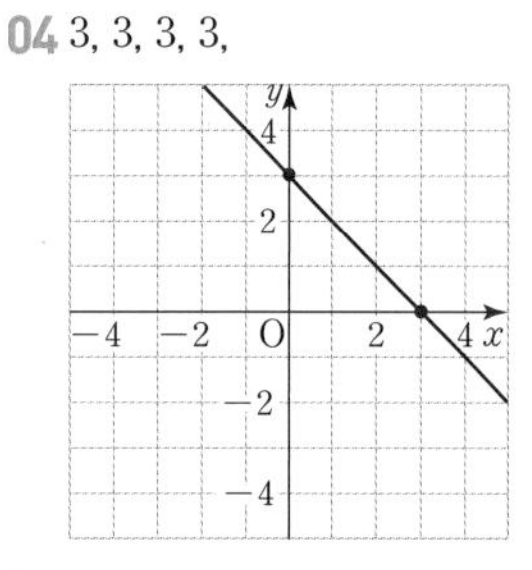

05 1, -3,

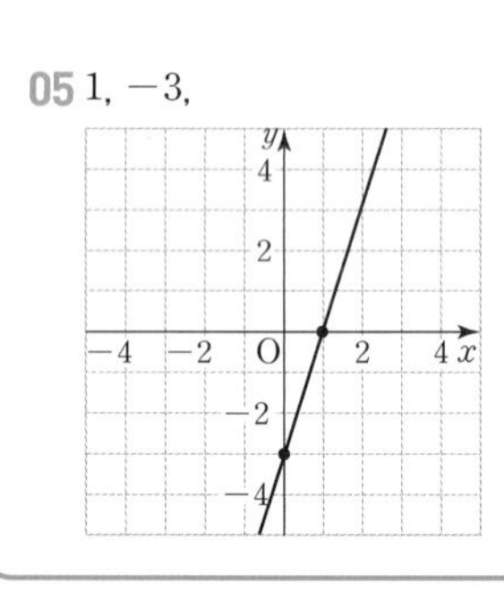

06 -4, -1,

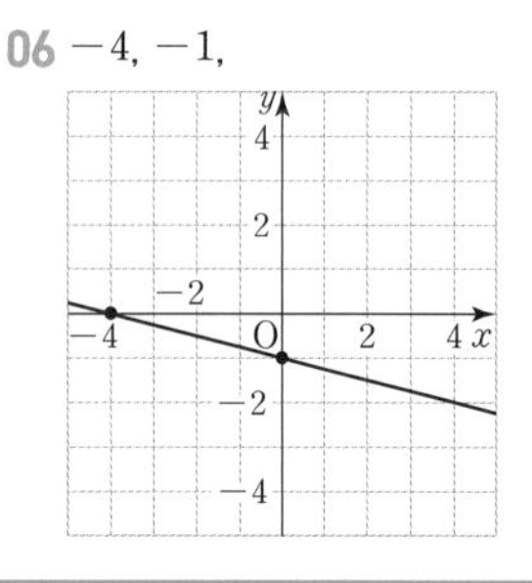

05 x절편은 1이므로 점 $(1,\ 0)$을 지난다.
y절편은 -3이므로 점 $(0,\ -3)$을 지난다.
따라서 구하는 그래프는 오른쪽 그림과 같다.

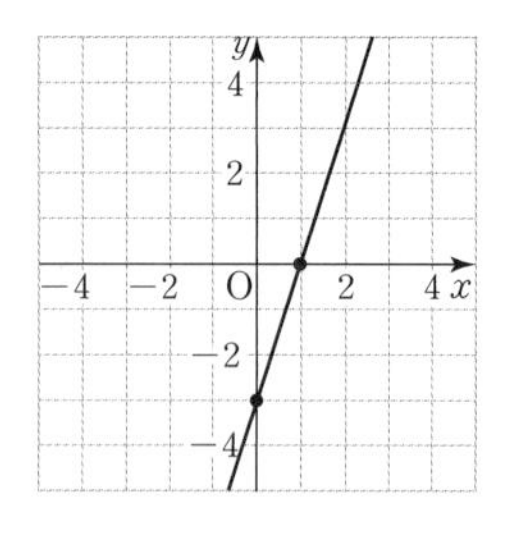

06 x절편은 -4이므로 점 $(-4,\ 0)$을 지난다.
y절편은 -1이므로 점 $(0,\ -1)$을 지난다.
따라서 구하는 그래프는 오른쪽 그림과 같다.

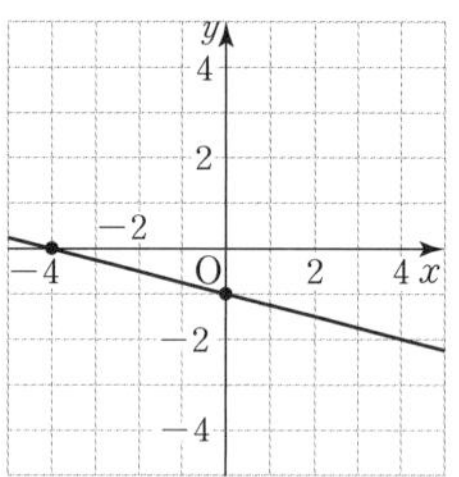

12 VISUAL 연산 일차함수의 그래프의 기울기 128쪽~129쪽

01 1, 4, 3, 3, 3 **02** -1, 4, 3, 2, 1

03 $\frac{1}{2}$, $-\frac{3}{2}$, -1, $-\frac{1}{2}$, 0 **04** 2, 2, 1 **05** -2, -2

06 3, $\frac{3}{2}$ **07** 1 **08** -2 **09** $\frac{2}{3}$ **10** $-\frac{1}{5}$

11 2, 3, -1 **12** 3 **13** -2 **14** 2 **15** 2, 2, 4

16 -9 **17** 8 **18** -4 **19** ㄱ **20** ㄹ

12 $(기울기)=\frac{6-0}{5-3}=\frac{6}{2}=3$

13 $(기울기)=\frac{2-4}{-1-(-2)}=\frac{-2}{1}=-2$

14 $(기울기)=\frac{-1-(-5)}{1-(-1)}=\frac{4}{2}=2$

16 기울기가 -3이므로
$\frac{(y의\ 값의\ 증가량)}{3}=-3$
$\therefore (y의\ 값의\ 증가량)=-9$

17 기울기가 4이므로
$\frac{(y의\ 값의\ 증가량)}{3-1}=4$
$\therefore (y의\ 값의\ 증가량)=8$

18 기울기가 $-\frac{2}{3}$이므로
$\frac{(y의\ 값의\ 증가량)}{9-3}=-\frac{2}{3}$
$\therefore (y의\ 값의\ 증가량)=-4$

19 $(기울기)=\frac{6}{3}=2$

20 $(기울기)=\frac{-2}{4}=-\frac{1}{2}$

13 VISUAL 연산 기울기와 y절편을 이용하여 그래프 그리기 130쪽

01

❸ -2, -2, $\frac{2}{3}$, 2, 3, 0

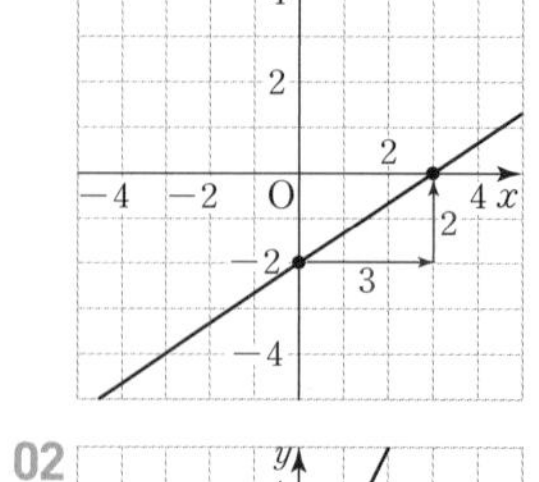

02

03

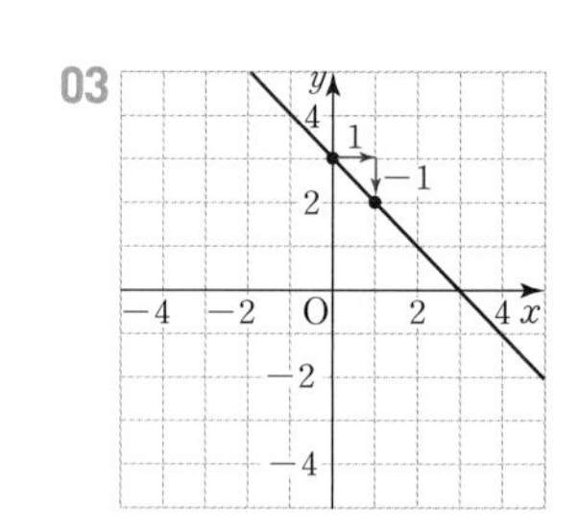

04

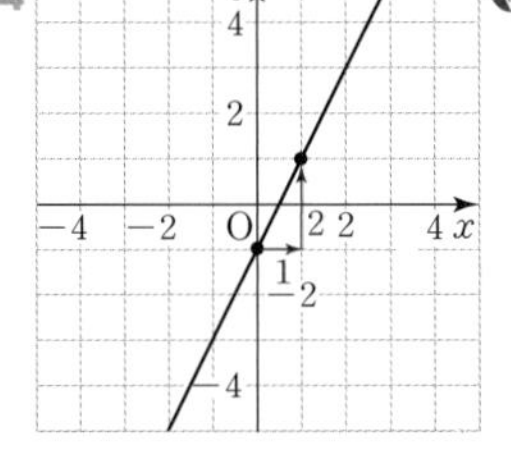

Ⓐ $-1,\ -1,\ 2,\ -1,\ 2,\ 1,\ 1$

05 $-3,\ 5,$

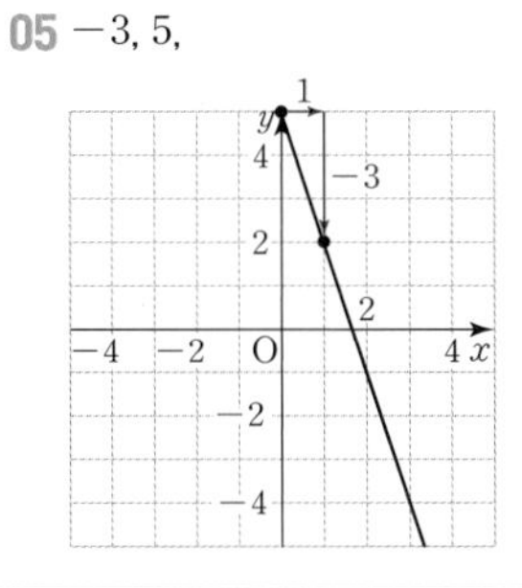

06 $\frac{1}{2},\ 3,$

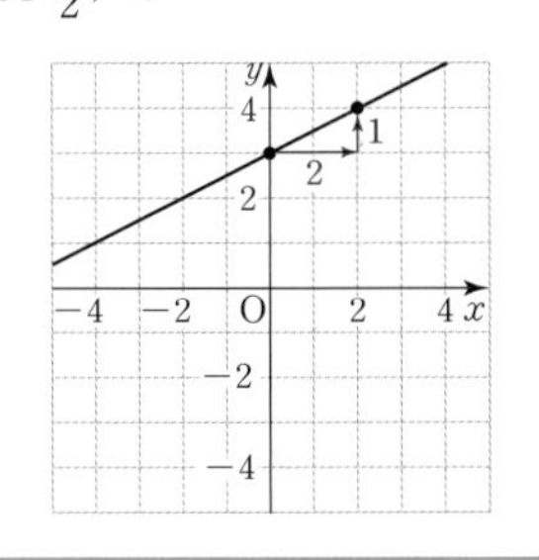

02 y절편이 1이므로 점 $(0,\ 1)$을 지난다. 또, 기울기가 2이므로 점 $(0,\ 1)$에서 x축의 방향으로 1, y축의 방향으로 2만큼 이동한 점 $(1,\ 3)$을 지난다.
따라서 그래프는 오른쪽 그림과 같다.

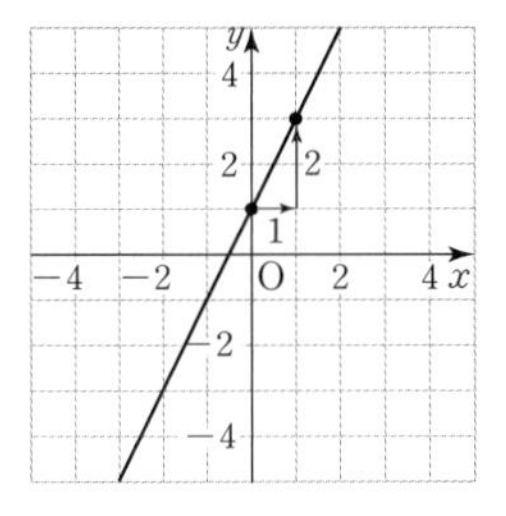

03 y절편이 3이므로 점 $(0,\ 3)$을 지난다. 또, 기울기가 -1이므로 점 $(0,\ 3)$에서 x축의 방향으로 1, y축의 방향으로 -1만큼 이동한 점 $(1,\ 2)$를 지난다.
따라서 그래프는 오른쪽 그림과 같다.

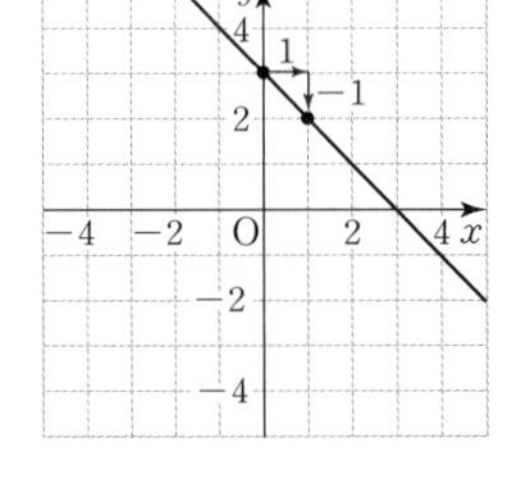

05 y절편이 5이므로 점 $(0,\ 5)$를 지난다. 또, 기울기가 -3이므로 점 $(0,\ 5)$에서 x축의 방향으로 1, y축의 방향으로 -3만큼 이동한 점 $(1,\ 2)$를 지난다.
따라서 그래프는 오른쪽 그림과 같다.

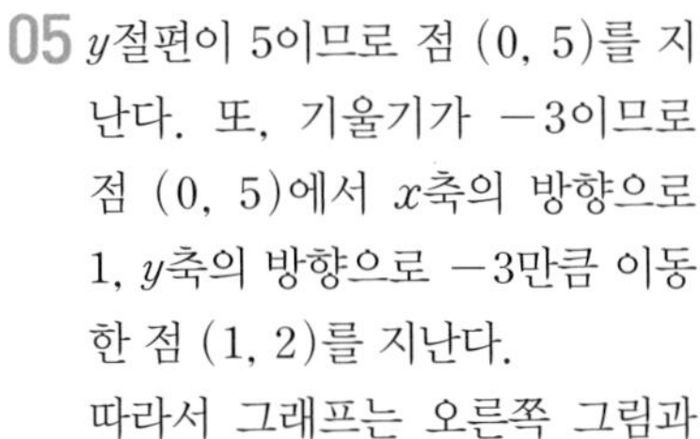

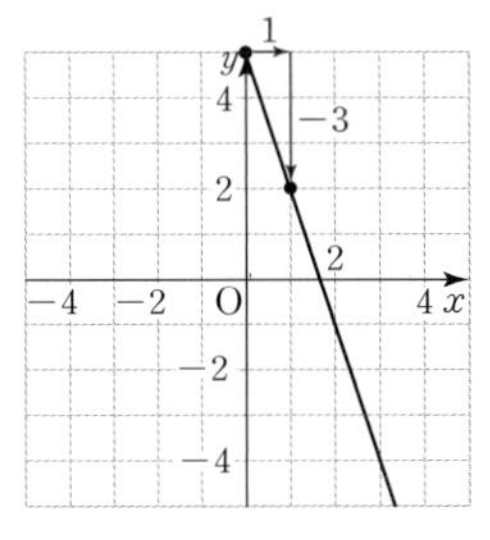

06 y절편이 3이므로 점 $(0,\ 3)$을 지난다. 또, 기울기가 $\frac{1}{2}$이므로 점 $(0,\ 3)$에서 x축의 방향으로 2, y축의 방향으로 1만큼 이동한 점 $(2,\ 4)$를 지난다.
따라서 그래프는 오른쪽 그림과 같다.

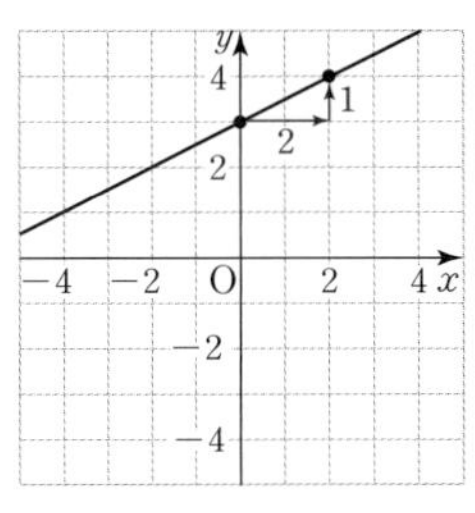

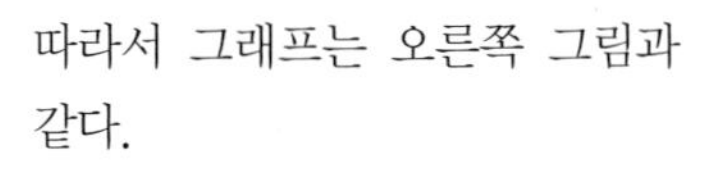

연산 능력 UP! 10분 연산 TEST

131쪽

01 x절편 : 3, y절편 : 2, 기울기 : $-\frac{2}{3}$

02 x절편 : 1, y절편 : -4, 기울기 : 4

03 x절편 : -2, y절편 : -4, 기울기 : -2

04 x절편 : 3, y절편 : -3, 기울기 : 1

05 x절편 : 2, y절편 : 6, 기울기 : -3

06 x절편 : -3, y절편 : -1, 기울기 : $-\frac{1}{3}$

07 -2　**08** $\frac{2}{3}$　**09** 3　**10** 1

11~12

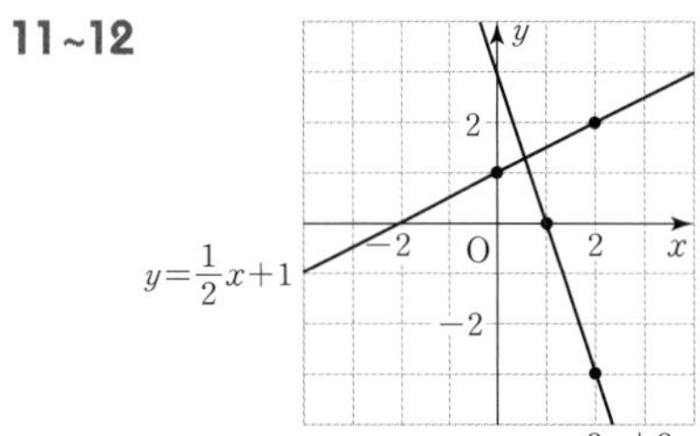

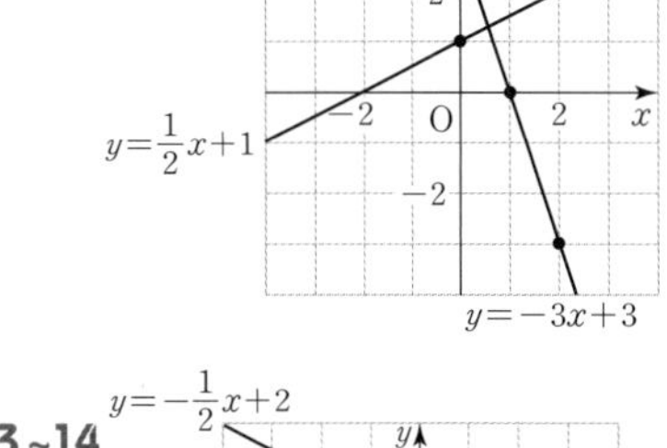

13~14

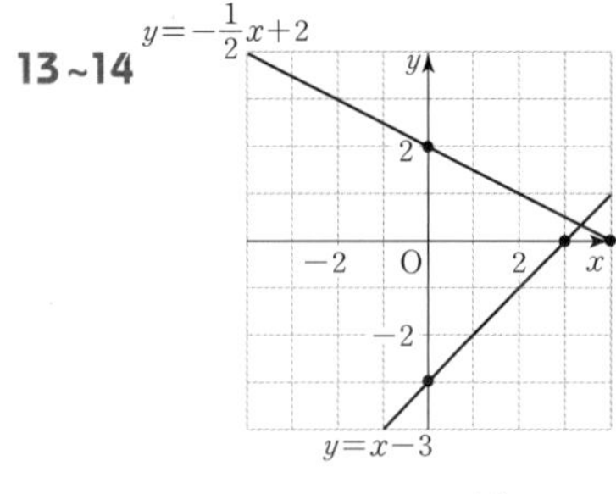

15~16

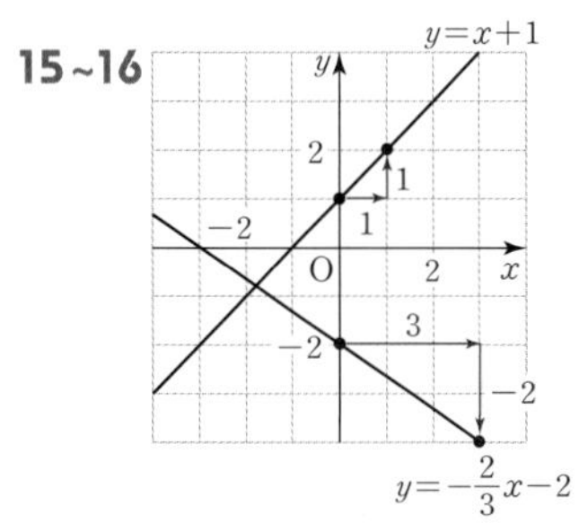

04 $y=0$일 때, $0=x-3$　$\therefore x=3$
$x=0$일 때, $y=0-3=-3$
따라서 x절편은 3, y절편은 -3이다.

05 $y=0$일 때, $0=-3x+6$　$\therefore x=2$
$x=0$일 때, $y=6$
따라서 x절편은 2, y절편은 6이다.

06 $y=0$일 때, $0=-\frac{1}{3}x-1$　$\therefore x=-3$
$x=0$일 때, $y=-1$
따라서 x절편은 -3, y절편은 -1이다.

07 $(\text{기울기})=\frac{-1-1}{2-1}=-2$

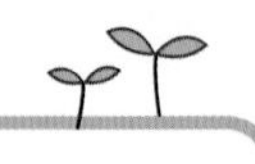

08 $(\text{기울기})=\frac{5-3}{2-(-1)}=\frac{2}{3}$

09 $(\text{기울기})=\frac{6-0}{4-2}=3$

10 $(\text{기울기})=\frac{-3-(-1)}{1-3}=1$

13 x절편은 3이므로 점 (3, 0)을 지난다.
y절편은 -3이므로 점 (0, -3)을 지난다.
따라서 구하는 그래프는 오른쪽 그림과 같다.

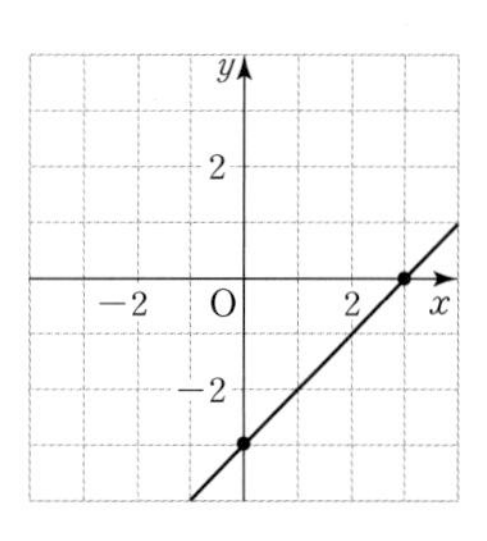

14 x절편은 4이므로 점 (4, 0)을 지난다.
y절편은 2이므로 점 (0, 2)를 지난다.
따라서 구하는 그래프는 오른쪽 그림과 같다.

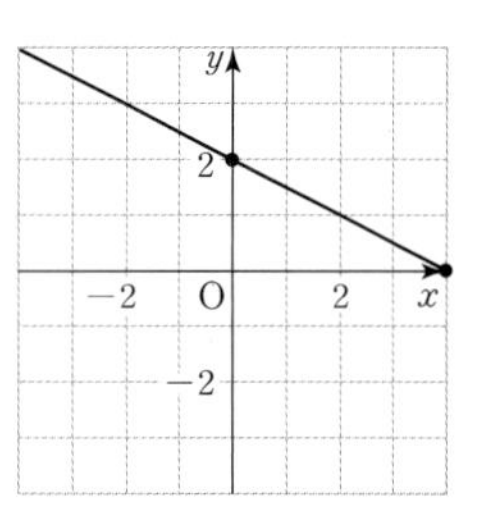

15 y절편이 1이므로 점 (0, 1)을 지난다. 또, 기울기가 1이므로 점 (0, 1)에서 x축의 방향으로 1, y축의 방향으로 1만큼 이동한 점 (1, 2)를 지난다.
따라서 그래프는 오른쪽 그림과 같다.

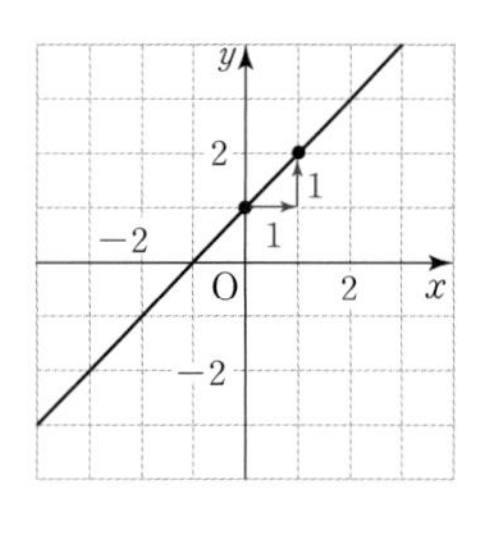

16 y절편이 -2이므로 점 (0, -2)를 지난다. 또, 기울기가 $-\frac{2}{3}$이므로 점 (0, -2)에서 x축의 방향으로 3, y축의 방향으로 -2만큼 이동한 점 (3, -4)를 지난다.
따라서 그래프는 오른쪽 그림과 같다.

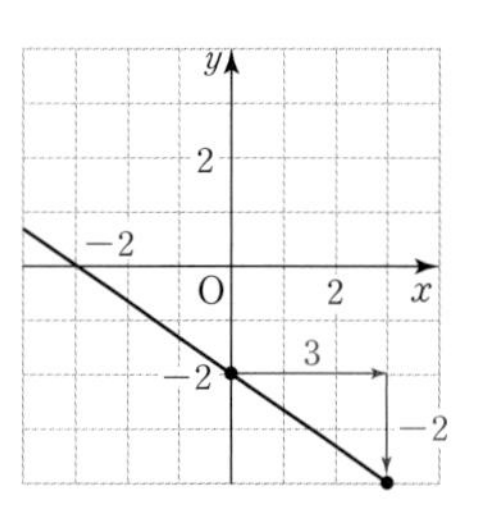

학교 시험 PREVIEW

132쪽~133쪽

01 ②	02 ④	03 ①	04 ①	05 ②
06 ④	07 ④	08 ③	09 ③	10 ①
11 ①	12 풀이 참조			

01 ① $y=2x$　　③ $\frac{1}{2}xy=8$　$\therefore y=\frac{16}{x}$

④ $y=0.7x$

⑤

x	1	2	3	4	5	$\cdots$
y	1	2	0	1	2	$\cdots$

①, ③, ④, ⑤ x의 값 하나에 y의 값이 하나씩 정해지므로 y는 x의 함수이다.

02 ④ $f\left(\frac{2}{3}\right)=3\times\frac{2}{3}-5=2-5=-3$

03 $f(-5)=\frac{a}{-5}=2$　$\therefore a=-10$

04 $f(a)=5a+1=-9$, $5a=-10$　$\therefore a=-2$

05 ④ $y=1$이므로 일차함수가 아니다.
⑤ $y=x^2+5x$이므로 일차함수가 아니다.

06 $y=3x-5+9=3x+4$

07 ④ $y=-3x+2$에 $x=2$를 대입하면
$y=-3\times2+2=-4\neq4$
따라서 점 (2, 4)는 $y=-3x+2$의 그래프 위의 점이 아니다.

08 ①, ②, ④, ⑤ -3　③ 2

09 $y=-\frac{3}{2}x+3$의 그래프의 x절편이 2, y절편이 3이므로
$y=-\frac{3}{2}x+3$의 그래프는 ③이다.

10 $(\text{기울기})=\frac{(y\text{의 값의 증가량})}{(x\text{의 값의 증가량})}=\frac{-3}{2}=-\frac{3}{2}$

11 $(\text{기울기})=\frac{-2-6}{3-(-1)}=\frac{-8}{4}=-2$

12 서술형

$y=-\frac{2}{3}x+3$에 $y=0$을 대입하면
$0=-\frac{2}{3}x+3$, $\frac{2}{3}x=3$, $x=\frac{9}{2}$, 즉 x절편은 $\frac{9}{2}$이다. ……❶
$y=-\frac{2}{3}x+3$에 $x=0$을 대입하면 $y=3$
즉, y절편은 3이다. ……❷
따라서 일차함수 $y=-\frac{2}{3}x+3$의 그래프는 오른쪽 그림과 같다. ……❸

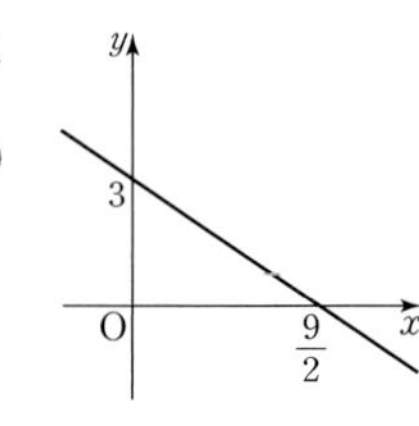

채점 기준	배점
❶ x절편 구하기	30 %
❷ y절편 구하기	30 %
❸ x절편, y절편을 이용하여 그래프 그리기	40 %

2. 일차함수와 그래프 (2)

01 일차함수 $y=ax+b$의 그래프의 성질 (VISUAL연산) 135쪽~136쪽

01 양수 02 위 03 증가 04 음수 05 음
06 음수 07 아래 08 감소 09 양수 10 양
11 ㄱ, ㄷ, ㅂ 12 ㄴ, ㄹ, ㅁ 13 ㄱ, ㄷ, ㅂ 14 ㄴ, ㄹ, ㅁ 15 ㄱ, ㄴ
16 ㄷ, ㅂ 17 ㄹ, ㅁ 18

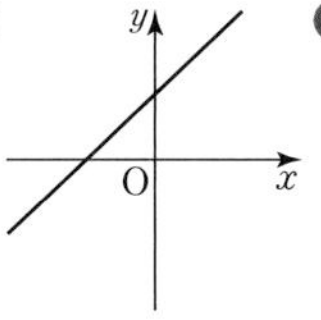

위, 양

19

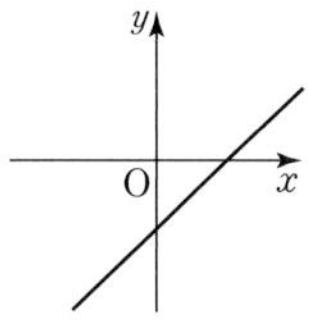

20

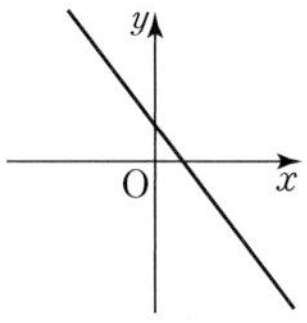

21

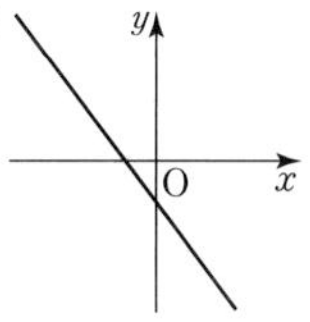

22 $a>0$, $b>0$ 위, $>$, 음, $<$, $>$

23 $a<0$, $b<0$ 24 $a>0$, $b<0$
25 $a<0$, $b>0$ 26 $a<0$, $b>0$
27 $a>0$, $b<0$

11 기울기가 양수인 직선이므로 ㄱ, ㄷ, ㅂ이다.

12 기울기가 음수인 직선이므로 ㄴ, ㄹ, ㅁ이다.

13 기울기가 양수인 직선이므로 ㄱ, ㄷ, ㅂ이다.

14 기울기가 음수인 직선이므로 ㄴ, ㄹ, ㅁ이다.

15 y절편이 0인 직선이므로 ㄱ, ㄴ이다.

16 y절편이 양수인 직선이므로 ㄷ, ㅂ이다.

23 오른쪽 아래로 향하는 직선이므로 $a<0$
y축과 양의 부분에서 만나므로 $-b>0$ $\therefore b<0$

24 오른쪽 아래로 향하는 직선이므로 $-a<0$ $\therefore a>0$
y축과 음의 부분에서 만나므로 $b<0$

25 오른쪽 위로 향하는 직선이므로 $-a>0$ $\therefore a<0$
y축과 양의 부분에서 만나므로 $b>0$

26 오른쪽 위로 향하는 직선이므로 $-a>0$ $\therefore a<0$
y축과 음의 부분에서 만나므로 $-b<0$ $\therefore b>0$

27 오른쪽 아래로 향하는 직선이므로 $-a<0$ $\therefore a>0$
y축과 양의 부분에서 만나므로 $-b>0$ $\therefore b<0$

02 일차함수의 그래프의 평행과 일치 (VISUAL연산) 137쪽

01 ㅂ 02 ㅅ 03 ㅁ 04 ㅇ 05 ㄷ
06 4 07 -1 08 $\frac{3}{2}$ 09 $a=-2$, $b=3$
10 $a=4$, $b=5$ 11 $a=-1$, $b=1$

05 주어진 그래프의 기울기는 4, y절편은 -4이므로 ㄷ과 평행하다.

08 $2a-5=-2$이므로 $a=\frac{3}{2}$

11 $2a=-2$, $-1=-b$이므로 $a=-1$, $b=1$

10분 연산 TEST (연산 능력 UP!) 138쪽

01 ㄱ, ㅁ, ㅂ 02 ㄴ, ㄷ, ㄹ 03 ㄱ, ㄹ, ㅂ 04 ㄷ, ㅁ 05 ㉡
06 ㉠ 07 ㉢ 08 ㉣ 09 ㄱ과 ㄹ 10 ㄴ과 ㅁ
11 1 12 -2 13 $a=-2$, $b=-1$
14 $a=8$, $b=\frac{1}{2}$

01 기울기가 양수인 직선이므로 ㄱ, ㅁ, ㅂ이다.

02 기울기가 음수인 직선이므로 ㄴ, ㄷ, ㄹ이다.

04 y절편이 음수인 직선이므로 ㄷ, ㅁ이다.

12 $-1=\frac{1}{2}a$이므로 $a=-2$

14 $-3=-\frac{1}{2}a+1$이므로 $a=8$
$\therefore a=8$, $b=\frac{1}{2}$

03 일차함수의 식 구하기 (1) - 기울기와 y절편을 알 때 139쪽

VISUAL 연산

01 $y=2x+3$ 🅐 2, 3, $2x+3$ 02 $y=-4x+1$
03 $y=\frac{1}{5}x-5$ 04 $y=x+3$
05 $y=-3x-2$ 06 $y=\frac{2}{3}x+\frac{1}{2}$
07 $y=3x-1$ 🅐 6, 3, $3x-1$ 08 $y=\frac{1}{2}x+2$
09 $y=-4x+1$ 10 $y=-2x-3$
11 $y=x+5$ 12 $y=\frac{1}{3}x-1$

08 기울기가 $\frac{2}{4}=\frac{1}{2}$이고 y절편이 2이므로 구하는 일차함수의 식은 $y=\frac{1}{2}x+2$

09 기울기가 $\frac{-12}{3}=-4$이고 y절편이 1이므로 구하는 일차함수의 식은 $y=-4x+1$

10 기울기가 -2이고 y절편이 -3이므로 구하는 일차함수의 식은 $y=-2x-3$

11 기울기가 1이고 y절편이 5이므로 구하는 일차함수의 식은 $y=x+5$

12 기울기가 $\frac{1}{3}$이고 y절편이 -1이므로 구하는 일차함수의 식은 $y=\frac{1}{3}x-1$

04 일차함수의 식 구하기 (2) - 기울기와 한 점의 좌표를 알 때 140쪽

VISUAL 연산

01 $y=3x-1$ 🅐 3, 1, 2, 3, -1, $3x-1$ 02 $y=-x+3$
03 $y=\frac{1}{2}x$ 04 $y=2x-2$
05 $y=-4x+1$ 06 $y=-\frac{1}{2}x-4$
07 $y=4x+8$ 08 $y=-3x-1$
09 $y=-\frac{1}{3}x+2$ 10 $y=2x-1$
11 $y=-2x+3$ 12 $y=\frac{1}{3}x-3$

02 기울기가 -1이므로 일차함수의 식을 $y=-x+b$라 하고
$x=-3$, $y=6$을 대입하면 $6=3+b$ $\therefore b=3$
따라서 구하는 일차함수의 식은 $y=-x+3$

03 기울기가 $\frac{1}{2}$이므로 일차함수의 식을 $y=\frac{1}{2}x+b$라 하고
$x=-4$, $y=-2$를 대입하면 $-2=-2+b$ $\therefore b=0$
따라서 구하는 일차함수의 식은 $y=\frac{1}{2}x$

04 기울기가 2이므로 일차함수의 식을 $y=2x+b$라 하고
$x=1$, $y=0$을 대입하면 $0=2+b$ $\therefore b=-2$
따라서 구하는 일차함수의 식은 $y=2x-2$

05 기울기가 -4이므로 일차함수의 식을 $y=-4x+b$라 하고
$x=\frac{1}{4}$, $y=0$을 대입하면 $0=-1+b$ $\therefore b=1$
따라서 구하는 일차함수의 식은 $y=-4x+1$

06 기울기가 $-\frac{1}{2}$이므로 일차함수의 식을 $y=-\frac{1}{2}x+b$라 하고
$x=-8$, $y=0$을 대입하면 $0=4+b$ $\therefore b=-4$
따라서 구하는 일차함수의 식은 $y=-\frac{1}{2}x-4$

07 기울기가 $\frac{4}{1}=4$이므로 일차함수의 식을 $y=4x+b$라 하고
$x=-1$, $y=4$를 대입하면 $4=-4+b$ $\therefore b=8$
따라서 구하는 일차함수의 식은 $y=4x+8$

08 기울기가 $\frac{-9}{3}=-3$이므로 일차함수의 식을 $y=-3x+b$라 하고 $x=-1$, $y=2$를 대입하면
$2=3+b$ $\therefore b=-1$
따라서 구하는 일차함수의 식은 $y=-3x-1$

09 기울기가 $-\frac{1}{3}$이므로 일차함수의 식을 $y=-\frac{1}{3}x+b$라 하고
$x=6$, $y=0$을 대입하면 $0=-2+b$ $\therefore b=2$
따라서 구하는 일차함수의 식은 $y=-\frac{1}{3}x+2$

10 기울기가 2이므로 일차함수의 식을 $y=2x+b$라 하고
$x=1$, $y=1$을 대입하면 $1=2+b$ $\therefore b=-1$
따라서 구하는 일차함수의 식은 $y=2x-1$

11 기울기가 -2이므로 일차함수의 식을 $y=-2x+b$라 하고
$x=2$, $y=-1$을 대입하면 $-1=-4+b$ $\therefore b=3$
따라서 구하는 일차함수의 식은 $y=-2x+3$

12 기울기가 $\frac{1}{3}$이므로 일차함수의 식을 $y=\frac{1}{3}x+b$라 하고
$x=9$, $y=0$을 대입하면 $0=3+b$ $\therefore b=-3$
따라서 구하는 일차함수의 식은 $y=\frac{1}{3}x-3$

05 VISUAL연산 일차함수의 식 구하기 (3) - 두 점의 좌표를 알 때

141쪽

01 $y=3x+1$ 🅥 10, 4, 6, 3, 3, 4, 3, 1, $3x+1$
02 $y=-x+3$ 03 $y=-5x+2$ 04 $y=x-6$
05 $y=4x+9$ 06 $y=-\frac{3}{2}x-7$
07 $y=x+2$ 🅥 $(-3, -1)$, $(2, 4)$, 1
08 $y=-2x+1$ 09 $y=3x-4$
10 $y=-\frac{2}{5}x-1$

02 (기울기)$=\frac{-1-1}{4-2}=-1$이므로
일차함수의 식을 $y=-x+b$라 하고
$x=2$, $y=1$을 대입하면 $1=-2+b$ $\therefore b=3$
따라서 구하는 일차함수의 식은 $y=-x+3$

03 (기울기)$=\frac{-3-7}{1-(-1)}=-5$이므로
일차함수의 식을 $y=-5x+b$라 하고
$x=-1$, $y=7$을 대입하면 $7=5+b$ $\therefore b=2$
따라서 구하는 일차함수의 식은 $y=-5x+2$

04 (기울기)$=\frac{0-(-2)}{6-4}=1$이므로
일차함수의 식을 $y=x+b$라 하고
$x=6$, $y=0$을 대입하면 $0=6+b$ $\therefore b=-6$
따라서 구하는 일차함수의 식은 $y=x-6$

05 (기울기)$=\frac{5-(-3)}{-1-(-3)}=4$이므로
일차함수의 식을 $y=4x+b$라 하고
$x=-3$, $y=-3$을 대입하면 $-3=-12+b$ $\therefore b=9$
따라서 구하는 일차함수의 식은 $y=4x+9$

06 (기울기)$=\frac{-1-(-4)}{-4-(-2)}=-\frac{3}{2}$이므로
일차함수의 식을 $y=-\frac{3}{2}x+b$라 하고
$x=-2$, $y=-4$를 대입하면 $-4=3+b$ $\therefore b=-7$
따라서 구하는 일차함수의 식은 $y=-\frac{3}{2}x-7$

07 (기울기)$=\frac{4-(-1)}{2-(-3)}=1$
$y=x+b$에 $x=-3$, $y=-1$을 대입하면 $b=2$
따라서 구하는 일차함수의 식은 $y=x+2$

08 (기울기)$=\frac{-1-5}{1-(-2)}=-2$
$y=-2x+b$에 $x=1$, $y=-1$을 대입하면 $b=1$
따라서 구하는 일차함수의 식은 $y=-2x+1$

09 (기울기)$=\frac{8-2}{4-2}=3$
$y=3x+b$에 $x=2$, $y=2$를 대입하면 $2=6+b$, $b=-4$
따라서 구하는 일차함수의 식은 $y=3x-4$

10 (기울기)$=\frac{-3-1}{5-(-5)}=-\frac{2}{5}$
$y=-\frac{2}{5}x+b$에 $x=5$, $y=-3$을 대입하면
$-3=-2+b$, $b=-1$
따라서 구하는 일차함수의 식은 $y=-\frac{2}{5}x-1$

06 VISUAL연산 일차함수의 식 구하기 (4) - x절편과 y절편을 알 때

142쪽

01 $y=-x+2$ 🅥 2, 2, 2, 2, -1, $-x+2$
02 $y=3x-3$ 03 $y=-3x+6$
04 $y=\frac{3}{4}x+3$ 05 $y=-\frac{1}{2}x-1$
06 $y=-\frac{1}{2}x+2$ 🅥 $(4, 0)$, $(0, 2)$, $-\frac{1}{2}$
07 $y=-2x-6$ 08 $y=\frac{5}{2}x+5$
09 $y=\frac{2}{3}x-2$

02 두 점 $(1, 0)$, $(0, -3)$을 지나므로
(기울기)$=\frac{-3-0}{0-1}=3$
따라서 구하는 일차함수의 식은 $y=3x-3$

03 두 점 $(2, 0)$, $(0, 6)$을 지나므로
(기울기)$=\frac{6-0}{0-2}=-3$
따라서 구하는 일차함수의 식은 $y=-3x+6$

04 두 점 $(-4, 0)$, $(0, 3)$을 지나므로
(기울기)$=\frac{3-0}{0-(-4)}=\frac{3}{4}$
따라서 구하는 일차함수의 식은 $y=\frac{3}{4}x+3$

05 두 점 $(-2, 0)$, $(0, -1)$을 지나므로
(기울기)$=\frac{-1-0}{0-(-2)}=-\frac{1}{2}$
따라서 구하는 일차함수의 식은 $y=-\frac{1}{2}x-1$

06 두 점 (4, 0), (0, 2)를 지나므로

(기울기)$=\frac{2-0}{0-4}=-\frac{1}{2}$

따라서 구하는 일차함수의 식은 $y=-\frac{1}{2}x+2$

07 두 점 (−3, 0), (0, −6)을 지나므로

(기울기)$=\frac{-6-0}{0-(-3)}=-2$

따라서 구하는 일차함수의 식은 $y=-2x-6$

08 두 점 (−2, 0), (0, 5)를 지나므로

(기울기)$=\frac{5-0}{0-(-2)}=\frac{5}{2}$

따라서 구하는 일차함수의 식은 $y=\frac{5}{2}x+5$

09 두 점 (3, 0), (0, −2)를 지나므로

(기울기)$=\frac{-2-0}{0-3}=\frac{2}{3}$

따라서 구하는 일차함수의 식은 $y=\frac{2}{3}x-2$

연산 능력 UP! 10분 연산 TEST

143쪽

01 $y=2x-1$	**02** $y=\frac{1}{3}x-2$	
03 $y=-x-1$	**04** $y=-2x+6$	
05 $y=3x-3$	**06** $y=-2x-3$	
07 $y=-\frac{1}{2}x+1$	**08** $y=-2x-4$	
09 $y=4x-4$	**10** $y=2x+6$	**11** $y=x+1$
12 $y=-\frac{5}{3}x-\frac{1}{3}$	**13** $y=-\frac{3}{2}x+1$	
14 $y=\frac{1}{3}x+1$	**15** $y=-x-2$	

02 기울기가 $\frac{1}{3}$이고 y절편이 −2이므로 구하는 일차함수의 식은 $y=\frac{1}{3}x-2$

03 기울기가 −1이므로 일차함수의 식을 $y=-x+b$라 하고

$x=1$, $y=-2$를 대입하면 $-2=-1+b$ $\quad\therefore b=-1$

따라서 구하는 일차함수의 식은 $y=-x-1$

04 기울기가 −2이므로 일차함수의 식을 $y=-2x+b$라 하고

$x=3$, $y=0$을 대입하면 $0=-6+b$ $\quad\therefore b=6$

따라서 구하는 일차함수의 식은 $y=-2x+6$

05 기울기가 3이므로 $y=3x+b$라 하고

$x=-1$, $y=-6$을 대입하면

$-6=-3+b$ $\quad\therefore b=-3$

따라서 구하는 일차함수의 식은 $y=3x-3$

06 기울기가 $\frac{-4}{2}=-2$이므로 $y=-2x+b$라 하고

$x=-2$, $y=1$을 대입하면 $1=4+b$ $\quad\therefore b=-3$

따라서 구하는 일차함수의 식은 $y=-2x-3$

07 (기울기)$=\frac{3-0}{-4-2}=-\frac{1}{2}$이므로

일차함수의 식을 $y=-\frac{1}{2}x+b$라 하고

$x=2$, $y=0$을 대입하면 $0=-1+b$ $\quad\therefore b=1$

따라서 구하는 일차함수의 식은 $y=-\frac{1}{2}x+1$

08 (기울기)$=\frac{-8-(-2)}{2-(-1)}=-2$이므로

일차함수의 식을 $y=-2x+b$라 하고

$x=-1$, $y=-2$를 대입하면 $-2=2+b$ $\quad\therefore b=-4$

따라서 구하는 일차함수의 식은 $y=-2x-4$

09 두 점 (1, 0), (0, −4)를 지나므로

(기울기)$=\frac{-4-0}{0-1}=4$

따라서 구하는 일차함수의 식은 $y=4x-4$

10 두 점 (−3, 0), (0, 6)을 지나므로

(기울기)$=\frac{6-0}{0-(-3)}=2$

따라서 구하는 일차함수의 식은 $y=2x+6$

11 (기울기)$=\frac{2-4}{1-3}=1$이므로

일차함수의 식을 $y=x+b$라 하고

$x=1$, $y=2$를 대입하면 $2=1+b$ $\quad\therefore b=1$

따라서 구하는 일차함수의 식은 $y=x+1$

12 (기울기)$=\frac{-2-(-7)}{1-4}=-\frac{5}{3}$이므로

일차함수의 식을 $y=-\frac{5}{3}x+b$라 하고

$x=1$, $y=-2$를 대입하면 $-2=-\frac{5}{3}+b$ $\quad\therefore b=-\frac{1}{3}$

따라서 구하는 일차함수의 식은 $y=-\frac{5}{3}x-\frac{1}{3}$

13 (기울기)$=\frac{-2-4}{2-(-2)}=-\frac{3}{2}$이므로

일차함수의 식을 $y=-\frac{3}{2}x+b$라 하고

$x=2$, $y=-2$를 대입하면 $-2=-3+b$ $\therefore b=1$

따라서 구하는 일차함수의 식은 $y=-\frac{3}{2}x+1$

14 두 점 $(-3, 0)$, $(0, 1)$을 지나므로

(기울기)$=\frac{1-0}{0-(-3)}=\frac{1}{3}$

따라서 구하는 일차함수의 식은 $y=\frac{1}{3}x+1$

15 두 점 $(-2, 0)$, $(0, -2)$를 지나므로

(기울기)$=\frac{-2-0}{0-(-2)}=-1$

따라서 구하는 일차함수의 식은 $y=-x-2$

07 일차함수의 활용

VISUAL 단계 144쪽~146쪽

01 (1) 6, 6 (2) 12 ℃ (3) 5 km

02 (1) $y=\frac{1}{3}x+60$ (2) 65 ℃ (3) 30분 후

03 (1) 4, 4 (2) 27 cm (3) 5 kg

04 (1) $y=20-2x$ (2) 10 cm (3) 10분

05 (1) 3, 3 (2) 54 L (3) 30분 후

06 (1) $y=36-0.1x$ (2) 30 L (3) 360 km

07 (1) 800, $25x$, $800-25x$, $800-25x$, $800-25x$ (2) 550 m (3) 32분

08 (1) $y=60-3x$ (2) 24 m (3) 20초 후

09 (1) $0.5x$, $\frac{1}{2}x$, 6, $\frac{3}{2}x$ (2) 15 cm^2 (3) 14초 후

10 (1) $6x$ cm^2 (2) $y=48-6x$ (3) 3초 후

11 (1) 200, 8, 200, 0, -25, 200, $-25x+200$ (2) 75 L (3) 6시간 후

12 (1) $y=-\frac{3}{5}x+18$ (2) 12 L (3) 30시간

01 (2) $y=24-6x$에 $x=2$를 대입하면

$y=24-6\times2=12$

따라서 지면으로부터의 높이가 2 km인 곳의 기온은 12 ℃이다.

(3) $y=24-6x$에 $y=-6$을 대입하면

$-6=24-6x$ $\therefore x=5$

따라서 지면으로부터의 높이가 5 km인 곳의 기온이 -6 ℃이다.

02 (1) 1분마다 물의 온도가 $\frac{1}{3}$ ℃씩 올라가므로 $y=\frac{1}{3}x+60$

(2) $y=\frac{1}{3}x+60$에 $x=15$를 대입하면

$y=\frac{1}{3}\times15+60=65$

따라서 가열한 지 15분 후의 물의 온도는 65 ℃이다.

(3) $y=\frac{1}{3}x+60$에 $y=70$을 대입하면

$70=\frac{1}{3}x+60$ $\therefore x=30$

따라서 가열한 지 30분 후에 물의 온도가 70 ℃가 된다.

03 (2) $y=4x+15$에 $x=3$을 대입하면

$y=4\times3+15=27$

따라서 3 kg인 물체를 매달았을 때 용수철 저울의 길이는 27 cm이다.

(3) $y=4x+15$에 $y=35$를 대입하면

$35=4x+15$ $\therefore x=5$

따라서 5 kg인 물체를 매달았을 때 용수철 저울의 길이는 35 cm이다.

04 (1) 양초의 길이가 1분에 2 cm씩 줄어들므로

$y=20-2x$

(2) $y=20-2x$에 $x=5$를 대입하면

$y=20-2\times5=10$

따라서 불을 붙인 지 5분 후의 양초의 길이는 10 cm이다.

(3) $y=20-2x$에 $y=0$을 대입하면

$0=20-2x$ $\therefore x=10$

따라서 양초가 완전히 타는 데 걸리는 시간은 10분이다.

05 (2) $y=3x+30$에 $x=8$을 대입하면

$y=3\times8+30=54$

따라서 물을 넣기 시작한 지 8분 후의 물탱크에 들어 있는 물의 양은 54 L이다.

(3) $y=3x+30$에 $y=120$을 대입하면

$120=3x+30$ $\therefore x=30$

따라서 물을 넣기 시작한 지 30분 후에 물탱크에 들어 있는 물의 양이 120 L가 된다.

06 (1) 1 km를 달리는 데 0.1 L의 휘발유가 소모되므로

$y=36-0.1x$

(2) $y=36-0.1x$에 $x=60$을 대입하면

$y=36-0.1\times60=30$

따라서 자동차가 60 km를 달린 후에 자동차에 남은 휘발유의 양은 30 L이다.

(3) $y=36-0.1x$에 $y=0$을 대입하면

$0=36-0.1x$ $\therefore y=360$

따라서 자동차가 휘발유를 모두 사용할 때까지 달릴 수 있는 거리는 360 km이다.

07 (2) $y=800-25x$에 $x=10$을 대입하면
$y=800-25\times10=550$
따라서 집에서 출발한 지 10분 후 학교까지 남은 거리는 550 m이다.
(3) $y=800-25x$에 $y=0$을 대입하면
$0=800-25x \qquad \therefore x=32$
따라서 집에서 학교까지 가는 데 걸리는 시간은 32분이다.

08 (1) 초속 3 m로 내려오므로 $y=60-3x$
(2) $y=60-3x$에 $x=12$를 대입하면
$y=60-3\times12=24$
따라서 출발한 지 12초 후의 엘리베이터의 높이는 24 m이다.
(3) $y=60-3x$에 $y=0$을 대입하면
$0=60-3x \qquad \therefore x=20$
따라서 엘리베이터가 지상에 도착하는 것은 출발한 지 20초 후이다.

09 (2) $y=\frac{3}{2}x$에 $x=10$을 대입하면
$y=\frac{3}{2}\times10=15$
따라서 10초 후의 삼각형 ABP의 넓이는 15 cm^2이다.
(3) $y=\frac{3}{2}x$에 $y=21$을 대입하면
$21=\frac{3}{2}x \qquad \therefore x=14$
따라서 삼각형 ABP의 넓이가 21 cm^2가 되는 것은 14초 후이다.

10 (1) x초 후 $\overline{BP}=2x$ cm이므로 삼각형 ABP의 넓이는
$\frac{1}{2}\times6\times2x=6x\ (cm^2)$
(2) x초 후 삼각형 ABP의 넓이는 $6x$ cm^2이므로
$y=48-6x$
(3) $y=48-6x$에 $y=30$을 대입하면
$30=48-6x \qquad \therefore x=3$
따라서 사각형 APCD의 넓이가 30 cm^2가 되는 것은 3초 후이다.

11 (2) $y=-25x+200$에 $x=5$를 대입하면
$y=-25\times5+200=75$
따라서 물이 흘러 나온 지 5시간 후에 물통에 남아 있는 물의 양은 75 L이다.
(3) $y=-25x+200$에 $y=50$을 대입하면
$50=-25x+200 \qquad \therefore x=6$
따라서 물이 흘러 나온 지 6시간 후에 물통에 남아 있는 물의 양이 50 L가 된다.

12 (1) 그래프가 두 점 (0, 18), (5, 15)를 지나므로
$(\text{기울기})=\frac{15-18}{5-0}=-\frac{3}{5}$
이때 y절편이 18이므로 $y=-\frac{3}{5}x+18$
(2) $y=-\frac{3}{5}x+18$에 $x=10$을 대입하면
$y=-\frac{3}{5}\times10+18=12$
따라서 난로에 불을 붙인 지 10시간 후에 남아 있는 석유의 양은 12 L이다.
(3) $y=-\frac{3}{5}x+18$에 $y=0$을 대입하면
$0=-\frac{3}{5}x+18 \qquad \therefore x=30$
따라서 18 L의 석유를 모두 사용하기까지 30시간이 걸린다.

연산 능력 UP! 10분 연산 TEST

147쪽

01 (1) $y=0.5x+20$ (2) 35 ℃
02 (1) $y=3x+10$ (2) 7 kg
03 (1) $y=500-5x$ (2) 300 mL
04 (1) $y=3-0.2x$ (2) 15분
05 (1) $y=12x$ (2) 4초 후
06 (1) $y=-\frac{1}{6}x+30$ (2) 15 cm

01 (1) 1분마다 물의 온도가 0.5 ℃씩 올라가므로
$y=0.5x+20$
(2) $y=0.5x+20$에 $x=30$을 대입하면
$y=0.5\times30+20=35$
따라서 가열한 지 30분 후의 물의 온도는 35 ℃이다.

02 (1) 1 kg인 물체를 매달 때마다 저울의 길이가 3 cm씩 늘어나므로 $y=3x+10$
(2) $y=3x+10$에 $y=31$을 대입하면
$31=3x+10 \qquad \therefore x=7$
따라서 7 kg인 물체를 매달았을 때 용수철 저울의 길이는 31 cm이다.

03 (1) 1분에 5 mL씩 들어가므로 $y=500-5x$
(2) $y=500-5x$에 $x=40$을 대입하면
$y=500-5\times40=300$
따라서 40분 후에 남아 있는 링거액은 300 mL이다.

04 (1) 분속 200 m로 가므로 $y=3-0.2x$

(2) $y=3-0.2x$에 $y=0$을 대입하면

$0=3-0.2x$ $\therefore x=15$

따라서 학교에서 도서관까지 가는 데 15분이 걸린다.

05 (1) x초 후 $\overline{AP}=3x$ cm이므로 삼각형 APD의 넓이는

$y=\frac{1}{2}\times 8\times 3x=12x$

(2) $y=12x$에 $y=48$을 대입하면

$48=12x$ $\therefore x=4$

따라서 삼각형 APD의 넓이가 48 cm^2가 되는 것은 4초 후이다.

06 (1) 그래프가 두 점 (0, 30), (180, 0)을 지나므로

$(기울기)=\frac{0-30}{180-0}=-\frac{1}{6}$

이때 y절편이 30이므로 $y=-\frac{1}{6}x+30$

(2) $y=-\frac{1}{6}x+30$에 $x=90$을 대입하면

$y=-\frac{1}{6}\times 90+30=15$

따라서 불을 붙인 지 1시간 30분 후의 남은 양초의 길이는 15 cm이다.

학교 시험 PREVIEW

학교 시험 미리보기!

148쪽~149쪽

01 ②	**02** ④	**03** ②	**04** ①	**05** ③
06 ①	**07** ④	**08** ②	**09** ④	**10** ③
11 ②	**12** ③	**13** 1		

01 ② $(기울기)=-\frac{2}{3}<0$, $(y절편)=1>0$이므로 제1, 2, 4사분면을 지난다.

따라서 일차함수 $y=-\frac{2}{3}x+1$의 그래프에 대한 설명으로 옳지 않은 것은 ②이다.

02 (기울기)>0이면 그래프가 오른쪽 위로 향하므로 ㄱ, ㄷ, ㅁ, ㅂ의 4개이다.

03 $y=ax+b$의 그래프가 오른쪽 위로 향하므로 $a>0$이고, y절편이 음수이므로 $b<0$이다.

04 $b<0$이므로 $-b>0$

따라서 일차함수 $y=ax-b$의 그래프는 오른쪽 아래로 향하고, y축과 x축보다 위에서 만나는 직선이다.

06 $2a=-4$에서 $a=-2$, $b=-5$

07 기울기가 $\frac{6}{5-2}=2$이고 y절편이 3인 일차함수의 식은

$y=2x+3$

08 $y=-3x+5$의 그래프와 평행하므로 기울기는 -3이고, y절편은 -2이다.

$\therefore y=-3x-2$

09 $(기울기)=\frac{3-0}{0-2}=-\frac{3}{2}$ $\therefore y=-\frac{3}{2}x+3$

따라서 $a=-\frac{3}{2}$, $b=3$이므로 $\frac{a}{b}=\left(-\frac{3}{2}\right)\times\frac{1}{3}=-\frac{1}{2}$

10 기온이 1 ℃ 올라갈 때마다 소리의 속력은 초속 0.5 m씩 증가하므로 기온이 x ℃일 때의 소리의 속력을 초속 y m라 하면 $y=331+0.5x$

$y=331+0.5x$에 $y=341$을 대입하면

$341=331+0.5x$, $0.5x=10$ $\therefore x=20$

따라서 소리의 속력이 초속 341 m일 때의 기온은 20 ℃이다.

11 매분 2 L의 물을 더 넣으므로 $y=2x+20$

$y=2x+20$에 $x=15$를 대입하면 $y=2\times 15+20=50$

따라서 15분 후의 수조에 들어 있는 물의 양은 50 L이다.

12 기한이가 1분에 0.4 km를 자전거를 타고 갈 수 있으므로 집에서 출발한 지 x분 후에 학교까지 남은 거리를 y km라 하면 $y=10-0.4x$

$y=10-0.4x$에 $x=5$를 대입하면

$y=10-0.4\times 5=8$

따라서 출발한 지 5분 후 학교까지 남은 거리는 8 km이다.

13 서술형

두 점 $(-1, -1)$, $(2, 5)$를 지나므로

$a=(기울기)=\frac{5-(-1)}{2-(-1)}=2$ ······❶

$y=2x+b$에 $x=2$, $y=5$를 대입하면

$5=2\times 2+b$ $\therefore b=1$

$\therefore y=2x+1$ ······❷

$\therefore a-b=2-1=1$ ······❸

채점 기준	배점
❶ 그래프를 지나는 두 점을 이용하여 a의 값 구하기	40 %
❷ b의 값 구하기	40 %
❸ $a-b$의 값 구하기	20 %

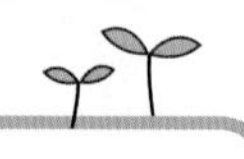

3. 일차함수와 일차방정식의 관계

01 일차함수와 일차방정식의 관계

VISUAL연산 151쪽~152쪽

01

x	…	-4	-2	0	2	4	…
y	…	4	3	2	1	0	…

[x, y의 값이 정수] [x, y의 값의 범위가 수 전체]

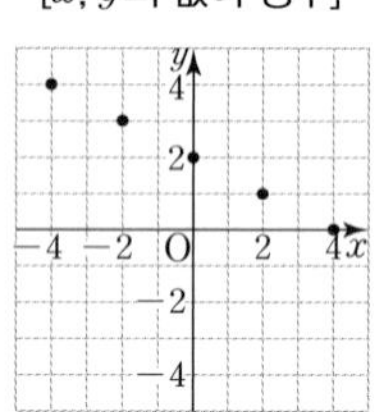

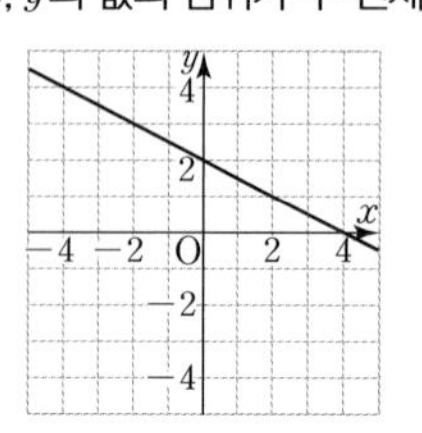

02

x	…	-4	-3	-2	-1	0	1	…
y	…	-5	-3	-1	1	3	5	…

[x, y의 값이 정수] [x, y의 값의 범위가 수 전체]

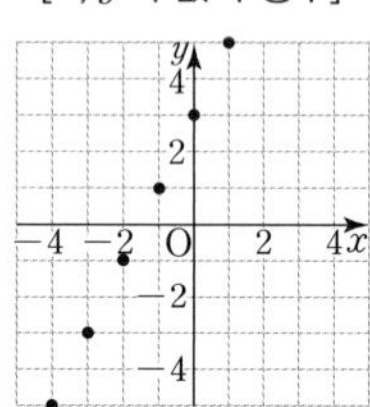

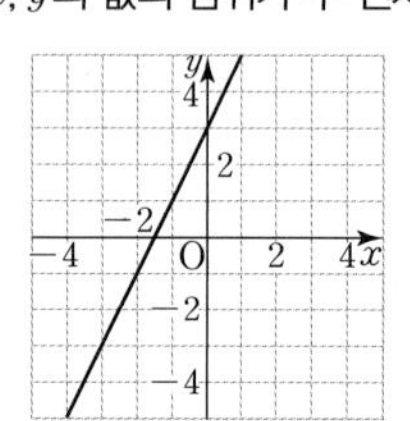

03 $y=x+3$ **04** $y=2x-7$

05 $y=-2x+\frac{1}{2}$ **06** $y=\frac{1}{3}x-\frac{2}{3}$

07 $y=-\frac{1}{2}x-3$ **08** $y=\frac{5}{3}x-\frac{2}{3}$

09 $x+4$, -4, 4,

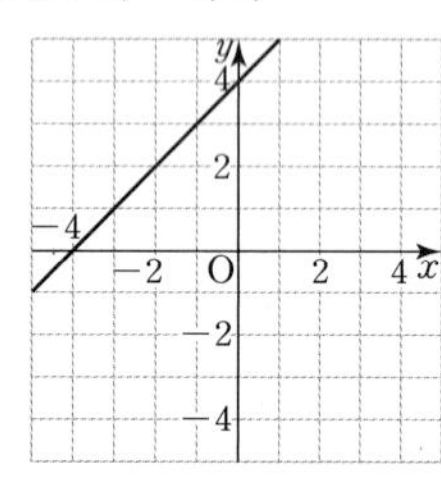

10 $2x-2$, 1, -2,

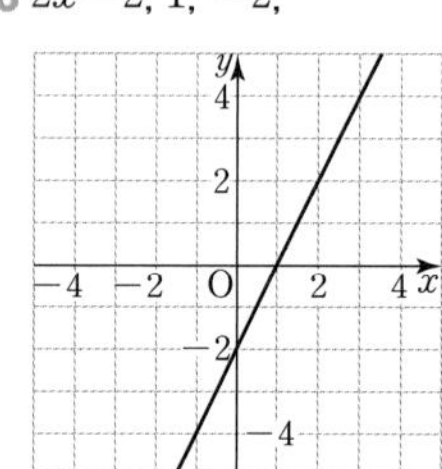

11 $-\frac{2}{3}x+2$, 3, 2,

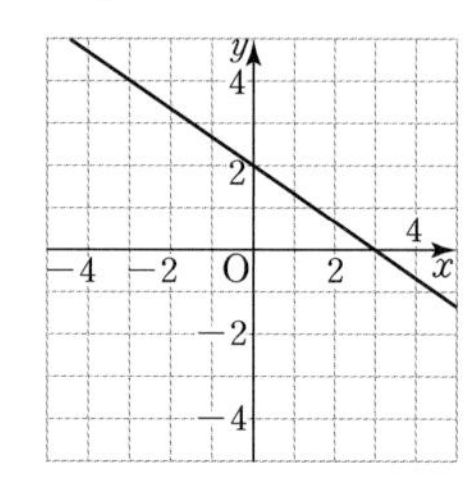

12 × **13** ○ **14** × **15** ○

16 × 풀이 3, 1, 3, −1, 점이 아니다 **17** ○ **18** ×

19 ○ **20** 5 풀이 2, −2, −2, 5 **21** 3 **22** 2

23 2

09 $x-y+4=0$에서 $y=x+4$

$y=x+4$에 $y=0$을 대입하면

$0=x+4$ $\quad\therefore x=-4$

$y=x+4$에 $x=0$을 대입하면

$y=4$

따라서 x절편은 -4, y절편은 4이다.

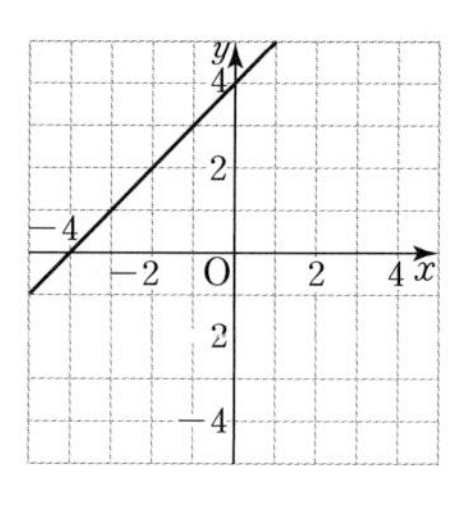

10 $2x-y-2=0$에서 $y=2x-2$

$y=2x-2$에 $y=0$을 대입하면

$0=2x-2$ $\quad\therefore x=1$

$y=2x-2$에 $x=0$을 대입하면

$y=-2$

따라서 x절편은 1, y절편은 -2이다.

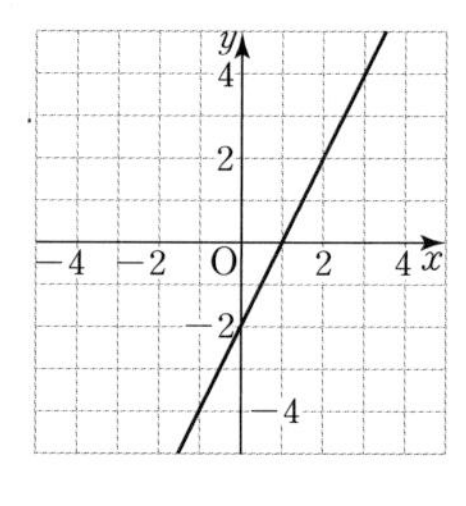

11 $-2x-3y+6=0$에서

$y=-\frac{2}{3}x+2$

$y=-\frac{2}{3}x+2$에 $y=0$을 대입하면

$0=-\frac{2}{3}x+2$ $\quad\therefore x=3$

$y=-\frac{2}{3}x+2$에 $x=0$을 대입하면 $y=2$

따라서 x절편은 3, y절편은 2이다.

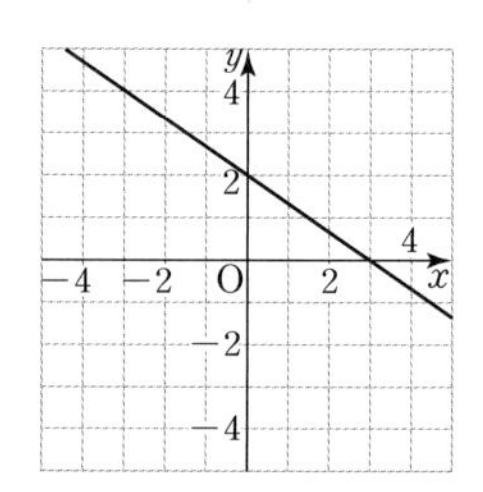

12 $2x+y-4=0$에 $y=0$을 대입하면

$2x-4=0$ $\quad\therefore x=2$

따라서 x절편은 2이다.

13 $2x+y-4=0$에 $x=0$을 대입하면

$y=4$

따라서 y절편은 4이다.

14 $2x+y-4=0$에서 $y=-2x+4$

따라서 $y=-2x+4$와 $y=2x-1$의 그래프의 기울기가 각각 -2와 2로 같지 않으므로 두 그래프는 평행하지 않다.

15 (기울기)$=-2<0$, (y절편)$=4>0$이므로 제1, 2, 4사분면을 지난다.

17 $x=0$, $y=-2$를 $4x-y-2=0$에 대입하면

$4\times0-(-2)-2=0$

즉, 등식이 성립하므로 점 $(0, -2)$는 일차방정식 $4x-y-2=0$의 그래프 위의 점이다.

18 $x=-2$, $y=6$을 $4x-y-2=0$에 대입하면
$4\times(-2)-6-2=0$, $-16\neq0$
즉, 등식이 성립하지 않으므로 점 $(-2, 6)$은 일차방정식 $4x-y-2=0$의 그래프 위의 점이 아니다.

19 $x=-\frac{1}{2}$, $y=-4$를 $4x-y-2=0$에 대입하면
$4\times\left(-\frac{1}{2}\right)-(-4)-2=0$
즉, 등식이 성립하므로 점 $\left(-\frac{1}{2}, -4\right)$는 일차방정식 $4x-y-2=0$의 그래프 위의 점이다.

21 $x=-1$, $y=1$을 $2x-y+a=0$에 대입하면
$2\times(-1)-1+a=0$ $\qquad\therefore a=3$

22 $x=a$, $y=-1$을 $6x+5y-7=0$에 대입하면
$6\times a+5\times(-1)-7=0$, $6a=12$ $\qquad\therefore a=2$

23 $x=3$, $y=a$를 $-2x-3y+12=0$에 대입하면
$-2\times3-3\times a+12=0$, $3a=6$ $\qquad\therefore a=2$

02 일차방정식 $x=p$, $y=q$의 그래프 153쪽

VISUAL연산

01 **03**

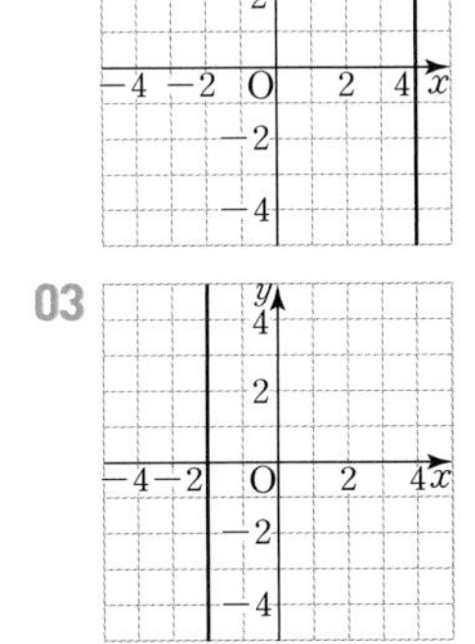

02 **04**

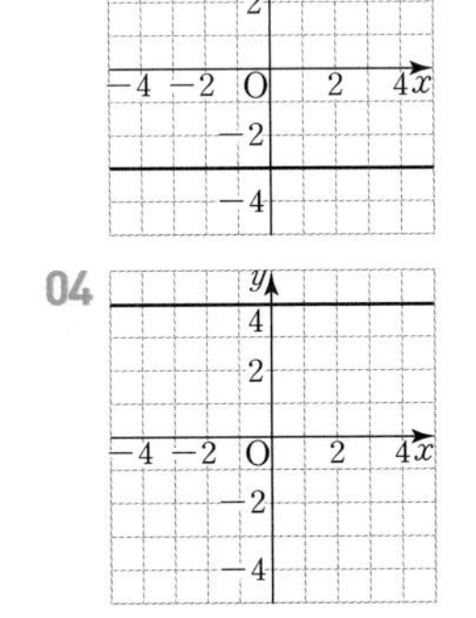

05 (1) $y=-4$ (2) $x=2$
06 $y=1$ 🅐 1, $y=1$ **07** $x=-2$ **08** $x=4$ **09** $y=3$
10 -3 🅐 -5, -5, -3 **11** 0

11 y축에 평행하므로 두 점의 x좌표가 1로 같아야 한다.
즉, $a+1=1$이므로 $a=0$

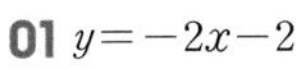

연산 능력 UP! 10분 연산 TEST 154쪽

01 $y=-2x-2$
기울기 : -2
x절편 : -1
y절편 : -2

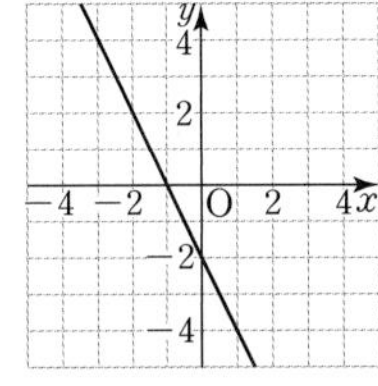

02 $y=\frac{5}{3}x-5$
기울기 : $\frac{5}{3}$
x절편 : 3
y절편 : -5

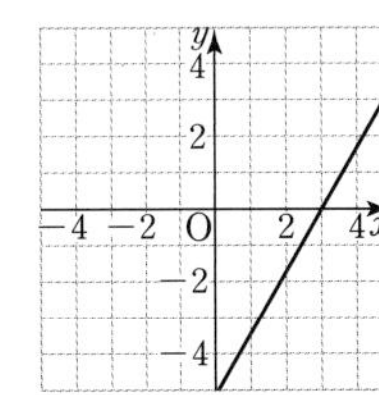

03 $y=-\frac{4}{3}x+4$
기울기 : $-\frac{4}{3}$
x절편 : 3
y절편 : 4

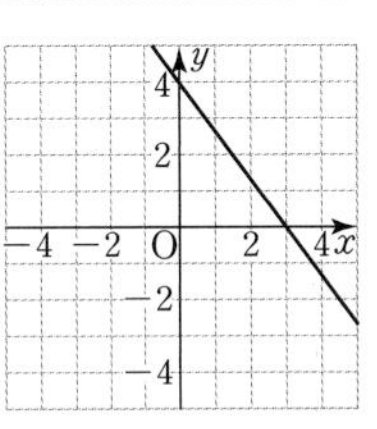

04 ○ **05** × **06** × **07** ○

08

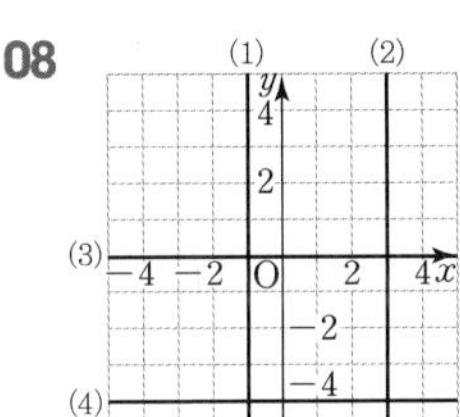

09 (1) $y=4$ (2) $x=-3$ (3) $y=-1$ (4) $x=2$
10 $y=-3$ **11** $x=1$ **12** $x=-1$ **13** $y=-2$

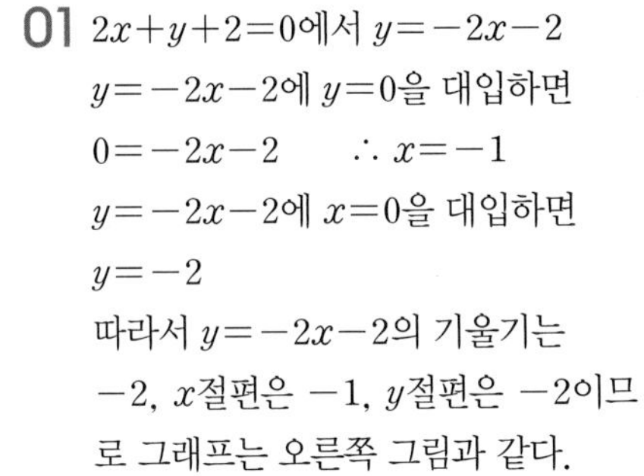

01 $2x+y+2=0$에서 $y=-2x-2$
$y=-2x-2$에 $y=0$을 대입하면
$0=-2x-2$ $\qquad\therefore x=-1$
$y=-2x-2$에 $x=0$을 대입하면
$y=-2$
따라서 $y=-2x-2$의 기울기는 -2, x절편은 -1, y절편은 -2이므로 그래프는 오른쪽 그림과 같다.

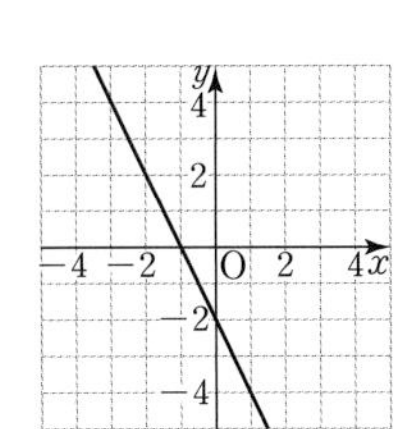

02 $5x-3y-15=0$에서 $y=\frac{5}{3}x-5$
$y=\frac{5}{3}x-5$에 $y=0$을 대입하면
$0=\frac{5}{3}x-5$ $\qquad\therefore x=3$
$y=\frac{5}{3}x-5$에 $x=0$을 대입하면
$y=-5$
따라서 $y=\frac{5}{3}x-5$의 기울기는 $\frac{5}{3}$, x절편은 3, y절편은 -5이므로 그래프는 오른쪽 그림과 같다.

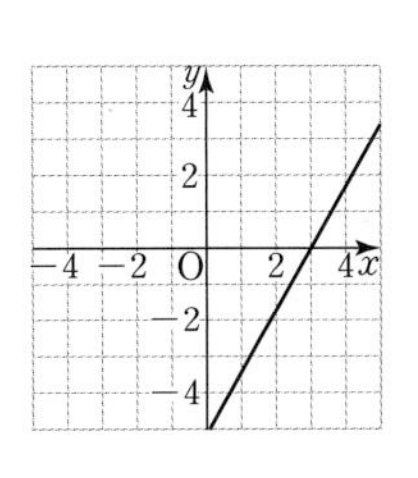

03 $4x+3y-12=0$에서 $y=-\frac{4}{3}x+4$

$y=-\frac{4}{3}x+4$에 $y=0$을 대입하면

$0=-\frac{4}{3}x+4 \quad \therefore x=3$

$y=-\frac{4}{3}x+4$에 $x=0$을 대입하면

$y=4$

따라서 $y=-\frac{4}{3}x+4$의 기울기는 $-\frac{4}{3}$, x절편은 3, y절편은 4이므로 그래프는 오른쪽 그림과 같다.

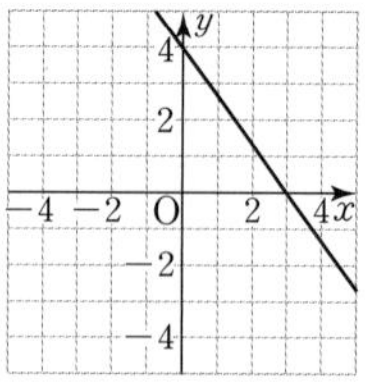

04 $x=2$, $y=-1$을 $-x+5y=-7$에 대입하면

$-2+5\times(-1)=-7$

즉, 등식이 성립하므로 점 $(2, -1)$은 일차방정식 $-x+5y=-7$의 그래프 위의 점이다.

05 $x=2$, $y=-1$을 $2x-y=3$에 대입하면

$2\times2-(-1)=3$, $5\neq3$

즉, 등식이 성립하지 않으므로 점 $(2, -1)$은 일차방정식 $2x-y=3$의 그래프 위의 점이 아니다.

06 $x=2$, $y=-1$을 $3x+4y=-2$에 대입하면

$3\times2+4\times(-1)=-2$, $2\neq-2$

즉, 등식이 성립하지 않으므로 점 $(2, -1)$은 일차방정식 $3x+4y=-2$의 그래프 위의 점이 아니다.

07 $x=2$, $y=-1$을 $-2x-7y=3$에 대입하면

$-2\times2-7\times(-1)=3$

즉, 등식이 성립하므로 점 $(2, -1)$은 일차방정식 $-2x-7y=3$의 그래프 위의 점이다.

03 VISUAL연산 연립방정식의 해와 그래프

155쪽

01 $x=1$, $y=1$ 1, 1, 1, 1　　**02** $x=-2$, $y=0$

03 $x=1$, $y=3$,

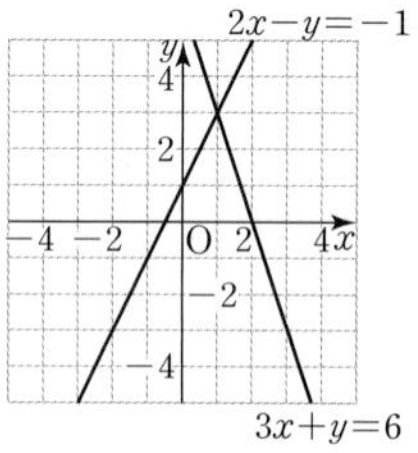

1, 3, 1, 3

04 $x=-1$, $y=2$,

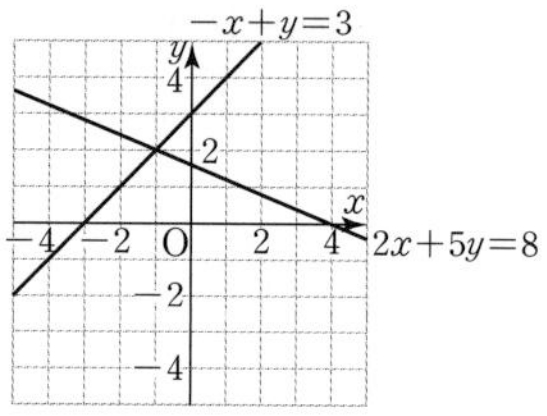

05 $x=2$, $y=-3$,

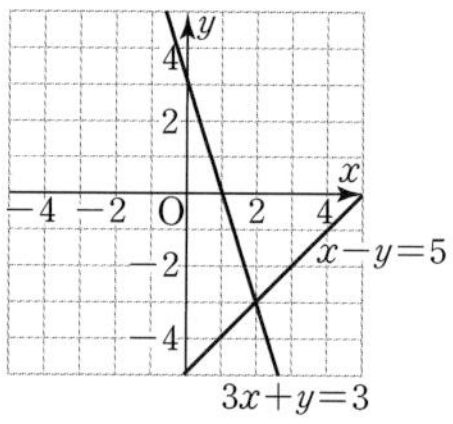

06 $a=1$, $b=-2$ -1, 2, -1　　**07** $a=\frac{3}{2}$, $b=4$

06 두 그래프의 교점의 좌표가 $(2, -1)$이므로

$x=2$, $y=-1$을 $ax-y=3$에 대입하면 $a=1$

$x=2$, $y=-1$을 $x+by=4$에 대입하면 $b=-2$

07 두 그래프의 교점의 좌표가 $(-1, 2)$이므로

$x=-1$, $y=2$를 $2x+3y=b$에 대입하면 $b=4$

$x=-1$, $y=2$를 $x-ay=-4$에 대입하면 $a=\frac{3}{2}$

04 VISUAL연산 연립방정식의 해의 개수와 그래프

156쪽

01

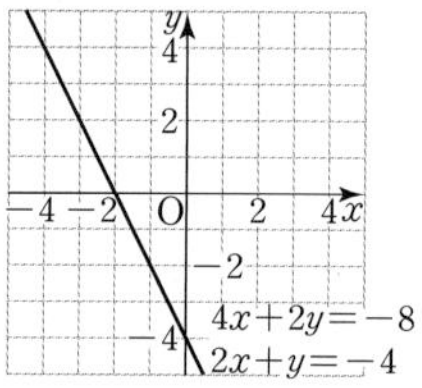

, 해가 무수히 많다.

$-2x-4$, 일치한다

02

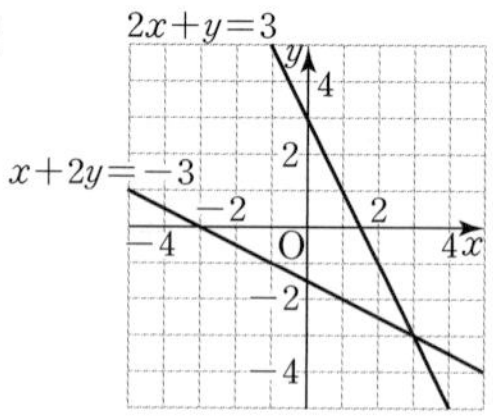

, $x=3$, $y=-3$

03

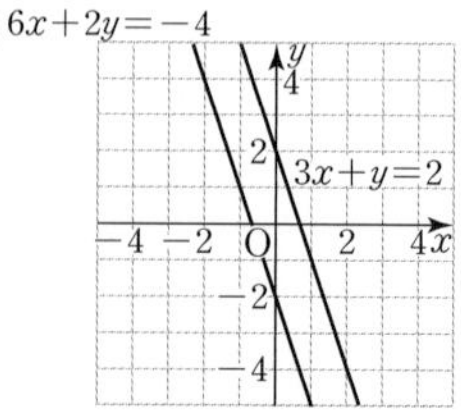

, 해가 없다.

04 4 $\frac{a}{3}x+\frac{1}{3}$, $\frac{4}{3}x-\frac{1}{3}$, a, 4, 4　　**05** -4

06 $a=8$, $b=4$ $\frac{a}{4}x-2$, $2x-\frac{b}{2}$, 4, 2, 2, 8, 4

07 $a=3$, $b=6$

02 각 방정식을 $y=ax+b$의 꼴로 나타내면

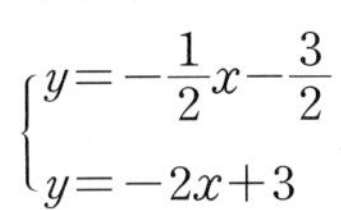

$\begin{cases} y=-\frac{1}{2}x-\frac{3}{2} \\ y=-2x+3 \end{cases}$

이므로 그래프를 그리면 오른쪽 그림과 같다. 두 그래프는 점 $(3,\ -3)$에서 만나므로 연립방정식의 해는 $x=3$, $y=-3$이다.

03 각 방정식을 $y=ax+b$의 꼴로 나타내면

$\begin{cases} y=-3x+2 \\ y=-3x-2 \end{cases}$

이므로 그래프를 그리면 오른쪽 그림과 같다. 두 그래프는 평행하므로 연립방정식의 해가 없다.

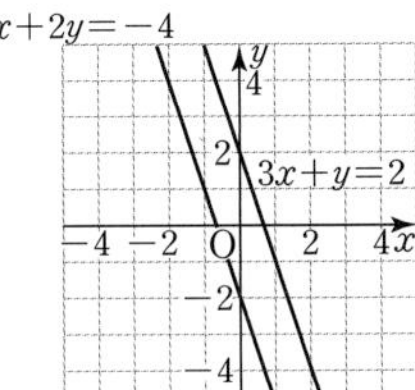

05 $\begin{cases} 2x-y=5 \\ ax+2y=2 \end{cases}$에서 $\begin{cases} y=2x-5 \\ y=-\frac{a}{2}x+1 \end{cases}$

두 직선은 기울기가 같고, y절편은 다르므로

$2=-\frac{a}{2}$ $\quad\therefore a=-4$

07 $\begin{cases} -x+3y=b \\ ax-9y=-18 \end{cases}$에서 $\begin{cases} y=\frac{1}{3}x+\frac{b}{3} \\ y=\frac{a}{9}x+2 \end{cases}$

두 직선은 기울기와 y절편이 각각 같으므로

$\frac{1}{3}=\frac{a}{9}$, $\frac{b}{3}=2$ $\quad\therefore a=3,\ b=6$

10분 연산 TEST

157쪽

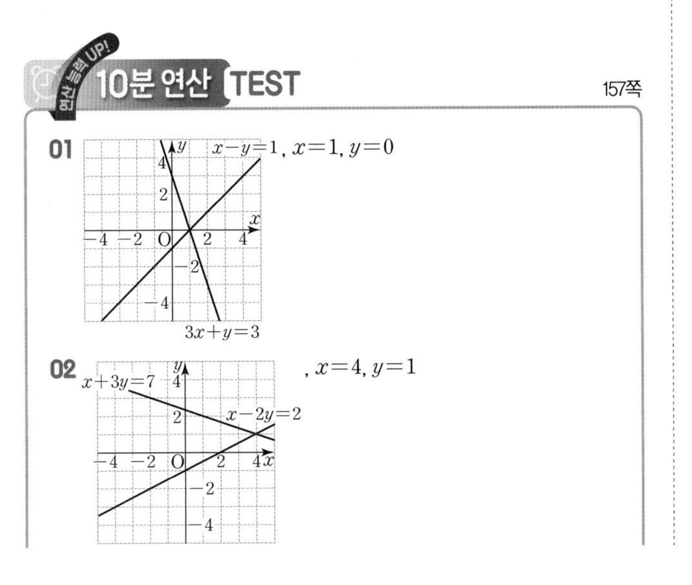

03 $x-y=-4$, $x+2y=5$ $\quad x=-1,\ y=3$

04 $a=3,\ b=3$

05 $a=2,\ b=1$

06 $a=1,\ b=6$

07 $a=\frac{1}{3},\ b\neq-6$

08 $a=\frac{1}{3},\ b=-6$

09 $a\neq\frac{1}{3}$

10 $a\neq-4$

11 $a=-4,\ b\neq-\frac{3}{2}$

12 $a=-4,\ b=-\frac{3}{2}$

04 두 그래프의 교점의 좌표가 $(2,\ 1)$이므로

$x=2$, $y=1$을 $ax+y=7$에 대입하면 $a=3$

$x=2$, $y=1$을 $2x-y=b$에 대입하면 $b=3$

05 두 그래프의 교점의 좌표가 $(3,\ -1)$이므로

$x=3$, $y=-1$을 $x+y=a$에 대입하면 $a=2$

$x=3$, $y=-1$을 $bx-2y=5$에 대입하면 $b=1$

06 두 그래프의 교점의 좌표가 $(-2,\ 2)$이므로

$x=-2$, $y=2$를 $ax+3y=4$에 대입하면 $a=1$

$x=-2$, $y=2$를 $-2x+y=b$에 대입하면 $b=6$

07 $\begin{cases} x-ay=-2 \\ 3x-y=b \end{cases}$에서 $\begin{cases} y=\frac{1}{a}x+\frac{2}{a} \\ y=3x-b \end{cases}$

즉, 기울기가 같고, y절편은 다르므로

$\frac{1}{a}=3$, $\frac{2}{a}\neq-b$ $\quad\therefore a=\frac{1}{3},\ b\neq-6$

08 기울기와 y절편이 각각 같으므로

$\frac{1}{a}=3$, $\frac{2}{a}=-b$ $\quad\therefore a=\frac{1}{3},\ b=-6$

09 기울기가 다르므로 $\frac{1}{a}\neq3$ $\quad\therefore a\neq\frac{1}{3}$

10 $\begin{cases} 2x-3y=b \\ ax+6y=3 \end{cases}$에서 $\begin{cases} y=\frac{2}{3}x-\frac{b}{3} \\ y=-\frac{a}{6}x+\frac{1}{2} \end{cases}$

즉, 기울기가 다르므로 $\frac{2}{3}\neq-\frac{a}{6}$ $\quad\therefore a\neq-4$

11 기울기가 같고, y절편은 다르므로

$\frac{2}{3}=-\frac{a}{6}$, $-\frac{b}{3}\neq\frac{1}{2}$ $\quad\therefore a=-4,\ b\neq-\frac{3}{2}$

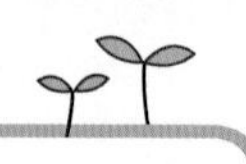

12 기울기와 y절편이 각각 같으므로

$\frac{2}{3}=-\frac{a}{6}$, $-\frac{b}{3}=\frac{1}{2}$ $\therefore a=-4$, $b=-\frac{3}{2}$

학교 시험 PREVIEW

학교 시험 미리보기! 158쪽~159쪽

01 ③	**02** ③	**03** ④	**04** ⑤	**05** ②
06 ①	**07** ②	**08** ①	**09** ⑤	**10** ③
11 ④	**12** $x=-2$, $y=3$			

01 $5x-2y-20=0$에서 y를 x에 대한 식으로 나타내면

$y=\frac{5}{2}x-10$

③ y절편은 -10이다.

따라서 일차방정식 $5x-2y-20=0$의 그래프에 대한 설명으로 옳지 않은 것은 ③이다.

02 $2x+3y=12$에서 y를 x에 대한 식으로 나타내면

$y=-\frac{2}{3}x+4$ $\therefore a=-\frac{2}{3}$, $b=4$

$\therefore ab=-\frac{2}{3}\times4=-\frac{8}{3}$

03 ①, ③ $y=2x-3$

② $y=2x+3$

④ $y=3x-1$

⑤ $y=2x-1$

따라서 기울기가 다른 하나는 ④이다.

04 $x=8$, $y=0$을 $ax+by-24=0$에 대입하면

$8\times a+b\times0-24=0$, $8a=24$ $\therefore a=3$

$x=4$, $y=3$을 $3x+by-24=0$에 대입하면

$3\times4+b\times3-24=0$, $3b=12$ $\therefore b=4$

$\therefore a+b=3+4=7$

05 $2x-6=0$에서 $x=3$

따라서 일차방정식 $2x-6=0$의 그래프는 점 $(3, 0)$을 지나고, y축에 평행한 직선인 ②이다.

07 x축에 평행한 직선은 y의 값이 일정하므로

$-k-6=3k+2$ $\therefore k=-2$

08 $x+y=-1$에서 $y=-x-1$이므로 일차방정식 $x+y=-1$의 그래프는 세 점 A, D, E를 지난다.

$-3x+9y=3$에서 $y=\frac{1}{3}x+\frac{1}{3}$이므로 일차방정식 $-3x+9y=3$의 그래프는 두 점 A, B를 지난다.

따라서 두 일차방정식의 그래프가 만나는 점은 점 A이다.

09 두 직선이 점 $(3, 1)$에서 만나므로

$x=3$, $y=1$을 $2x+3y=k$에 대입하면

$2\times3+3\times1=k$ $\therefore k=9$

10 $\begin{cases} ax+4y=4 \\ 3x+by=2 \end{cases}$에서 $\begin{cases} y=-\frac{a}{4}x+1 \\ y=-\frac{3}{b}x+\frac{2}{b} \end{cases}$

두 직선의 기울기와 y절편이 각각 같으므로

$-\frac{a}{4}=-\frac{3}{b}$, $1=\frac{2}{b}$ $\therefore a=6$, $b=2$

$\therefore a-b=6-2=4$

11 ④ $\begin{cases} 3x-2y=1 \\ 6x-4y=1 \end{cases}$에서 $\begin{cases} y=\frac{3}{2}x-\frac{1}{2} \\ y=\frac{3}{2}x-\frac{1}{4} \end{cases}$

두 직선의 기울기가 같고, y절편은 다르므로 해가 없다.

12 서술형

$2x+y=-1$에서 $y=-2x-1$

$-x+y=5$에서 $y=x+5$ ······❶

두 일차함수의 그래프는 오른쪽 그림과 같다. ······❷

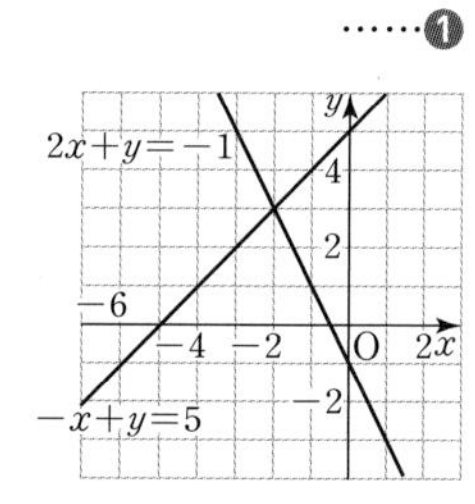

따라서 두 그래프의 교점의 좌표가 $(-2, 3)$이므로 구하는 해는

$x=-2$, $y=3$ ······❸

채점 기준	배점
❶ $y=ax+b$의 꼴로 변형하기	20 %
❷ 두 일차함수의 그래프 그리기	60 %
❸ 그래프를 이용하여 연립방정식 풀기	20 %

수
매씽
MATHING
개념
연산

쌍둥이

10분 연산 TEST

특별 부록

중학 수학 2·1

동아출판

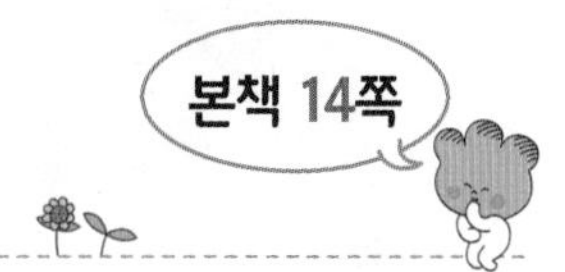

[01~05] 다음 소수가 유한소수이면 '유', 무한소수이면 '무'를 써넣으시오.

01 0.28 (　　)

02 −1.333 (　　)

03 0.363636⋯ (　　)

04 2.45172 (　　)

05 1.7111⋯ (　　)

[06~10] 다음 분수를 소수로 나타내고, 유한소수이면 '유', 무한소수이면 '무'를 써넣으시오.

06 $\frac{6}{5}=$ ______ (　　)

07 $-\frac{5}{12}=$ ______ (　　)

08 $\frac{2}{11}=$ ______ (　　)

09 $\frac{13}{25}=$ ______ (　　)

10 $\frac{17}{40}=$ ______ (　　)

[11~13] 다음 분수를 10의 거듭제곱을 이용하여 유한소수로 나타내시오.

11 $\frac{1}{20}=\frac{1\times\square}{2^2\times5\times\square}=\frac{\square}{10^2}=\square$

12 $\frac{3}{50}=\frac{3\times\square}{2\times5^2\times\square}=\frac{\square}{10^2}=\square$

13 $\frac{9}{200}=\frac{9\times\square}{2^3\times5^2\times\square}=\frac{\square}{10^3}=\square$

[14~17] 다음 분수를 소수로 나타낼 때, 유한소수로 나타낼 수 있는 것에는 ○표, 나타낼 수 없는 것에는 ×표를 하시오.

14 $\frac{3}{2^3\times5}$ (　　)

15 $\frac{12}{2^2\times3^2\times5}$ (　　)

16 $\frac{9}{60}$ (　　)

17 $\frac{32}{75}$ (　　)

[18~19] 다음 분수에 어떤 자연수를 곱하면 유한소수로 나타낼 수 있다. 이때 어떤 자연수 중 가장 작은 자연수를 구하시오.

18 $\frac{100}{3\times5^2\times7}$

19 $\frac{5}{36}$

맞힌 개수 개/19개

정답 및 풀이 21쪽

연산 능력 UP! 쌍둥이 10분 연산 TEST

[01 ~ 04] 다음 순환소수의 순환마디를 구하고, 순환마디에 점을 찍어 간단히 나타내시오.

01 $1.0777\cdots$

02 $2.393939\cdots$

03 $5.3424242\cdots$

04 $2.5753753\cdots$

[05 ~ 06] 다음 순환소수에서 소수점 아래 40번째 자리의 숫자를 구하시오.

05 $0.\dot{4}\dot{8}$

06 $1.\dot{1}7\dot{2}$

[07 ~ 10] 다음 분수를 소수로 고친 후, 순환마디에 점을 찍어 간단히 나타내시오.

07 $\frac{8}{11}$

08 $\frac{8}{15}$

09 $\frac{7}{12}$

10 $\frac{40}{27}$

[11 ~ 14] 다음 분수 중 유한소수로 나타낼 수 있는 것에는 '유', 순환소수로 나타낼 수 있는 것에는 '순'을 써넣으시오.

11 $\frac{3}{2^2\times7}$ (　　　)

12 $\frac{9}{2\times3\times5}$ (　　　)

13 $\frac{18}{3^2\times5^2\times8}$ (　　　)

14 $\frac{14}{48}$ (　　　)

[15 ~ 18] 다음 순환소수를 기약분수로 나타내시오.

15 $1.\dot{3}$

16 $0.\dot{4}\dot{5}$

17 $0.41\dot{6}$

18 $2.7\dot{3}\dot{5}$

[19 ~ 21] 다음 중 옳은 것에는 ○표, 옳지 않은 것에는 ×표를 하시오.

19 모든 소수는 유리수이다. (　　　)

20 순환소수가 아닌 무한소수는 $\frac{(\text{정수})}{(0\text{이 아닌 정수})}$로 나타낼 수 없다. (　　　)

21 모든 유리수는 유한소수로 나타낼 수 있다. (　　　)

맞힌 개수 　　개/21개

➡ 정답 및 풀이 21쪽

[01~16] 다음 식을 간단히 하시오.

01 5×5^6

02 $a^{10}\times a^7$

03 $x^2\times x\times x^5$

04 $a^2\times b\times b^3\times a^4$

05 $(2^3)^6$

06 $(x^2)^8$

07 $(a^2)^4\times(b^3)^3$

08 $x^3\times(y^3)^2\times(x^2)^3$

09 $a^{10}\div a^5$

10 $(y^5)^3\div(y^2)^4$

11 $x^{10}\div x^5\div x^3$

12 $(b^2)^6\div b^2\div(b^5)^2$

13 $(-7x^2)^2$

14 $(a^2b^4)^3$

15 $\left(\frac{x^2}{2}\right)^5$

16 $\left(-\frac{2x}{y^2}\right)^4$

[17~20] 다음 □ 안에 알맞은 수를 차례대로 구하시오.

17 $a^2\times a^{\square}=a^9$

18 $a^{\square}\div a^2=\frac{1}{a}$

19 $(2xy^{\square})^4=\square x^4y^8$

20 $\left(-\frac{y^{\square}}{3x}\right)^2=\frac{y^6}{9x^{\square}}$

맞힌 개수 개/20개

정답 및 풀이 21쪽

연산 능력 UP! 쌍둥이 10분 연산 TEST

[01~17] 다음을 계산하시오.

01 $(-3x)\times 7y^3$

02 $2a^2b^5\times 5ab^2$

03 $4xy\times(-2x)^2$

04 $(3ab^2)^2\times(2ab)^2$

05 $(-2x)\times 3x^2y\times(-x^4y)$

06 $(-a^2b)\times(-3b^2)\times(-5ab^3)$

07 $xy^5\div y^3$

08 $9a^2b\div 3a$

09 $(-4x^2)^3\div 8x^5y$

10 $(-12a^4b^2)\div(-2a^3b)^2$

11 $\left(\frac{1}{5}xy^2\right)^2\div\left(\frac{2}{5}x^2y\right)^2$

12 $4xy^4\div\left(-\frac{1}{3}xy^2\right)\div\frac{2y}{x}$

13 $3ab\times 8a\div 12b$

14 $2x^2y\div xy\times 4y$

15 $(-3a)^2\times 4a\div 2a^2$

16 $4xy\div(-6xy^2)\times(-3xy)^2$

17 $\left(-\frac{2}{3}xy^2\right)\times\left(-\frac{1}{2}x\right)^2\div\frac{5}{6}xy$

[18~20] 다음 $\square$ 안에 알맞은 식을 구하시오.

18 $(-xy)\times\square=-8xy^7$

19 $15a^4b^2\div\square=3a^2b$

20 $8xy^2\div 2x^2y\times\square=12y$

맞힌 개수  개/20개

➔ 정답 및 풀이 21쪽

연산 능력 UP! 쌍둥이 10분 연산 TEST

[01~08] 다음을 계산하시오.

01 $(4a+5b)+(2a-4b)$

02 $(8x-4y-2)+(x-y+3)$

03 $4(x-y)+2(3x+2y)$

04 $\frac{2x+5y}{3}+\frac{11x-19y}{6}$

05 $(3a+7b)-(a-4b)$

06 $(-x+4y+1)-(5x-3y-1)$

07 $2(-5x+2y)-3(2x-y)$

08 $\frac{3a+2b}{4}-\frac{a-b}{2}$

[09~12] 다음을 계산하시오.

09 $(x^2+5x+3)+(3x^2-3x+2)$

10 $2(x^2+x+6)+(4x^2-6x-10)$

11 $(-a^2-4a+1)-(2a^2-5a+4)$

12 $\frac{1}{2}(4x^2-6x+2)-3(x^2-x+1)$

[13~16] 다음을 계산하시오.

13 $8a+2b-\{4b-(2a-3b)\}$

14 $x^2-\{(3x^2+4x-1)-(x^2+x-3)\}$

15 $a-[4a^2-\{3a+(5a^2+1)\}+2a]$

16 $x^2-[4x+3-\{2x^2-1-(5x^2+x)\}]+5x$

[17~20] 다음 $\square$ 안에 알맞은 식을 구하시오.

17 $(2x+3y)+\square=6x+8y$

18 $\square-(2a-7b)=3a+10b$

19 $\square+(-4x^2+9x-6)=-x^2+20x-13$

20 $(-2a^2+a-1)-\square=3a^2-4$

맞힌 개수 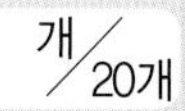 개/20개

➔ 정답 및 풀이 21쪽

연산 능력 UP! 쌍둥이 10분 연산 TEST

[01~11] 다음을 계산하시오.

01 $a(4a+2b+1)$

02 $(-2x+4y-8)\times\frac{3}{2}x$

03 $(12x^2y+2x)\div2x$

04 $\frac{-4ab+6ab^2}{2b}$

05 $(6x^2y-4xy^3)\div\left(-\frac{2}{3}xy\right)$

06 $(-12x^2y+6xy^2-9xy)\div(-3x)$

07 $2a(a+6b)-3b(4a-b)$

08 $\frac{6x^2y-10xy^2}{2xy}-\frac{5y^2-4y}{-y}$

09 $-(2a-b)+(2ab-4b^2)\div(-2b)$

10 $\frac{5}{2}x(2x-4y)+(6x^2y+8xy)\div\frac{2}{3}x$

11 $(2x^2y-9x^3)\div\frac{1}{2}x+6x(2x+3y)$

[12~13] 다음 □ 안에 알맞은 식을 구하시오.

12 □ $\times(-5a)=-5a^2+15ab$

13 □ $\div6y=-2x+1$

[14~16] $x=1$, $y=-3$일 때, 다음 식의 값을 구하시오.

14 x^2-3y-5

15 $(x^2y+xy^2)\div xy$

16 $(4xy-2xy^2)\div2y+x(3y+2)$

[17~19] $b=4a-3$일 때, 다음 식을 a에 대한 식으로 나타내시오.

17 $a+2b-1$

18 $2a-5b$

19 $4a-3b-2$

[20~21] $A=2x-y$, $B=x+2y$일 때, 다음 식을 x, y에 대한 식으로 나타내시오.

20 $2A+B$

21 $A-2B$

맞힌 개수 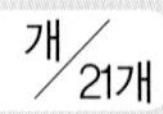 개/21개

정답 및 풀이 21쪽

연산 능력 UP! 쌍둥이 10분 연산 TEST

[01 ~ 04] 다음 중 부등식인 것에는 ○표, 부등식이 아닌 것에는 ×표를 하시오.

01 $2x-8$ ( )

02 $x-5<1$ ( )

03 $2x-1\geq x$ ( )

04 $4x-3=2x$ ( )

[05 ~ 07] 다음 문장을 부등식으로 나타내시오.

05 20에서 x를 빼면 7보다 크지 않다.

06 한 권에 x원인 책 5권의 값은 40000원보다 비싸다.

07 무게가 2 kg인 물건 x개를 0.3 kg인 상자에 담았더니 그 무게가 10 kg보다 작지 않다.

[08 ~ 11] 다음 중 $x=-2$가 주어진 부등식의 해이면 ○표, 부등식의 해가 아니면 ×표를 하시오.

08 $2x\geq 3x$ ( )

09 $x-5>x$ ( )

10 $7\leq x+4$ ( )

11 $x+1<1-2x$ ( )

[12 ~ 14] x의 값이 -1, 0, 1, 2일 때, 다음 부등식을 푸시오.

12 $2x-1\leq 3$

13 $6-x>5$

14 $5x-4<x+3$

[15 ~ 18] $a>b$일 때, 다음 □ 안에 알맞은 부등호를 써넣으시오.

15 $a+3$ □ $b+3$

16 $10-a$ □ $10-b$

17 $-2a+5$ □ $-2b+5$

18 $\frac{1+3a}{4}$ □ $\frac{1+3b}{4}$

[19 ~ 21] $x\geq -1$일 때, 다음 식의 값의 범위를 구하시오.

19 $2x$

20 $-x+2$

21 $5-3x$

맞힌 개수 개/21개

➲ 정답 및 풀이 22쪽

연산 능력 UP!

쌍둥이 10분 연산 TEST

[01 ~ 05] 다음 중 일차부등식인 것에는 ○표, 일차부등식이 아닌 것에는 ×표를 하시오.

01 $10<5+7$ (　　)

02 $x-2>3+2x$ (　　)

03 $4x\le 4(x+1)$ (　　)

04 $x(x-5)\ge x^2$ (　　)

05 $x^2-x+4<3x-x^2$ (　　)

[06 ~ 09] 다음 일차부등식을 풀고, 그 해를 수직선 위에 나타내시오.

06 $x+2<-3$

07 $2x-3\ge 7$

08 $5x\le 2x-9$

09 $-3x+7<2x-3$

[10 ~ 17] 다음 일차부등식을 푸시오.

10 $-x>2x+3$

11 $9-3x\ge -1+2x$

12 $2x-(5x-4)<-5$

13 $\frac{x}{2}\ge\frac{x}{6}+1$

14 $\frac{x+3}{6}<\frac{x+6}{4}$

15 $0.7x>0.4x-1.2$

16 $\frac{2}{5}x-1.2\le\frac{3}{10}x+0.8$

17 $0.3(x-6)\ge 0.4+\frac{1}{2}x$

[18 ~ 20] $a>0$일 때, x에 대한 다음 일차부등식을 푸시오.

18 $ax<2$

19 $ax\ge 3a$

20 $ax-a<0$

맞힌 개수 　개/20개

➲ 정답 및 풀이 22쪽

연산 능력 UP! 쌍둥이 10분 연산 TEST

01 연속하는 세 자연수의 합이 66보다 작다고 한다. 이와 같은 자연수 중에서 가장 큰 세 수를 구하려고 할 때, 다음 물음에 답하시오.

(1) 연속하는 세 자연수 중 가운데 수를 x라 할 때, 일차부등식을 세우시오.

(2) 연속하는 세 자연수 중 가장 큰 세 수를 구하시오.

02 한 자루에 600원인 연필과 한 자루에 800원인 볼펜을 합하여 12자루를 사려고 한다. 전체 가격이 9000원 이하가 되도록 하려면 볼펜은 최대 몇 자루까지 살 수 있는지 구하려고 할 때, 다음 물음에 답하시오.

(1) 볼펜을 x자루 산다고 할 때, 일차부등식을 세우시오.

(2) 볼펜은 최대 몇 자루까지 살 수 있는지 구하시오.

03 현재 가연이의 예금액은 15000원, 재철이의 예금액은 18000원이다. 다음 달부터 매달 가연이는 3000원씩, 재철이는 2500원씩 예금하려고 할 때, 가연이의 예금액이 재철이의 예금액보다 많아지는 것은 몇 개월 후부터인지 구하려고 한다. 다음 물음에 답하시오.

(1) x개월 후부터 가연이의 예금액이 재철이의 예금액보다 많아진다고 할 때, 일차부등식을 세우시오.

(2) 가연이의 예금액이 재철이의 예금액보다 많아지는 것은 몇 개월 후부터인지 구하시오.

04 집 근처 매장에서 한 캔에 1000원인 음료수가 인터넷 쇼핑몰에서는 750원이라고 한다. 인터넷 쇼핑몰에서 사면 2500원의 배송료가 들 때, 음료수를 몇 캔 이상 살 경우에 인터넷 쇼핑몰에서 사는 것이 유리한지 구하려고 한다. 다음 물음에 답하시오.

(1) 음료수를 x캔 산다고 할 때, 일차부등식을 세우시오.

(2) 음료수를 몇 캔 이상 살 경우에 인터넷 쇼핑몰에서 사는 것이 유리한지 구하시오.

05 등산을 하는데 올라갈 때는 시속 2 km로, 내려올 때는 같은 길을 시속 4 km로 걸어서 총 2시간 이내에 등산을 마치려고 한다. 최대 몇 km까지 올라갔다 내려올 수 있는지 구하려고 할 때, 다음 물음에 답하시오.

(1) 최대 x km까지 올라갔다 내려온다고 할 때, 일차부등식을 세우시오.

(2) 최대 몇 km까지 올라갔다 내려올 수 있는지 구하시오.

06 집에서 5 km 떨어진 도서관에 가는데 처음에는 시속 3 km로 걷다가 도중에 시속 6 km로 뛰어서 1시간 30분 이내에 도착하려고 한다. 시속 3 km로 걸어간 거리는 최대 몇 km인지 구하려고 할 때, 다음 물음에 답하시오.

(1) 시속 3 km로 걸어간 거리를 x km라 할 때, 일차부등식을 세우시오.

(2) 시속 3 km로 걸어간 거리는 최대 몇 km인지 구하시오.

맞힌 개수 개/6개 ➔ 정답 및 풀이 22쪽

쌍둥이 10분 연산 TEST

[01~03] 다음 중 미지수가 2개인 일차방정식인 것에는 ○표, 미지수가 2개인 일차방정식이 아닌 것에는 ×표를 하시오.

01 $2x=\frac{3}{y}+5$ (　　)

02 $x^2-x=x^2+y$ (　　)

03 $7x-3y+1=2(x+y-1)$ (　　)

[04~06] 다음 문장을 미지수가 2개인 일차방정식으로 나타내시오.

04 x에서 10을 뺀 값은 y의 2배와 같다.

05 4점짜리 문항 x개와 5점짜리 문항 y개를 맞혀서 80점을 맞았다.

06 1000원짜리 과자 x봉지와 500원짜리 사탕 y개를 사고 4500원을 지불하였다.

[07~08] x, y가 자연수일 때, 다음 일차방정식의 해를 모두 순서쌍으로 나타내시오.

07 $x+5y=10$

08 $3x+2y=18$

[09~10] 다음 일차방정식 중 순서쌍 (1, 2)를 해로 갖는 것에는 ○표, 해로 갖지 않는 것에는 ×표를 하시오.

09 $2x-y=1$ (　　)

10 $3x+\frac{3}{2}y=6$ (　　)

[11~12] x, y가 자연수일 때, 다음 연립방정식의 해를 순서쌍으로 나타내시오.

11 $\begin{cases} x+y=8 \\ x-y=4 \end{cases}$

12 $\begin{cases} 4x-y=1 \\ x+2y=7 \end{cases}$

[13~14] 다음의 각 경우에 대하여 상수 a의 값을 구하시오.

13 $2x+ay=10$의 해가 $(-1, 2)$인 경우

14 $ax-3y=5$의 해가 $(2, 1)$인 경우

[15~16] 다음의 각 경우에 대하여 상수 a, b의 값을 각각 구하시오.

15 $\begin{cases} x+ay=3 \\ 2x-y=b \end{cases}$의 해가 $(2, 1)$인 경우

16 $\begin{cases} x+2y=a \\ bx-y=6 \end{cases}$의 해가 $(1, -3)$인 경우

맞힌 개수 　개/16개

정답 및 풀이 22쪽

쌍둥이 10분 연산 TEST

[01 ~ 03] 다음 연립방정식을 가감법을 이용하여 푸시오.

01 $\begin{cases} x+y=5 \\ x-y=3 \end{cases}$

02 $\begin{cases} 2x-3y=-13 \\ x-3y=-11 \end{cases}$

03 $\begin{cases} 2x-3y=4 \\ 3x+2y=-7 \end{cases}$

[04 ~ 07] 다음 연립방정식을 대입법을 이용하여 푸시오.

04 $\begin{cases} y=x+2 \\ 3x-y=6 \end{cases}$

05 $\begin{cases} x=3y \\ x+5y=16 \end{cases}$

06 $\begin{cases} 3x=y-7 \\ 3x=2y-5 \end{cases}$

07 $\begin{cases} 2x-y=-1 \\ 3x+2y=9 \end{cases}$

[08 ~ 13] 다음 연립방정식을 푸시오.

08 $\begin{cases} 5x-2(3x+y)=0 \\ 12+x=3(6-y) \end{cases}$

09 $\begin{cases} 0.1x+0.2y=0.2 \\ 0.04x+0.06y=0.07 \end{cases}$

10 $\begin{cases} \frac{1}{2}x+\frac{1}{3}y=1 \\ \frac{1}{5}x-\frac{1}{4}y=5 \end{cases}$

11 $\begin{cases} \frac{1}{2}x-\frac{1}{3}(x-y)=1 \\ 0.3(x+y)-0.2y=0.8 \end{cases}$

12 $\begin{cases} -2x+4y=6 \\ x-2y=-3 \end{cases}$

13 $\begin{cases} x+2y=2 \\ \frac{1}{2}x+y=3 \end{cases}$

[14 ~ 15] 다음 연립방정식의 해가 $x-y=3$을 만족시킬 때, 상수 a의 값을 구하시오.

14 $\begin{cases} x+3y=-1 \\ x+ay=4 \end{cases}$

15 $\begin{cases} ax+y=7 \\ 2x-9y=-8 \end{cases}$

[16 ~ 17] 다음 방정식을 푸시오.

16 $4x-3y=x-5y+1=24$

17 $6x+3y=2x-2y-2=5x+2y$

맞힌 개수 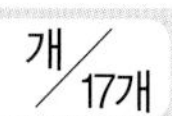 개/17개

➡ 정답 및 풀이 22쪽

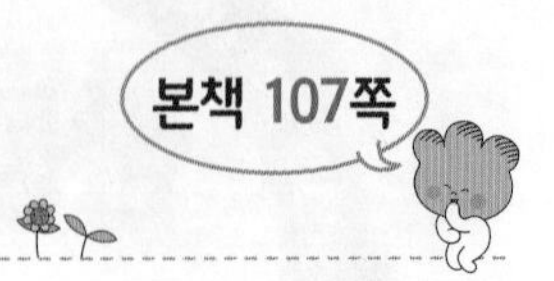

01 어떤 두 자연수의 합은 36이고, 큰 수는 작은 수의 2배보다 9만큼 작다고 한다. 이와 같은 두 자연수 중에서 큰 수를 구하려고 할 때, 다음 물음에 답하시오.

(1) 두 자연수 중 큰 수를 x, 작은 수를 y라 할 때, 연립방정식을 세우시오.

(2) 두 자연수 중 큰 수를 구하시오.

02 주아는 양궁 게임에서 7점짜리 과녁과 9점짜리 과녁을 모두 합하여 5번 맞히고, 총 41점을 얻었다. 주아가 7점짜리 과녁을 몇 번 맞혔는지 구하려고 할 때, 다음 물음에 답하시오.

(1) 7점짜리 과녁을 x번, 9점짜리 과녁을 y번 맞혔다고 할 때, 연립방정식을 세우시오.

(2) 7점짜리 과녁을 몇 번 맞혔는지 구하시오.

03 어느 문구점에서 지우개 5개와 연필 4자루의 가격은 6000원이고, 지우개 4개와 연필 5자루의 가격은 6600원이다. 지우개 1개의 가격을 구하려고 할 때, 다음 물음에 답하시오.

(1) 지우개 1개의 가격을 x원, 연필 1자루의 가격을 y원이라 할 때, 연립방정식을 세우시오.

(2) 지우개 1개의 가격을 구하시오.

04 현재 현서와 현서 이모의 나이의 차는 24살이고, 5년 후에는 이모의 나이가 현서의 나이의 2배보다 3살 많아진다고 한다. 현재 현서의 나이를 구하려고 할 때, 다음 물음에 답하시오.

(1) 현재 이모의 나이를 x살, 현서의 나이를 y살이라 할 때, 연립방정식을 세우시오.

(2) 현재 현서의 나이를 구하시오.

05 아랫변의 길이가 윗변의 길이보다 2 cm 더 긴 사다리꼴이 있다. 이 사다리꼴의 높이가 4 cm이고, 넓이가 28 cm^2일 때, 윗변의 길이를 구하려고 한다. 다음 물음에 답하시오.

(1) 사다리꼴의 아랫변의 길이를 x cm, 윗변의 길이를 y cm라 할 때, 연립방정식을 세우시오.

(2) 윗변의 길이를 구하시오.

06 경하가 서점을 갔다 오는데 갈 때는 시속 5 km로 걷고, 돌아올 때는 갈 때보다 3 km 더 가까운 길을 시속 4 km로 걸어서 모두 1시간 30분이 걸렸다. 시속 5 km로 걸은 거리는 몇 km인지 구하려고 할 때, 다음 물음에 답하시오.

(1) 시속 5 km로 걸은 거리를 x km, 시속 4 km로 걸은 거리를 y km라 할 때, 연립방정식을 세우시오.

(2) 시속 5 km로 걸은 거리는 몇 km인지 구하시오.

맞힌 개수 개/6개

➔ 정답 및 풀이 22쪽

연산 능력 UP! 쌍둥이 10분 연산 TEST

[01 ~ 04] 다음 중 y가 x의 함수인 것에는 ○표, 함수가 아닌 것에는 ×표를 하시오.

01 x의 약수 y ( )

02 합이 10이 되는 두 자연수 x와 y ( )

03 십의 자리의 숫자가 3이고, 일의 자리의 숫자가 x인 두 자리의 자연수 y ( )

04 넓이가 32 cm^2인 직사각형의 가로의 길이가 x cm일 때, 세로의 길이 y cm ( )

[05 ~ 08] 함수 $f(x)=-4x$에 대하여 다음을 구하시오.

05 $f(1)$

06 $f(-2)$

07 $f\left(\frac{1}{2}\right)$

08 $f(0)+f\left(-\frac{3}{4}\right)$

[09 ~ 12] 함수 $f(x)=-\frac{16}{x}$에 대하여 다음을 구하시오.

09 $f(2)$

10 $f(-4)$

11 $f\left(\frac{1}{2}\right)$

12 $f(-1)+f\left(-\frac{2}{3}\right)$

[13 ~ 16] 함수 $y=f(x)$가 다음과 같을 때, $f(-3)$의 값을 구하시오.

13 $f(x)=-2x$

14 $f(x)=\frac{15}{x}$

15 $f(x)=x+2$

16 $f(x)=\frac{5}{6}x-\frac{1}{2}$

[17 ~ 20] 다음을 구하시오.

17 함수 $f(x)=-3x$에 대하여 $f(a)=-9$일 때, a의 값

18 함수 $f(x)=\frac{8}{x}$에 대하여 $f(a)=2$일 때, a의 값

19 함수 $f(x)=ax$에 대하여 $f(2)=-6$일 때, 상수 a의 값

20 함수 $f(x)=\frac{a}{x}$에 대하여 $f(3)=2$일 때, 상수 a의 값

맞힌 개수 개/20개

➲ 정답 및 풀이 23쪽

연산 능력 UP!
쌍둥이 10분 연산 TEST

[01~06] 다음 중 y가 x에 대한 일차함수인 것에는 ○표, 일차함수가 아닌 것에는 ×표를 하시오.

01 $y=-x+1$ (　　)

02 $y=\frac{1}{x}+2$ (　　)

03 $y=x+y$ (　　)

04 $xy=3$ (　　)

05 $y=-(5+x)$ (　　)

06 $y=3(x+1)-3x$ (　　)

[07~11] 다음에서 y를 x에 대한 식으로 나타내고, y가 x에 대한 일차함수인지 아닌지 말하시오.

07 한 개에 x원인 과일 y개의 가격 10000원

08 길이가 30 cm인 테이프를 x cm 사용하고 남은 길이 y cm

09 한 변의 길이가 x cm인 정사각형의 넓이 y cm^2

10 500원짜리 지우개 x개와 1000원짜리 펜 y자루의 값 3만 원

11 전체 쪽수가 300쪽인 책을 하루에 15쪽씩 x일 동안 읽었을 때, 남은 분량 y쪽

[12~13] 일차함수 $y=-3x$의 그래프를 이용하여 오른쪽 좌표평면 위에 다음 일차함수의 그래프를 그리시오.

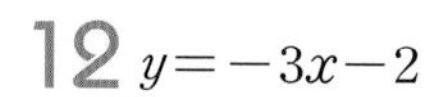

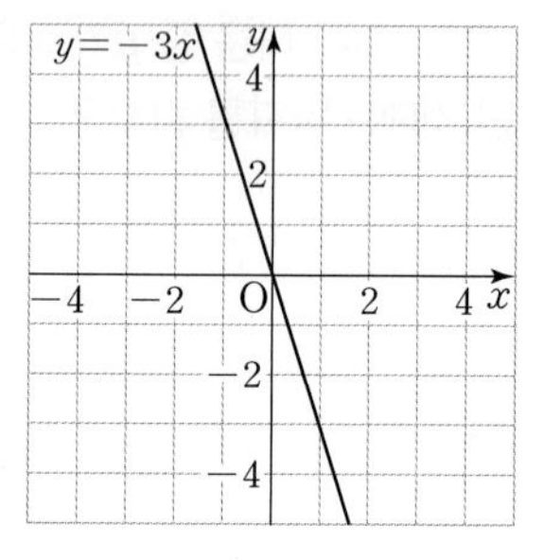

12 $y=-3x-2$

13 $y=-3x+4$

[14~17] 다음 그래프를 나타내는 일차함수의 식을 구하시오.

14 일차함수 $y=-3x$의 그래프를 y축의 방향으로 2만큼 평행이동한 그래프

15 일차함수 $y=\frac{1}{2}x$의 그래프를 y축의 방향으로 -6만큼 평행이동한 그래프

16 일차함수 $y=2x+3$의 그래프를 y축의 방향으로 -5만큼 평행이동한 그래프

17 일차함수 $y=-\frac{1}{3}x-2$의 그래프를 y축의 방향으로 3만큼 평행이동한 그래프

[18~20] 다음 주어진 점이 일차함수 $y=-3x+2$의 그래프 위의 점일 때, a, b, c의 값을 각각 구하시오.

18 $(1, a)$

19 $(b, 5)$

20 $(-2, c)$

맞힌 개수 　개/20개

➲ 정답 및 풀이 23쪽

[01 ~ 03] 다음 일차함수의 그래프의 x절편, y절편, 기울기를 각각 구하시오.

01

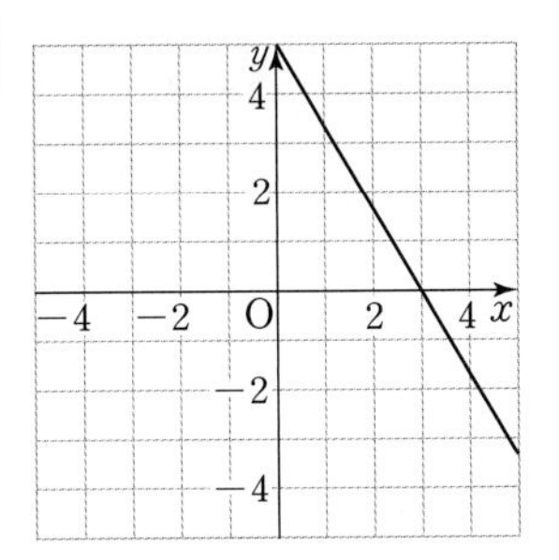

02

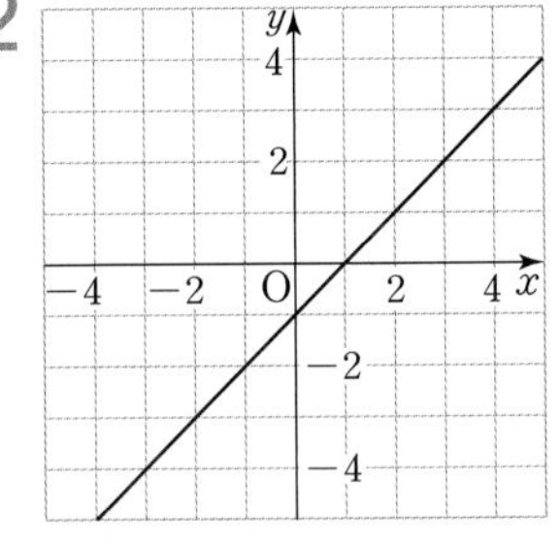

03

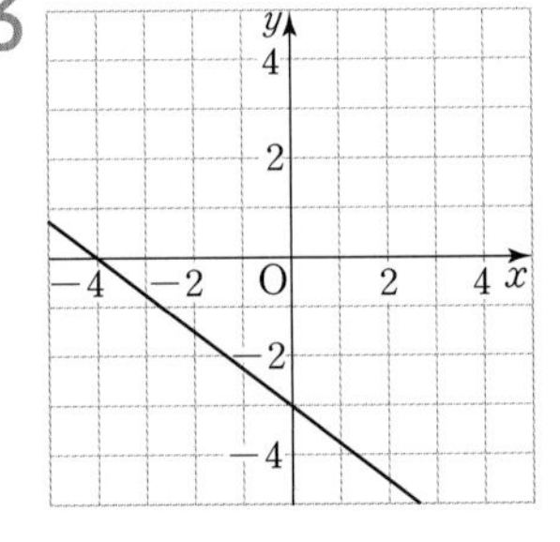

[04 ~ 06] 다음 일차함수의 그래프의 x절편, y절편, 기울기를 각각 구하시오.

04 $y=2x+4$

05 $y=\frac{1}{2}x-3$

06 $y=-\frac{2}{3}x+2$

[07 ~ 10] 다음 두 점을 지나는 일차함수의 그래프의 기울기를 구하시오.

07 $(2,\ 4),\ (4,\ 8)$

08 $(3,\ -2),\ (2,\ 5)$

09 $(1,\ 0),\ (3,\ 4)$

10 $(-3,\ 3),\ (3,\ -1)$

[11 ~ 12] 그래프 위의 두 점의 좌표를 이용하여 일차함수의 그래프를 그리시오.

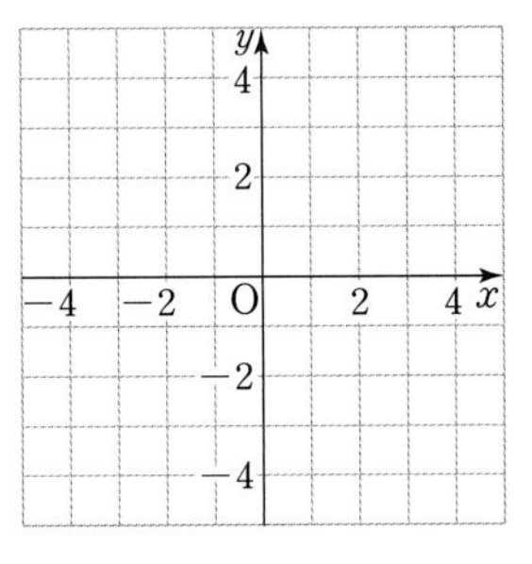

11 $y=2x+5$

12 $y=-\frac{1}{3}x+3$

[13 ~ 14] x절편과 y절편을 이용하여 일차함수의 그래프를 그리시오.

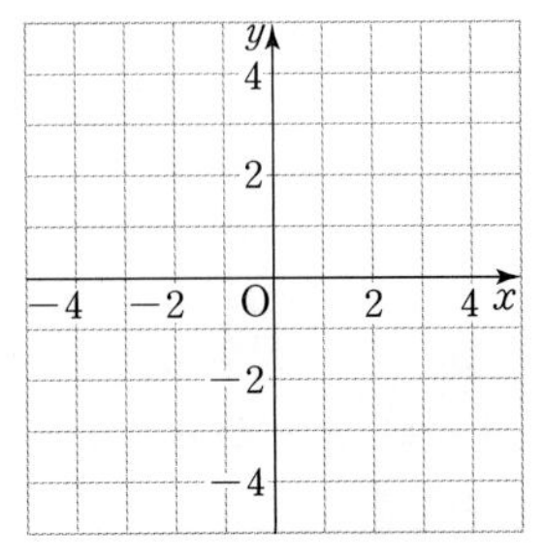

13 $y=\frac{1}{2}x+2$

14 $y=-\frac{3}{4}x+3$

[15 ~ 16] 기울기와 y절편을 이용하여 일차함수의 그래프를 그리시오.

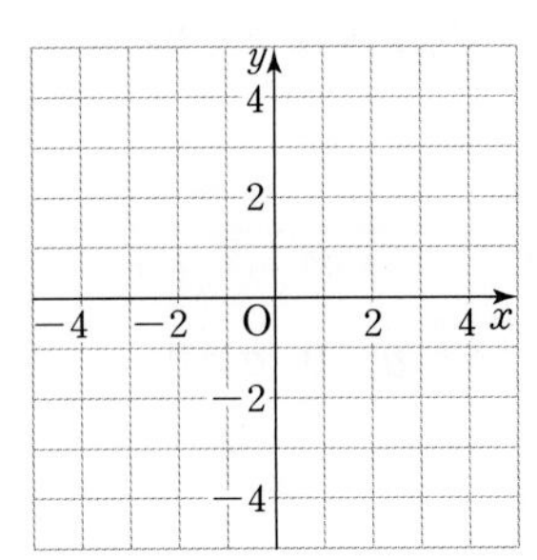

15 $y=2x-3$

16 $y=-\frac{2}{3}x-1$

맞힌 개수 개/16개

➲ 정답 및 풀이 23쪽

[01 ~ 04] 다음 조건을 만족시키는 일차함수의 그래프를 보기에서 모두 고르시오.

보기
ㄱ. $y=-x+2$　ㄴ. $y=3x-1$
ㄷ. $y=-5x-\frac{1}{2}$　ㄹ. $y=\frac{1}{2}x+4$
ㅁ. $y=x-1$　ㅂ. $y=\frac{1}{3}x$

01 x의 값이 증가할 때, y의 값은 감소하는 직선

02 오른쪽 위로 향하는 직선

03 y절편이 음수인 직선

04 y축과 양의 부분에서 만나는 직선

[05 ~ 08] 상수 a, b의 부호가 다음과 같을 때, 일차함수 $y=-ax-b$의 그래프를 고르시오.

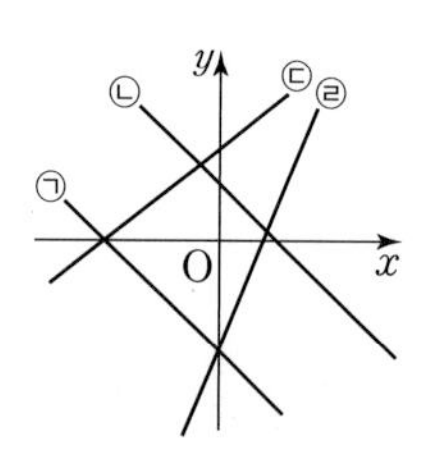

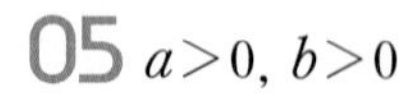
05 $a>0$, $b>0$

06 $a>0$, $b<0$

07 $a<0$, $b>0$

08 $a<0$, $b<0$

[09 ~ 10] 다음 보기의 일차함수의 그래프에 대하여 물음에 답하시오.

보기
ㄱ. $y=-\frac{1}{4}x-2$　ㄴ. $y=2x-3$
ㄷ. $y=5x-3$　ㄹ. $y=2x+1$
ㅁ. $y=\frac{1}{5}x+1$　ㅂ. $y=-\frac{1}{4}(x+8)$

09 서로 평행한 것끼리 짝 지으시오.

10 일치하는 것끼리 짝 지으시오.

[11 ~ 12] 다음 두 일차함수의 그래프가 서로 평행할 때, 상수 a의 값을 구하시오.

11 $y=-3x+\frac{1}{3}$, $y=ax+5$

12 $y=2ax-1$, $y=\frac{1}{4}x+\frac{1}{2}$

[13 ~ 14] 다음 두 일차함수의 그래프가 일치할 때, 상수 a, b의 값을 각각 구하시오.

13 $y=-5x+a-2$, $y=\frac{1}{2}bx+3$

14 $y=(2a-1)x+3$, $y=ax+(2b-1)$

맞힌 개수 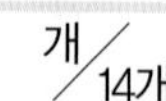 개/14개

➡ 정답 및 풀이 23쪽

쌍둥이 10분 연산 TEST

[01~10] 다음 직선을 그래프로 하는 일차함수의 식을 구하시오.

01 기울기가 -1이고, y절편이 6인 직선

02 일차함수 $y=-4x+3$의 그래프와 평행하고, 점 $(0,\ -5)$를 지나는 직선

03 기울기가 1이고, 점 $(3,\ 1)$을 지나는 직선

04 기울기가 3이고, x절편이 -1인 직선

05 일차함수 $y=-x+3$의 그래프와 평행하고, 점 $(2,\ 0)$을 지나는 직선

06 x의 값이 2만큼 증가할 때 y의 값은 2만큼 증가하고, 점 $(-1,\ 3)$을 지나는 직선

07 두 점 $(-1,\ 4)$, $(3,\ 10)$을 지나는 직선

08 두 점 $(1,\ -3)$, $(3,\ 3)$을 지나는 직선

09 x절편이 2, y절편이 8인 직선

10 x절편이 -3이고, 점 $(0,\ 5)$를 지나는 직선

[11~15] 다음 그림과 같은 직선을 그래프로 하는 일차함수의 식을 구하시오.

11

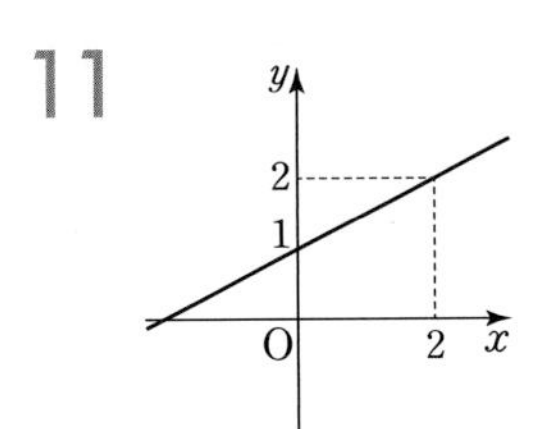

12

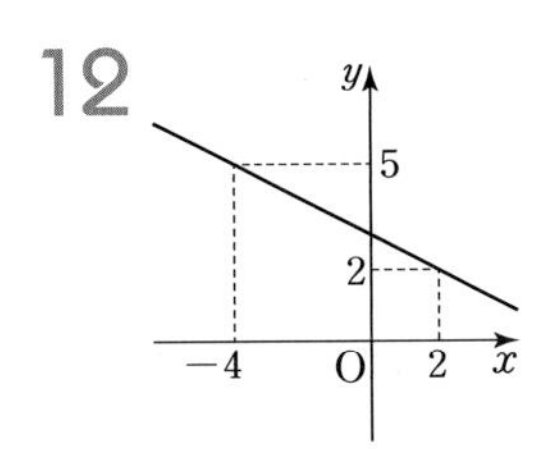

13

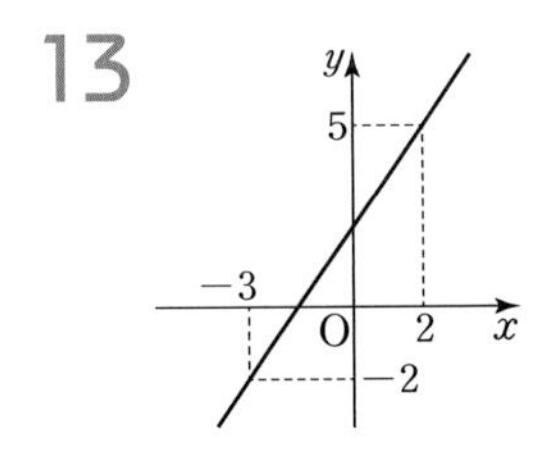

14

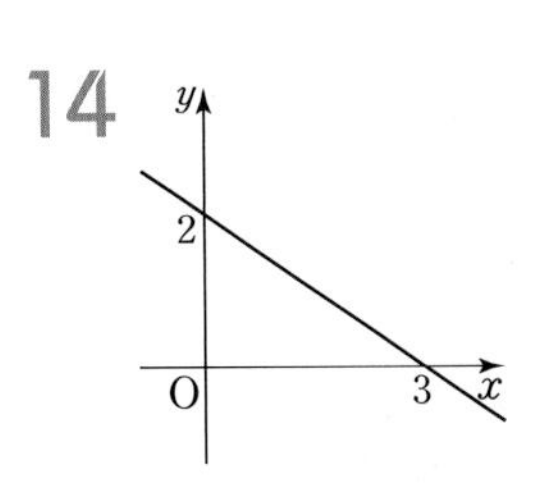

15

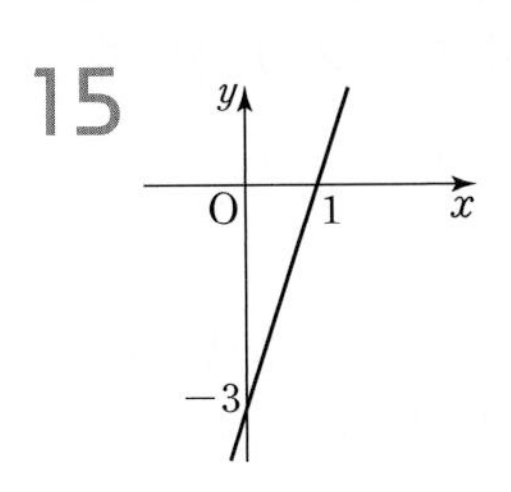

맞힌 개수 개/15개

➔ 정답 및 풀이 24쪽

01 공기 중에서 소리의 속력은 기온이 0 ℃일 때, 초속 331 m이고, 기온이 1 ℃ 올라갈 때마다 초속 0.6 m씩 증가한다고 할 때, 다음 물음에 답하시오.

(1) 기온이 x ℃인 곳에서의 소리의 속력을 초속 y m라 할 때, x와 y 사이의 관계식을 구하시오.

(2) 기온이 25 ℃일 때, 소리의 속력은 초속 몇 m인지 구하시오.

02 길이가 30 cm인 양초에 불을 붙이면 양초의 길이가 10분에 2 cm씩 줄어든다고 할 때, 다음 물음에 답하시오.

(1) 불을 붙인 지 x분 후의 양초의 길이를 y cm라 할 때, x와 y 사이의 관계식을 구하시오.

(2) 양초가 완전히 타는 데 걸리는 시간은 몇 분인지 구하시오.

03 30 L의 물이 들어 있는 물탱크에 매분 2 L의 물을 더 넣을 때, 다음 물음에 답하시오.

(1) 물을 넣기 시작한 지 x분 후에 물탱크에 들어 있는 물의 양을 y L라 할 때, x와 y 사이의 관계식을 구하시오.

(2) 물을 넣기 시작한 지 30분 후의 물탱크에 들어 있는 물의 양은 몇 L인지 구하시오.

04 350 km 떨어진 목적지를 향해 자동차가 시속 70 km로 달린다고 할 때, 다음 물음에 답하시오.

(1) 출발한 지 x시간 후에 목적지까지 남은 거리를 y km라 할 때, x와 y 사이의 관계식을 구하시오.

(2) 목적지까지 가는 데 몇 시간이 걸리는지 구하시오.

05 오른쪽 그림과 같은 직사각형 ABCD에서 점 P가 점 B를 출발하여 변 BC를 따라 1초에 4 cm씩 움직이고 있을 때, 다음 물음에 답하시오.

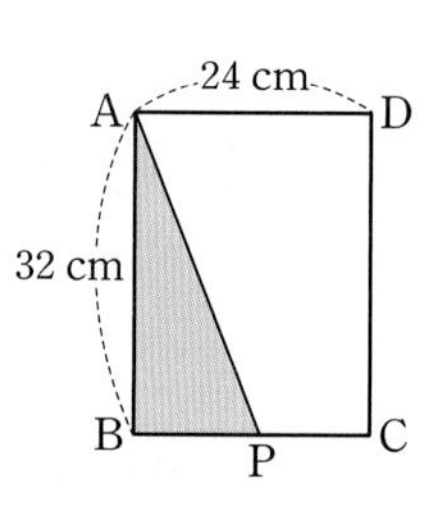

(1) x초 후의 삼각형 ABP의 넓이를 y cm²라 할 때, x와 y 사이의 관계식을 구하시오.

(2) 3초 후의 삼각형 ABP의 넓이를 구하시오.

06 오른쪽 그래프는 어느 회사에서 무게가 x kg인 물건의 배송비를 y천 원이라 할 때, x와 y 사이의 관계를 나타낸 것이다. 다음 물음에 답하시오.

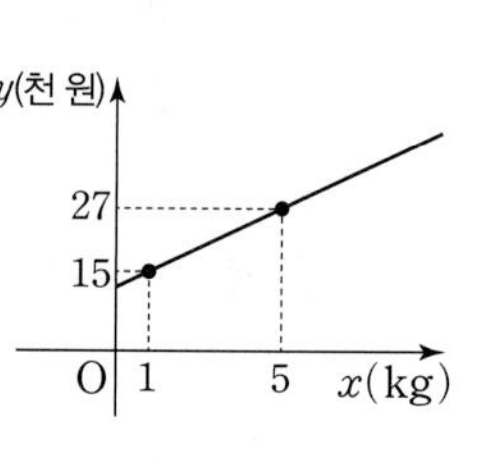

(1) x와 y 사이의 관계식을 구하시오.

(2) 배송비가 34500원인 물건의 무게는 몇 kg인지 구하시오.

맞힌 개수 　개/6개

➔ 정답 및 풀이 24쪽

[01 ~ 03] 다음 일차방정식을 일차함수 $y=ax+b$의 꼴로 나타내고, 기울기, x절편과 y절편을 각각 구하여 그래프를 그리시오.

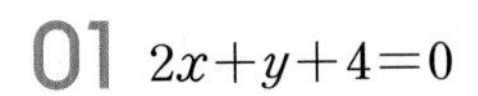

01 $2x+y+4=0$

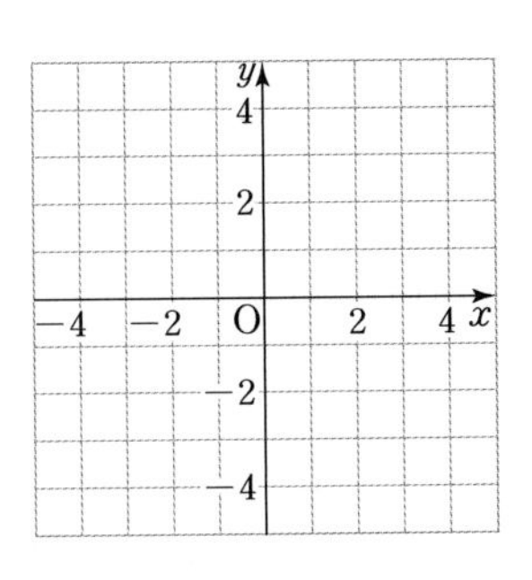

02 $x-3y-3=0$

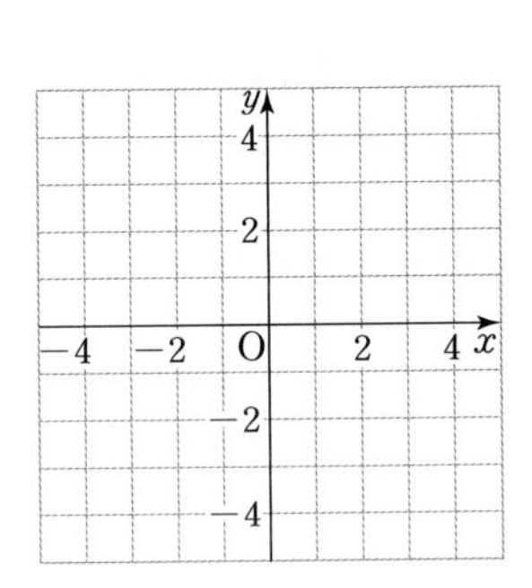

03 $5x+3y-15=0$

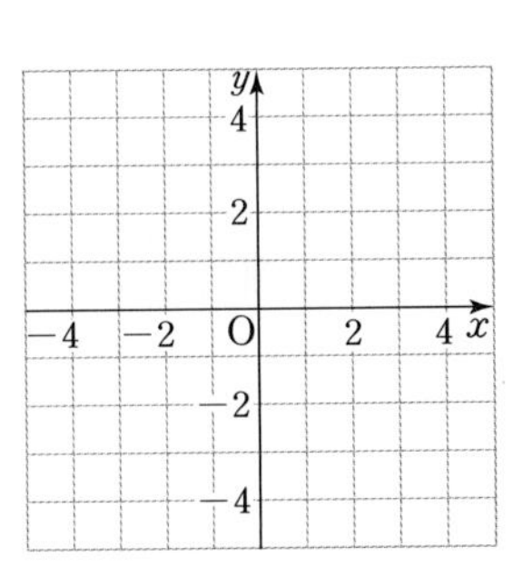

[04 ~ 07] 다음 일차방정식의 그래프가 점 $(-3,\ 2)$를 지나는 것에는 ○표, 지나지 않는 것에는 ×표를 하시오.

04 $x+3y=3$ (　　)

05 $-x+3y=-12$ (　　)

06 $-2x-y=4$ (　　)

07 $5x-4y=7$ (　　)

08 다음 일차방정식의 그래프를 오른쪽 좌표평면 위에 그리시오.

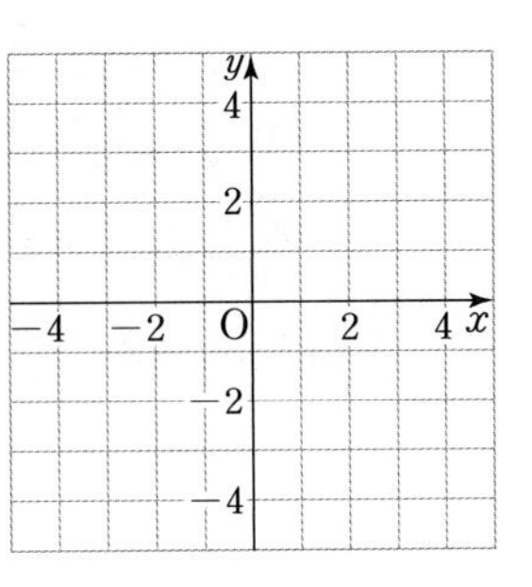

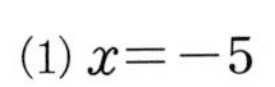

(1) $x=-5$

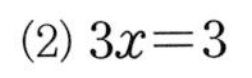

(2) $3x=3$

(3) $y=3$

(4) $\frac{1}{8}y=-\frac{1}{4}$

09 오른쪽 좌표평면 위의 그래프 (1)~(4)가 나타내는 직선의 방정식을 각각 구하시오.

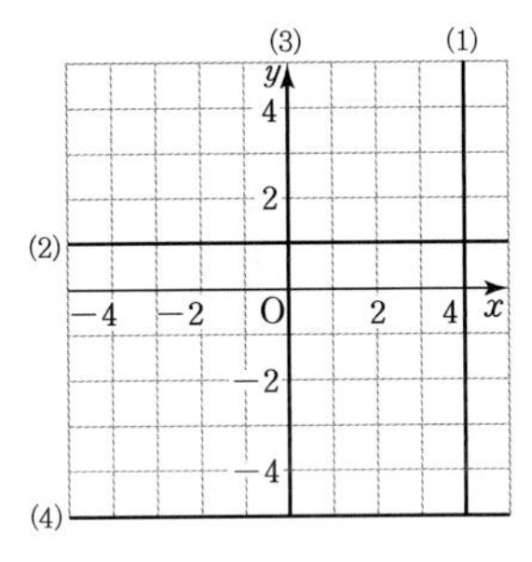

[10 ~ 13] 다음 직선의 방정식을 구하시오.

10 점 $(-1,\ 5)$를 지나고 x축에 평행한 직선

11 점 $(-4,\ 9)$를 지나고 y축에 평행한 직선

12 점 $(3,\ -5)$를 지나고 x축에 수직인 직선

13 점 $(1,\ -1)$을 지나고 y축에 수직인 직선

맞힌 개수 　개/13개

➲ 정답 및 풀이 24쪽

[01 ~ 03] 두 일차방정식의 그래프를 좌표평면 위에 그려 주어진 연립방정식을 푸시오.

01 $\begin{cases} x+y=6 \\ 2x-3y=2 \end{cases}$

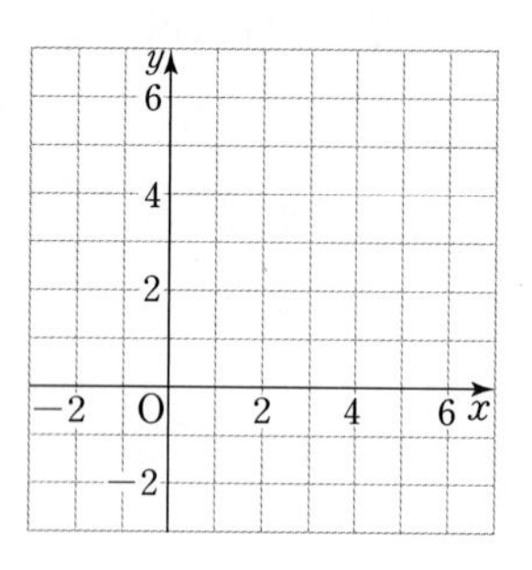

02 $\begin{cases} -2x+3y=-4 \\ x+y=-3 \end{cases}$

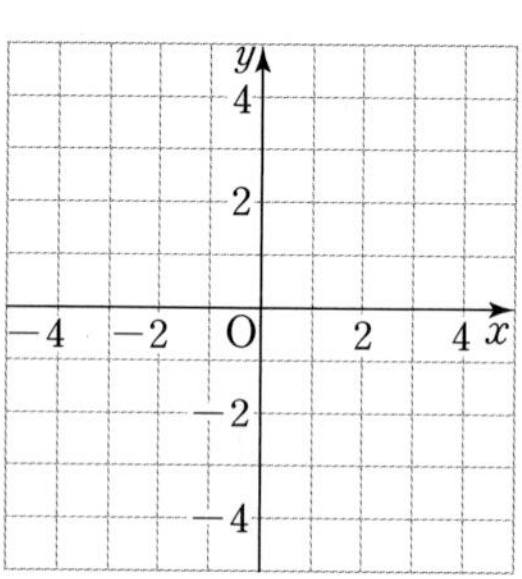

03 $\begin{cases} -x+y=4 \\ -x+3y=6 \end{cases}$

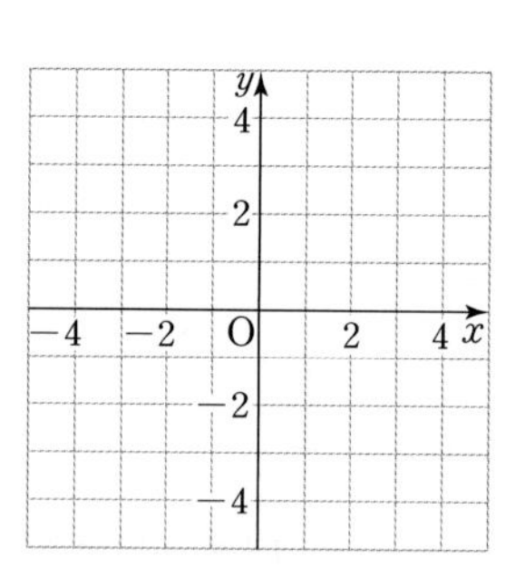

[04 ~ 06] 다음 연립방정식에서 두 일차방정식의 그래프가 주어진 그림과 같을 때, 상수 a, b의 값을 각각 구하시오.

04 $\begin{cases} x+y=b \\ ax-y=3 \end{cases}$

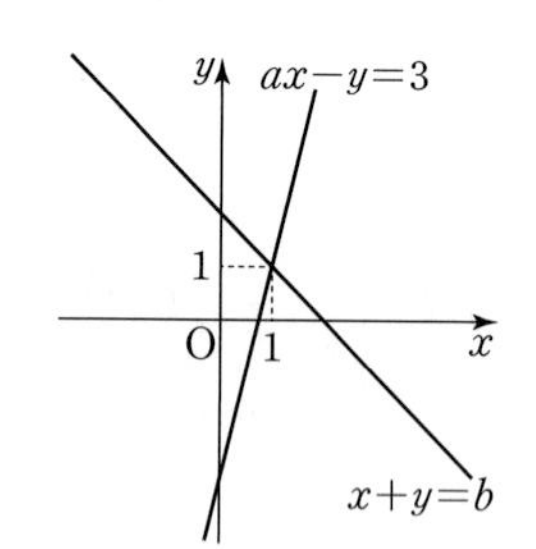

05 $\begin{cases} x+ay=4 \\ bx-4y=-4 \end{cases}$

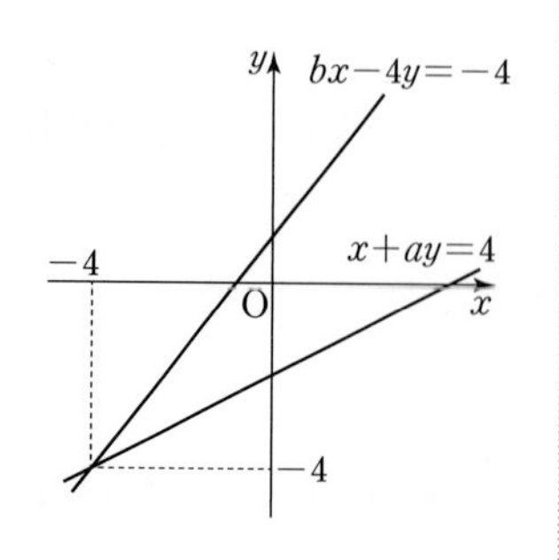

06 $\begin{cases} ax-2y=-4 \\ x+by=-3 \end{cases}$

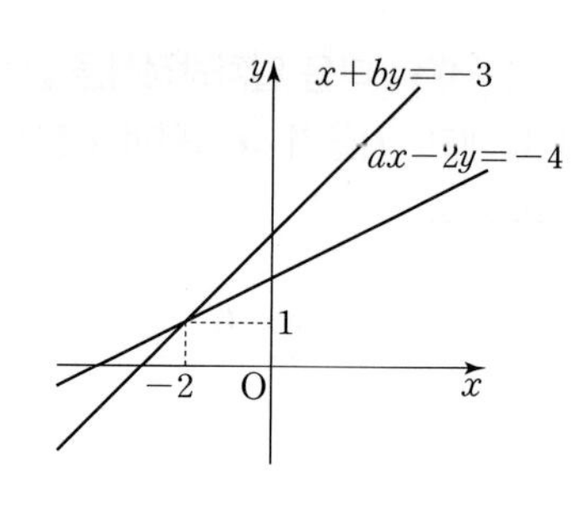

[07 ~ 09] 연립방정식 $\begin{cases} ax+y=2 \\ -6x-2y=b \end{cases}$에서 각 일차방정식의 그래프가 다음과 같은 관계일 때, 상수 a, b의 조건을 구하시오.

07 평행할 때

08 일치할 때

09 한 점에서 만날 때

[10 ~ 12] 연립방정식 $\begin{cases} 2x+ay=3 \\ 4x-2y=b \end{cases}$의 해가 다음과 같을 때, 상수 a, b의 조건을 구하시오.

10 해가 한 쌍일 때

11 해가 없을 때

12 해가 무수히 많을 때

맞힌 개수 　　개/12개

➡ 정답 및 풀이 24쪽

정답 및 풀이

I 수와 식의 계산

1. 유리수와 순환소수

쌍둥이 10분 연산 TEST 1쪽

01 유　02 유　03 무　04 유　05 무
06 1.2, 유　07 $-0.41666\cdots$, 무　08 0.181818⋯, 무
09 0.52, 유　10 0.425, 유　11 5, 5, 5, 0.05
12 2, 2, 6, 0.06　13 5, 5, 45, 0.045　14 ○
15 ×　16 ○　17 ×　18 21　19 9

쌍둥이 10분 연산 TEST 2쪽

01 7, $1.0\dot{7}$　02 39, $2.\dot{3}\dot{9}$　03 42, $5.3\dot{4}\dot{2}$
04 753, $2.5\dot{7}5\dot{3}$　05 8　06 1　07 $0.\dot{7}\dot{2}$
08 $0.5\dot{3}$　09 $0.58\dot{3}$　10 $1.\dot{4}8\dot{1}$　11 순　12 유
13 유　14 순　15 $\frac{4}{3}$　16 $\frac{5}{11}$　17 $\frac{5}{12}$
18 $\frac{1354}{495}$　19 ×　20 ○　21 ×

05 $0.\dot{4}\dot{8}$의 순환마디의 숫자는 4, 8의 2개이고, $40=2\times20$이므로 소수점 아래 40번째 자리의 숫자는 순환마디의 2번째 숫자인 8이다.

06 $1.\dot{1}7\dot{2}$의 순환마디의 숫자는 1, 7, 2의 3개이고, $40=3\times13+1$이므로 소수점 아래 40번째 자리의 숫자는 순환마디의 1번째 숫자인 1이다.

2. 단항식의 계산

쌍둥이 10분 연산 TEST 3쪽

01 5^7　02 a^{17}　03 x^8　04 a^6b^4　05 2^{18}
06 x^{16}　07 a^8b^9　08 x^9y^6　09 a^5　10 y^7
11 x^2　12 1　13 $49x^4$　14 a^6b^{12}　15 $\frac{x^{10}}{32}$
16 $\frac{16x^4}{y^8}$　17 7　18 1　19 2, 16　20 3, 2

쌍둥이 10분 연산 TEST 4쪽

01 $-21xy^3$　02 $10a^3b^7$　03 $16x^3y$
04 $36a^4b^6$　05 $6x^7y^2$　06 $-15a^3b^6$　07 xy^2
08 $3ab$　09 $-\frac{8x}{y}$　10 $-\frac{3}{a^2}$　11 $\frac{y^2}{4x^2}$
12 $-6xy$　13 $2a^2$　14 $8xy$　15 $18a$
16 $-6x^2y$　17 $-\frac{1}{5}x^2y$　18 $8y^6$　19 $5a^2b$　20 $3x$

3. 다항식의 계산

쌍둥이 10분 연산 TEST 5쪽

01 $6a+b$　02 $9x-5y+1$
03 $10x$　04 $\frac{5}{2}x-\frac{3}{2}y$
05 $2a+11b$　06 $-6x+7y+2$
07 $-16x+7y$　08 $\frac{1}{4}a+b$
09 $4x^2+2x+5$　10 $6x^2-4x+2$
11 $-3a^2+a-3$　12 $-x^2-2$
13 $10a-5b$　14 $-x^2-3x-2$
15 a^2+2a+1　16 $-2x^2-4$
17 $4x+5y$　18 $5a+3b$
19 $3x^2+11x-7$　20 $-5a^2+a+3$

쌍둥이 10분 연산 TEST 6쪽

01 $4a^2+2ab+a$　02 $-3x^2+6xy-12x$
03 $6xy+1$　04 $-2a+3ab$
05 $-9x+6y^2$　06 $4xy-2y^2+3y$
07 $2a^2+3b^2$　08 $3x-4$
09 $-3a+3b$　10 $5x^2-xy+12y$
11 $22xy-6x^2$　12 $a-3b$
13 $-12xy+6y$　14 5　15 -2　16 -2
17 $9a-7$　18 $-18a+15$
19 $-8a+7$　20 $5x$　21 $-5y$

Ⅱ 부등식과 연립방정식

1. 일차부등식

연산 능력 UP! 쌍둥이 10분 연산 TEST 7쪽

01 × 02 ○ 03 ○ 04 ×
05 $20-x\le7$ 06 $5x>40000$
07 $2x+0.3\ge10$ 08 ○ 09 × 10 ×
11 ○ 12 $-1, 0, 1, 2$ 13 $-1, 0$
14 $-1, 0, 1$ 15 $>$ 16 $<$ 17 $<$
18 $>$ 19 $2x\ge-2$ 20 $-x+2\le3$
21 $5-3x\le8$

연산 능력 UP! 쌍둥이 10분 연산 TEST 8쪽

01 × 02 ○ 03 × 04 ○ 05 ×

06 $x<-5$, -5

07 $x\ge5$, 5

08 $x\le-3$, -3

09 $x>2$, 2

10 $x<-1$ 11 $x\le2$ 12 $x>3$ 13 $x\ge3$
14 $x>-12$ 15 $x>-4$ 16 $x\le20$
17 $x\le-11$ 18 $x<\frac{2}{a}$ 19 $x\ge3$ 20 $x<1$

연산 능력 UP! 쌍둥이 10분 연산 TEST 9쪽

01 (1) $(x-1)+x+(x+1)<66$ (2) 20, 21, 22
02 (1) $600(12-x)+800x\le9000$ (2) 9자루
03 (1) $15000+3000x>18000+2500x$ (2) 7개월
04 (1) $1000x>750x+2500$ (2) 11캔
05 (1) $\frac{x}{2}+\frac{x}{4}\le2$ (2) $\frac{8}{3}$ km
06 (1) $\frac{x}{3}+\frac{5-x}{6}\le\frac{3}{2}$ (2) 4 km

2. 연립방정식

연산 능력 UP! 쌍둥이 10분 연산 TEST 10쪽

01 × 02 ○ 03 ○ 04 $x-10=2y$
05 $4x+5y=80$ 06 $1000x+500y=4500$
07 $(5, 1)$ 08 $(2, 6)$, $(4, 3)$ 09 × 10 ○
11 $(6, 2)$ 12 $(1, 3)$ 13 6 14 4
15 $a=1$, $b=3$ 16 $a=-5$, $b=3$

연산 능력 UP! 쌍둥이 10분 연산 TEST 11쪽

01 $x=4$, $y=1$ 02 $x=-2$, $y=3$
03 $x=-1$, $y=-2$ 04 $x=4$, $y=6$
05 $x=6$, $y=2$ 06 $x=-3$, $y=-2$
07 $x=1$, $y=3$ 08 $x=-12$, $y=6$
09 $x=1$, $y=\frac{1}{2}$ 10 $x=10$, $y=-12$
11 $x=2$, $y=2$ 12 해가 무수히 많다.
13 해가 없다. 14 -2 15 1
16 $x=3$, $y=-4$ 17 $x=2$, $y=-2$

연산 능력 UP! 쌍둥이 10분 연산 TEST 12쪽

01 (1) $\begin{cases} x+y=36 \\ x=2y-9 \end{cases}$ (2) 21

02 (1) $\begin{cases} x+y=5 \\ 7x+9y=41 \end{cases}$ (2) 2번

03 (1) $\begin{cases} 5x+4y=6000 \\ 4x+5y=6600 \end{cases}$ (2) 400원

04 (1) $\begin{cases} x-y=24 \\ x+5=2(y+5)+3 \end{cases}$ (2) 16살

05 (1) $\begin{cases} x=y+2 \\ \frac{1}{2}(x+y)\times4=28 \end{cases}$ (2) 6 cm

06 (1) $\begin{cases} y=x-3 \\ \frac{x}{5}+\frac{y}{4}=\frac{3}{2} \end{cases}$ (2) 5 km

III 일차함수와 그래프

1. 일차함수와 그래프 (1)

쌍둥이 10분 연산 TEST 13쪽

01 × 02 ○ 03 ○ 04 ○ 05 -4
06 8 07 -2 08 3 09 -8 10 4
11 -32 12 40 13 6 14 -5 15 -1
16 -3 17 3 18 4 19 -3 20 6

17 $f(a)=-3a=-9$이므로 $a=3$

19 $f(2)=2a=-6$이므로 $a=-3$

쌍둥이 10분 연산 TEST 14쪽

01 ○ 02 × 03 × 04 × 05 ○

06 × 07 $y=\frac{10000}{x}$, 일차함수가 아니다.

08 $y=30-x$, 일차함수이다.

09 $y=x^2$, 일차함수가 아니다.

10 $y=-\frac{1}{2}x+30$, 일차함수이다.

11 $y=300-15x$, 일차함수이다.

12~13

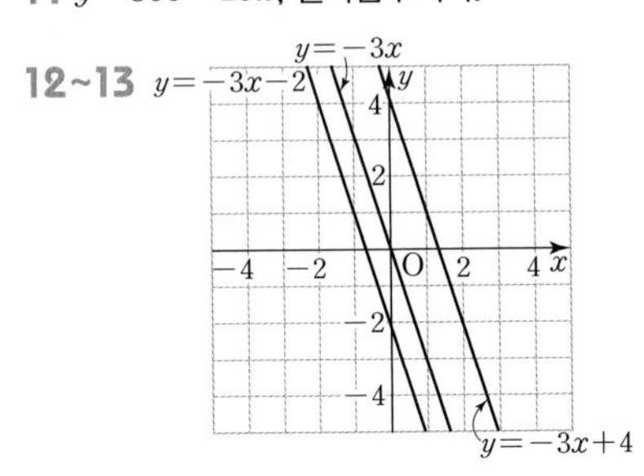

14 $y=-3x+2$ 15 $y=\frac{1}{2}x-6$

16 $y=2x-2$ 17 $y=-\frac{1}{3}x+1$ 18 -1

19 -1 20 8

18 $y=-3x+2$에 $x=1$, $y=a$를 대입하면
$a=-3\times1+2=-1$

19 $y=-3x+2$에 $x=b$, $y=5$를 대입하면
$5=-3\times b+2$ $\therefore b=-1$

쌍둥이 10분 연산 TEST 15쪽

01 x절편 : 3, y절편 : 5, 기울기 : $-\frac{5}{3}$

02 x절편 : 1, y절편 : -1, 기울기 : 1

03 x절편 : -4, y절편 : -3, 기울기 : $-\frac{3}{4}$

04 x절편 : -2, y절편 : 4, 기울기 : 2

05 x절편 : 6, y절편 : -3, 기울기 : $\frac{1}{2}$

06 x절편 : 3, y절편 : 2, 기울기 : $-\frac{2}{3}$

07 2 08 -7 09 2 10 $-\frac{2}{3}$

11~12

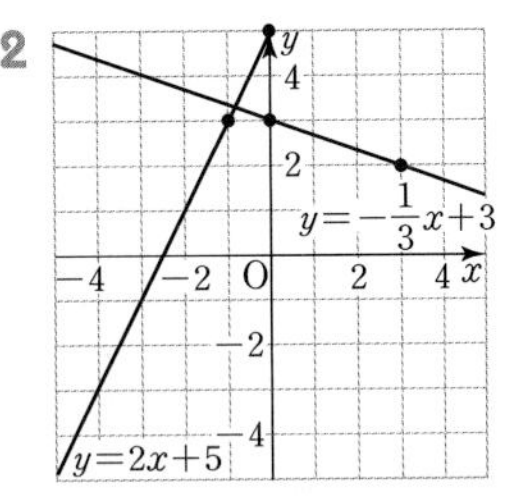

13~14

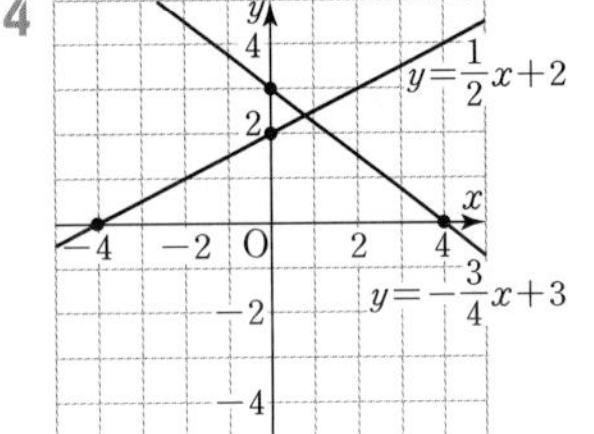

15~16

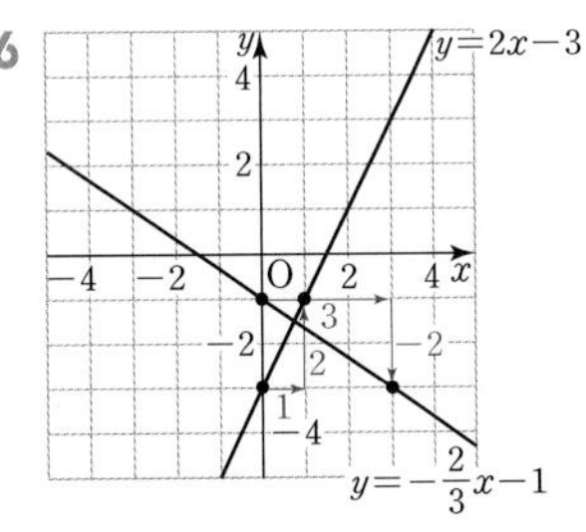

2. 일차함수와 그래프 (2)

쌍둥이 10분 연산 TEST 16쪽

01 ㄱ, ㄷ 02 ㄴ, ㄹ, ㅁ, ㅂ 03 ㄴ, ㄷ, ㅁ
04 ㄱ, ㄹ 05 ㉠ 06 ㉡ 07 ㉣ 08 ㉢
09 ㄴ과 ㄹ 10 ㄱ과 ㅂ 11 -3 12 $\frac{1}{8}$
13 $a=5$, $b=-10$ 14 $a=1$, $b=2$

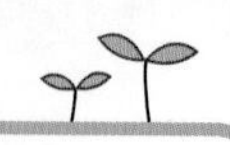

쌍둥이 10분 연산 TEST
17쪽

01 $y=-x+6$ 02 $y=-4x-5$

03 $y=x-2$ 04 $y=3x+3$

05 $y=-x+2$ 06 $y=x+4$

07 $y=\frac{3}{2}x+\frac{11}{2}$ 08 $y=3x-6$

09 $y=-4x+8$ 10 $y=\frac{5}{3}x+5$

11 $y=\frac{1}{2}x+1$ 12 $y=-\frac{1}{2}x+3$

13 $y=\frac{7}{5}x+\frac{11}{5}$ 14 $y=-\frac{2}{3}x+2$

15 $y=3x-3$

쌍둥이 10분 연산 TEST
18쪽

01 (1) $y=0.6x+331$ (2) 초속 346 m

02 (1) $y=30-0.2x$ (2) 150분

03 (1) $y=2x+30$ (2) 90 L

04 (1) $y=350-70x$ (2) 5시간

05 (1) $y=64x$ (2) 192 cm^2

06 (1) $y=3x+12$ (2) 7.5 kg

3. 일차함수와 일차방정식의 관계

쌍둥이 10분 연산 TEST
19쪽

01 $y=-2x-4$

기울기 : -2

x절편 : -2

y절편 : -4

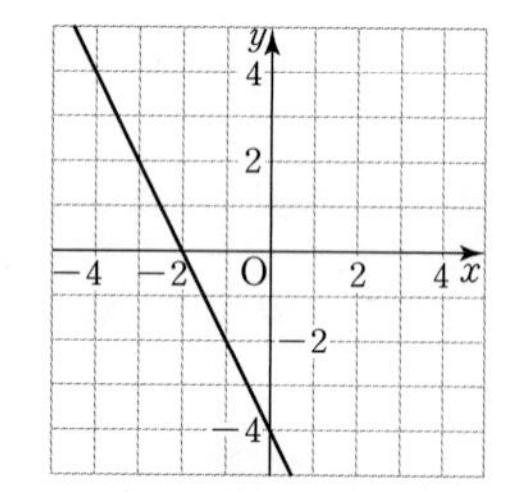

02 $y=\frac{1}{3}x-1$

기울기 : $\frac{1}{3}$

x절편 : 3

y절편 : -1

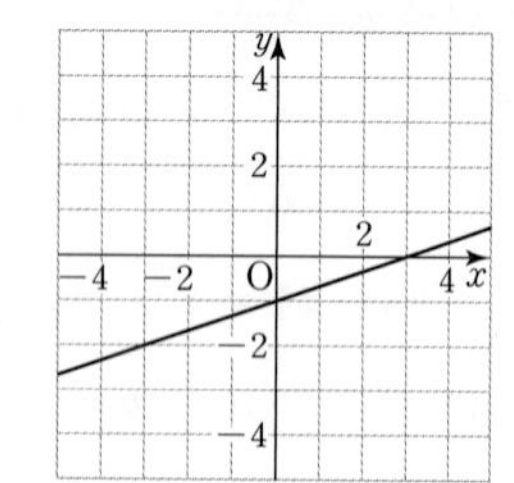

03 $y=-\frac{5}{3}x+5$

기울기 : $-\frac{5}{3}$

x절편 : 3

y절편 : 5

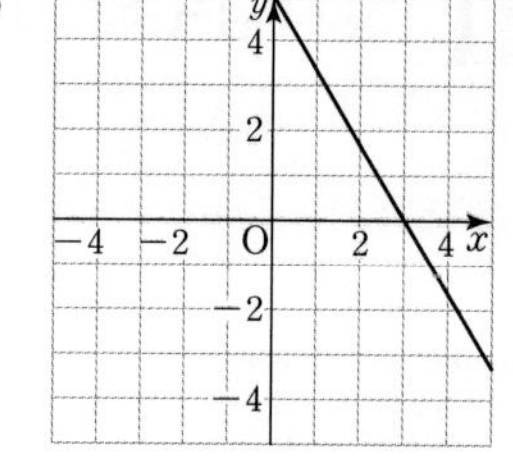

04 ○ 05 × 06 ○ 07 ×

08

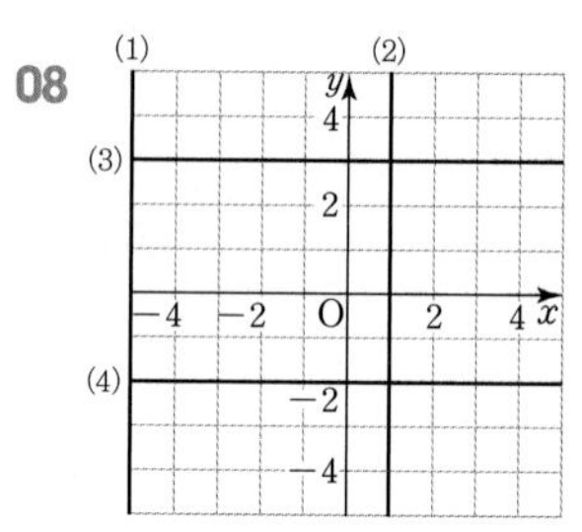

09 (1) $x=4$ (2) $y=1$ (3) $x=0$ (4) $y=-5$

10 $y=5$ 11 $x=-4$ 12 $x=3$ 13 $y=-1$

쌍둥이 10분 연산 TEST
20쪽

01

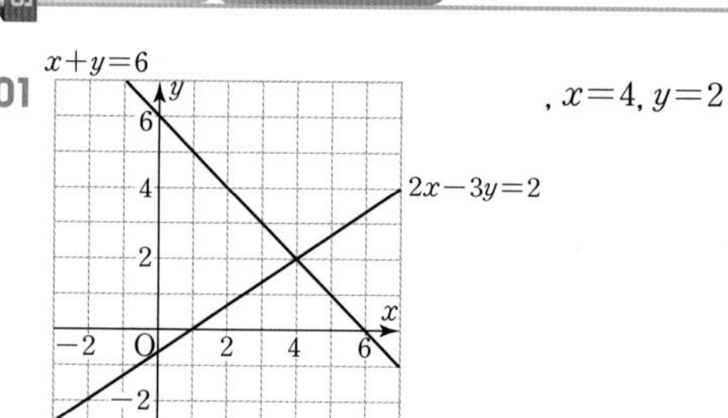

, $x=4$, $y=2$

02

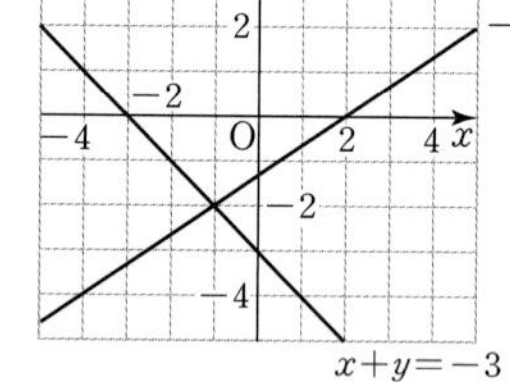

, $x=-1$, $y=-2$

03

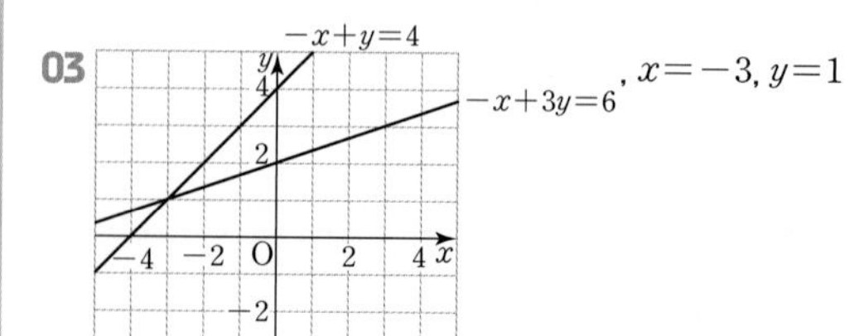

, $x=-3$, $y=1$

04 $a=4$, $b=2$ 05 $a=-2$, $b=5$

06 $a=1$, $b=-1$ 07 $a=3$, $b\neq-4$

08 $a=3$, $b=-4$ 09 $a\neq3$ 10 $a\neq-1$

11 $a=-1$, $b\neq6$ 12 $a=-1$, $b=6$

수
MATHING
매씽
개념
연산